路易十五广场（简介）：安格-雅克·加布里埃尔的设想，一辆马车从香榭丽舍大街（左侧）进入广场，径直向布沙东建造的路易十五国王雕像（中央）驶去。右边是杜伊勒里花园的入口，穿过一座桥就能到达，这里也是1789年7月大革命爆发时巴黎民众与王室军队首次冲突的地点

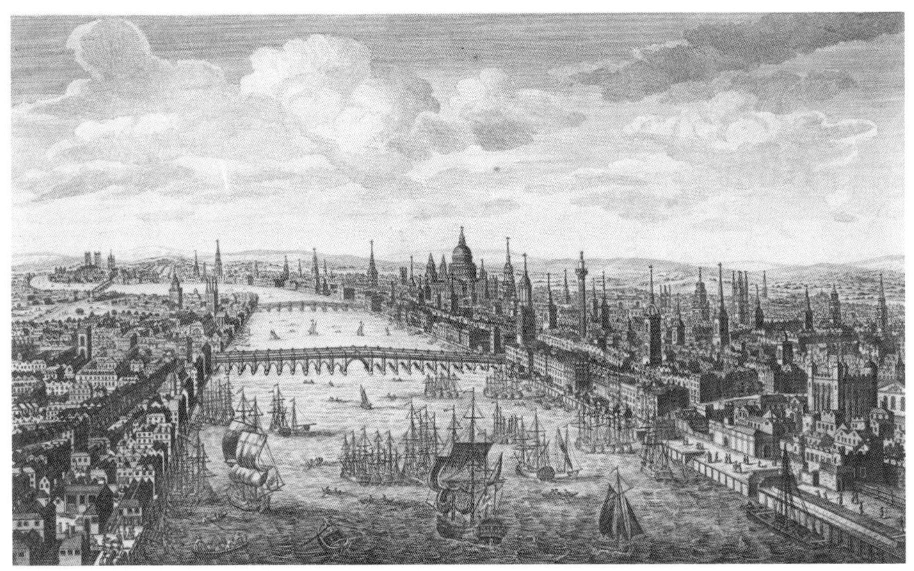

帝国的都城（简介）：这张1760年的版画所绘的是伦敦市区繁华兴旺的景像，作者本人的视角是自东向西，将伦敦金融城（右侧）作为画面的主体部分（从右侧远处的伦敦塔开始，一直到画面中央的圣保罗大教堂圆顶）。远处（背景左侧远方）是威斯敏斯特教堂。画面左侧（前景）为萨瑟克区。泰晤士河上船流如织——这是伦敦身为国家首都兼重要港口的证明——从这幅版画也可以看出伦敦到处都是教堂的尖顶（纽约公共图书馆：http://digitalcollections.nypl.org/items/510d47db-9339-a3d9-e040-e00a18064a99）

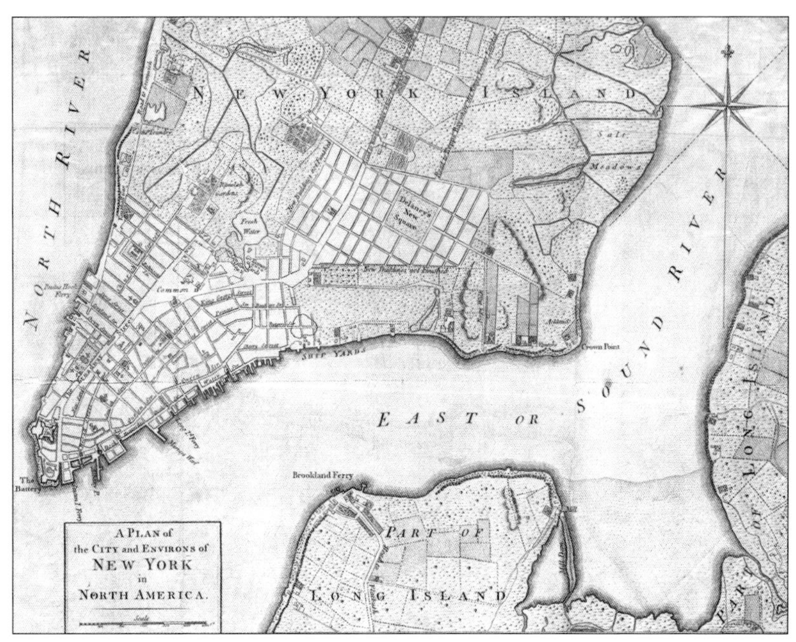

纽约的附属殖民地之一：这张纽约城的建设计划图绘制于1766年，从图上可以看到三角形的平民区以及接近曼哈顿岛南端星形的乔治堡；南端标出了炮台的位置。东河两侧迂回曲折的锯齿状河岸线勾勒出了港区的轮廓，而在相隔一个街区的内陆，那条弧度柔和的波浪线就是女王街（珍珠街）（纽约公共图书馆：http://digitalcollections.nypl,org/items/510d47db-9339-a3d9-e040-e00a18064a99）

纽约的乔治堡是一座象征着大英帝国权力的堡垒，无论是坚固的防御工事还是那面在轻风中飘扬的米字旗都能证明这一点，不过纽约城教堂的尖顶征服了其余的天空【约翰·卡威瑟姆，《自西南方眺望乔治堡与纽约城》（1736），国会图书馆版画与相片部，华盛顿特区】

纽约市精英阶层反抗运动的据点之一：一张19世纪画师所绘的百老汇咖啡馆。1765年10月31日，纽约的商人们在此地签署了禁止进口英货的协定（本森·约翰·洛辛，《彭斯咖啡馆》，纽约公共图书馆：http://digitalcollections.nypl.org/items/510d47da -24ab-a3d9-e040-e00a18064a99）

1870年的坦普尔栅门：这张维多利亚时代的图片所呈现出的车水马龙的景象，与皮埃尔-让·格罗斯莱以及其他旅行者们在18世纪60年代见到的一模一样，不过让人高兴的是，栅门上示众的脑袋早已经无影无踪了（《伦敦新闻画报》1870/MEPL）

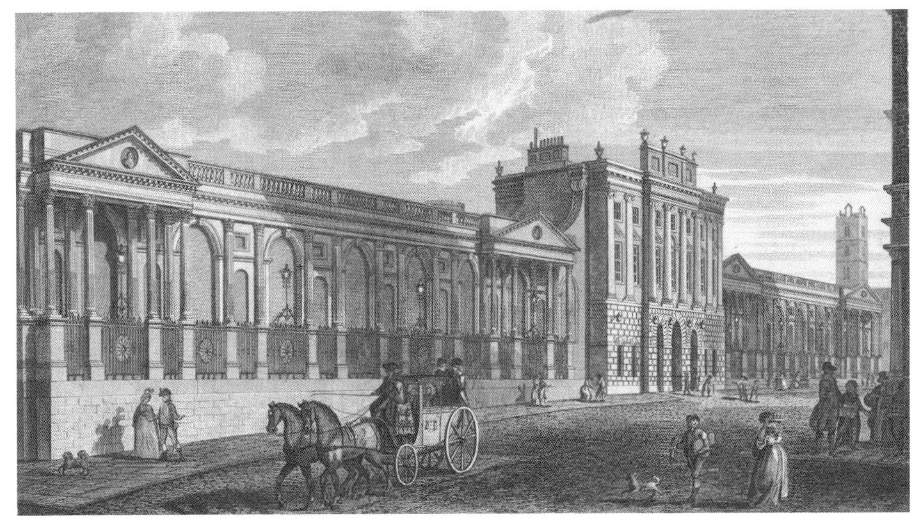

18世纪末的英格兰银行：伦敦金融城经济与政治力量的支柱之一，在1780年的暴乱中，约翰·威尔克斯与他的伙伴们保卫了这座银行。英格兰银行是维持英国社会稳定以及军事实力的关键部门，它的存在能够保证伦敦金融城继续忠于现行秩序【《伦敦针线街英格兰银行全景》（1797），纽约公共图书馆：http://digitalcollection.nypl.org/items/510d47db-9292-a3d9-e040-e00a18064a99】

司法宫：这张照片摄于1890年，可以清晰地看到五月法庭就在镀金的宫门后面，还有法庭宏伟的阶梯与柱廊（建于1876年），以及具有哥特式优雅风格的圣礼拜堂【国会图书馆版画与相片部，华盛顿特区：LOT 13418 no.259（P&P）】

象征性的弑君：1776年7月9日，美国的爱国者们正准备推倒纽约市有史以来的第一尊雕像，即乔治三世国王的骑马像（J. C. 麦克雷，《1776年7月9日，纽约城的鲍灵格林，“自由之子”们推倒乔治三世国王的雕像》，纽约公共图书馆：http://digitalcollections.nypl,org/items/510d47e3-b9ad-a3d9-e040-e00a18064a99）

纽约城大火：虽然只是想象图，但弗朗茨·泽维尔·哈伯曼的版画再现了1776年那场大火的规模及其蔓延速度【《纽约城大火图》（1776），纽约公共图书馆：http://digitalcollections.nypl,org/items/510d47e3-b9b0-a3d9-e040-e00a18064a99】

1776至1783年英军占领纽约期间，三一教堂焦黑的废墟成了英国军官和他们的女伴们游逛消遣的必经之地，不过拿这种神圣的地方来取乐，即使像肖柯克牧师这样坚定的效忠派分子也感到愤愤不平【J. 埃弗斯，《1776年9月21日大火后三一教堂的废墟》（1841），纽约公共图书馆：http://digitalcollections.nypl,org/items/510d47e3-7afb-a3d9-e040-e00a18064a99】

和纽约一样，伦敦在1780年6月戈登暴乱后也经历了短暂的军事管制时期：戈登暴乱被镇压后，依然占据着城市公共空间的军营引起了许多伦敦市民的不安，如伊格内修斯·桑乔，他一直满腹疑虑地关注着那些正在执勤的士兵（P. 桑比，《1780年圣詹姆斯公园营地》，国会图书馆版画与相片部，华盛顿特区）

“法国大革命的诞生地”：一张绘于19世纪中叶的皇家宫殿图——宫殿中间是被树荫遮挡的优雅美观的花园，以卡拉姆津为代表的众多外国游客对此赞叹不已，清凉的喷泉就在花园正中央，宫殿的画廊坐落于花园两侧，一直延伸到宫殿北端，而正北方向的那座画廊是用木头建造的，因为奥尔良公爵已经没有建筑经费了（尚潘和巴约特，《司法宫全景》，国会图书馆版画与相片部，华盛顿特区）

自空中从东北方向鸟瞰，可以看到圣安托万区的所有道路都通向圣安托万大街这条主干道。在这份著名的杜尔哥计划（于1739年完成）当中，可以看到街面后方修建的民房与工场。图片右下方，主干道一直通向巴士底狱以及巴黎市中心，而左上方则连接着王座广场，1789年这里变成了关税壁垒所在地（《巴黎计划，1734年开工，1739年完成》，格拉斯哥大学图书馆特别馆藏处 Sp Coll Ax 1.5）.

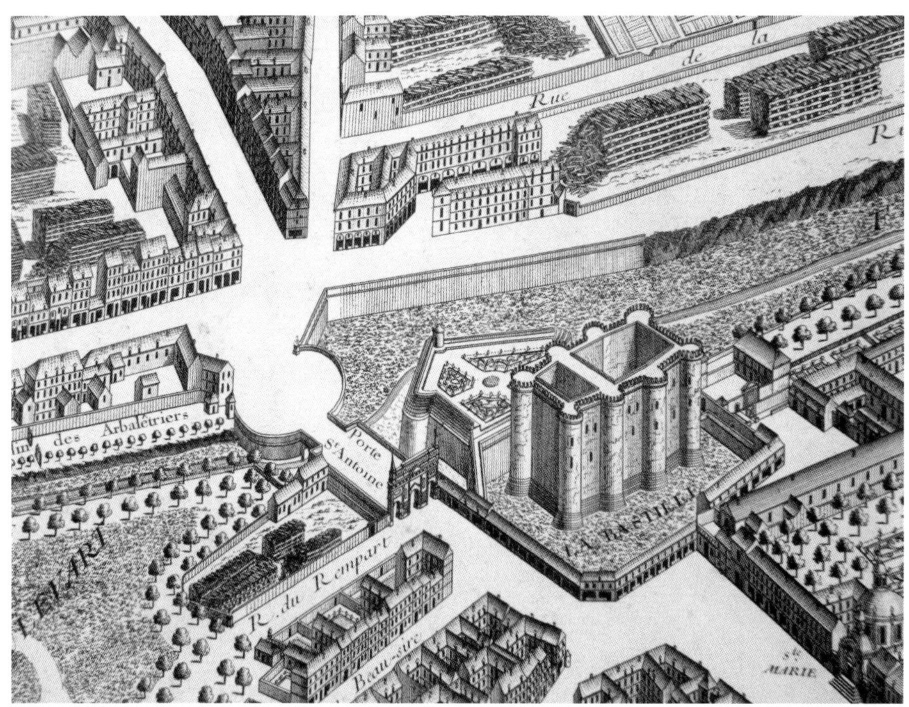

1739年巴士底狱图：此图中可以看到，监狱堡垒就是旧巴黎城（图片底部）与外侧圣安托万区（图片顶部）的分水岭。从圣安托万区进入巴黎老城区的唯一通道就是圣安托万门（图中可以看到这座大门，1789年被拆毁），而巴士底狱就矗立在大门旁边。1789年7月14日，起义的巴黎民众从图片右下方的庭院里对这座堡垒发起了猛攻（《巴黎计划，1734年开工，1739年完成》，格拉斯哥大学图书馆特别馆藏处 Sp Coll Ax 1.5）

1789年7月14日巴士底狱的陷落：这座堡垒在画面中的高度看起来有些夸张（监狱的塔楼约有60英尺高），不过这幅版画有意将巴士底狱当成一处专制压迫的象征，并且很好地体现了长期生活在炮口下的巴黎民众的情绪。图片右侧，起义者们涌过吊桥，沿着门廊一直冲进监狱的内院，即监狱管理处所在地，这里直接通向堡垒深处【P. 贝尔托和F. 普里厄，《1789年7月14日攻占巴士底狱》（1804），国会图书馆版画与相片部，华盛顿特区】

1789年的联邦大厅，或者说由工程师朗方重建的纽约市的老市政厅：这张版画以布罗德街为立足点来看联邦大厅，画面中包括乔治·华盛顿宣誓就任美国第一任总统时踏足的那座阳台。阳台上方，代表新秩序的政治标志清晰可辨【《纽约联邦大厦全景》（1789），国会图书馆版画与相片部，华盛顿特区】

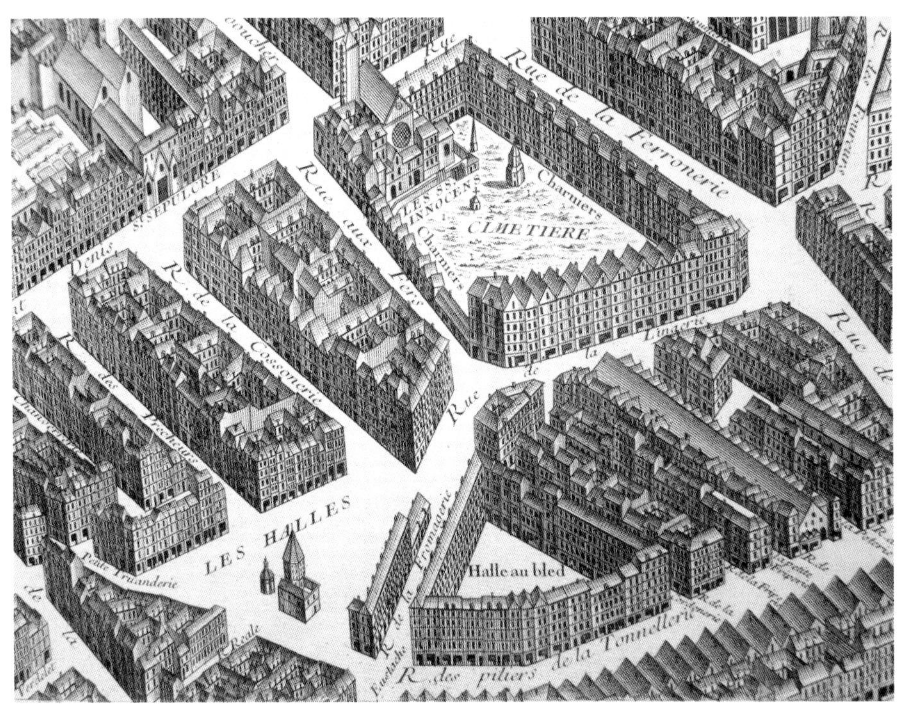

巴黎的中心市场街区：这张图绘制时的视角是向着东南方向鸟瞰，不仅标明了街道名称，还标出了商铺、杂货店以及出售食品的地方，例如五金市场和亚麻织物市场。图片底部是干酪一条街与制桶一条街，这两条街道构成了三角形谷物市场（布莱德市场）的两条边，直到1762年圆形大厅修建起来为止。北边（图片底部）是圣厄斯塔什教堂，1793年，市场的女商贩们与共和派妇女革命联合会因经济利益问题在此地爆发激烈冲突。画面顶部中央可以看到无罪者教堂以及无罪者墓地：这些地方在1785至1787年间被拆毁，重建为无罪者市场（《巴黎计划，1734年开工，1739年完成》，格拉斯哥大学图书馆特别馆藏处 Sp Coll Ax 1.5）

“巴黎之胃”中央市场：这幅版画描绘的是1791年9月法国大革命第一部宪法颁布时的情景，不过它不光是展示了这座食品市场的规模（包括市场中央的无罪者喷泉），而且注意到了中央市场区在巴黎日常生活当中的核心地位【P. 贝尔托和F. 普里厄，《1791年9月14日于无罪者市场颁布宪法》（1804），国会图书馆版画与相片部，华盛顿特区】

市场活力的关键在于其中的女人，也就是这些巴黎的“泼妇”们，这是一位当代德国人的感受（从这张图片上可以看出），他的态度既非完全支持，也不是彻底反对【《巴黎悍妇》（1794），国会图书馆版画与相片部，华盛顿特区】

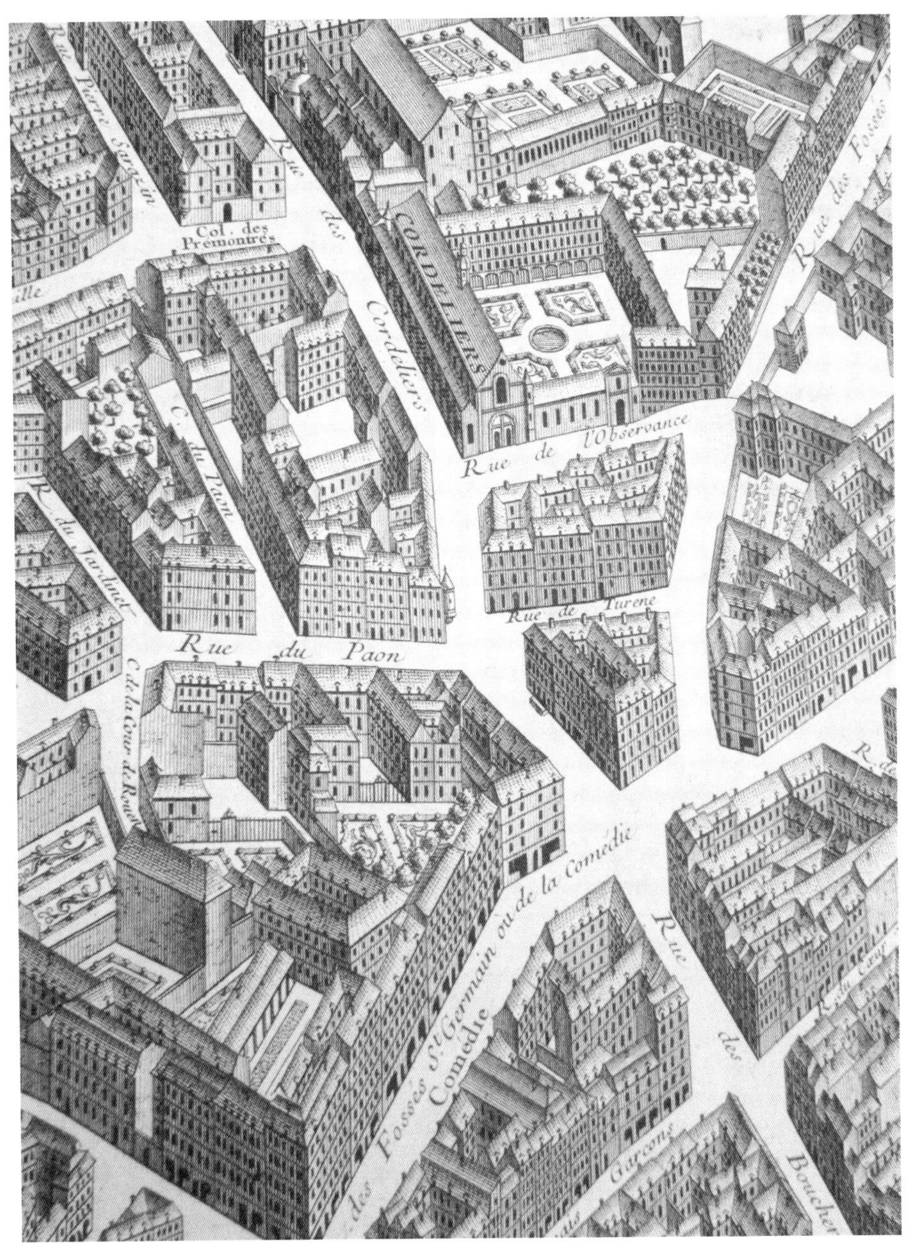

科德利埃区示意图。图片顶部（中央）是科德利埃修道院，同名的政治俱乐部就设在此处。这座带着塔楼的房子就在科德利埃街的拐角处，而让-保罗·马拉就住在不远处的帕翁街（也是他在洗浴时被刺的地方）。沿着科德利埃街一路前行，走到今古代喜剧街的拐弯处，就是丹东的寓所。寓所后面一片拥挤的建筑物和院子就是罗昂庭院，马拉就是在这里出版了《人民之友》（《巴黎计划，1734年开工，1739年完成》，格拉斯哥大学图书馆特别馆藏处 Sp Coll Ax 1.5）

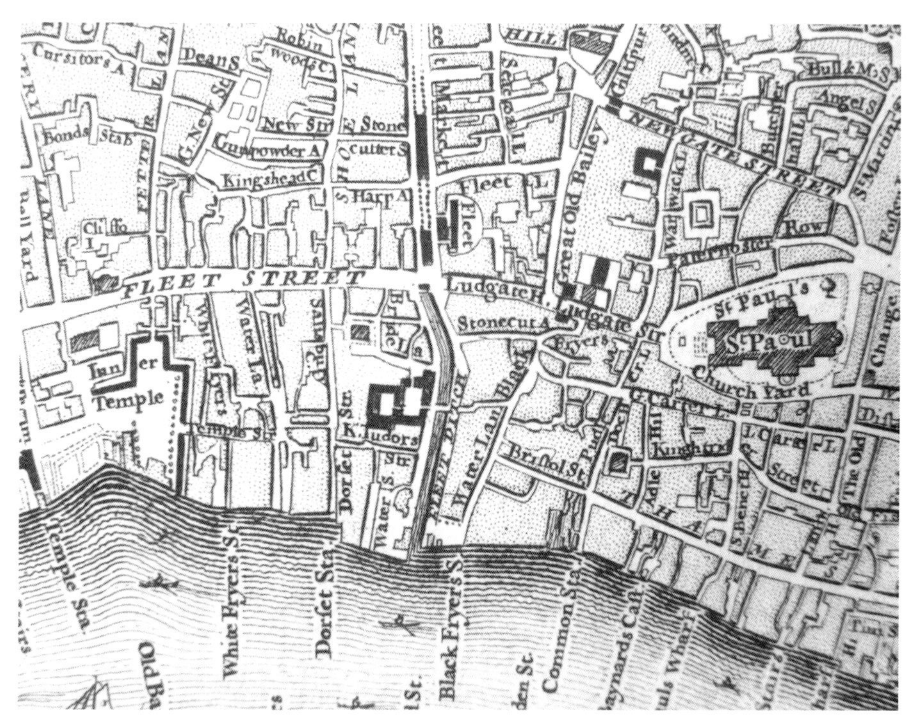

圣保罗大教堂、帕特诺斯特街、舰队街与纽盖特：大教堂（图片右侧）被教堂庭院、伦敦出版业街区以及北边的帕特诺斯特街所环绕。西边是路德门山，之后则是舰队街（再往左侧到地图之外就是河岸街，这条街穿过了坦普尔栅门）。与路德门山垂直相交的是老贝利街，一直通向同名的法庭，在它和纽盖特街交汇处的拐角上矗立着那座臭名昭著的监狱（J. 罗克，《一张伦敦金融城、威斯敏斯特区与萨瑟克区的最新精确地图》，格拉斯哥大学图书馆特别馆藏处 Sp Coll HX.93）

发表于巴士底狱陷落后两周，吉尔雷的漫画展示了英国民众对法国大革命的热情：两张图画的内容完全相反，受民众爱戴的财政总督察雅克·内克尔被巴士底狱废墟里蜂拥而出的法国公民们抬在肩上，以胜利者的姿态在欢呼声中回归；而骄傲自大的英国首相威廉·皮特则脚踩英国王室的王冠，被一群跪地乞求的人包围着，远处是一排用来镇压的刑具【《法兰西，不列颠，自由与奴役》（1789年7月28日），国会图书馆版画与相片部，华盛顿特区】

1794年6月8日巴黎至高节：巴黎西郊的战神广场上人工堆起了一座山丘，由艺术家雅克-路易·戴维负责装饰。一根顶端饰有赫拉克勒斯雕像的柱子——象征着法国人民的力量——立在山丘左侧。几天之后，断头台就会从革命广场（之前为路易十五广场）移至巴黎的东郊，仿佛要在恐怖统治的真相与节日的乌托邦式梦想之间设下尽可能遥远的距离【《集会广场上的高山》（巴黎：切兹·谢罗，雅克街257号，1794年），国会图书馆版画与相片部，华盛顿特区】

共和历2年（1793至1794年）的一个街区委员会。虽然敌视革命，但热月党人的这幅作品里（画面中的这个人正在出示自己的公民爱国证书，而一名无套裤汉正在威吓他）依然可以看清那狭小的房间，以及作为装饰物的《权利宣言》（就在作为背景的墙壁上），这些东西展示了革命机构不得不适应旧王国时代的遗产。革命政治所导致的道德匮乏与身心疲惫都能从画面中间端坐的那个人的表情当中看出来【（让-巴蒂斯塔·于埃《共和历2年的委员会》（1794），国会图书馆版画与相片部，华盛顿特区）】

1793年年初英国人眼中本国与革命的法国的不同之处。与吉尔雷1789年的漫画作品基调完全相反，它反映了当时在经历了一系列重大历史事件后英国民众对法国大革命的普遍态度。饥肠辘辘的法国无套裤汉们正在争夺一只青蛙，背景上的宗教形象广受批判，墙上还贴着反映暴行的图片。而在英国的一家酒馆里则截然相反，膘肥体壮的英国人在熊熊燃烧的壁炉前大吃大喝，透过窗户可以看见田地里辛勤劳作的农夫。一位客人还举起一大杯啤酒祝福“国王与宪法”。这幅漫画的作者是艾萨克·克鲁克香克，由一位出名的印刷店老板福雷斯负责印刷出版，他的印刷店在皮卡迪利街3号，不幸的是正好在激进派鞋匠托马斯·哈代家附近【《幸福的法国，痛苦的英国》（伦敦，1793年1月3日），国会图书馆版画与相片部，华盛顿特区】

一个纽约人对美国首都于1790年从纽约市迁到费城的观点：一个魔鬼拖曳着一艘代表宪法的船（船上都是焦急不安的国会议员）向费城方向前进，一路上还有不少令人心惊胆战的障碍【《美国宪法号载着国会议员们驶向费城》（1790），国会图书馆版画与相片部，华盛顿特区】

百老汇大街上的纽约城市酒店：这个地方标志着纽约市的繁荣发展，已经成为美国的一座大都市，以及一处全新的、现代化的政治动员地点，而18世纪90年代的巴黎人正在苦海中挣扎【A. L. 迪克，《城市酒店、三一教堂与恩典教堂》（1831），纽约公共图书馆：http://digitalcollections.nypl.org/items/5e66b3e9 -0486-d471-e040-e00a180654d7】

1789三城记

REBEL CITIES

Mike
Rapport

Paris, London and New York in the Age of Revolution

[美]
迈克·拉波特
著
夏天
译

上海社会科学院出版社
SHANGHAI ACADEMY OF SOCIAL SCIENCES PRESS

目录

致谢

虽然这本书的封面上印的是本人的名字，但它实际上却是许多 372
热心肠的人鼎力支持和艰苦努力的结果。在此我首先要对两位坚持不懈的编辑表示衷心的感谢，他们是基础图书出版社的拉腊·海默特和利特尔 & 布朗出版社的蒂姆·怀廷，他们的才智、激励、沙里淘金的本领，以及在需要时给予我的帮助，让这本耗时长久、有时历经磨难的作品得以从构想化为图书。本书的研究计划起步艰难，在探索的过程中，笔者时常犹如醉汉，跌跌撞撞，去往错误的方向，好在最终笔者找到了平衡，慢慢跑向终点。在这一过程中他们表现出了极大的耐心与令人称道的好脾气。我还要感谢基础图书的阿莉娅·马苏德，她为本书提供了很多有益的建议和热心的帮助，还有桑德拉·贝里斯与梅利莎·雷蒙德，她们在本书的最终出版阶段给予了大力支持。此外还要感谢另外一些朋友的关心与帮助，他们是基础图书的文本编辑罗杰·拉布里、编辑安妮特·文达和利特尔 & 布朗出版社的伊恩·亨特，他们的细致和谨慎让我免于许多我没能发现的错误。他们发现字里行间的差错，在我偏离轨道时把行文拉回正轨，并改正了文字细节上的错误。与往常一样，如果还有语法、事实与结论上的错误，都归咎于我。

2011 年与 2012 年，我为撰写本书而进行的考察得到了苏格兰大学卡耐基基金（Carnegie Trust for the Universities in Scotland）的两笔慷慨资助，该基金可谓人类价值的灯塔。我还要感谢英国科学院的利弗休姆基金为我稍后的旅行（2015—2016 年）提供了小额研究
372 经费，这次旅行收集到的大部分材料将用于下一本书的写作，这次我将专门研究革命时期的巴黎。威廉·多伊尔和迈克尔·布罗斯竭力为我争取研究经费，并在其他方面为我提供了许多支持，在此我向他们致以衷心的感谢。

我在许多图书馆与档案馆得到了宝贵的帮助，特别是在巴黎的国家档案馆和城外的塞纳河畔皮埃尔菲特（Pierrefitte-sur-Seine）。国家档案馆的工作人员总是那么友好而乐于助人。纽约公共图书馆手稿与档案部的菲利普·海斯利普与塔尔·纳丹也是一样。在本书创作期间，我从斯特灵大学转到了格拉斯哥大学。两所大学的图书馆工作人员都提供了很大帮助，特别是在通过文献传递和馆际互借服务系统获取资料时。我还要感谢格拉斯哥大学图书馆地图馆藏处的约翰·莫尔与特别馆藏处的朱莉娅·加德姆，在我绘制或拍摄本书所需要的地图时，这里提供了珍贵无比的资料。

这些年来，斯特灵大学与格拉斯哥大学的历史学者和学生的友谊、交情与见识令我受益匪浅。在斯特灵大学，我先后和多位在校师生进行交谈，特别是艾玛·麦克劳德、科林·尼科尔森和本·马什（他已经去了坎特伯雷的肯特大学），他们的见解丰富了我的教学与研究，他们的友谊也让我感激不尽。在格拉斯哥大学也同样如此，我尤其要感谢西蒙·纽曼（我在本书中大量引用了他的著作）

和托马斯·蒙克。我还特别感谢格拉斯哥大学的艾琳·里奇。在过去的三年半时间里，我担任历史学科本科优等生计划的主持人，这个职位事务繁多，有时要求严苛。当个别学生犯错时——遗憾的是他们有时会这样——我必须严厉地管教他们。在这方面，艾琳一直给予我有力的支持，在我的注意力被其他事情转移开时，她替我收拾局面。她对格拉斯哥学生的校园生活贡献良多，进而也让我有精力完成本书。托马斯·蒙克在格拉斯哥大学开设的有益且融洽的现代早期成就研讨会给我创造了一个机会，以展示自己的部分观点与档案资料：同事、研究生与即将毕业的优秀本科生提出的问题，让 372
我更加关注某些论点。在斯特灵大学与格拉斯哥大学，一些学生修读了我的法国史三年级优等生课程及法国大革命专题课程，与他们合作真是令人愉快。我也同样感谢在格拉斯哥大学二年级的“资料与方法”课程上的那些学生，这门课的中心内容是现代社会的形成。在本书论点形成的过程中，学生们对符号学与物质文化的思考十分具有启发性。在研究生关于托马斯·潘恩的讲授式课程上，学生们已经让“大西洋世界”这个语境根植于我的脑海。

除了格拉斯哥大学之外，剑桥大学欧洲现代史研究生论坛上，与会者对我关于革命中的巴黎的论文反应热烈，并提出了不少极富启发性的建议。在此我特别向丹尼尔·罗宾逊表示感谢，他组织这次论坛，并邀请我发言。同样在格拉斯哥大学之外，与凯文·亚当森、本·马什（又一次）和戴维·安德烈斯在不同项目中的合作，帮助我将注意力集中在对革命的研究上，同时将本书置于一个更为广阔的语境之中。在此还要感谢德国图宾根大学的埃瓦尔德·弗瑞和“危机下的秩序”项目，我在它的一次会议上做了主题发言，并参与了其作品当中一章的编写。下面这几位的友情、支持与建议让我感到由衷的喜悦，他们是威廉·多伊尔、迈克尔·布罗斯、彼得·麦克菲、马里萨·林顿和梅特·哈德（根据他指引的方向，我在巴黎的档案中找到了丰富的材料）。我也感谢罗斯·布赖森与尼娜·布赖森，我的两次伦敦之行受到他们的热情接待。我还要感谢伊冯娜与特里·威兹德姆夫妇，每当我的研究需要外出考察时，他们都悉心帮我照料我们的向导犬尤莉，他们家就在苏格兰高地的要塞。（特里是个幽默风趣的人，我非常欣赏他这一点，他曾开玩笑地问，这本书真的有完成的一天呀。）我那些在斯特林大学的好朋友在无数个紧要关头——在家庭玩耍时、接送孩子时——帮了我的大忙，可能比他们预想的还要多。要感谢的人实在太多了，不过在此我特别要感谢克莱尔·麦克尤恩、斯科特·亨德森、薇姬·迈尔斯、玛丽莱娜·桑特、约翰·尼古拉迪斯，最后但同样重要的是伊丽与巴里·史密斯夫妇。

374 在这里我还要表达对双方父母的爱与感激，他们是法国的阿妮塔与迈克·拉德福德夫妇，以及美国的简和乔治·拉波特夫妇。我的妻子海伦与女儿莉莉在本书的创作过程中始终伴我左右。莉莉在这几年里随我踏遍了这三座城市的街道。她是个活泼好动的孩子，但有时她也会感到大惑不解，为什么爸爸和妈妈会执迷于“在整个城市漫步”及发掘众多“回忆的国度”。在本书写作的过程中，她一直很理解自己的父亲的“忙碌”。海伦也是一位研究城市的历史学家（她是专业的，跟我这种半路出家的不一样），她的研究重点是18—19世纪的格拉斯哥与爱丁堡，当然她在历史方面也知之甚多。海伦将她关于过去的城市及其文化的知识，以及如何“读懂”

纪念碑与建筑物的方法毫无保留地分享给我。在我的写作陷入困境时，海伦是我坚强的后盾，是热情与斗志的源泉。她是我最好的朋友，也是我一生的挚爱。我将本书献给她。

迈克·拉波特
苏格兰格拉斯哥大学
2016 年 9 月 20 日

作者附言：

我作为法国大革命的历史学者开始这项研究。我并非理论导向的学者，但在写作过程中，我拜读了不少关于过去的场所与空间的思想深刻的理论著作。因此在这里，我谨向卡特里娜·纳维卡斯、威廉·休厄尔、克里斯蒂娜·帕罗林、戴维·费瑟斯通、詹姆斯·爱泼斯坦、利夫·杰拉姆和史蒂夫·普尔的作品致敬。他们都是我的前辈，大部分人走的道路与我不同，但我们都有关于空间与场所的地图作为向导。

前言

大革命时代的三座城市

ix　1763 年 2 月 23 日，一个刺骨的冬日，在无数巴黎人忐忑不安的目光中，一座巨大的骑马像缓缓降落在巴黎西郊一处广场中心的底座上。这座宏伟壮观的艺术品出自雕塑家埃德梅·布沙东（Edmé Bouchardon）之手，也是他的得意之作（批评家们迟早也会这么说）。雕塑的形象是以胜利者姿态跃马扬鞭的国王路易十五（Louis XV, 1710—1774 年），塑像落成时他依然在位，并将继续统治法兰西 11 年。骑马像位于路易十五广场（今天的协和广场）的核心部分，整座广场都铺着鹅卵石，面积十分宽阔，最远处与香榭丽舍大道相接。这座充满王者气概的骑马像及整个广场旨在纪念法国波旁王朝的荣耀时刻，庆祝路易十五在奥地利王位继承战（1740—1748 年）中取得的胜利。广场的设计者是安格－雅克·加布里埃尔（Ange-Jacques Gabriel），一位杰出的新古典主义者，也是路易十五宠信的建筑师。加布里埃尔的选址及建设计划在激烈竞争中脱颖而出。

路易十五广场最引人注目的建筑是加布里埃尔设计的两座宫

殿，宫殿用色调温暖的金黄色砂岩建成，格局对称，是古希腊罗马风格的柱廊式建筑。它们坐落在北边，可以眺望整座广场。俄国历史学家尼古拉·卡拉姆津（Nikolai Karamzin）的反应完全符合广场设计者的期待。1790 年 4 月，卡拉姆津的马车在香榭丽舍大道上辚辚而行，驶过一处又一处充满田园风情的景观：园林、餐馆、凉亭、乐谱架子……卡拉姆津探身望向窗外："你们看，前面就是路易十五陛下的雕像，雕像下面是一块巨大的八角形底座，周围还有一圈白色的大理石栏杆。朝着雕像的方向一直走，你会看到一条条遮掩在浓荫下的小径，那里就是有名的杜伊勒里花园，它是这座雄伟宫殿的一部分，风景美得让人惊叹！"[1]

卡拉姆津一行人的马车驶进广场，空旷的场地上回响着挽马的响鼻声与车轮的吱嘎声。凡是来广场参观的人总会不由自主地把目光投向路易十五的骑马像，这座雕像设计的目的就是展示王室权威。即便是托马斯·杰斐逊（Thomas Jefferson）这样彻头彻尾的共和主义者，对布沙东的作品亦不吝溢美之词。杰斐逊回忆道："无论从哪个角度看，它都是一个奇迹，除非你走得够远，一点儿都看不见雕像的面部与躯干上那完美的外貌与轮廓。"[2]

但在 1763 年 2 月，巴黎民众的观点则不那么乐观。国王的雕像在四台木质起重机缆索的牵引下摇摇晃晃，而工人们不得不竭尽全力拉紧绳子与滑轮，他们抱怨说自己的国王正在和四个"婊子"（*grue*，在法语里，"起重机"和"妓女"是一个单词）拉拉扯扯。就在 13 天前，国王签订了有史以来最为屈辱的一份和平条约，巴黎民众怨气沸腾。这就是《巴黎条约》，它标志着七年战争的结束。这场战争是 18 世纪最具破坏力的一次世界冲突，法国在战争中被宿

xi 敌英国彻底击败，印度与美洲的大片殖民地也被后者吞并，法国陆军与海军都一败涂地，王室的荣耀丧失殆尽。众所周知，路易十五本人没有在前线指挥，而是离开了喧闹的凡尔赛，带着他才智过人的情妇蓬巴杜夫人（Madame de Pompadour）寻欢作乐，还时常拜访那些有名的“交际花”——俏皮话里对妓女的“雅称”。路易十五广场的开放典礼定于 1763 年 6 月 20 日，与和平宣言的发布恰巧在同一天。这种安排出于以下构想：路易十五既代表着强大的力量，又能充当一名和平使者。不过，与军事的全面溃败相比，这座雕像的象征意义毫无说服力。[3]

巴黎民众的不满还有更为现实的理由。路易十五广场的建设源于巴黎市政府一次修建新广场的竞标活动。这座新广场将取代那些一团乱麻般的中世纪街道，彻底改变巴黎市中心的交通拥堵状况。《论建筑》（*Essay on Architecture,* 1753 年）的作者马克－安托万·洛吉耶（Marc-Antoine Laugier）曾抱怨说：“我们居住的城镇中，一座座房子乱七八糟地堆在一起，既没有条理也没有规划，更别说有什么设计。这种混乱情况在巴黎最为严重。”为此，加布里埃尔的几个竞争对手提议将广场建在巴黎的正中央，但工程开销、涉及的法律纠纷及拆迁安置等一系列问题让他们的计划寸步难行。当巴黎市民们还在左右为难时，国王出面解决了问题，他将自己在巴黎西郊的一部分领地捐献出来。毫无疑问，国王的御用建筑师加布里埃尔在新一轮竞标中胜出。这个结果看似十分完美，却忘记了这项工程的本来目的——方便大多数巴黎市民出行，广场建在了错误的位置。路易十五广场的建设显示，王室的权威战胜了王国臣民的日常需要，王室权力凌驾于城市改革之上。[4]

王权与改革之间的冲突，展现了几座伟大城市在历史与现实中 xii
的一个侧面。在同一历史时期，不同的个人、社会团体在这些城市中生活、工作、开展社会活动；同时这些城市也是一切经济、政治、社会权力的中心。对于统治者、政府、公司及各类社会组织来说，城市不仅是一方栖息之地，而且是刻下自己印记的舞台。政府、民间组织、各种社会活动都会利用城市建筑和空间来实现自己的目的。而在此期间，建筑与空间被建造，被不同群体占据，被改造，以满足不同要求。政治局势动荡的时候，公共建筑或修饰一新，或横遭破坏，又或被夷为平地，以传达某种政治信息。而在局势稳定的时候，这些公共建筑又恢复其既定的，甚至是乏味的象征意义：威严、权力、公共福祉、自由，或者统治者的仁德与荣耀。到了社会剧变或革命时期，城市建筑与空间的外观、用途，甚至是它们本身的存在也发生变化，这也是人们体验或者说融入变革的方式之一。此外，一个地点有可能改变某个历史事件的进程，就像地形会影响一场战争的胜负一样。

由于上述原因，城市的空间与场所总是引起不同人群间的纷争，他们或者在竞争空间事实上的外貌、布局，或者在竞争空间的象征意义，比如巴黎市民对那座华而不实的路易十五骑马像的看法。1763 年，当国王的雕像被安放在广场上时，大批旁观者对此冷嘲热讽，但我们不应当将这些尖酸刻薄的笑话理解为一种普遍而带有革命前兆的敌意。还要经过整整一代人的时间，这种嘲讽才演变为 1789 年那种不满。但这种现象也反映了一个事实：任何政权都无法完全掌控一座广场、一幢房子或者一处装饰的政治意义。人们为了控制、改造、使用城市建筑及公共场所，包括王宫、广场、公园、

xiii 教堂、酒馆、咖啡店、街道、监狱等，发生了不少政治摩擦，这种暴力与冲突在大革命时期尤为剧烈。

本书讨论了巴黎、伦敦与纽约这三座城市如何在革命时代——美国革命与法国大革命时期——逐渐演变为权力斗争的场所，并重点探讨了以下问题：在充满政治纷争的18世纪晚期，这些城市的空间和建筑如何在象征意义及事实意义上成为冲突的场所；城市的景观如何成为革命经历的一部分，甚至改变整个革命的进程。纽约与巴黎的革命者及伦敦的激进主义者都利用特殊的地点或建筑动员支持者，以论证、讨论或者反抗现有秩序。

但这些剧变不仅包括政治的革命，也包括文化的。革命者和激进主义者与保守势力进行着思想上的斗争，他们希望创造新的政治秩序，或者改革旧秩序。他们利用城市景观宣传自己的各种理念，这种宣传或满怀希望，或威胁利诱，或振奋人心。在美国革命和法国大革命时期，这类运动包括一系列强有力的破坏偶像行为：推倒雕像，凿毁公共建筑里所有的政治象征物，给街道换新名字，在法国还出现了破坏宗教标志的现象。不过除了破坏，还有建设、美化与创造：改造旧建筑以适应新的政治要求；在旧址上雕刻出新的格言、观念，或者在革命政治斗争时期把这些东西用颜料草草刷一遍；在房子周围摆满自由帽之类的革命标志；立起自由杆；利用大都市的公共空间庆祝革命节日或举行公开集会，向各阶层公民展示政治团结，传达政治主张。革命者与激进主义者利用以上途径号召民众与他们并肩奋斗，并让新公民秩序的价值观念深入人心。而这些宣
xiv 传就发生在每个公民的日常生活中。一位研究大革命时代文化史的历史学家说，这是一种“在日常生活中重生”的革命活动，城市在

这个过程中仿佛一张文化革命画布，描绘着新旧秩序拥护者之间你死我活的交锋。18 世纪的政治解放斗争在很大程度上依赖于对城市空间的掌握，这不仅在战略上很重要，而且决定了哪一方的观念、信息与威望能够在城市大众中传播。[5]

“人民”在这个故事当中也扮演着重要的角色，因为这三座城市的民主运动就在社区的大街小巷、左邻右舍中展开。最明显的是，革命者将革命或激进主义的标志印刻在建筑物上，或新公民秩序为了自己的目标占领著名的公共场所，这些方法都让政治斗争变得看得见、摸得着，并且深入社会各个角落。于是，本书中的“空间”一词有两层含义：首先是指一个可供民众会面与沟通的具体场所；其次代表距离与挑战，特别是在巴黎与伦敦这两个 18 世纪的大城市，革命者与激进派正致力于鼓动所有市民。因此一部分故事讲述的是政治活动及政治主动权在城市各地区的流转，它们逐渐从社会精英专属的华丽厅堂转移到酒馆、政治俱乐部、当地的革命委员会，甚至街道上。这种变化本身反映了民主运动的目标是让更多的人参与到政治活动当中去。

不管是纽约和巴黎的革命者，还是伦敦的激进主义者，都找到了各种让自己的思想渗透邻里社区的办法。他们或利用政治网络，或直接在大街上动员那些态度积极的男男女女（有时实际情况的确如此）。那些工匠、苦力、商贩和住着廉租屋的男女，或成群结队 xv
地聚集在小货摊上，或在酒馆、咖啡馆里交头接耳，他们在这些活动中并不是消极的接受者。他们积极参与到变革当中，他们根据自己的利益塑造、更改，甚至挑战革命者与激进派领袖提出的政治计划。谁在行动，为什么行动，哪个团体在行动中扮演主角，这些都是城市革命故事的一部分。各派关于未来的不同见解之间的冲突，如中产阶级出身的革命派政治家与工人、工匠等大众之间的冲突，常常表现为对特定社区空间和场所的争夺，这也是城市中空间体验的一种形式。

除英国、法国与美国之外，其他地区也以各种方式体验着18世纪的革命浪潮；世界各地，从低地国家到海地、拉丁美洲，都经历了各具特色的革命风波。权力斗争的舞台也不限于纽约、伦敦与巴黎，这三座城市的革命传播到各个国家的每一座小镇、村庄，在那里政治生活也充满活力，甚至极度狂热，民众也并非只会发发牢骚然后盲目跟随大城市里的领导者。不过作为权力所在地、经济枢纽及文化与休闲中心，这三座城市里遍布旧秩序的机构及其安身的建筑，还有代表王室和帝国权力的符号、图案、雕像。这里有议会和等级会议、高等法院、教堂、军营、城堡与监狱，还有雕塑、宫殿，以及庆祝胜利和举行典礼的场所。这些地方成了最引人注目的竞技场，无数企盼政治改革的人在这里对传统制度发起挑战，并在城市景观上留下了自己的印记。这些城市里还有一些场所和空间，
xvi 可供改革者、革命者或是他们的敌人用以组织、动员、辩论与战斗，它们包括法院、立法机构、咖啡店、小餐馆、酒馆、广场和公园。它们同样是城市的亮点。在美国和法国，这些地方成了新秩序权力机构的诞生地，新秩序将接管旧秩序所在的旧建筑，将它们改造与装饰一新，有时则会将它们夷为平地。

从广泛的意义上讲，这三座城市的公民所处的政治文化环境十分相似，他们的经历也因此紧密相连。当时的大西洋上，船靠着风力、洋流、人力航行，它们载着商品、思想，以及最宝贵之物——

人（包括奴隶，他们在纽约的生活经历也是本书内容的一部分），穿行于大西洋世界。在这个世界里，18 世纪的英国、法国、美国公民满怀忧虑，他们将目光投向 17 世纪英国政治革命留下的思想遗产，特别是 17 世纪 40 年代的英国内战，以及 1688—1689 年间的光荣革命。这些混乱催生了英语世界里所谓的“辉格”（Whig）式自由，英国人从专制权力下解放出来，获得了公民自由——宗教宽容、言论与集会自由、《人身保护法》和代议制政府。大西洋两岸的英国臣民小心翼翼地捍卫着这些成果，而那些受过教育的法国进步男女对此既羡慕又忌妒。在 18 世纪，参加政治活动的人们也利用古典主义教育来激发热情，特别是关于古希腊的民主制度与古罗马共和国的知识。他们沉浸在 18 世纪启蒙运动关于理性、信仰自由、主权、公民身份、公民与政治权利、社会契约、代议制政府、“人民”与“国家”的辩论之中。在上述文化思潮的鼓舞下，改革或革命运动朝气蓬勃，甚至带着英雄主义色彩，它们迫使现有政府接受广泛参政，甚至是民主参政的新制度。但无论如何，至少从理论上来说，法国的最高统治者是国王，他拥有绝对权力，虽然在实践上， xvii
法律和现实情况对国王的行为有一些限制。英国实行的是议会君主制，不过选举权仅限于拥有财产的男性公民（这个范围在伦敦要大一些），因此离民主还差得远。而在英属北美殖民地，代表们在他们的代议制机构里欢呼雀跃，因为财产所有权在北美更为普及，符合要求的男性选民数量远远超过英国本土。

为了打破政治秩序的局限，革命者与改革派以特别的形式积蓄了一股雄厚的力量，现在的史学家称之为“社交”。在俱乐部、社团、节日、庆典和大型集会中，革命者通过口头发言、印刷材料，以及三色旗、自由杆、自由帽之类的政治符号，尽可能多地向每一位参与者传达其政治观点。当然，由于种种差异，这些气势磅礴的运动在某些关键点上往往分道扬镳，差异之处主要包括运动引发的暴力规模与强度、反对派的实力与顽固程度，以及支援力量的强弱等。此外，还存在一些文化与意识形态方面的重大差异，这些差异一部分源于历史记忆，人们总会对过去的辉煌与悲剧（如 17 世纪的英国内战）念念不忘；另一部分则源于代代相传的关于权利与自由的传说。英国人与独立战争之前的北美居民讨论着“英格兰人的权利与自由”；而 1789 年前的法国市民则在抚今追昔，想念那个曾经在“自然法则”统治下的自由时代。包括上述影响在内的诸多因素，最终导致这三个国家的人民在经历了革命的洗礼后，迎来了截然不同的结局。[6]

18 世纪的大西洋世界是一个流动性极强的区域，人口、商品
xviii 与各种思想四处穿行，各地之间相互影响，共同构建了一个商业活动兴旺、文化交流频繁、政治竞争如火如荼的世界，但同时也伴随着奴隶制的流行。在这个世界里，社会精英与新兴的各种“公共”（这个词在 18 世纪的政治含义日渐丰富）部门努力探索世界的大致轮廓，他们通过写信以及出版报纸、杂志、书籍、版画、地图等印刷品，探索这个世界，参与其中，批判它的缺点。周游世界的交通工具只有暴风雨中颠簸的木船和摇摇晃晃的四轮马车，但踏上旅途的人依然不计其数，有的为了移民，有的为了做生意，有的则是为了政治理想，还有一些家财万贯的人只是为了旅行。大西洋两岸频繁的互动及其运行方式，都是值得探讨的话题，但并非本书的主题。本书在坦然接受这种交流的基础上，将笔墨集中在这些城市的生活

本身，这听起来似乎有些冒险。因此，大西洋世界只是这个故事的背景而非主角，故事的主题是描述巴黎、伦敦与纽约的城市建筑，以及市民们对城市景观被利用或改造持什么样的态度。[7]

城市景观相当于一块背景幕，革命者或激进派在这里铭刻、传播他们的思想；建筑是政治博弈的场所，证明政治动员穿越城市，进入邻里社区：这些都使得城市本身成为历史叙述的一部分。本书将这些市民在激荡岁月里的故事——一些勇敢的人和那些或愤怒或满怀希望的团体的故事——置于城市建筑的历史中，向读者展示城市本身是如何在历史中大放光彩的。本书意图在叙述大革命时代的经验时唤起读者对场域的感知，但这并不只是关于砖头、灰浆、石块、建筑与图画的冰冷故事。故事当中充满了各种各样的人物：戴
假发的贵族与律师，双手粗糙但能说会道的工匠与手艺人，挥舞着 xix
鹅毛笔的蓝袜社女作家，以及性格凶悍的卖鱼妇。[8]

最近有一些历史学家十分明智，他们在研究革命时不再局限于概念层面（虽然有些勇气十足的学者仍然尝试找到一个公认的“革命”的定义），也不限于从阶级、意识形态和文化等宏大的角度去解释革命的起因、过程与结果。历史学家们转而将目光聚焦于革命年代的个人与群体，当时社会充满了焦虑，革命激起了人们对各种可能性的想象，同时也激起了人们难言的恐惧、无边的绝望、沸腾的仇恨，以及人们如何在那个动乱的年代生活。最关键的一点是，革命作为一种人类的经验，既让人振奋，也留下恐惧与污秽。这种经验包括见证或者参与改变城市环境的行动。他们生活的环境在冲突中毁坏，在革命中被改建、粉刷、丑化，甚至夷为平地。因此，虽然本书将这些城市置于舞台的中心，但舞台的其余部分将留给所

有经历过那段光荣、混乱与恐惧的岁月的人们。[⑨]

作为本书研究的中心，巴黎、伦敦与纽约虽然有某些重要的共同点，但也有明显的不同之处。这些城市是政治权力、商业与金钱、艺术与知识的交汇之处，这些交织的力量的影响力——无论好坏——向周边的乡村扩散。巴黎与伦敦不断扩张，城区面积惊人，是人类活动的中心，无论哪一座城市在当时都能被称为“大都市”。两座城市之间的明争暗斗也开始了：18 世纪 80 年代，法国作家路易-塞巴斯蒂安·梅西耶（Louis-Sébastien Mercier，后来成为一名
xx 革命者及法兰西研究院的成员）曾这样记述：“只要人们谈起巴黎，就不会忘了伦敦这个老邻居兼老对手，它们之间的类比本身也证明了这一点。虽然它们在诸多方面有共同之处，但这两座距离如此接近的城市风格迥异，所以我想在描述其中一座城市的风貌时，目光稍稍关注一下另一座城市的特点，这并没有什么不妥。”它们都是欧洲强国的首都，是两个不断扩张、相互角逐的海上帝国的权力中心，同时也属于当时全球最大的城市之列：只有北京比伦敦大，它的人口在 1800 年达到了 110 万；同时期的伦敦人口接近 100 万；而巴黎则是 60 万。[⑩]

这导致了令人激动，对很多人而言也是心惊胆战的城市扩张。伦敦的中心地区由以下几部分组成：首先是伦敦城［City of London，即老城墙之内的那“一平方英里”（the Square Mile，约 2.5 平方千米）］与周边的“属地”；其次是威斯敏斯特（Westminster），伦敦的政治中心，住着一群“西区人”（the West End），他们都是从喧闹堵塞的城东地区搬过来的，过着奢华的、无忧无虑的生活；最后是萨

瑟克区（Southwark），无数气味刺鼻的制革厂、啤酒厂、仓库与作坊散布在泰晤士河对岸。但伦敦远不止于此，它管辖范围内的教区从城东到城西，沿着泰晤士河两岸下来不少于 140 个，早在 1724 年丹尼尔·笛福（Daniel Defoe）就忧心忡忡地发问："这个怪物般的城市到底要扩张到哪里为止？" 1787 年，一位观察家把这种毫无章法的扩张形容成一场高烧，称之为"建筑流感"，而伦敦就是这场"疾病"的中心。[11]

与伦敦相比，巴黎的格局显得更为紧凑，但带给初次拜访者的震撼丝毫不亚于前者。卡拉姆津于 1790 年 3 月第一次来到这座城市时，便为其风姿所倾倒："我们热切的目光投向那片密密麻麻的建筑，久久无法移开，仿佛迷失在无边无际的大洋中一般。"巴黎的中心是塞纳河上的西岱岛（Île de la Cité），这座岛屿在数百年间一直是法兰西王国的政治、法律与宗教中心，岛上有高等法院、巴黎圣 xxi
母院，以及王室城堡改建而成的巴黎古监狱（Conciergerie）。西岱岛周围是巴黎的中心市区，当地人称之为 *ville*，意为"城区"，位于过去曾环绕旧巴黎的中世纪城墙之内。这些城墙在 17 世纪被路易十四（Louis XIV，又称"太阳王"）下旨拆除，取而代之的是一条风景优雅的环城林荫大道。城区的周边是"郊区"，法语里称为 *faubourgs*。郊区向着四面八方延伸，这里房屋与工场的数量比市中心要少得多，偶尔还能看到几家医院、女修道院和商品菜园。菜园里的豆秧顺着架子向高处蜿蜒，卷心菜一行行排列得整整齐齐，沿着上下起伏的缓坡还能看到一座座枝繁叶茂的葡萄园。城市的边界在郊区外围很远的地方，有一道 1786 年修建的栅栏作为标记，这道栅栏是用于征收入市税（*octroi*）的，凡是外地运进巴黎的商品都要交这笔钱，民众对这项税种极为不满。[12]

虽然国王本人不在城里，巴黎依然是法国最高法律机关所在地（如后文所述）；这里有法国天主教会的最高领袖——巴黎圣母院的大主教；整个王国最富有、最有权力的一批大贵族的宅邸也在城中。巴黎还是各种制造业的中心，这里的生产大部分都是城里数以千计的工匠与手艺人在小工场里完成的。

伦敦是大英帝国毫无争议的首都，它的政治权力中心在威斯敏斯特区。1784 年 7 月，阿比盖尔 · 亚当斯（Abigail Adams）第一次来到这里时，将其称为“宫廷区”，因为威斯敏斯特区内有王室住所圣詹姆斯宫及英国议会所在地威斯敏斯特宫。而这座城市的经济中心则位于东部的伦敦城里，这里集中了银行业、金融业、码头运输业，聚集了大量加入行会［又称伦敦同业公会（livery company）］的工匠，是当时世界最大的金融中心之一。[13]

相比之下，18 世纪纽约的规模小得多。1790 年美国历史上首
xxii 次人口普查显示，纽约人口只有 3.3 万左右。在 1783 年美国独立之前的纽约一直将伦敦视为它的首都。纽约城典型的建筑是四至六层砖砌的房屋，屋顶用杉木搭建，漆成五颜六色，闪闪发光。这样的建筑占据了曼哈顿岛的南端，在哈德孙河沿岸延伸不到 1.6 千米，而东河沿岸向上游延伸不超过 3.2 千米，这大概就是纽约城的范围。但纽约在新大陆却是一座大都市，一个重要原因便是它的战略位置十分重要，是英国军队在北美的一处军事要冲：纽约的位置正好在英属北美大西洋海岸线的中点上。纽约扼守着哈德孙河河口，控制这座城市就意味着在这条河上来去自由；而哈德孙河是一道天然屏障，将新英格兰与中部、南部殖民地分隔开来，并且从这里可以一

直航行到加拿大内陆地区。纽约也有自己的政治机构——王室总督、驻军部队及殖民地立法部门。因为有了这些机构，纽约城才成了纽约“省”的首府。数年后殖民地赢得独立时，纽约又成为新生的合众国的首都。此外，到美国革命前，这里建起了一座图书馆、一座剧院，以及一所大学（国王学院，即后来的哥伦比亚大学），从一处偏远的殖民据点逐渐发展为一座富有知识与文化的城市。[14]

同样是在 18 世纪晚期，纽约商业的繁荣、港湾里云集的无数船只令来访者惊叹不已，游客们在看到这座城市时往往想起伦敦或利物浦，这两座城市在 18 世纪已经成为大西洋世界的繁华海港。下曼哈顿区（Lower Manhattan）的码头熙熙攘攘，令游客们目眩神迷。一位名叫约翰·兰伯特（John Lambert）的英国旅行者看到这样热闹的情景时吃惊不已：“一包包棉花、羊毛与其他货物；一桶桶必需品，有草木灰、大米、面粉、食盐；大包大包的糖，成箱的茶叶，成桶的朗姆酒与葡萄酒；码头、旅客登岸处，或者船舶的甲板上还 xxiii
堆放着大大小小各式各样的盒子、箱子、包裹。”[15]

以上海事活动大多集中在东河而非哈德孙河（纽约人称为“北河”），它们将独立后的纽约逐步转变为美国的金融与商业中心。同时这也意味着纽约已经成为世界各地移民的主要登陆口岸，一部分移民只是匆匆路过，另一部分则是永久定居。海滨及其身后拥挤的街道上充斥着各种各样的语言与口音，车夫、小贩与过路的旅客用英语、荷兰语、法语或德语叫喊、警告、咒骂或是打招呼。除了语言的多元化，还有种族的多样化，城里的居民有爱尔兰人、犹太人及非裔美国人：这一切让纽约成为当时国际化程度最高的大都市之一。[16]

游客同样被这三座城市里最高大的建筑——教堂震撼。即使在面积最小的纽约，也有22座教堂的尖顶直插云霄，充满庄严的宗教氛围。在信仰天主教的巴黎，这类建筑的数目更多，各教区教堂、修道院与女修道院加起来一共约有200座，天际线上林立着尖顶、塔楼与圆顶。伦敦的情况和巴黎差不多，140座教区教堂的尖顶高耸入云，其中最高的是伦敦城内的圣保罗大教堂的深灰色圆顶，而威斯敏斯特大教堂与萨瑟克大教堂的高度也同样引人注目。对于伦敦人来说，一些教堂具有重要的象征意义，他们聆听着教区里回荡的钟声，感到十分自豪与安逸，并相互打赌看这钟声到底能传多远。在后文中我们就会知道，在美国革命与法国大革命期间，宗教建筑在城市生活中到底有多么重要的意义。就目前而言，教堂在城市景观中随处可见，天天都能听到一阵阵钟鸣，这钟声记录着时间的流
xxiv 逝，呼唤虔诚的信徒进行礼拜，并在紧急时刻敲响警报。[17]

但这些城市都很热闹，教堂日常的钟声往往会淹没在街道的熙熙攘攘之中，街道上混杂着马车驶过时车轮低沉的吱嘎声、挽马踏过铺路石时打响鼻的嘶鸣声、车夫们的叱呵声与小贩们做生意的叫卖声。在路易－塞巴斯蒂安·梅西耶笔下，18世纪80年代的巴黎是这样的：“挑水工，卖旧帽子、铁制品和兔子皮的小贩，还有卖鱼的女摊主，这些人都在以一种高亢而富有穿透力的音调叫卖着他们的货物。这些刺耳的叫卖声此起彼伏，混合成一曲常人难以想象的旋律。”伦敦也是人头攒动，游客们走近这座城市时就会听到一股由各种喧闹声所组成的巨大声浪，仿佛有谁在远方咆哮。一位名叫格奥尔格·克里斯托夫·利希滕贝格（Georg Christoph Lichtenberg）的德意志游客这样描述夜晚的伦敦街道：“马车，马车，又是马车，

一辆接一辆驶过。透过无休止的吵闹与喧嚣，以及无数人的话语和脚步声，你能听到教堂钟楼里悠扬的钟声，邮递员清脆的铃声，街头乐师们演奏手摇风琴、小提琴和铃鼓的旋律，以及街角小贩叫卖各种食物的声音。”甚至在纽约，居民们也时常抱怨来来往往的马车与货物乱七八糟地混在一起的噪声，还有摊贩们拉客时那“刺耳的喧哗声……让人头疼的说话声……粗口连篇的争吵声”。[18]

拥挤不堪的人群加上每天的耳闻目睹，不管是市民还是游客，对整个城市肮脏混乱的看法都是一致的。1784 年 8 月阿比盖尔·亚当斯来到巴黎后不久，就给她的侄女写了一封信：“你问我怎么看待巴黎，我不懂为什么他们说我没资格评论，因为我并不了解它？有一件事我很明白，而且我也嗅到了……这里是我见过的最脏的地方。”伦敦也是一样，特别是在东郊制造业发达的码头区，无数烟囱冒着炊烟，啤酒厂散发出令人恶心的甜味，它们与皮革厂、染坊、 xxv
铁匠铺、陶厂的窑炉里冒出的烟雾混成一团。18 世纪 60 年代中期，法国旅行家兼历史学家皮埃尔－让·格罗勒（Pierre-Jean Grosley）曾拜访伦敦并抱怨说：“这些烟雾聚成了一团纱幔般的浓云，把整个伦敦都罩了起来；这团浓云……让太阳很难露出笑脸，也让人明白了为什么伦敦人口中‘阳光灿烂的日子’那么难得。”18 世纪 80 年代早期，法国作家兼未来的革命者雅克－皮埃尔·布里索·德·瓦尔维尔（Jacques-Pierre Brissot de Warville）这样评价伦敦：“伸手不见五指的浓雾，热气滚滚又肮脏不堪，在这里的每一天都被它们包围。”纽约的味道可能没那么刺鼻，来自大西洋的海风带来了清新的空气，但部分工业区依然散发着恶臭，北部郊区情况最为严重。而曼哈顿城区外，所谓的“淡水池”附近的贫民聚居区也同样好不到哪里。虽然臭味挥之不去，但是在一座早期现代化城市的大街上徜徉时，你也可能会闻到一些更美好的味道：商贩们货架上各种各样的花卉、草药、水果与蔬菜的芳香；面包店里刚刚出炉的热乎乎的烤面包的香气；（在巴黎）咖啡馆里一壶壶咖啡冒着的热气；（在纽约）海洋的清新。[19]

无论是人山人海，还是街头的商业交易，又或是吵闹声及难闻的气味，都在说明一个事实：这三座城市都是“步行城”——大规模的机械化公共交通此时尚未出现，无论是上班、回家、购物或者休闲，大多数人只能步行。出租马车——当时是指可雇佣的马车——在巴黎与伦敦都有，但车费很贵；只有少数特别富裕的人才有条件养马或拥有自己的马车。昂贵的房租迫使人们充分利用每一寸属于自己的空间，例如将一大家子人塞进狭窄的公寓里，或充分利用门外的街道。生活中的各种事务——卖货、购物、聚会、论辩、
xxvi 娱乐，甚至男欢女爱（或者说得更粗鲁点儿：发情）——都在拥挤的城市街道中进行。某些社区共同体内部的联系十分密切，尤其在巴黎，不同社会背景的人们的住所有时不光是近在咫尺，而且是一个在另一个之上——字面意义上也是如此。[20]

在巴黎的中央城区，富人、中产阶级和穷人当时都住在一起，特定的阶级对应着特定的楼层。庭院及一层通常是零售商或者工场作坊。二楼，有时候包括三楼，因为不容易听到街上的吵闹声，而且便于攀爬，都是配备齐全的公寓，专供贵族或有钱的中产阶级成员居住。再往上的楼层住的是工匠和他的家人；楼层越高，房间条件就越差，住在里面的人也越穷——短工、学徒、苦力、仆人；最高层的阁楼环境潮湿、四处漏风，住的都是最穷的外地工人或者乞

丐。到美国革命时，纽约富人与穷人的社区已经开始划分开了，但在这座布局紧凑的城市里，富人与劳工大众的距离并不特别远。这意味着无论在哪座城市，有钱人每天或者几乎每天都会与他们的穷邻居打交道。这种熟悉带来的区别是生存与绝望的区别：巴黎有不少这样的档案记录，许多年迈体衰或者失业的人常常会从他们的邻居那里得到一些小礼物，如食物、钱、亚麻布和衣服，帮助他们充饥御寒，给予他们关怀。这些人的社会背景都不一样，但都住在同一条街或是同一座楼里，他们经常碰面、聊天、做生意，或者展开社交活动，这些活动让他们产生了团结的感觉，它将在未来的政治风暴中起到举足轻重的作用。[21]

本书的三座城市当中，只有伦敦没有经历过革命的洗礼，或
许这并非巧合。伦敦的社区是按照贫富的区别进行划分的，而且这 xxvii
种界限最为明显。伦敦与巴黎的富裕城区实际上都在不断扩大，两座城市的西部被贵族的宅邸和造型优雅的住房占据。在巴黎和伦敦，有钱人和上流社会的人不约而同地逃离了嘈杂、混乱、肮脏的老城区，搬到城市西边去享受扑面而来的清风。东区和中间地带被留给中间阶层、工匠与劳工。巴黎的贵族们都抛弃了凋零的城东的玛莱区（Marais）里的大房子，搬到城西去居住，有的搬到塞纳河左岸的圣日耳曼区（Saint-Germain），有的则在 18 世纪末搬往塞纳河右岸更多贵族聚集的圣奥诺雷区（Saint-Honoré）。这个过程在伦敦更加明显，伦敦的贵族地主们在他们的地产上建起一座座造型优雅、宽敞的房子，房子围绕在绿化良好、空气新鲜的广场周围，这种地产生意让他们赚得盆满钵满。1752 年，英国小说家兼治安法官亨利·菲尔丁（Henry Fielding）以戏谑的口气把有钱人——“上流

阶层”——的这般举动描述成一场大逃亡，他们害怕日益壮大的劳动阶级，视他们为危险的“死敌”。18 世纪 80 年代，普鲁士人约翰·威廉·冯·阿兴霍尔茨（Johann Wilhelm von Archenholz）在观察伦敦东郊时这样写道：“特别是在泰晤士河两岸，都是一堆堆的旧房子，街道也是黑漆漆的，窄得要命，而且凹凸不平；这里住的都是水手或造船厂的雇工，还有不少犹太人。西郊和东郊简直是天壤之别：那里的房子崭新华丽，广场宏伟壮观，街道笔直宽阔。”[22]

这些发展变化令伦敦扩张的速度越来越快，势不可当。让身在帝国首都的人感到自己只是无名小卒，而在大西洋世界的其他任何
xxvii 地方，包括巴黎和纽约，这种感觉都不会如此强烈。1780 年，以公德心出名的《伦敦杂志》（*London Magazine*）刊登了一份清单，名为《被这座拥挤的城市所忽视的公众行为准则》，标题本身意味深长。这份清单充满训诫与警告，部分内容如下：“不要像检察官那样紧盯着路人的脸看；傲慢的眼神会被解读为欺凌弱小，而窥探的目光则会被当成法警。如果我们不小心这样看着朋友，应该马上道歉。”上述规则也适用于酒馆或咖啡店这种公共场所，因为这类目光往往让人显得“傲慢无礼，而且不能信任”。另外还有一条（这一条讲得十分详细）就是“在交谈时或者典礼上请勿对陌生人过于热情，因为他们很可能并不想引人注目”。这种“自我隐形”的风气源于英国城市的无名之辈，它在革命时期将有重要的政治意义。1789 年后，法国进入了大革命的动荡年代，巴黎的激进主义主要根植于城市的各个街区邻里，后来才逐渐形成了遍及全城的庞大组织，以领导革命运动。同时期伦敦的激进主义运动正好相反，激进主义者短时间内就形成了一个覆盖全城的组织，但在深入邻里、扎根街

区的时候却很费劲。[23]

不过三座城市的社会、文化生活都十分活跃，每一位游客都能体味到 18 世纪大都市所带来的知识盛宴与感官享受。酒馆、小吃店、咖啡屋、剧院、俱乐部与社团、教育协会、音乐协会、私人的图书馆和阅览室都是人们聚会、探讨问题、进行文化消费的场所，这些文化场所数量繁多，有的高雅有的庸俗。文化生活的丰富得益于消费社会在勤勉精神和商业文化盛行的大都市中的扩展。虽然不少人依旧一贫如洗，但收入相对较好的家庭通过勤奋 xxix
工作和精明的头脑，赚取到一些余钱来购买消费社会提供的小奢侈品，如茶、咖啡、印花亚麻布、样式考究的衣服、家居饰品与印刷品。因为新型印刷技术的引进、相对宽松的审查制度（英国、美国，甚至绝对主义统治下的法国都是如此）、更有效的传播方式（得益于道路交通条件的改善和更快捷的运输服务），印刷品变得随处可见。同时，随着读写能力的日益普及，识字、受过教育的人数不断增多，这些人并非贵族或中产阶级的精英分子，他们正在寻找消闲的新方法。[24]

报纸、期刊、小册子、书籍与版画（特别是讽刺漫画）都为这个时代印刷文化的发展注入了一针兴奋剂。一个具有批判性思维和独立意识的公众阶层开始崛起，这是 18 世纪政治与文化领域当中最引人注目的进步。在 18 世纪，巴黎、伦敦与纽约的市民（也包括其他地方的市民）将自己视为独立自主的个体，积极参与到塑造文化品位与文化表达方式的活动中。他们找到了各自参与公开辩论的方式，虽然有时显得很吵闹，但思想之多彩，气氛之热烈，连名流贵族的沙龙，甚至更官方的文化机构也无法与之相提并论。18 世纪下半叶，对文学艺术的讨论辩论最为常见，也更不容易招惹麻烦，而“公共舆论”的政治化则引起了广泛争议。“公共舆论”将自己视为社会评论、政策方向及政治合法性的最终来源，它可以越过国王及其大臣们做出判断。这种现象早在 1700 年左右就出现在英国（包括北美殖民地），而同时期公共舆论在法国的绝对君主制下喘息，直
xxx 到 18 世纪中期公共舆论才得以颤颤巍巍地表达其政治诉求。“公共舆论”这个概念对于各专制政府来说是个潜在威胁，一位杰出的启蒙思想家纪尧姆 - 托马斯 - 弗朗索瓦 · 雷纳尔（Guillaume-Thomas-François Raynal）在 1770 年这样写道：“在一个会思考会说话的国家，公共舆论是政府统治的规则，政府不能无缘无故地站到公共舆论的对立面，也不能毫无理由地对其进行粗暴践踏。”不管在巴黎、伦敦，还是纽约，咖啡店、酒馆、剧院、会议室、读书俱乐部、音乐协会、博物馆、教育协会、学院、公园、广场和大街，都是公民会面、交谈、辩论与示威游行的场所。于是，在未来的政治动荡与冲突中，拿下这些地点的控制权便成了重中之重。[25]

第一件大事是 1763 年结束的七年战争。在北美它被称为“法国 - 印第安人战争”（French and Indian War），1754 年，这场战争在殖民地边界处打响了第一枪。战争漫长而血腥，参战双方打得精疲力竭，这是一场全球性的冲突，战争席卷整个欧洲，海洋上，帝国在美洲、亚洲的殖民地边境上到处都是战场。国家、政府和参战各方都焦头烂额，一方面要征召大批士兵与水手，另一方面还要提高税收以解决后勤问题。最主要的问题是战争开支造成了庞大的财政负担，纳税人承受的压力最大。战争结束后，人

人都盼望工业生产与商贸活动能够重新焕发生机。但这一切困难重重：交战各方在这场人类史上前所未有的野蛮冲突中投入了无数财富与生命，这种情况持续了半个多世纪。所有参战国都面临债台高筑的困境，连战胜国英国也不例外，政府倾尽全力维持它们在伦敦、阿姆斯特丹与日内瓦等地大型金融市场上的信用，某些政府甚至需要设法避免破产。法国政府的债务在战争期间增加了 2/3，到 18 世纪 60 年代末，法国财政年收入的将近 2/3 都用来 xxxi
偿还债务利息了。英国的国债总额翻了一倍。英法两国政府都在想方设法偿还这笔触目惊心的债务，以此巩固自身的威信。战争的漫长与残酷将当时的行政与财政系统都压榨到了崩溃的边缘，同时也暴露了这些系统的诸多弱点与局限性。[26]

全面改革的愿望激起了有关国家国内的政治冲突，其中以英国、北美殖民地与法国的骚乱规模最大。在以上三个国家，政府和民众的回应引发了严重的后果，双方唇枪舌剑，进而发展为政治暴力，最后演变为一场要求自由、争取权利、建立一个更开明进步的政府的运动，所有这些观念都与传统的统治者与被统治者之间的关系模式相冲突。在英国，这种冲突在国王的大臣们与反对派的日常争论中渐渐展开，直到激进主义为政治思想注入新的活力，一系列的激烈对抗爆发出来。在英属北美殖民地，抗议活动与殖民当局的反制措施导致摩擦白热化，10 年后引发了美国的独立战争。在法国，王室与贵族精英在一系列政治博弈中不断发生冲突，虽然事后回想觉得颇有益处，但结果是将整个王国推向了大革命。从其对国内政治的冲击力来看，七年战争可能是对 18 世纪的欧洲与美洲影响最大的历史事件之一。

随着卷入政治的人越来越多，上述冲突将变得日趋激烈，而大
xxxii 都市里的冲突规模是最大的。1763 年的和平并没有带来真正的繁荣。1762—1763 年的冬天十分难熬（这个冬天从 12 月到次年 2 月，整个欧洲滴水成冰），食品供应不足导致物价飞涨，手工艺品贸易的停滞让工匠与工人们几乎赚不到钱。战争结束后，劳动者的大军当中又多了无数退役的士兵与水手，他们想找一份实实在在的工作，却让工资标准变得更低。当时的法国有 1/5 的人靠他人施舍维持生计，乞丐、流浪汉与穷人在这个国家随处可见。雪上加霜的是路易十五国王——就是布沙东雕刻在石头上以示纪念的那位陛下——于 1764 年颁布了一道针对“流浪者”的法令，将流浪者与各个社区里为人熟知的“真正”乞丐区别开来。那些无家可归、无人担保，也无法给官方部门一个令人信服的理由来解释为什么要拉帮结伙混饭吃的人，要么被判处在船上服 3 年苦役（男人），要么被关进救济院（女人和孩子）。3 年后，政府建起了一批乞丐与流浪者收容所，用当时一位官员的话来说，这里是“比监狱要好，比军队要糟”，这也是收容所计划中的样子。收容所里的穷人被分派去工作以换取微薄的报酬、食物与栖身之所。光是在巴黎城外就有 5 处这样的收容所——在建造的时候故意让这些房屋远离人群。收容所的景象十分凄惨，巴黎城里 1/3 的劳动者在贫困边缘挣扎，他们尤其害怕这个地方，退伍的老兵曾多次集体出动，阻止政府逮捕乞丐，说这些可怜人曾经是他们的战友。[27]

有人可能认为这种可怕的情形只存在于一个打了败仗国家的城市里，但伦敦在战后的混乱中也好不到哪里去。保罗·桑比（Paul Sandby）的伦敦生活版画描绘了两种反差极大而颇具讽刺意味的景

象：一边是帝国首都的宏伟与高贵；另一边则是那些在和平年代却身 xxxiii
无分文的可怜人。有一幅画描绘的是一位退役的水手，身上还穿着军服，正在查令十字街叫卖袜子以养家糊口，而这里是伦敦的正中心。早在1761年，治安法官约翰·菲尔丁（John Fielding，他与自己的异母兄小说家亨利·菲尔丁共同建立了伦敦第一支现代警察队伍“弓街侦探”）悲观地预言，战争结束之日，便是犯罪猖獗之时。他命令手下所有警探密切监视酒馆、街灯、妓院等地点，提前预防犯罪与混乱的发生，而不是等有人受害之后再去追捕罪犯。[28]

菲尔丁的预言准确无误。经济严重萧条，18世纪60年代，伦敦的劳资纠纷趋于沸腾。纠纷的起因是1763年春泰晤士河两岸的大批水手被解雇，成千上万的人蜂拥至伦敦东郊找活干。工资的持续缩减迫使水手们组成一个个委员会，造船厂和码头周边地区出现罢工潮。水手们爬上缆索，卷起风帆，阻止船只出港，同时要求合理的薪酬。船工（在泰晤士河上划小艇的人）、运煤工（负责把船上装的煤卸到码头上）、鞋匠、帽商、袜贩、织工、锯木匠、玻璃磨工、箍桶匠、裁缝、丝织工联合起来向议会请愿，他们在城市的大街小巷游行抗议，破坏机器，并向雇主表达自己的要求。暴力威胁永远是赤裸裸的，1763年2月罢工的补鞋匠在给他们雇主的通牒中写道：“先生，你个狗良（娘）养的要是还不把工资长（涨）到一双两便士，俺门（们）就把你的脑江（浆）打出来……你个混蛋，俺们要用火少（烧）了你的狗我（窝）。”[29]

这种对抗在18世纪60年代剩下的时间里一直在持续：1768 xxxiv
年，一群挥舞着棍棒的运煤工与他们的老板发生了暴力冲突，后者开枪打死了两名攻击者，然后翻上屋顶逃走了。同年，丝织工人的

罢工也达到了高潮，他们毁坏了不少威胁他们生计的纺织机器；然
xxxii 而，随着战后法国的蚕丝涌向英国市场，这些织工的痛苦变得更深刻了。织工们对工场的袭击愈演愈烈，军队被派往伦敦东郊的斯皮特尔菲尔兹（Spitalfields）集结：1768 年 9 月，织工们杀死了 1 名士兵，军队随即反击并射杀了 2 名工人。政府的报复十分凶狠：2 名领导罢工运动的织工领袖被吊死在贝思纳尔格林（Bethnal Green）；7 名运煤工人在斯特普尼（Stepney）被处决，现场有 300 名士兵守卫，据说大约 5 万群众前来围观。[30]

作为大英帝国的殖民地的重要港口，纽约在和平年代的经济衰退中也遭到了沉重打击。在战争时期，这座城市却是一片繁荣：北美英军的最高指挥部就设在此地，商业贸易十分活跃，用一位满怀感激的商人的话说，这要归功于城里无数时常光顾酒馆与商店的“军爷”们。当时，皇家海军舰队停靠在纽约的港口，北美殖民地的私掠船（一种得到合法授权，可以任意袭击敌方船只的战船）扬帆出海，又满载着从公海上斩获的战利品凯旋，纽约码头区的海运团体享受着繁荣。战争结束后，随着大批英国士兵与水手离开，纽约商店与酒馆的生意也一落千丈。英国商人利用和平到来后的稳定，以极低的价格向殖民地大肆倾销工业产品，纽约的工匠生产的鞋子、衣服、家具与铁制品在蜂拥而来的廉价商品面前一败涂地。与此同
xxxv 时，英国本土的人口不断膨胀，急需北美殖民地的谷物来解决粮食问题，于是北美小麦出口量急速上升，同时拉高了北美本土的食品价格。更糟糕的是，英国商人为了弥补战争期间的贸易损失，要求纽约的同行们返还之前的预付款，与此同时，新的贷款条件要苛刻得多。“一切都完了，所有做生意的人也都完了。”1764 年年初，一

位纽约商人如此大吐苦水。“这里的生意已经惨到不能再惨，”另一位纽约商人的愤慨也是溢于言表，“就像瘟疫过境一样，大半商业街都长满了荒草”。于是，北美的商人也要求工匠与店主偿清所有债务，而这些人在战争期间本来就只能勉强糊口。纽约的劳动者仿佛夹在两座大山之间，一座叫信贷紧缩，另一座则是英国竞争者倾销的商品。[31]

结果令人绝望：商人破产，工场作坊与裁缝店纷纷倒闭，失业人数急剧上升，公共广场（Common）北边的救济所里挤满了一贫如洗灰心绝望的人。包括工匠在内的劳动阶层所受到的伤害最大，他们赖以维持生计的一点儿积蓄很快被一扫而空。1766 年，纽约新立监狱（离救济所不远）的囚犯中，有 80 个是因为还不起债而被抓进来的。虽然政府部门与民间团体竭尽所能提供救助，但到 1767 年，一位商人仍这样描述当时的情形：“我们的未来一片灰暗。这是一个没有活干的漫长冬天；许多人得不到取暖的木柴，也没有钱去买；房租与税款高得吓人；左邻右舍的家里每天都在拆东西；每个街角都有人把自家的家具拿出来拍卖（用来换钱）。”[32]

当所有人都在这场社会大萧条中咬紧牙关度日时，政府部门也在采取措施应对七年战争所带来的冲击。现在政府开始颁布各项
政策，缓解长期战争给财政造成的惨重损失，并借此进一步加强对 xxxvi
臣民的控制。法国国王路易十五和他的大臣们开启了雄心勃勃的改革，旨在恢复国家的实力与荣耀。其目的是希望通过实现军队现代化、投资基础设施建设、稳定金融业，以复兴法兰西。在一段时间里，因国家战败而激发的爱国热情大大推动了各项改革措施的推进。战争时期，政府曾积极鼓动、宣传这种爱国热情，并将君主的威望

与国家的荣誉连为一体。不少作家与小册子作者都认为，这种精神能够让王国再现昔日的辉煌。国王、大臣与贵族精英一度团结一致，然而这种同心协力的感觉并不能持久。从根本上讲，这些人的利益相互冲突，结果演变成一场政治纷争，将王国专制制度最坏的一面暴露无遗——巴黎就是这场纷争的中心之一。[33]

七年战争期间，英王乔治二世（George Ⅱ）于 1760 年驾崩，继位者是他的孙子乔治三世（George Ⅲ）。虽然这位年轻的国王并非后来美国爱国者们口中的暴君，但他似乎倾向于以一种貌似温和，实际上却更为直接的方式来统治臣民。这意味着新国王要在议会的土地寡头面前主张自己的权威，并任命他认为能够保护人民利益的人当大臣。乔治三世任命了自己宠信的人——他的导师布特（Bute）伯爵约翰·斯图亚特（John Stuart）——担任首相，并宣布自己决心和谈。停战的决定在这个久经战争折磨的国家受到一部分人欢迎，但并非所有人。新的和平政策意味着老威廉·皮特（William Pitt the Elder）的政治事业遭到重大打击，他于 1761 年宣布辞职。老皮特的爱国心及坚决支持战争的态度，让他在伦敦城内赢得了大批支持者。
xxxvii 这里的商人与金融家在战争中看到了机会，可以将法国人与西班牙人赶出他们的殖民地，赶出大海，这样一来英国的商人便有了赚大钱的机会。富有、骄傲、政治能量强大的伦敦城，在之后很长一段时间里都将气急败坏地反对王室权威。

战后的财政危机加剧了政治冲突。为了解决这场全球战争带来的债务，在英国本土，政府准备对苹果酒征税，这是一项极不得人心的税收。在海外，帝国走得更远。因为战争，帝国在北美与亚洲的殖民地大大扩张，帝国希望加强对这些地区政治和财政的控制。

随后，英国政府禁止殖民地居民开拓阿巴拉契亚山脉（Appalachian Mountains）以西地区，防止与美洲原住民进一步冲突；提高殖民地进口食糖的关税，并于 1765 年 3 月 22 日通过了《印花税法》（*Stamp Act*）。这道法令是最受争议的，因为这是英国政府首次对殖民地直接征税。这样一来，纽约就成了本书的三座城市中怒火最为高涨的一座。

第一章

纽约：革命的临近

（1765—1775年）

1 1765年10月18日，纽约省的皇家总督卡德瓦拉德·科尔登（Cadwallader Colden）给“爱德华号”的船长写了一封态度强硬的警告信。“爱德华号”横穿大西洋，船上载的是有史以来最受争议的货物之一：印花票。英国议会强加于北美殖民地的《印花税法》生效后，这些印花票即将开始使用。总督的官邸在曼哈顿岛南端的乔治堡（Fort George）内，这座棱堡也是大英帝国在纽约的权力象征。科尔登这时77岁，脾气火暴，精力旺盛而又头脑精明，他在和这艘船的“指挥官大人”交流时态度十分明确：

> 这座城市还有这个省出现了很多宣言……声称等英格兰人的印花票一到这里就毁掉它们。某些地方居然以暴力和叛乱支持
> 2 这些宣言。因此我认为有必要动用自己的权力提前做好防范措施，并尽最大努力粉碎一切造反与破坏的阴谋……除非采取保护措施，直到印花票安全到岸，否则您的船很可能会在途中遇到极大危险。因此我要求您的船一定要有皇家海军的战船护航，在接到我的下一步指示之前，千万不要脱离它们的保护。①

显而易见，科尔登预计纽约人将以暴力进行抵制。他请求纽约的

海军指挥官阿奇博尔德·肯尼迪（Archibald Kennedy）协助保护印花票安全运抵港口，接下来他又通知当地驻军的炮兵指挥官托马斯·詹姆斯（Thomas James）少校及军队工程师约翰·蒙特雷索（John Montresor）上尉尽可能加强乔治堡的防御。

一开始，殖民地的反抗活动如信奉法律与秩序的精英们预料的那样进行着。绝大多数殖民地居民都对《印花税法》恨之入骨，他们传统上的领导者——大地主、老练的律师和富商——将反抗活动引上一条合法的道路。这些人认为，抗议活动的带头人将有资格决定英国本土与帝国其他地区之间的关系模式。但到了 1765 年的秋天，正当科尔登总督与其他许多人焦虑不安地观望事态发展时，反抗活动演变为一场全民起义，旧时代的精英们已经无力控制这种局面，纽约现有的政治秩序也受到了革命的威胁。此前，纽约的政治被一些有权有势且关系亲密的家族所把持，现在，或者说在一段时期内，权力落到了街头的男男女女手中（实际情况便是如此）。这是一场“双重革命”，一方面各殖民地联合起来反抗宗主国的统治，另一方面民众反对精英阶层的统治。这场双重革命将国家、地方及 3
平民政治搅成了一锅粥。在纽约，反抗活动的矛头对准了两个目标，第一是《印花税法》，第二是大英帝国的统治。[2]

激进主义运动在北美殖民地的发展起起落落。这一过程反映在城市政治地图与社会地图的变迁中，同时在某些方面也受其影响。一方面，纽约民众夺取了殖民地精英的主动权。这一点可以从反抗活动场所的变化看出来，之前这些运动大多发生在纽约市政厅或是高档咖啡馆，现在则转移到更加开放而亲民的公共空间，例如公共广场、酒馆和街道。这种变化反映了抗议活动的政治发展方向，反映了参与者的身份与动机的变化。同时，纽约特殊的社会地图也影响了反抗活动的路线，切实影响了活动场所的选择，某些区域因而特别深地卷入了抗议活动。这种变动的结果是，殖民地精英安享了一个世纪之久的统治地位已被一套更激进、更平民化的政治形式所动摇。在经历了整整一代人之后，巴黎大革命出现了同样的景象，工匠与劳工被动员起来，他们讨论着自由，尽管他们与精英分子用着相似的政治语言，但他们心中的目标与精英阶层背道而驰，甚至相互冲突。

北美殖民地对《印花税法》怨声载道。这项法律对所有法律文书和印刷品征税，包括地契、遗嘱、酒类销售许可证、各类契约、学徒证书、骰子、扑克，以及报纸、小册子、年鉴、广告、日历等
4 出版物。官员会在这些产品上粘贴印花票，证明税款已付。被指控逃税的人要面对的可不是心慈手软的殖民地陪审团，而是海事法院（vice-admiralty court）的法官。[3]

印花税对殖民地社会的各方面都产生了实质影响，说得直白些，就是影响了所有参与公共活动与法律活动的人。一个人可以不赌博，实在没办法的话也可以不去酒馆痛饮，毕竟不是每个人都有钱买东西，或者有东西卖钱。然而，想在日常生活中避开印花税变得越来越难，连结婚与买报纸都要纳税。印花税对商业贸易的冲击更大，在纽约这种商业都市里讨生活的每一个人都深受影响。更麻烦的是，印花税必须用最坚挺的货币——英镑——来支付，可是殖民地的英镑流通量严重不足，那些生活压力沉重的工匠、手艺人和农民的手里更是没有。在经济萧条时期，《印花税法》的推行对殖

民地造成了物质与财政的双重打击；另一方面，《印花税法》挑战了殖民地人民十分重视的特权和自由，他们认为作为生而自由的英国臣民，他们理应享有这些权利。[4]

纽约的反抗活动开始于殖民地议会里有教养的代表。和其他美洲殖民地一样，纽约拥有相当大的自治权。纽约的民选议会由 27 名成员组成，其中 4 名来自纽约市。这里算不上民主，但公民权比较广泛：所有拥有 50 英亩（约 10 平方千米）以上土地的不动产持有人，以及通过缴纳一小笔税款获得政治权利的自由民，都能投票。在纽约城，这种制度使得这里的选民范围远大于英国本土：大约 2/3 的成年男性拥有选举权，其中包括了各行各业的劳动人民。选民中有出入豪宅的马车夫，也有码头与街道上的搬运工，和他们一同投票的还有铁匠、石工、砖瓦工和家境殷实的金匠。这些投票者选出 5
的不光是这座城市在殖民地议会中的代表，还有市议会（Common Council）的代表。纽约人选出了 14 位市议员与助理、7 位辅佐官（assessor）、16 位治安官（constable）来管理自己的城市。但这既不代表民主制度的兴旺，也不是议会规则的胜利，因为民选议会还要面对来自总督的强大压力。总督由国王指派，他有自己的参事会——一个由 12 名王室任命的成员组成的上议院。担任总督的参事会成员是个好差事，任期为 10 年，会得到土地，可以掌握赞助金、政府合同、殖民地与母国之间的政治纽带。他们有权否决民选议会通过的法案，而总督则可以指定纽约的首脑官员，如市长、市议会的秘书与记录员，还有首席检察官。[5]

除总督之外，主导这一政治体系的还包括两个相互争斗的阵营，其成员都来自殖民地精英阶层。他们之间的分歧并不在思想观念上，而在双方的利益及宗教信仰上，双方的首要目标都是从总督那里获得一官半职和资金赞助，这是18世纪的真实情况。敌对的双方各自聚集在其领导家族周围。一方是德兰西家族（Delanceys），他们是胡格诺教徒詹姆斯·德兰西（James Delancey）的后代。詹姆斯于1686年来到纽约，借着当地兴旺的商业贸易赚了一大笔钱。为了更好地融入英国的精英阶层，詹姆斯加入了英国国教教会即圣公会。仅仅用了一代人的时间，德兰西家族便成了殖民地最富有的家族之一，他们通过联姻、商业往来、资助圣公会的商业巨头家族等方式，构建起了自己的政治与社会关系网，而德兰西家族本身就是这些家族利益的最好代表。

与德兰西家族针锋相对的是利文斯顿家族（Livingstons），他
6 们的财富来源于地产，达奇斯县（Dutchess County）哈德孙河沿岸数公里的地产都属于这个家族。他们在纽约法律界也有不少朋友，包括人称“辉格党三执政”（Whig Triumvirate）的小威廉·史密斯（William Smith Jr.）、约翰·莫林·斯科特（John Morin Scott）和罗伯特·R. 利文斯顿（Robert R. Livingston），最后一位是纽约最高法院的法官。这三位的标签——“辉格党”——是一个英国特有的名词，可以指代大西洋两岸所有支持1688年革命（又称“光荣革命”）成果的人。那场革命推翻了詹姆士二世（James Ⅱ）的统治，确立了议会的最高权力，并建立起一套议会与君主共享权力的政治体系。辉格党注重公民自由，反对英国的不成文宪法出现任何倒向君主制的改变。在纽约，土地乡绅（landed gentry）自然聚集在利文斯顿家族周围，与城市商人阶层抗衡。他们像忠诚的长老派（Presbyterian）一样，得到了非国教新教徒［non-Anglican Protestant，

又称“不从国教者”（Dissenters）］的支持，这些人早就对英国国教信徒在纽约社会与政治上的优越地位心怀不满。[6]

德兰西与利文斯顿两大家族的激烈对抗将在革命危机期间被点燃，在纽约市政厅上演。市政厅就是今天的联邦大厅（Federal Hall），位于布罗德街（Broad Street）与华尔街的交汇处。当时它是殖民地议会与市议会的所在地，市法院［称为民事法庭（Court of Common Pleas）］与殖民地最高法院也设在这里，而市政厅的地下室则是阴森恐怖的纽约老监狱。纽约市政厅建成于1700年，取代了之前统治新阿姆斯特丹的荷兰人的市政厅，市政厅处在纽约市的制高点，俯瞰布罗德大街，高于它的建筑物就只有纽约市的钟楼了。这座钟楼是斯蒂芬·德兰西（Stephen Delancey）于1716年捐资修建的，似乎是在彰显德兰西家族在纽约社会中的显赫地位。市政厅本身意在象征殖民地与英王之间和谐共处的关系，这种政治平衡的一个体现是，市议会与总督的参事会轮流使用同一个房间开会议事。 7
换句话说，市政厅代表着“英国的”纽约，这一点体现在每一根木头、每一块砖头、每一捧灰浆之中。为了突出市政厅的法律权威（当然还有那位陛下的威吓），外面的街道上立着一根鞭笞柱，还有颈手枷、足枷和囚笼。[7]

对于纽约的殖民地精英阶层来说，选择在纽约市政厅开始反《印花税法》活动，除了市政厅本身是他们开会的地方，还有两个更重要的原因。首先，这清晰地传达出如下信息：抗议活动本质上是合法的，他们只是作为殖民地的代表向英王倾诉不满。其次，这种做法能够显示，既存的殖民地领导者决心控制和引导这场反抗活动。于是，纽约殖民地议会雇用了文采出众的“三执政”——利文斯顿、斯科特和史密斯——用辉格党众所周知的观点，反对任何未经殖民地同意的税收。他们认为，殖民地从未向威斯敏斯特派遣过任何议会代表，因此北美人民不会同意英国议会通过的任何税收法案。相反，只有殖民地议会才有权规定殖民地的税收：这并非殖民地的特权，而是一种公民的权利。而伦敦方面反驳说，帝国的最高权力掌握在国王陛下与议会手中，殖民地人与帝国内大多数没有公民权的人一样，被“实质性”地代表了。对此，小威廉·史密斯焦躁而又沮丧地总结：“这个答复让所有殖民地都不再指望大不列颠了。”[8]

《印花税法》将于 1765 年 11 月 1 日正式生效，随着这一天的临近，殖民地的抗议者们召集了反《印花税法》大会（Stamp Act Congress），来自 9 个殖民地立法机关的代表参加了这次会议。代表们齐集市政厅，商讨如何和平地开展进一步的抗议活动。大会决定进一步强化陪审团制度，并宣布征税必须经同意是“每个英格兰人
8 毋庸置疑的权利”。但这一切都无济于事。10 月 23 日，反《印花税法》大会刚刚闭幕，纽约的港口就传来了一个爆炸性消息：运输船“爱德华号”已经在两艘战舰的护卫下进港，船上载着整整两吨让人恨之入骨的印花票。[9]

也正是在这时，反抗运动的主动权发生了决定性的转移，它离开了市政厅高雅的厅堂、光亮的石板，来到城市的大街小巷当中。当“爱德华号”劈波斩浪驶入纽约的港口时，“辉格党三执政”那妙笔生花的文章显然无能为力——采取直接行动的时候到了。反《印花税法》大会的代表们都忧心忡忡，这些律师、商人和地主在市政厅里注视着窗外街道上正在行动的勤劳的人们，他们明白这些

劳苦大众一旦开始以暴力方式进行反抗，将会释放出无穷无尽的破坏力，任何人都难以控制。这种情况 8 月在波士顿就已经出现了，当地的群众强迫印花票代销人辞职，并毁坏了马萨诸塞总督的宅邸。而“爱德华号”在乔治堡枪炮的保护下抛锚，大约 2 000 名群众聚集在附近的炮台处，试图阻止船上的货物登岸，但根据军队工程师蒙特雷索的记述，“它们在晚间秘密上岸，被运送到要塞里”。[10]

这样一来，反抗活动更加暴力并充满火药味。“一大群暴民分成三队从街上涌过，一路上大喊着‘自由’，”蒙特雷索在日记里这样写道，“他们把路灯砸得粉碎，同时还威胁某些人说要拆掉他们的房子。被捣毁的窗户大概有几千扇”。在社会动乱的危机面前，纽约的商人们挺身而出，成为北美殖民地反抗运动的先锋，他们成群结队地拥进城市武器酒馆（City Arms Tavern），这个地方又叫作 9
伯恩斯咖啡馆（Burns’ Coffee House）。商人一致决定，从 1766 年 1 月 1 日起不再进口任何英国本土的商品，直到《印花税法》取消。蒙特雷索的日记充满了嘲讽的语气：“有几个家伙穿着丧服，估计是因为最近的印花税事件，也可能是哀悼他们逝去的自由。连商人咖啡店的袋装熏火腿箱子也涂成了黑色或者深紫色。”城市武器酒馆的商人运动表明，纽约的精英阶层已经让反抗活动，无论从法律上还是事实上，挣脱了殖民地政府法律框架的束缚，发展成了一场参与者更为广泛的公开辩论。

这间咖啡馆有一间大型会议室，专门租给举办文化与社交活动的人使用，因此从实用角度来看，完全可以拿来组织这次抵制活动。此外，这里也是纽约生意人的一处聚会地点，一条获取各种消息的渠道，不管有什么风吹草动，纽约市的所有商人都能及时应变。

咖啡馆的位置就在现在百老汇大街（Broadway）115号，从乔治堡沿着百老汇大街向上5个门牌号就是，这么近的距离也显示了抵制运动背后的目标。咖啡馆坐落在纽约最富庶的城区，也就是所谓的“宫廷区”，不远处就是乔治堡，以及政界显要、社会名流在百老汇的豪宅。换句话说，选择这个咖啡馆并不只因为它的实用性，同时也表明商人们希望能够控制反抗活动的步伐与方向，避免触发一场大规模暴动。[11]

但如果说伯恩斯咖啡馆是反抗运动中精英阶层的据点，那么大街小巷就是平民百姓的阵地。民众后继的行动已经不仅仅是为了应对经济的不景气。从这一刻开始到下一个十年，社会各阶层的男男女女将遭到大量信息的轰炸，报纸、小册子、海报与版画等印刷品铺天盖地，纽约平民区酒馆里、大型集会上充斥着激动人心的怒号。在这段激动人心又叫人惶恐不安的日子里，所有纽约人都被卷入了政治浪潮中。

在这样的环境下，纽约的劳动者群起响应“自由之子社”（Sons of Liberty）的号召便不足为奇了。这一社团到目前为止仍然戴着神秘的面纱。他们是从殖民地的船舶、码头、工场与账房里涌现出的新一代政治领袖。这些自学成才的新生代都是雄辩家，他们能够将精英阶层在反对活动中使用的法律语言与街头平民百姓日常遭遇的贫困结合在一起。他们是工场里、海滩上喧闹的抗议者与市政厅内博弈的政治家们之间的一座桥梁。不过他们并没有选择咖啡馆，而是去小酒馆与纽约的劳动人民打成一片，亲热地相互握手或勾肩搭背，倾听他们的抱怨，然后把它们转化为政治目标。不同于咖啡屋那种秩序井然的高雅环境，酒馆秩序混乱，是阳刚气十足的地方，聚集了各种社会背景的汉子，他们被动员起来，一致反对《印花税法》。酒馆将这座城市多元文化生活中不同的面孔汇聚在一起，于是这里盛产激进的群众反抗运动的领导者。这些领导者出身卑微，白手起家，他们有的是商人，有的是船主。这些领导人物包括以直言不讳闻名的康涅狄格（Connecticut）人艾萨克·西尔斯（Issac Sears）、说话同样直爽的斯科特·亚历山大·麦克杜格尔（Scot Alexander McDougall）、乐器制造商约翰·兰姆（John Lamb）和家具商马里纳斯·威利特（Marinus Willett）。1765 年 10 月 24 日，这些人共同向整个纽约城发布了一份充满威胁意味的手写通告，标题是《人民的呼声》（*Vox Populi*）："谁敢第一个销售或者使用印花票，请小心他的房子、性命和名声。有胆子就试试。"[12]

11 月 1 日，自由之子社呼吁所有人在城北的公共广场集合。 11
纽约往常熙熙攘攘的景象消失了，连所有码头也沉寂下来，数以百计的工匠、水手、码头工人在夜幕降临时从一条条街道拥向集合场地。密密麻麻的蜡烛在灯笼里闪烁，照亮了这个深秋漆黑的夜晚。在公共广场聚集的人越来越多，有工匠、劳工、商贩、水手和码头工人，人群开始骚动。抗议者随后出发，一条烛光汇成的河流在黑暗中缓缓流动，伴随着无数人狂热而坚决的吼声。

如果今天有人要重走抗议者的路线，他需要围着下曼哈顿转一圈。抗议活动最终的目的地是曼哈顿岛南端存放着印花票的乔治堡，但游行队伍并没有选择那条最显眼的路线，也就是顺着百老汇大街一直往前。走这条路毫无意义，我们必须更贴近游行者。事实上，游行路线受到城市的风俗习惯和社会地图的影响，由街道与社区的特殊布局决定。这样的路线能够让示威者将政治抗议与社会抗争融为一体，将北美殖民地的“双重革命”充分结合在一起。一个混在抗议者队伍里的人（后来他在潦草不堪的证词里说自己是“灌多了老马德拉酒”）看到了一尊卡德瓦拉德·科尔登总督的假人像，这个假人被放在一张椅子上，一名水手将它们高高举起。“暴徒从公共广场拥向溪谷（市场），人群挤满了街道，他们手里的蜡烛跳动着火光。”示威者途经的房子都点亮了灯火，表示主人对游行活动的支持，同时也是为了避免因不开灯而被砸烂窗户。[13]

游行队伍首先向东，到达女王街［Queen Street，现在的珍珠
12 街（Pearl Street）］，随后朝商业中心前进。在经济萧条与政治紧张的背景下，选择这条路线同时具备战略及象征意义。从女王街到东河，路旁都是通往码头与泊船处的小巷子。这个选择是英明的，因为抗议队伍中占大多数的水手与码头工人就在这里工作、休息与畅饮。第一眼看到这个街区或第一次闻到它的味道时，人们可能会质疑它作为政治激进主义发源地之一的资格。贫穷、肮脏与暴力令这块海滨的土地声名狼藉。雨水将市中心的垃圾与污物冲向东河沿岸的码头与泊船处。这些脏东西发出恶臭，味道弥散在沿途的贫民窟。这里住着纽约最穷的人，他们栖身此处是因为价钱便宜而且离码头很近，当时的人们提到贫民窟时都会警告说那里“腐化堕落”，是个“充满暴徒的地方”。在这片挤满了木头披屋与其他房子的地区，藏着不少小酒吧、酒馆和妓院，专门为成群结队的水手提供服务。这些靠海为生的人当中还有一些非裔奴隶，他们有的偷跑出来享受几个小时的自由时光，有的则更为大胆，试图消失在海岸川流不息的人群中。据说这些活力十足的人整个晚上都在“喝酒、争吵、打

架、赌博、四处撒野”。[14]

但这些现象正是纽约城商业活力的体现，这股力量将码头变
成了一个喧闹的活动中心，在东河上航行的人都明白这一点。东
河沿岸最南边是白厅码头［Whitehall Slip，去往斯塔滕岛（Staten
Island）］的渡轮就是从这里起航），往北是佩克码头（Peck Slip），
接着经过樱桃街（Cherry Street），最后到达北边的船坞。时至今
日，纽约繁华的下曼哈顿区还有许多这样的码头，在那里有不少
能给人惊喜、令人愉悦的露天场所，例如柯恩蒂斯码头（Coenties
Slip）。在 18 世纪 60 年代，如果想逛一逛这些地方，你得在无数水
手、搬运工、木匠、船帆修理工、编绳工、蜡烛工、商人、小贩和 13
航海者当中挤出一条路来，他们让这一地区生气勃勃。港口里停满
了船，密集的桅杆让码头看起来好似一条林荫小道。现在这里正经
历着战后的经济衰退，《印花税法》与商业反对者的对抗正威胁着
海滨成千上万的纽约居民的生计。[15]

水手与码头工人应对这场危机的方式根源于他们骨子里的团结意识及历史悠久的叛逆精神。早在自由之子社出现之前，水手就称自己为“海神之子”（Sons of Neptune），在岸上的时候他们在一起喝酒、找女人，或是在码头横冲直撞，他们之间形成了强烈的集体观念，他们与同船的伙伴平等相处，抗拒不了解航海的上司（虽然时间并不长），破坏 18 世纪社会的等级制度。北美殖民地水手有充分的理由反对权威：商船船员在岸上休假时，常常要提防英国抓壮丁的部队，他们逼迫这些船员入伍，为缺乏船员的皇家海军战船补充人手。就在前不久，1764 年 7 月，纽约的民众就烧毁了一艘海军大艇，以示对这种强征行为的不满。另一个有利因素是，自由之子

社的两位成员西尔斯和麦克杜格尔，都是事业有成的船主及私掠船船长，性格粗鲁直爽，在码头区的居民当中拥有很高的威望。这两位都很受人欢迎，身上有一种坚韧不拔的英雄气质，很容易与海员打成一片。从一开始，反抗运动中就出现了一支由水手与码头工人组成的强大队伍，他们在这场引发了独立战争的危机中令政府当局头痛不已。这个海员团体还帮助纽约的革命者从多种族的视角去看问题，因为北美殖民地的水手当中有不少非裔自由民。虽然种族主
14 义思想依然无法避免，但海洋世界的平等精神的确让它成为人们逃离种族偏见的避难所。[16]

选择女王街作为向南的路线不只是为了召集那些靠海为生的人。虽然脏乱的码头就在旁边，但大街上却是另外一个世界，整条街都是商业区，有钱的商人在这里盖起了砖房，以显示自己的“品位”。抗议者在走过女王街时，向这座城市的精英阶层展示了自己的决心与力量。后者住的房子造型优雅，明显是模仿英国本土的典型的“乔治王时代风格”，房子的墙壁上了漆，于是房子的外面也跟里面一样闪闪发光、富丽堂皇。这些房子是根据当时伦敦最流行的装饰风格布置的，展示了殖民地精英的富有，也表明了他们是大英帝国的一员。在经济萧条和危机时期，这种炫富的行为无疑让许多劳动人民十分愤慨。另外，精英阶层还被怀疑贪污了帝国给殖民地的资助。[17]

这样看来，女王街成为游行路线的一部分绝非偶然。游行队伍一到达溪谷市场（Fly Market，这个名字源于荷兰语单词 Vly，意为“溪谷”，因为有一条业已干涸的小溪曾流经此地），抗议者就转向内陆，进入华尔街，这条路线隐含的政治目的昭然若揭。他们在詹

姆斯·麦克弗斯（James McEvers）的家外停了下来，麦克弗斯是一位纽约商人，他在8月以各种手段给自己争得一份印花票代销商的差事，现在则要拼尽全力甩掉这个身份。他坦白地承认：“（如果不这样办）我家会被抢劫一空，我会被辱骂殴打，陛下的利益也不能得到保证。”麦克弗斯的退让无疑是英明之举，示威群众连续高呼八声“好极了”，以示对他的感激。[18]

游行队伍沿着华尔街继续向前，中途经过市政厅，市长约翰·克鲁格（John Cruger）要求抗议者解散，而后者对此置之不理，最终进入直通乔治堡的百老汇大街。抗议者到达了这座城市的“宫廷区”，海边新鲜的空气、城市最南端天高地阔的风景， 15
以及近在咫尺的城堡与里面的总督大人，都在提醒他们这里就是整座城市最时尚建筑的所在地。“辉格党三执政”之一的罗伯特·R. 利文斯顿法官的豪宅也在这里，此刻看着远处正在行进的群众队伍，这位法官依然坚持贵族式的忠诚，拒绝与正在抗议的“暴民”为伍。利文斯顿的选择清晰表明，殖民地精英阶层与团结一致反抗《印花税法》的广大劳动人民之间，依然存在着不可逾越的鸿沟。[19]

游行者的热情现在被彻底点燃了，他们正向着乔治堡逼近。这座城堡由于以下两个原因成了抗议活动的最终目标。首先，城堡里面存放着印花票。其次，它是英国政府的一座坚固的军事要塞，是英军在这座城市里的两处驻军地点之一（另一处在公共广场），要塞里的炮兵在港口周边的水域训练，城墙后面就是总督府。最后一个事实意味着，如果抗议者不能抢走讨人厌的印花票，他们至少可以让国王的代表知道他们非常不满。

大规模的抗议在这一刻完全可能演变为暴力行动。乔治堡的防御并非完美无缺。军队的首席工程师约翰·蒙特雷索上尉在一天之前以专业的眼光检查了堡垒的防御工事，他发现这些设施不堪一击，于是做了一些准备工作，包括拆除一道花园的篱笆以便守备部队扫射，还有搬走原本堆在堡垒里的木头，并在城堡入口处设置警戒哨。他还得设置拒马，这是一种防御设施，由一根横杆及多排钉刺组成。现在士兵在城墙上严阵以待，黑洞洞的炮口
16 里装填了葡萄弹，对准了敌人。全体人员由炮兵指挥官詹姆斯少校统一指挥。事实证明，这位军官十分好战，有一刻他甚至表现得十分暴躁、愚蠢与傲慢，发誓自己会“用剑尖挑着印花票塞进那群家伙的喉咙里”。[20]

科尔登总督当时正在观望，他看到了自己的假人像，根据他本人的报告，假人“在暴民下流粗俗到极点的叫嚣声中，被推到了城堡大门外两三米远的地方”。那个喝多了马德拉酒的抗议者看见总督没有护卫的马车被抢了过去，然后“被拖拽着……穿过整个商业区……暴民的队伍依然在不停扩大……有五六百支点燃的蜡烛照耀着他们”。抗议者在吵嚷声中返回公共广场，之后又一批闻讯赶来的群众加入了这支队伍，他们拉来一座绞刑架，上面摇摇晃晃地吊着一个象征着科尔登总督的假人，假人手里拿着一只长筒靴和一叠纸。前者暗指布特伯爵，这个苏格兰人（科尔登也是苏格兰人）在1760—1763年间担任乔治三世的首相，但并不受欢迎；后者则象征着印花票。和总督的假人一起吊在绞刑架上的还有一个魔鬼，后者正在与前者低声耳语。这类主题活动对纽约人来说已经十分熟悉了，从很久以前开始，每年的11月5日他们都会“庆祝”教皇节

（Pope's Day），* 以示反对天主教的立场，同时声明自己新教徒和英国臣民的身份。现在科尔登与布特代替了往常的教皇与“美王子”查理（Bonnie Prince Charlie）——后者命途多舛，他曾主张英国的王位，并于 1745 年在苏格兰发动起义。[21]

示威者回到堡垒那里，这次他们走的是直线，拖着总督的马车，载着吊着假人像的绞刑架，顺着百老汇大街一路向前。当他们到达乔治堡门前时，詹姆斯少校大喊起来：“我的老天，他们来了！”游行队伍里爆发出三声欢呼，嘲讽城堡守军，打赌他们不敢开火。那个灌饱了马德拉酒的醉汉回忆，一些游行者“把绞刑架放在城堡大门正对面，拿起棍棒抽打它”。训练有素的士兵忍受着攻 17
击与谩骂，“在面对肆意的侮辱时……没有人回骂或者动手，”科尔登写道。不能或不愿突破城堡的防御，攻击者们在“挑衅地呼喊了三声”之后就撤退了。科尔登总督无可奈何地看着抗议者把他的马车拖到附近的鲍林格林（Bowling Green），然后点起一堆大火，将马车连同上面的假人一起烧成灰烬。[22]

当火焰还在熊熊燃烧时，一小群抗议者回到堡垒大门前，警告詹姆斯少校“他们要拆掉他的房子……如果他还是一条汉子，那就自己过来保护它”。这些狂热分子再次向市郊进发，目的地是城市边缘一处名为沃克斯豪尔（Vauxhall）的宅邸，这座房子就在沃伦街（Warren Street）的北边，从那里可以俯瞰哈德孙河。抗议者挖开草坪，拔掉花园里的植物，冲进詹姆斯漂亮的房子。丝绸窗帘被拽掉，桃心木家具被劈成碎片，镜子、瓷器与玻璃器皿被摔得粉碎，然后

* 北美殖民地的政治节日之一，主要活动包括模拟像巡游、燃烧篝火、焚烧教皇假人像等。

这些东西都被扔出了窗户。藏书室里的书籍被撕毁，少校家酒窖里的所有藏酒也被暴乱者喝了个精光。天花板与内壁都被破坏，到了第二天凌晨4点，这座房子只剩下了一个惨不忍睹的空壳。暴徒夜间的最后一场行动是闯进了这座城市除圣公会教堂外的所有教堂，蒙特雷索在笔记里写道。黎明时分，他们敲响了教堂的钟以示庆祝。[23]

这天夜里的事件说明，纽约的精英阶层已经失去对抗议活动的控制权，他们对此表示恐惧。利文斯顿因这次暴乱事件而焦虑不安："所有人都对政治极端狂热……昨晚，就是暴乱开始之前的那个夜晚……这座城市从来没有像昨晚那样的夜晚。"这起事件中的暴力，至少是暴力的威胁，还持续了一段时间。蒙特雷索在11月2日的日记里草草写道，"活人与死人身上的钱都被掏得一干二净"，"其他
18 人则盯上了公共财产、城市财富、海关，以及其他设施"。第二天，蒙特雷索接到命令，要他封住乔治堡旁炮台上及炮兵院子里的大炮，万一大炮落入对方的手里，后果将不堪设想。他同时也充分利用手头有限的物资进一步强化了堡垒的防御。[24]

出于对暴民政治与无政府主义的警惕，"辉格党三执政"之一的利文斯顿呼吁船长们平息海滨城区的躁动。其中一位船长可能就是亚历山大·麦克杜格尔本人，他和利文斯顿家族一样，都是华尔街长老会的成员。利文斯顿写道，一位自由之子社的成员"立即加入了我们的计划"，他说的大概就是麦克杜格尔。"他带着我们走遍了城里的每一个角落"，获得了船主、船长和劳工的支持，安抚了躁动不安的码头区居民。辉格党寡头政治家族，如利文斯顿家与德兰西家，在击败英国的帝国主义政策上是完全一致的，但他们并不希望引发大规模的社会动荡，危及自己的财产与名声。[25]

与此同时，利文斯顿在“辉格党三执政”里的另一位伙伴小威廉·史密斯也做出了明智的选择，为了平息目前的事态，他与科尔登总督达成了协议，后者将所有的印花票“转交给市长和市政当局”，这个举措让城市暂时恢复了平静。交接那天大约有 5 000 名群众在场围观，人们的脸色都不太好看，但没有人说什么，或者做什么。这些令人讨厌的印花票在众人的目送下离开了乔治堡，经过一段短暂的旅途后，到达市政厅，在那里被妥善保管。[26]

当老总督科尔登迫不及待地卸任而去之后，新总督亨利·莫尔（Henry Moore）爵士于 11 月 13 日走马上任，总督府的官员们沮丧地发现，由于“四处蔓延的恐怖”，没有一个人愿意负责印花税票的营销。自由之子社在这个冬天里继续加强攻势，他们召开集会， 19
焚烧偶像，在街道上游行抗议，并于 11 月 26 日达成了无印花票交易的协议。码头区停工了 3 个星期，水手与商人正饱受磨难，反抗运动利用了这一形势，给他们提供了新工作，他们现在是自由之子社的中坚力量。自由之子社还组织了一个通信委员会，以协调各殖民地的反抗斗争。[27]

1766 年 5 月 20 日，终于传来了一个令人兴奋的消息，英国议会废除了《印花税法》，因为殖民地方面的坚决反对导致它无法推行，伦敦内阁的倒台也让《印花税法》丧失威严。不过结局并非完美：议会重申有权为殖民地制定法律，以及“在任何情况下”对殖民地及其人民实施管理与约束。换句话说，背后的合法性问题仍未解决，矛盾迟早会再次爆发。但现在这一刻就像《纽约邮差》（*New York Post-Boy*）报道的一样，“突然的惊喜……传遍了整座城市，所有人都知道了这个消息，邻居们奔走相告，城里所有的钟都被敲响了，这些活动一直持续到深夜，第二天清晨又再度开始”。蒙特雷索私下里记述了更多细节：“这个夜晚在痛饮、爆竹声，以及火枪与手枪的呼啸中结束了，有些窗户的玻璃被打得粉碎，还有不少门被震掉了门环。”[28]

这些庆祝活动为城市增添了 3 座景观。6 月 30 日，殖民地议会经商讨决定，为乔治三世修建一座骑马像，旨在表达“殖民地对国王陛下的英明统治及恩惠赐福感激不尽”。议会代表又投票同意为老皮特也竖立一座雕像，后者在议会中一直坚持不懈地调解英国与北美殖民地之间的矛盾。这两座雕像于 1770 年先后完工，中间只隔
20 了几周：国王的雕像于 8 月在鲍林格林揭幕，而皮特的雕像 9 月则在华尔街揭幕。这是纽约有史以来的第一批雕像。[29]

与前两个相比，第三处景观的争议要大得多。抗议活动自爆发以来占用了城市里不少社会和政治场所（市政厅、伯恩斯咖啡馆、酒馆），它的发展进程也受到城市社会地理与政治地理（海滨、女王街、堡垒）的影响。纽约人精心装饰了城市的一处公共场所，虽然他们这样做只是为了庆祝赢得了身为英国臣民的权利与自由，但实际上又制造了一处新的抗争发源地。这个景观就是 5 月 21 日在纽约公共广场竖起的自由杆，它成了反抗英国帝国主义政策的一个象征，在殖民地人民与效忠王室的英国士兵之间又引发了一场新的冲突。自由杆被证明是纽约从抗议蹒跚地走向革命这一过程中的一步。它不是革命的缘由——毕竟这个时候离宣布独立还有整整 10 年——但随着英国与殖民地之间危机加深，自由杆在这场冲突中指引了前进的方向。

自由之子社从一艘旧的松木船上拆下一根桅杆，将它从码头上拖到公共广场竖立起来。这对于在抗议活动中立了大功的水手来说是一份不错的礼物。一开始它只是一根“挂旗的杆子”，但没过多久人们就叫它“自由杆”。桅杆顶部挂着一串木桶，桅杆上钉着一块木板，上面刻着“乔治三世，皮特—和自由”（由于一手促成了《印花税法》的撤销，老皮特在北美有口皆碑）。极少数英国人或许对这些口号有意见，但自由杆业已成为一个煽动民心的象征，因为竖起它的人是自由之子社，而它竖立的地点在公共广场。这个地点的选择是经过深思熟虑的：波士顿人将一株大榆树打扮成“自由树”（liberty tree），而纽约的市民只立了根桅杆，但立在了关键位置上。[30]

公共广场经常被纽约人叫作空地，因为各种原因，这里多年来 21
一直是市民举行各种集会的场所。这个地方接近城市的北部边界，但依然在城区之内。整片区域呈三角形，夹在两条街道之间，一条是西边的百老汇大街，另一条则是与百老汇交叉并向东北方向延伸的波士顿邮路［Boston Post Road，现改名为公园路（Park Row），公园的南边是现今的钱伯斯街（Chambers Street）］。两条路之间的空间形成了这块三角地，今天这里是市政厅公园（City Hall Park）。公共广场一直十分喧闹，人们惯于在这里集会。这一点早在 18 世纪 50 年代就成了官方默认的事实，同一时期政府当局将绞刑架也搬到了这里（出于善意），目的是为了教化广大民众。另外，在公共广场的北边驻扎着上军营（Upper Barracks），军营修建于 1758 年，为了安置七年战争期间来到纽约城的英国守军。因此公共广场不只是一处公共场所，纽约的力量也在这里展现，并且伴随着不祥的暴行。因此，自由杆虽然是为庆祝广大民众赢得权利而竖立的，但有了一种轻蔑的蓄意挑衅的意味。

公共广场几乎不可避免地成为纽约政治色彩最强的地区之一，在自由杆成为反抗帝国权威的标志之后，情况更是如此。这根旗杆也是英军士兵的眼中钉，他们下决心要拔掉它。这样一来公共广场就成了英国大兵与纽约市民较量的战场，同时一个接一个的坏消息也在破坏着殖民地与帝国政府之间的关系：1765 年《驻营法》(*Quartering Act*)出台，强迫殖民地为英国驻军提供食宿；1767 年 10 月《限制法案》(*Restraining Act*)生效，惩罚所有抵制《驻营法》的纽约人；接着是《汤森税法》(*Townshend Duties*)，规定对包括茶叶在内的一系列商品进行征税，这个消息也是在 10 月传到殖民地的。

自由杆每日立在军营前的公共广场上，英军看着非常不顺眼，1766 年 8 月 10 日，为羞辱周围愤怒的市民，第 28 步兵团的士兵砍
22 倒了第一根自由杆。自由之子社没有被吓倒，第二天又立起了一根新的自由杆。8 月 22 日，第二根自由杆也被砍倒，但第三根马上又立了起来。到了 1767 年 3 月 19 日，自由杆又毁于神秘人之手，但大家都怀疑是英军士兵干的。自由之子社立起了第四根自由杆，并将旗杆的下部用铁包裹起来，以保护它不受损害，又在蒙塔涅酒馆(Montagne's Tavern)设下了“戒备森严的岗哨”，那里可以从百老汇大街直接监视整个公共广场。在成功策划了一次对驻军的羞辱行动之后，这座酒馆已经成了自由之子社的指挥部。

只要英国士兵砍倒了自由杆，或者准备将其砍倒，那么，不管在什么地方，自由之子社都会进行针锋相对的斗争，而军队对此

也毫不留情地实施报复。旅馆的老板们都收到通知，不准接待军方人员，根据蒙特雷索的记载，军官与士兵“每天在街上都是人人喊打”。总督将6磅加农炮布置在公共广场的上军营及乔治堡的下军营外围，以“保证驻军的安全”。在那些被人嘲讽为“圣地”的街区里，* 妓院也对士兵们颇不友善，而后者为了报复，于1766年10月12—14日夜间端着刺刀向这些“房子”发起了凶狠的攻击。士兵们将子弹射向一家家酒馆，尤其是蒙塔涅酒馆与巴丁酒馆（Bardin’s Tavern）这些以支持自由之子社而出名的地方，或是“用出鞘的剑与刺刀”将饮酒的客人打倒在地，一家报纸如是报道。[31]

规模最大的冲突发生在纽约坚决反对《驻营法》与《汤森税法》时期，严重影响了一大批商品的进口。1768年4月，纽约的一个商人委员会（后发展为这座城市的第一家商会）签署了一份新的禁止进口协议，引发了一场新危机。贸易衰减让纽约人的日子过得
十分艰难，1769年12月，控制着殖民地议会的德兰西家族促成了 23
一项妥协计划。殖民地将接受《驻营法》，以换取发行纸币的权力，并借此机会向停滞的经济注入活力。自由杆与公共广场将在后续的故事里继续扮演重要角色。

正当德兰西家族暗中进行交易时，自由之子社的领导者之一、性情直爽的资深私掠船船长，也是利文斯顿家族的合作伙伴亚历山大·麦克杜格尔，在教堂街（Chapel Street）的住宅里拿起了笔，展开了猛烈抨击，一篇名为《致这座城市及纽约殖民地的叛徒们》（*To the Betrayed Inhabitants of the City and Colony of New York*）的匿名檄文很

---

* 这些街道从公共广场开始，一直延伸到西边的国王学院，也就是现在的哥伦比亚大学，在默里街（Murray Street）与巴克利街（Barclay Street）之间

快传遍了整个纽约。接受《驻营法》并“供养那些不是来保护而是来奴役我们的军人”等于默认英国可以在殖民地合法征税。事实上，“这项法案颁布的目的就是要不经我们同意，就掏干净我们的口袋”。马萨诸塞与南卡罗来纳正在坚决地斗争，纽约的商人为抵制英货做出了巨大牺牲，在这种情况下，任何媾和行为都无异于屈膝投降。这种关起门来投票的做法只能说明一件事：议会的决定不是为了维护民众的利益，而是为了贪污腐败。麦克杜格尔公开点了这些人的名字：科尔登总督（他结束了在长岛的退隐生活，再次为国王服务）与德兰西家族。他号召人们到公共广场集会，迫使议会改变决定。12 月 18 日星期一，一场公众集会在自由杆下举行，吸引了大批支持抵制运动的群众，与会者一致决定“不管在什么情况，连一个便士都不能给军队”。然而这个决定第二天就被德兰西家族操纵的议会驳回了。[32]结果麦克杜格尔被迫在不安的沉默中旁观议会代表投票表决，将那篇匿
24 名檄文认定为“内容荒谬、妖言惑众的无耻诽谤”，并许诺向任何指认檄文作者的人提供 100 英镑赏金。[33]

德兰西家族用尽一切手段来追捕他们的敌人，而英军这时对自由杆发起了一次毫不留情的攻击。1770 年 1 月 13 日夜，寒气袭人，暮色苍茫，英军士兵悄无声息地穿过公共广场的一片开阔地，锯断了保护自由杆的支柱，在自由杆上钻了一个洞并填上火药。但他们被附近蒙塔涅酒馆里的几名自由之子社成员逮了个正着，引发了进一步的暴力冲突。3 天后，也就是 1 月 16 日星期二，一群士兵藏在附近一座废弃的楼房里，一直等到深夜才开始行动，他们趁夜色用火药再次发动袭击，将那根桅杆炸倒。为了泄愤，士兵们把自由杆锯得七零八落，然后统统扔到蒙塔涅酒馆门前。

之后的一段日子里，英国驻军与爱国者（帝国主义政策的反对者开始这么称呼自己）之间爆发了激烈冲突，他们相互威胁羞辱，在墙壁上张贴各种充满攻击谩骂的印刷品。1月19日星期五，脾气火暴的艾萨克·西尔斯与他的一位朋友在溪谷市场售卖水果、蔬菜、鱼和肉类的货摊之间散步，快要走出少女巷（Maiden Lane）时，他们碰见一队英军士兵正在张贴新宣传作品，上面写着自由之子社“认为他们的自由全靠这片破木头了”，这无疑是对自由杆的恶毒嘲讽。[34]

说话一向直来直去的西尔斯立刻火冒三丈，对士兵破口大骂。在扭打过程中，西尔斯和他的朋友抓住2个士兵，想顺着冰封的街道把他们一直拖向华尔街，让怀特黑德·希克斯（Whitehead Hicks）市长逮捕他们，而这2个士兵的伙伴则跑去求援。更多的士兵手握
刺刀赶来支援自己的战友，而市民们也抓起手头上所有能当武器用 25
的东西，甚至还卸走了市长住宅旁边雪橇的滑板。在最后关头，希克斯市长终于出面了，他命令所有士兵立刻返回军营，但回公共广场要途经溪谷市场和海滨地区那些狭窄肮脏的街道。结果这些士兵被加入群众队伍的水手和搬运工一路追赶。20多个英国士兵到达了金山*时，已经跑得气喘吁吁、两腿酸软，他们拼命寻找掩蔽处，而这群出身于纽约社会底层的体力劳动者从四面八方围了过来，他们向士兵投掷石块，用棍棒和拳头殴打落单者。这时又有一批英国士兵从公共广场赶到现场，为首的是一个没穿军装的军官，他高呼：“士兵们，上刺刀，杀出一条血路来！”得到援助的士兵对攻击者发起猛烈反击，他们此刻信心十足，放声大喊：“你们的自由之子

* Golden Hill，这个不太准确的名字，指的是一片开满了金黄色的白屈菜花的草地——在荷兰语里称为Gouewen。

有本事怎么不出来？”

混战中一名士兵受了重伤，还有不少旁观者遭到刺刀劈砍。其他人则逃离现场，一个个都是鼻青脸肿惊魂未定。市政官员与军官们急急赶来，强行将参与斗殴的人员分开，这些人全部一瘸一拐地溜走了。希克斯市长命令全体士兵即刻回营，至此事态终于得以平息。士兵们收到的命令是“不许侮辱当地居民”；而市民们则被告诫“遵守秩序，以和为贵”，换句话说就是不要去招惹驻军。但愤怒的情绪依旧沸腾不息，一个纽约人在给伦敦的朋友写信时显得焦虑不安：“我们都不知道如何是好……天知道最后会是什么结果。”[35]

纽约人将“金山之战”（Battle of Golden Hill）视为美国革命的第一场战斗，激战的地点大致位于现在的约翰街、威廉街、富尔顿街（Fulton Street）和克利夫街（Cliff Street）。暴力没有解决任何问
26 题。自由杆已经成为纽约人反抗运动不可替代的象征，没过多久在公共广场又高高立起了一根新的自由杆。意志坚定的西尔斯在新自由杆附近买下了一小块土地——大约 23 平方米，位于百老汇大街东侧，几乎正对着这条大街与默里街的交叉口。这块土地选在拐角处，挑衅地紧挨着军营。2 月 6 日，纽约人迎来了一场规模盛大的游行：

> 新桅杆被 6 匹马拉着从船坞出发，穿过一条条街道，桅杆装着木桁架，上面飘着 3 面旗帜，旗子上写着“自由”与“财产权”，数以千计的居民参加了这场大游行。自由杆立起来的时候没有发生任何意外，与此同时圆号在演奏《天佑国王》。新的自由杆高约 14 米，被木头、石块、泥土结结实实地固定在地上；杆体上部是高达 6.7 米左右的顶桅，顶桅上系着一面

金色的旗子，上面写着“自由”。[36]

谁也无法对这根巨大的自由杆视而不见——想推倒它也是难上加难：桅杆扎入地下 3.6 米深，杆体有 2/3 被铁皮包裹，它们被铁环固定在杆上。桅杆的上部也安装有类似的铁环，铁环之间的桅杆被钉了尽可能多的钉子。这是第五根自由杆，在 1776 年被效忠派（Loyalist）摧毁之前，它将一直屹立在那里。这根自由杆能坚持那么长时间，部分原因是它坚固无比，此外，也因为英国士兵在命令的严格约束下没去打它的主意。

一场新的政治风暴就在这个时候爆发了。德兰西家族终于找到了他们一直在找的人，一个心怀不满的印刷商人出面指认麦克杜格
尔就是那篇煽动性檄文的作者。麦克杜格尔旋即于 1770 年 2 月 8 日 27
早晨在家中被捕。他拒绝缴纳一笔高达 2 000 镑的敲诈性保释金，结果被关进波士顿邮路的新立监狱，这个地方就在公共广场的上军营附近，不远处就是自由杆。他在监狱里度过了 8 天，等待起诉，但由于原告方的一名重要证人突然死亡，对麦克杜格尔的控告因此失败，没过多久他就重获自由。[37]

虽然德兰西家族无法在法庭上审判麦克杜格尔，但他们仍然想要报复。1770 年 12 月 13 日，议会命令麦克杜格尔前往市政厅接受讯问。现场的气氛剑拔弩张，麦克杜格尔傲然挺立，右手握拳高高举起，声称自己宁愿被砍掉脑袋也不会“放弃一名英国臣民应得的权利”。结果自然是全场哗然：代表们气得跳脚，喊叫着立即逮捕这个胆敢藐视议会的家伙。麦克杜格尔又被送回了新立监狱，一直

被监禁到 1771 年 3 月。在麦克杜格尔服刑期间，公共广场和监狱外的街道上不断有纽约人集会，欢呼他的名字，赞扬他的爱国精神。集会的气氛有时会变得像节日般热烈，人们向这位囚犯致敬，认为他是人民权利的捍卫者。[38]

与此同时，抵制进口运动发生了分裂。1770 年 3 月，除了茶税之外，《汤森税法》的其他征税项目被迫全部废除。纽约的商人都想抓住这个机会恢复与英国本土的贸易，但自由之子社却要加强对茶叶的抵制，两大团体之间脆弱的联盟很快分崩离析。双方于 7 月 7 日在华尔街发生了激烈冲突，相互拳脚相加，或者用手杖、从篱笆上扯下来的木条互殴。在 7 月 11 日市政厅前的一场集会上，西尔斯怒吼着说，任何敢进口英国货的商人都会“死得很惨”。[39]

28 和愤怒同时到来的还有羞愧，纽约在其他殖民地坚持抵制英货的时候选择背叛，遭到了其他北美殖民地居民的齐声痛骂。最大的羞辱可能是 7 月底刊登在《纽约信使》(*New York Mercury*)上的一份公告：“全体费城人向纽约的市民们致意，并请他们把那根老掉牙的自由杆送过来，他们一定会的，从他们最近的行为看，那根杆子已经派不上任何用场了。”[40]

商人们重开英货交易之后，纽约平静了一段时间，但茶叶又引发了一场新的危机，对这场危机的回应将把北美导向革命。1772 年夏，英国东印度公司濒临破产，这从根本上动摇了英国的货币体系。在纽约，严酷的冬天令财政危机雪上加霜：水上结着厚厚的冰，纽约人可以直接走过东河前往布鲁克林区（Brooklyn），这种天气对纽约的穷人格外残忍，他们绝望地拥向救济所寻求帮助。疾病流行，犯罪与卖淫行为泛滥街头。此外还有一批走投无路的英国本土移民，他们因为失业或被流放，怀着满腔忧虑与怒火来到美洲寻找机遇。1773 年 5 月，正当殖民地的气氛紧张到极点时，《茶税法》（*Act of Tea*）又来了。这项法律是为了拯救东印度公司而出台的，它允许该公司的茶叶在无须缴纳重税的情况下在殖民地进行销售。换句话说，东印度公司在英国本土卖不出去的茶叶都能以极低的价格向美洲倾销；而殖民地人民针锋相对，12 月 16 日，他们将这批茶叶倒进了波士顿港的大海。[41]

在纽约，西尔斯、麦克杜格尔与其他自由之子将商人组织起来
成立了一个警戒委员会（Committee of Vigilance）监察走私，将不守
规矩的商人做成假人像当众焚烧，并重启通信委员会（成立于《印 29
花税法》危机期间）以配合其他殖民地的反抗斗争。12 月 17 日，
他们在市政厅外发起了一场反对《茶税法》的示威游行，参加的群
众有 3 000 多人。自由之子社领导的抗议活动得到了殖民地人民的
广泛支持，也勾起了大家对暴力的恐惧。

12 月 21 日，保罗·里维尔（Paul Revere）来到纽约，把波士顿发生的事告诉了市民。但纽约的茶党直到 1774 年 4 月才有机会行动，因为 2 艘前往纽约的运茶船“南希号”和“伦敦号”被大西洋的风暴耽误了航程。“南希号”因受损严重，必须维修并补充物资，没能离开桑迪胡克（Sandy Hook）。而“伦敦号”坚持航行，于 4 月 22 日到达默里码头（Murray's Wharf）下锚。纽约人模仿波士顿人的做法，将茶叶倒进大海，随后愉快地看着船长离开。

纽约茶党只是对波士顿茶党毫无创意的模仿，不过这次事件也标志着纽约人决心奋起反抗。但纽约人和波士顿人都没有庆祝胜利的时间。英国政府的态度极为严厉，国王恼火地表示要让“那

些殖民地人学会绝对服从，如果有必要，就使用无情的暴力手段”。1774年3月到6月之间，英国议会通过了四项《强制法令》[Coercive Acts，出自埃德蒙·柏克（Edmund Burke）之口]，在北美殖民地它们被称为《不可容忍法令》（*Intolerable Acts*）。其中第一项《波士顿港法令》（*Boston Port Act*）旨在惩罚马萨诸塞殖民地的反抗行为。之后又通过了《魁北克法案》（*Quebec Act*），给加拿大的法籍居民诸多特权，包括信仰天主教的自由，无意中引起了殖民地新教徒的强烈不满。这些措施在北美引发了地震般的反应，或者说得确切些，革命性的反应。5月15日，纽约的自由之子社响应波士顿通信委员会的呼吁开始进行抵制活动，禁止所有与英国的进出口贸易。这种行为相当于对母国发动一场经济战争。但纽约通信
30 委员会走得更远，准备召开一次“全体代表大会”以协调行动。[42]

一场普遍的抵制运动需要深入每条街道、每个楼区、每一户家庭才能起作用，因为这种运动需要改变每个人的生活方式。也就是说，这场革命（马上就要到来）必须从公共广场、酒馆与咖啡馆之类的公共场所走进纽约人家的私人场所。换句话说，政治对于居民而言不仅是一种精神观念，而且是一种空间上的体验，因为抵制运动需要纽约的每一户家庭参与和监督。

这个城市的妇女起到了至关重要的作用。在1768年的抵制运动中，妇女们承诺不买茶叶、不喝茶、不用英国产的纺织品，她们还与自由之子社一同判断某种商品到底能买还是不能买。妇女掌管着家里的一切，她们成了抵制进口运动最基层的代表。从更消极的角度来看，想让抵制运动变得无懈可击，主要取决于监控力度及社会压力：女人和男人都紧盯着每一个对抵制运动态度冷淡的店主、

小贩与商人，不少纽约人抱怨这些人简直就是“政治检察官”，总是在“窥探个人的行动”。拒绝使用母国的纺织品也意味着妇女将手织衣服变成了一种政治声明。[43]

1774年，抵制运动获得了胜利，妇女在这个过程中又一次扮演了重要角色：她们自称“自由之女”（Daughters of Liberty），无论是在市场工作还是在家里，都拒绝买卖和使用英货——例如现在她们大多选择咖啡而不是茶作为饮料。一个名叫查丽蒂·克拉克（Charity Clark）的纽约少女和她的朋友们一起在家里纺线织衣，她在给伦敦的表弟写信时提到，自己渴望能够看到“一支由亚马孙女战士组成的大军……纺车就是她们的武器”，她们将让北美殖民地脱离对英国商品的依赖，把北美从暴君的统治下解放出来。最重要的是，无数像查丽蒂一样的女人用自己的行动改变了社会对女性参 31
政的看法。革命胜利之后，美国的革命者强调了妇女在新政治秩序中的作用。但他们不是要赋予妇女投票权，或者鼓励她们离开家庭空间，而是把女性的美德与谦逊作为共和民主制度的重要奠基石。女性的作用将体现在她们对家庭的影响上：她们将作为有美德的妻子，帮助培育男性公民的美德；她们将作为共和国的母亲，培养孩子对美利坚的爱国主义情感。当时的人都承认女人的智慧与男人不相上下，她们为共和制度立下了汗马功劳，但社会依然认为，女性为家庭做贡献是她们的天职。查丽蒂在抵制运动中的表现为这种理论提供了例子。[44]

纽约的非裔人口没有在反抗运动中得到什么好处。在1771年革命前的最后一次人口普查中，非裔人口约占纽约市总人口的14%。在由各色人种组成的反《印花税法》队伍里，有一部分就是住在码头区的非裔水手，他们可能还参加了之后的一系列反抗活动。
有不少非裔自由人确实坚定地加入抵制英货和其他抗议活动当中。
但大多数纽约的非裔都是奴隶身份，“在一个欧洲人看来，街上有
那么多黑奴真是刺眼”，1774 年，一位名叫帕特里克·麦克罗伯特
（Patrick McRobert）的苏格兰游客抱怨。这里并不像南方庄园或加勒
比海种植园里那样成批成批地使用黑奴，这里的家庭通常使用一两
个黑奴打点家务，因此非裔奴隶在纽约城的分布非常分散。在富商
32 或律师家里，非裔一般被用来做仆人：厨师、车夫、管家、园丁或
马弁。纽约市的工匠有 1/8 都有自己的奴隶，这些奴隶在纽约大大
小小的工场、船坞、帆布制品间、制绳工棚、皮革厂、炼糖厂和酒
厂里锤锤打打、削削砍砍、缝缝补补。在这座拥挤的城市里，奴隶
们只能住漏风潮湿的阁楼、黑暗的小屋，又或者是屋外的窝棚和马
厩里。这里对奴隶的法令和南方一样严厉。大多数主人不乐意他们
的奴隶生孩子，因为这样一来在食物与住房上就要花更多钱。许多
后来的革命者当时都是纽约城有名的大奴隶主，例如乔治·克林顿
（George Clinton）家有 8 个奴隶，阿伦·伯尔（Aaron Burr）家与约
翰·杰伊（John Jay）家则各有 5 个。非裔奴隶或许有理由询问他们
能在殖民地反抗英国统治的运动中获得多少好处。革命前夕的纽约
只有贵格会信徒（Quakers）明确反对奴隶制度：在 1774 年的年会
上，他们投票反对奴隶制，挑战了所有蓄奴或参与奴隶贸易的成员。
但随着革命与战争不断向纽约逼近，趁乱逃亡的非裔奴隶会越来越
多。针对这个问题，爱国者巡逻队从早到晚都在市郊巡查，一旦发
现非裔便不由分说进行逮捕。[45]

在纽约从反抗迈向革命的过程中，自由杆将再一次出场。日益高涨的反抗运动不仅会发展成一场推翻帝国统治的革命，而且也将对贵族的政治统治发起新的持续的挑战。连自由之子社也不再是纽约反抗运动独一无二的领导者了：一个名为技工委员会（Mechanics Committee）的组织登上了政治舞台，该组织的成员与领导者均来自纽约的手工业者，他们要求更广泛的政治民主。古 33
弗尼尔·莫里斯（Gouverneur Morris）是个贵族，他的莫里萨尼亚庄园就在今天的布朗克斯区（Bronx）。在他看来，“有钱人”与“乌合之众”之间的斗争将决定“未来的政府形式，决定它是贵族式的，还是民主式的”。反抗运动的发展已经超出了抵制英国颁布的法令，其目标转向了殖民地精英阶层掌控的政治秩序。莫里斯说，许多曾经企图利用这场普遍抵制运动的精英分子现在都盼望“甩掉面具，与政府当局携手合作”。莫里斯还警告说，“暴民开始学会思考与论证……他们迟早会露出獠牙……绅士对此很害怕……如果与大英帝国的争端一直持续下去……我们都将沦为暴民政治的牺牲品”。作为英国国教的信徒与英国亲密的商业合作伙伴，德兰西家族在压力下，终将选择成为效忠派，把赌注压在国王及帝国一方。而挂着“爱国者”头衔的利文斯顿家族则摇摆不定，想利用“暴民”排挤德兰西家族，进而攫取纽约的统治权。两个阵营似乎都左右为难，选择的背后藏着令人痛苦的困境，他们都要好好审视一下昔日的职责和身份，包括对王室的忠诚、自身的“英国性”，以及他们未来在北美的地位。小威廉·史密斯也陷入了剧烈的内心斗争之中：是作为“辉格党三执政”之一继续效忠利文斯顿家族，还是选择自己热爱的秩序与法律。犹豫再三后，他最终决定加入效忠派。[46]

现在，贵族开始试着压制反抗运动的步伐。1774年5月16日，五十一人委员会（Committee of Fifty-One）在伯恩斯咖啡馆集会，讨论热烈。这个委员会负责监督抵制英货运动，它的大部分成员都属于商人中的温和派。会上，自由之子社成员艾萨克·西
34 尔斯提出，应当通过成年男子的普遍选举，确定纽约出席9月5日在费城召开的大陆会议（Continental Congress）的代表。这一方案得到技工委员会的支持，但最终被占大多数的温和派挫败。竞选到来时，温和派与激进派达成协议，前者同意支持抵制运动，后者则同意接受一批更稳健的代表人选。9月1日，代表齐集东河码头，准备乘船前往费城，启程时受到大批群众的热烈欢呼，“彩旗飞舞，音乐悠扬，‘万岁’的欢呼声响彻每条街道，”一位目击者如是说。

1774年9月至10月，大陆会议召开，会议否定了英国议会对殖民地的征税权，并反对让英国本土与殖民地组成一个相对平等的联盟。在一份《权利宣言》（*Declaration of Rights*）里，大陆会议宣布，只有殖民地人民自己的政府才有权征税和立法，同时他们也不忘强调他们本质上忠于国王陛下。代表们签署了一份《联合宣言》（*Continental Association*），决定继续抵制英国货物的进出口和消费，直到《强制法令》废除为止。会议闭幕时，全体代表同意于1775年5月召开下一届大陆会议。会后，代表和各殖民地委员会开始秘密备战。[47]

在这种热烈的政治气氛下，纽约的精英阶层和温和派在激进派面前连连败退。技工委员会强迫五十一人委员会解散，并于1774年

11 月 22 日重新选举了新的六十人委员会（Committee of Sixty），委员会成员有一半都是激进派。这个委员会转而指定了一个受到自由之子社、技工委员会和大批底层群众支持的监察委员会（Committee of Observation），以确保计划于 1775 年 2 月 1 日开始的抵制运动顺利进行。

由于纽约的普通民众坚持反抗运动，旧市政府机构名存实亡。
在为之奋斗了将近 10 年后，殖民地精英阶层只能眼睁睁地看着等级 35
制度森严的旧世界轰然倒塌。在家里、街上、商店、码头，大多数纽约人无视旧殖民地议会对大陆会议的批判。监察委员会的监督、民众暴力的威胁、普通民众在日常生活中拒绝购买英货，这些活动使得抵制运动得以继续。纽约现在由六十人委员会发号施令，它通知所有自由持有人和自由民于 1775 年 3 月 6 日中午在交易所集会，准备选举新一届大陆会议的代表。当天，自由之子社在自由杆下集合，竖起了一面红底的英国国旗。然后，由西尔斯带头，他们吹着横笛、小号，敲着鼓，开始了游行。就像 10 年前反《印花税法》时那样，他们经过码头、港口，聚拢尽可能多的支持者。引领队伍的还有另一面旗帜，这面蓝底的旗帜上装饰着纹章。旗子的一面写着“乔治三世国王与美洲自由”，可以看出，殖民地人民依然希望能将自己的权利与对国王的忠诚融为一体；但另一面写的却是“殖民地联合与大陆会议决策”。[48]

交易所前，已经集合完毕的选民开始投票选举纽约省大会的代表。来自整个纽约省的代表将在 4 月 20 日齐集纽约城，并选举 5 月赴费城参加大陆会议的代表。当交易所的大会正在进行时，旧殖民地议会的成员只能在市政厅无助地观望，这个陈旧的立法机构将于

6月7日召开最后一次会议。1775年3月6日发生的一系列事件所
象征的意义十分清楚：借着从自由杆到交易所的大游行，爱国者成
36 功树立了大会的合法性，游行路线从地理意义上将大会与自由杆所
代表的人民权利联系在一起。[49]

公共广场及自由杆很快又成了新的象征：1775年4月23日，纽约市民在自由杆下得知了与英国开战的消息。一位从新英格兰来的骑手闪电般地疾驰过波士顿邮路，穿过包厘街（Bowery），一路奔向自由杆。他吹响喇叭将路过的行人全部吸引过来，然后宣布了这个爆炸性的消息。4月18日夜至19日凌晨，马萨诸塞的民兵与托马斯·盖奇（Thomas Gage）将军指挥的英军部队在列克星敦（Lexington）与康科德（Concord）之间交火，殖民地的战士血溅沙场，而英军部队被迫退回波士顿，起义者的队伍包围了整座城市。而纽约“处于警戒状态下，每一张面孔都因为愤恨而显得充满干劲，”一位焦虑不安的目击者写道。4月23日这天正好是星期天，人们在离开教堂的时候把这个消息传播开了，小威廉·史密斯在日记里写道：“每个角落都有人在打听这个消息。”

正当流言不胫而走的时候，艾萨克·西尔斯与约翰·兰姆集合自由之子们冲向码头，将2艘满载物资准备支援波士顿英军的单桅船拦在港内。之后，趁着越来越浓的夜色，西尔斯带人冲向市政厅，他们砸开军火库的大门，拿走了500支火枪，以及与它们匹配的刺刀和子弹盒。武装完毕后，这些人向居民区进发，出发前还在弹药库处（在公共广场北边的蓄水池附近）设下岗哨。西尔斯与兰姆还从收税员那里拿到了海关大楼（Customs House）的钥匙，他们锁上所有门并宣布这座港口将停止所有贸易活动。自由之子社成员马里

纳斯·威利特满意地宣布，这是“一场全民起义”。美国革命已经席卷了纽约城。[50]

第二天早上，卡德瓦拉德·科尔登召集了旧殖民地政权受惊
的代表们——法官、议员，还有怀特黑德·希克斯市长。时任总督 37
威廉·特赖恩（William Tryon）在1774年春天便已去往英国，在他缺席的情况下，科尔登扮演着总督的角色。这批人当中还有小威廉·史密斯，他在回忆时依然怀着足够的幽默感：“我们……一致同意以下事实，那就是我们已经成了光杆司令。”旧政权业已倒台，六十人委员会很快填补了它留下的空缺，它号召所有“爱国者”支持“普遍联盟”，承认即将召开的新一届大陆会议，继续加强贸易禁运，维护法律与公共安全。5月22日，委员会在纽约城召集了选举产生的纽约省会议，省会议接管了殖民地的权力。这座城市将由一个百人委员会（Committee of One Hundred，很快便会选出）来治理。六十人委员会同时也警告所有纽约的公民，英国军队很快便会前来攻击，他们必须做好准备。纽约城现在也进入了战争状态。[51]

纽约从抗议走向革命经历了一段动荡曲折的路程，该结果是英国的帝国政策、精英政治及殖民地人民的全体动员共同造成的。这一经历也写在了城市的物理空间当中，表现在3个方面。首先，随着自由之子社及其支持者从精英阶层手中夺取了政治主动权，抵抗政策最终进入了纽约的几乎每一条街道、每一幢住宅、每一家商店。这是政治活动在空间上的扩张，比殖民地时代纽约公民社会通常活动的区域广泛得多。此前政治活动主要在咖啡馆、酒馆这些地方，

现在进入了私人生活的保留地。1775 年，纽约这些政治活动的激增助长了革命的气氛。

其次，无论是反对英国的统治，还是抗议殖民地的精英政治统
治，城市的地理情况都决定了动员纽约人的方式。纽约航运界的中
38 心区海滨毗邻最富有街道之一的女王街，这样的布局意义非凡，同
时解释了反《印花税法》示威活动的行进路线。公共广场在地形上
被军营监视得一清二楚，而军营旁边就是监狱。这样意味着，纽约
人选择公共广场作为立起自由杆的地点，必将激起反复的冲突，最
终酿成了革命危机中第一桩流血事件——“金山之战”。

最后，纽约革命危机的演变明显受到早期民俗的影响：反《印花税法》抗议活动继承了历史悠久的粗俗“教皇节”的传统；公共广场也是纽约民众举行集会的常用地点，连自由杆本身也并非新的创意，而是脱胎于旧传统中的五朔节花柱（May Pole）。但纽约人赋予这些旧事物新的意义，并用它们来象征反抗运动，不仅是象征物和口号，就连位置的选择都能清楚明白地表达纽约人的意思。纽约人在庆祝废除《印花税法》的时候，除了建起乔治三世与老皮特的雕像外，还有自己的庆祝方式（立起自由杆）与庆祝场所（公共广场）。这些选择表达了纽约人对一个英国臣民应得权利的渴望，他们对近在咫尺的暴力镇压工具，例如绞刑架还有军营，都无所畏惧。

直到 1775 年，纽约人依然在以这些方式表达抗议，同时宣告继续忠于国王。但最终，西尔斯与自由之子社在 1775 年 3 月 6 日领导的从公共广场到交易所的大游行表明，纽约人已经从象征及地理的双重意义上，将这些权利与省级大会的合法性联系在一起。如

果国王本人承认这次大会（同时承认它将派代表参加的大陆会议）， 39
那么忠于国王与追求自由、权利就不矛盾；但如果他拒绝，那么殖民地人民就必须在两者之间做出选择。马萨诸塞战斗的消息传来后6周，抉择的时刻到了，纽约的旧政权彻底宣告终结。

第二章

反抗的伦敦：威尔克斯与自由

（1763—1776 年）

41 当亚历山大·麦克杜格尔于1770—1771年间在纽约新立监狱服刑时，他的爱国者同志们赞美他是“美洲的威尔克斯”。约翰·威尔克斯（John Wilkes）是伦敦的一位记者兼政治家，喜欢与人争论，和监狱里那位出生在苏格兰的纽约人一样，他也因为让那些位高权重者如坐针毡而被惩罚。1763年，威尔克斯印发的第45号《北不列颠人》（*Northern Briton*）内容恶毒辛辣，为他惹来了官司，也让他备受关注。与麦克杜格尔一样，威尔克斯遭受的抓捕、起诉与迫害引起了社会持续而激烈的反响，这也是为什么北美人民将那位热情洋溢的纽约人称为他们的“威尔克斯”。潇洒不羁、瘦削修长、有点斗鸡眼、牙齿参差不齐，威尔克斯看起来一点都不像个英雄。但他并不介意自己的丑陋，自夸说他只需用半个小时的讲话就能让大家忘记他的相貌。不论如何，在大西洋两岸英国臣民们眼里，他就是自由与权利的象征。对英国人来说，威尔克斯是反抗18世纪英国精英阶级与专制统治的一面旗帜。不过，记者与政治家
42 威尔克斯捍卫的自由，主要是他的故乡伦敦城的自由。而伦敦城自由的最好代表就是坦普尔栅门（Temple Bar）。①

坦普尔栅门是通向这座城市最繁华地区的入口，也是河岸街（Strand Street）与舰队街（Fleet Street）的分界。从城往东穿过坦普

尔栅门，也就从威斯敏斯特进入了伦敦城。在威尔克斯的时代，坦普尔栅门看上去十分阴森恐怖，就如法国历史学家兼作家皮埃尔－让·格罗勒当年所见：“三根尖杆上挑着三颗贵族领主的脑袋，他们都是曾在 1746 年支持（詹姆斯党的）小王位觊觎者［查理·爱德华·斯图亚特（Charles Edward Stuart）］* 的人，这些人因武装反叛被俘，而后以叛国的罪名被处决。这三根长杆高 4—6 米，等间距地竖立在栅门上方，这道栅门是旧伦敦与河岸街的分界线。”②

栅门笨重的门楼是著名建筑师克里斯托弗·雷恩（Christopher Wren）爵士于 1669—1672 年间设计建造的。门楼那结实的木门在粗大的铰链牵引下缓缓移动，幽深的中央拱门可供马车出入，这条通道位于伦敦城的舰队街与威斯敏斯特的河岸街之间，每次只能单向通过一辆马车，前一辆走完后才轮到下一辆。行人摩肩接踵地从两边的侧道走过，被处决的詹姆斯党分子发黑的头颅俯视着他们。这些被示众的脑袋都是英国政府镇压“四五年叛乱”的战利品，宣示着伦敦人对现在的汉诺威王朝（Hanoverian Dynasty）的忠诚。不过，坦普尔栅门也代表着伦敦城在整个大都市里享有的自由。③

伦敦城拥有相当大的自由。首先，市参事会（Court of Aldermen，即市议院上院）可以直接觐见国王，而市议会（Common Council，下
院）有资格在英国议会下议院陈述他们的不满。其次，国王（理论 43
上）在进入伦敦城之前必须先提出申请，伦敦城有权对要求入城的政府代表关闭大门。所谓的入城许可，往往有一个正式的仪式，这时市长将一柄象征着伦敦城的镶嵌着珍珠的宝剑呈献给国王；而在威尔克

* 即前文“美王子”查理。

斯案期间，伦敦城的大门真的关了起来，以表达对国王与议会的反对。第三，伦敦城有自己的治安部门，可以自行雇用巡警。治安法官兼小说家亨利·菲尔丁与他的异母弟约翰·菲尔丁在弓街4号设立了治安法院，位置就在威斯敏斯特的科文特花园（Covent Garden）附近，但他们对伦敦城并没有司法管辖权。他们手下著名的弓街侦探——所谓的“擒贼高手”和现代警察前身——也无权插手伦敦城的事务。第四，也是最重要的一点，伦敦城有自己的政治系统，实际上完全自治。

这里的政治生活要依靠行会，或者说60多家同业公会来展开，这些公会时刻关注着城里所有从事贸易和手工业的人。每家公会都有自己的总部或公会大厅，这些建筑都离街道有一段距离，以最大限度地炫耀他们的地位。一部分在第二次世界大战的轰炸中得以幸存的建筑，成了珍贵的历史文物，隐藏在今日繁华的城市景观之中。在18世纪晚期，伦敦城是一个生机勃勃、百业兴旺的活动中心，这里不光有金融交易，还有技艺娴熟的工匠、印刷商与商人，他们在拥挤的街道上做生意，这些街道的地形风貌在过去几百年中几乎没有任何变化；甚至1666年伦敦大火之后，整座伦敦城又在废墟上按照原先的布局规划重建了一遍。坦普尔栅门后的伦敦城里，街道上车水马龙，人声鼎沸，马车、商人和各种各样讨生活的人来来往往，
44 三教九流无所不包。教堂塔楼的钟声准点响起，尖塔的钟鸣响彻云霄，人们听着钟声作息，而其中最响亮的呼鸣当然来自路德门山街（Ludgate Hill Street）圣保罗大教堂宏伟壮观的圆顶。[4]

成为同业公会的一员也意味着成为伦敦城的自由民，虽然这种身份也是通过继承或者买卖而获得的。自由民可以在古罗马城墙后

面的街道上做生意，也可以参加热闹的政治活动。自由民选出伦敦城的 4 位英国议会议员；同时他们也是上百个教区委员会的成员，负责照顾那些穷困潦倒、疾病缠身、老无所依的人；他们维护法律与秩序；选出从教区治安法官到教会委员在内的所有官员。自由民还时常在伦敦城的 26 个基层选区（ward）聚会，每个选区都有自己的区市民大会，负责投票选举一位终身制市议员和该区的议事会。统辖所有选区的是一个两院制的议会和市长。市议会，即下院，有 236 名成员，是城市里所有纳税人选出来的自由民。参事会，即上院，有权否决市议会的任何决议，伦敦城的市长也是从参事会议员当中选出的，每年竞选一次。市长所居官邸的建筑费用有一部分来自对商人的征税，鉴于伦敦城里公民义务如此繁重，这毫不奇怪。不过，一些商人开始发觉这些公民的公共义务有碍于赚钱。随着时间推移，越来越多的商人把家搬到了更加优雅、空气更清新的伦敦西区。⑤

参事会议员基本上都是财阀、超大型股份公司（如东印度公司）的管理者，或富商、保险业者及银行家。在维护自己的财富与地位方面，他们与国家议会和宫廷里富裕的贵族地主有许多共同利益。然而，市议会、各个选区的公会成员及自由民则大不一样，身为熟练工匠、一般商人、小贩，他们认为自己才真正代表着伦敦城 45
人民的利益。尽管参事会与市议会之间争执频繁，但当伦敦城及其特权遭到侵犯时，他们会发出一致的声音。⑥

在个人、集体与地方的特殊权利被视为臣民自由不可缺少的一部分的时代，这些自由在伦敦人眼里非常重要。不管怎么说，这个时代的英国还没有现代观念中的民主制度，公民的政治权利与公民权利是不平等的。有权投票选举议会代表的选民人数有限：在乡下，他们通常是独立的“自耕农”，必须拥有至少40先令的个人财产，或者相同数额的年收入；在城镇，选民资格的标准不尽相同，具体内容根据当地情况而定。在伦敦，如前文所述，伦敦城的所有自由民都有投票权；而威斯敏斯特收取所谓的“按能力负担的教役税”（scot-and-lot），*所有缴纳了这项地方税的男性市民都享有选举权，这里也成了全英国选举权最广泛的地方。换言之，当时投票权本质上是一种特权，而不是赋予所有英国人的权利，不过在旧秩序下这种特权是和“自由”紧密相连的。对于大部分人来说，一个人或者一个团体的自由并非基于天赋、自然或者普遍权利的理论，而是基于他们享有的特权，这其中包括全体“生而自由的英国人”代代相传的权利，更特别的是那些与他们的地位、职业、他们的老板及居住地点相关的特权。而伦敦城的重要特权从宏伟的坦普尔栅门上就能看出来。

需要说明的一点是，这些自由大多数情况下都和忠君联系在一起，但当伦敦城的自由遭到国王和议会破坏时，他们绝不会让步。
46 这既不是君主反对民主的问题，也不是保守主义对抗激进主义的问题，而是捍卫传统特权的问题。所以坦普尔栅门代表想象自由的传统方式，这种自由由法律、传统及地域共同定义。这一切引发的残酷政治斗争，在皮埃尔－让·格罗勒来访后的数年间显得尤为激烈，也让这位作家对坦普尔栅门不经意的最终评论显得十分贴切：“英格兰上上下下似乎都相信，如果这三颗脑袋中有任何一颗掉在地

---

* 该税用于市政开支，其中很大一部分用于救济穷人，也有地方译为“济贫税”。——编者

上，就会成为这个国家爆发革命的标志甚至是信号。这种迷信的说法在中间那颗脑袋落地后更加流行，因为它掉落之日，也是前任国王驾崩之时。”⑦1760年，乔治二世病逝，年轻的乔治三世继位，新国王的大臣们随即在大西洋两岸引发了一波政治冲突。在英国首都一连串的政治斗争中，坦普尔栅门成了伦敦城自由的象征。假如约翰·威尔克斯没有以自身才能把整座城市各阶层的群众给动员起来，让自由运动超越伦敦城的边界，传遍整个伦敦，这场捍卫自由的行动就有可能仅仅是一场保守主义运动。

威尔克斯很受人欢迎。他是伦敦人，1726年出生在克勒肯维尔圣约翰广场的一座房子里，广场上可以看到一座中世纪修道院的废墟——圣约翰门（建于1504年，至今尚存），它过去曾是伦敦金融城（Square Mile）的北入口。威尔克斯坚信散步有好处，出门时几乎没有雇过马车，而是大步流星地走过城市的街道，一路上都有伦敦的百姓向他脱帽问候：当他到达政治会场的时候，或许身上溅满了泥点，但在路上他提醒了伦敦人他的存在，而且是他们的“自己人”。⑧在1763年因《北不列颠人》事件而出名之前，他已经当上
了议会议员。那期著名的报纸攻击了政府当局，特别是乔治三世的 47
宠臣布特伯爵，甚至对国王本人也加以讽刺。纵观威尔克斯丰富多彩的职业生涯，会发现他屡次在议会中与国王、大臣、政府官员发生冲突。

但这种政治斗争还没有达到革命的程度——在伦敦城内更是如此。虽然伦敦城一直在反抗国王与议会对其自由的侵犯，但市民们还是乐意享受安稳的生活。伦敦城在英国政治体系内的重要性在于它是权力、金钱与贸易三者的结合，这种结合形象地体现在金融城中心彼

此相邻的 3 座大楼上：市长官邸、英格兰银行与皇家交易所。市长官邸于 1739—1753 年间由建筑师乔治·丹斯（George Dance）设计建造，落成后便迎来了它的第一任主人。这座实用的新古典主义建筑巍然耸立在英格兰银行的对面，它的内部有一个著名的“埃及厅”。叫这个名字是因为它的设计参考了古罗马建筑师维特鲁威（Vitruvius）的风格，而维特鲁威曾在埃及修了不少建筑。埃及厅里，高大的廊柱支撑着拱形的天花板，主楼梯上是一圈走廊，市长可以邀请数百名客人来这个大厅参加宴会。市长官邸的对面是一座代表着英国金融界力量的堡垒，这就是针线街（Threadneedle Street）上的英格兰银行，当时的银行还不是现在所看到的巨大堡垒，而是一座风格更为典雅的建筑，由建筑师乔治·桑普森（George Sampson）于 18 世纪 30 年代设计修建。与英格兰银行毗邻的是皇家交易所，交易所的石塔顶上立着一只大蚱蜢，这是托马斯·格雷欣（Thomas Gresham）的纹章，伊丽莎白一世在位时他自掏腰包修建了最早的交易所，这样一来伦敦的商人就不用在酒馆里或大街上谈生意了，不过实际情形和他希望的不太一样。1666 年伦敦大火之后，爱德华·杰曼（Edward Jerman）重建了皇家交易所，新交易所的庭院被拱廊、商铺环绕，商人在这里贩售
48 银器、布料、书籍、珠宝与药品；来自世界各地的商人在交易所会面、交易、签约。银行与交易所周边生意兴隆的窄街上，到处都是咖啡馆。历史学家威廉·梅特兰（William Maitland）在 1739 年数过，整个伦敦一共有 551 家咖啡馆。这些小馆子里空气污浊，烟草、热咖啡、啤酒与红葡萄酒的气味混合在一起；客人们有的在谈生意，有的在讨价还价，还有的则在拍卖东西，大家做的生意都不一样，但都在挖空心思尽量满足客户的需求。[9]

市长官邸、英格兰银行与皇家交易所的三角形布局代表了伦敦城自由、金融与商业之间的密切关系。这种关系也是伦敦城的领导者与自由民竭尽全力维护国内的和平、法律和秩序的原因。银行与交易所代表着伦敦城的商业已经扩展到整个世界，代表着其财富根植于大英帝国。在许多爱国的英国人心里，贸易与金融是帝国之所以伟大的根基——尽管占据政治支配地位的精英的财富来自土地。这些领主、乡绅与自耕农心里非常清楚：在战争年代（18世纪经常处于战争状态），是从事商业、贸易与金融活动的男男女女提供了至关重要的武器——金钱。18世纪中叶，英国的人口只有法国的1/3，但国家收入却是持平的，英国的大部分财政收入来源于各种规模的商业活动。各种金融活动编织成了一张信贷网络，这一系统得以运行的根本在于，参与者相信大大小小的债务在这个系统都能得到尊重。英格兰银行本身也处在这个信贷系统当中，它成立于1694年，成立的主要目的就是帮助英国政府筹款，应对对法战争。

不过，对于骄傲的英国人来说，这个对税收、信贷、贸易和帝
国都有利可图的系统，意义不仅在于追逐利润与权力。它的后盾是 49
一个保障臣民自由与权利的议会制政府，而这又进一步增强了英国人的信心，相信英国的财政与政治体制的运行，即便很难说是为全民谋利，至少也是为那些有钱人和会赚钱的人谋取利益的。信贷、商业和自由与许多人的生活息息相关，这意味着，上到交易所里最富有的商人，下至小巷里每天清晨开门招徕顾客的商店老板，都想避免革命的发生。[10]

可是权利与自由之间的平衡往往十分脆弱。伦敦城虽然忠于国王和国家，但强大的金融与商业实力让它往往以一种猜疑的姿态捍

卫自己的自由。约翰·威尔克斯在《北不列颠人》报上发表了煽动性极强的讽刺作品，向政府发出挑战，但其本意是党同伐异。威尔克斯是 1761 年从政府辞职的老皮特的支持者。与伦敦城的其他名人一样，他们反对乔治国王结束七年战争的政策，认为这过早地断送了英国的大好机会，他们本可以彻底打击法国与西班牙，实现英国商业向全球的扩张。于是，威尔克斯猛烈攻击乔治国王的首相布特伯爵，语气冷嘲热讽，言辞尖酸幽默。因为攻击政府，威尔克斯遭到当局追捕，他表示如果谁能够继续与国王对抗，谁就将决定“英格兰的自由是现实还是幻影”。在之后的政治斗争中，一方面，声势浩大的人民要求议会与国王承认广大民众的权利，特别是承认选民的权利；另一方面，伦敦城要求捍卫它传统的自由与权利。在很短的一段时期中，两股潮流交织，促成一场激进的反叛运动，这一发展也将体现在大城市的空间中。[11]

50 政治运动的兴起与威尔克斯本人事业的发展紧密相连。因为在《北不列颠人》上大肆攻击政府，威尔克斯被捕，并于 1763 年在伦敦塔度过了一段短暂的铁窗岁月，之后便凭借议会议员的身份与特权获释。他还在海德公园与一名看不顺眼的政治家进行决斗，结果腹部被手枪击伤。接下来他秘密流亡到法国，在那里生活了 4 年。在威尔克斯逃亡期间，议会宣布将他逐出下院，还指控他犯有煽动诽谤罪。1768 年，威尔克斯回到英国（部分原因是他在巴黎欠下了巨额债务），并于这一年的 3 月再次当选为议会议员，这次他不再是威斯敏斯特或者伦敦城的代表，而成了米德尔塞克斯（Middlesex）的代表，这个地方位于泰晤士河北岸，与伦敦的边远城区接壤，历史十分悠久。正是这次选举表明，威尔克斯事件动员起来的不光是一座捍卫自由的伦敦城，还有整个伦敦各阶层的人民，他们要捍卫自己作为选民及英国臣民的权利。这样的结果在郡的选区里非常罕见。大部分郡的选民都是自耕农，依靠土地取得收入。尽管米德尔塞克斯的选民也都是年收入 40 先令的不动产持有人，但该郡的城市化程度很高。伦敦这座大都市对米德尔塞克斯的蚕食，让许多选民有了新的身份：他们有的成为伦敦商人阶级的一员，如啤酒商、制造商和批发商，有的成为当时人们口中的“小不动产持有人”，或者成为技艺精湛的工匠、经验丰富的店主，以满足大都市日常生活的各种需求。他们是杂货商、织工、家具制造工、五金商、管道工、油漆匠、木材磨工、药剂师、服装商、钟表匠、细木 51
匠，他们对大地主（这个群体在米德尔塞克斯相对较少）的势力非常反感，他们独立自主的意识很强，与王室或政府支持的候选人没有任何瓜葛。[12]

虽然威尔克斯赢得了民众的支持，但他依然决定遵守先前的诺言，在下个月直面煽动诽谤罪的指控。城市里，公民们支持威尔克斯的呼声越来越高。狂热的伦敦人进行了一场营救行动，在威尔克斯被押往监狱的路上将他救了出来。人们解开挽马的缰绳，推着马车将威尔克斯送到坦普尔栅门后面一处安全的酒馆，这道栅门不但是伦敦城自由的象征，而且在法律的意义上也是一条界线，议会派来追捕威尔克斯的警卫官想越界的话，将要付出代价。威尔克斯对他的营救者们表示郑重的感谢，与他们喝了一大杯啤酒，然后这个遵守法律的人换上一身斗篷悄无声息地离开了，他穿过泰晤士河，前往萨瑟克区的王座法庭监狱（King’s Bench Prison）自首，等待审判。王座法庭监狱是专门为债务人和像威尔克斯这样的政治犯准备的，这座监狱的规矩不是最严厉的，条件也不是最糟糕的，不过监狱旁边一片名为圣乔治草地（Saint George’s Fields）的灌木丛很快便会成为一处意义重大的场所。[13]

这片土地现在是滑铁卢车站的所在地，但当时不过是萨瑟克、兰贝斯（Lambeth）和纽因顿（Newington）之间一块半农耕未开发的地区。[14]和纽约的公共广场一样，这里很快便聚集了大批抗议活动的支持者，他们来自这座城市的各个阶层，而不限于伦敦城的自由民。在战后年代艰难的环境下，他们将威尔克斯受迫害事件与自己困难的处境联系在一起。这场动员活动首次将成千上万的伦敦劳动
52 人民卷入政治事件，这些人与伦敦城的传统自由基本上没什么关系，更不用说议会的选举，但威尔克斯对政府权威的反抗让他们产生了共鸣，让他们想起在强大的国家机器和高高在上的精英阶级面前，自己也是每一天都在为尊严而奋斗。

当纽约抵抗运动激进化的过程被刻入城市空间景观之中，公共广场作为政治冲突的战场出现时，伦敦的政治斗争也经历了类似的发展，并且同样表现在空间当中——圣乔治草地成了抗议活动的聚集地。当然，伦敦人聚集在这片野地上的主要原因是这里可以看到王座法庭监狱，他们的英雄就关在里面；从这一点来看，他们选址的标准与纽约人不同，后者选择公共广场作为集会地点更有挑衅的意味。不管地点的选择有多少偶然的因素，这个地方代表着斗争的目标从捍卫伦敦城的特权转变为建立一套能够维护大多数人利益的国家政治体制。伦敦城的自由民、参事会议员及市长透过传统的象征和机构，如坦普尔栅门与市长官邸，为威尔克斯和伦敦城的特权

辩护。相较之下，圣乔治草地则是一处开放的公共用地，与伦敦城的自由没有直接关系。（尽管伦敦城的领袖们计划开发萨瑟克区，将伦敦城的范围扩张到泰晤士河南岸。）这意味着来自伦敦城各处——伦敦城、威斯敏斯特、米德尔塞克斯、萨里（Surrey）——的市民都可以毫无阻碍地前往集会地点，他们的目的不是捍卫伦敦城的自由，而是为了更广泛的目标，他们不仅仅要为米德尔塞克斯选民的代表反复被逐出下院讨一个说法，而且要捍卫全体英国臣民的自由，反对被王室和地主精英支配的旧政治制度。 53

圣乔治草地上很快便迎来了一场悲剧。1768 年 5 月 10 日，来自社会各阶层的群众——不过大部分是工匠或者贫苦劳力——与监狱的守备部队发生了冲突。前者一直要求立即释放威尔克斯，让他到新一届议会中任职，以结束对他的驱逐。但威尔克斯显然不可能获得自由，人群的情绪变得更加激昂，他们开始辱骂并用杂物投掷监狱大门外巡逻的士兵。守备部队立即发动反击，他们向人群开枪，打死了 7 个人——其中有一个驾着马车路过的人，还有一个是马夫，愤怒的士兵认错了人，追上去把他给打死了。这起事件比美洲在战争爆发前遭受到的任何打压都要恶劣。这场致命的枪林弹雨被称为“圣乔治草地大屠杀”，它证实了威尔克斯支持者最深的恐惧。结合 1770 年的纽约“金山之战”和波士顿惨案（有 5 人在屠杀中丧生）思考，伦敦的枪击事件似乎表明政府千方百计要剥夺大西洋两岸生而自由的英国臣民所珍视的自由，如果有必要的话将不惜动用武力。[15]

最终，在 1768 年 6 月 18 日，威尔克斯因出版诽谤性刊物被判 2 年监禁，同时被剥夺议员资格。宣判时威尔克斯用一根牙签漫不经心地剔着牙齿，而法官对此视而不见。在 1769 年 2 月至 4 月的递补选举中，这位囚犯又被米德尔塞克斯的选民连续 3 次选为议员，而下院在国王的要求下，三次宣布投票结果无效。

54 有产选民的投票结果屡遭否决，引发了全国性的群众抗议，不过只有在伦敦，抗议活动的两大动机——捍卫伦敦城的自由和大多数英国人的自由——才交织在一起。伦敦城的自由民认为，威尔克斯既代表了英国人的权利与自由，也代表了他们本地的特权。1769 年 2 月 2 日，当威尔克斯还关在王座法庭监狱那间豪华的牢房（这要感谢祝福者们带来的大量礼物）里时，他就当选了外法灵顿区（Farringdon Without）的参事会议员，这个选区是伦敦城面积最大也是最穷的选区之一。同月，威尔克斯的支持者在主教门的伦敦酒馆集会，成立了“权利法案支持者协会”（Society of the Supporters of the Bill of Rights），这个团体的宗旨是“捍卫并坚持臣民合法的宪政自由”，继续“威尔克斯和他的事业”。权利法案支持者协会积极筹款，帮助威尔克斯偿还他的巨额债务；同时它也是城市激进主义的温床，影响传播到了米德尔塞克斯和泰晤士河南岸的萨里郡。该协会发起一场请愿活动，要求政府尊重米德尔塞克斯选民的选择，因为这关系到全体英国臣民的自由。伦敦城的市长威廉·贝克福德（William Beckford）表示支持这场请愿，而国王则否决了它，斥之为“对朕的大不敬，对议会的侮辱”。1769 年 5 月，贝克福德市长在圣詹姆斯宫公然顶撞国王，他警告：“今有奸佞小人摇唇鼓舌，指鹿为马，欲令陛下疏远赤胆忠心之臣民，特别是疏远伦敦城。”这令在场的宫廷群臣惊骇不已。贝克福德成了伦敦城的英雄：市民们在伦敦市政厅（Guildhall）里为他立起了一尊雕像，雕像高高地镶在墙上的壁龛里，下有台座支撑，台座上刻着他对国王挑衅的警告。[16]

但伦敦城里有不少人警觉地意识到，他们捍卫自由的事业已经与挑战王权和丑陋的“暴民政治”交织在一起。这种保守主义思想 55
在一封写给国王的效忠信里暴露无遗，这封信于 1769 年 3 月 1 日在康希尔街（Cornhill）的皇家军火酒馆（King’s Arms Tavern）起草，信上有大约 600 名请愿者的签名，他们都是大商人、股票经纪人、手艺人，都是有钱人，支付一先令的出城费不是问题。这封效忠信准备由一队马车送到国王手中，这种送信方式本身就展示了写信人的财富。车队计划于 3 月 22 日从伦敦城，经威斯敏斯特前往圣詹姆斯宫。但车队从市区出发时，伦敦城的自由民就动员了起来。当威风的车队来到坦普尔栅门前时，事情沦为一场闹剧，伦敦同业公会的成员与其他伦敦工人合力关闭了大门，并冲着马车队高声辱骂。国王忠实的臣民不得不带着那份效忠信坐船顺着泰晤士河溜走。[17]

这不是坦普尔栅门最后一次被用来反抗国王的支持者。至少在伦敦城的领袖与自由民眼里，伦敦城的自由与全体英国人的权利之间有密不可分的关系，而威尔克斯事件的高潮，也就是所谓的“印刷商案”（Printers’ Case），是这种关系最现实、最具象征意义的表现。这件事是威尔克斯 1770 年 4 月被释放出狱后开始的，他再次成为伦敦城的参事会议员，上任后他立即确认了自己反专制的权威地位，只要中央政府敢把手伸进坦普尔栅门，他就将与之斗争到底。1728 年，英国曾颁布一道禁令，除议会两院主办的官方刊物以外，所有报纸不得报道议会辩论的内容，因为政府害怕（并非没有根据）议员们会被误解或遭到嘲弄。在威尔克斯的时代，很多人都不把这条法律当回事，但到了 1771 年 2 月，议会议员乔治・翁

斯洛（George Onslow）上校对各种冷嘲热讽忍无可忍，申请通过
56 了一道法案以全面强化这条禁令。而位于伦敦城内的《记者公报》（*Gazetteer*）和《米德尔塞克斯日报》（*Middlesex Journal*）一直热衷于攻击“小淘气乔治·翁斯洛”，下院传唤了这两家报社的负责人，要他们过去解释清楚这么做的理由。只有一人准时赴约，且最终两人都有惊无险地回去继续工作，而不是遭到惩罚。下院投票逮捕他们，乔治三世提供了每个人 50 英镑的悬赏金额。但根据一位女士的观察，“伦敦城的爱国者不会把这 2 个印刷商交出去，他们威胁说如果警卫官继续坚持要抓这 2 个人，将会被扔进新门监狱（Newgate）”，那是伦敦城及其周边地区最大的一座监狱。双方都开始拿起武器准备战斗，首先开始动手的是威尔克斯与支持他的权利法案协会成员。[18]

首先，他们鼓动其他报纸一起反对这条禁令。翁斯洛果然上了钩：3 月 12 日，他提议逮捕 6 名顽固不化的印刷商。这个提议让下议院炸开了锅，议员们整个晚上都在激烈辩论，一直持续到第二天凌晨 4 点 45 分，最终翁斯洛的提议得以通过。他们中的 4 人来到下议院公开受审，等待惩罚，但另外 2 位——约翰·惠布尔（John Wheble）和约翰·米勒（John Miller）依然未能归案。当下院发出逮捕令时，威尔克斯与他的盟友蓄势待发，如果议会的警卫官胆敢硬闯坦普尔栅门就要他们好看，这道防线现在已经有了真正的法律意义。如之前安排好的一样，惠布尔被他的一个学徒（这个人被称为“印刷业的恶棍”）抓住，后者则满怀骄傲，用沾满墨迹的手将自己的老板扭送到威尔克斯面前。在市政厅里，参事会议员威尔克斯宣布，伦敦城里的这次逮捕是非法的，他下令释放惠布尔，同时给这

名欢喜的学徒开具了证明，他可以借此厚脸皮地向国王索要50英镑的赏金。威尔克斯甚至冷嘲热讽地向政府写了一份报告，解释逮捕惠布尔是非法行为，“这是对一个英格兰人权利的粗暴践踏，也 57
是对这座都市所有公民特权的冒犯”。另一位印刷商米勒则被逮捕，国王派来的一位高等法院执达官（messenger-at-arms）得意扬扬地挥舞着下院签发的令状带走了他。这也在威尔克斯的计划之中，一位城市治安法官以袭击他人的罪名逮捕了国王的特使，连同特使要逮捕的人一起送到威尔克斯那里。这一次他们没有被送到伦敦城的市政厅，而是直接被带到市长官邸，威尔克斯与另外一位参事会议员理查德·奥利弗（Richard Olive）正在市长布拉斯·克罗斯比（Brass Crosby）的床边，市长性格粗暴，言辞直率，正因为痛风症卧床不起。当一位财政部法务办公室（treasury solicitor）的高级律师匆匆赶到时，完全可以预料得到，他被告知他在伦敦城内没有司法权限。随后来的是一位名叫克里门森（Climentson）的警卫官，他带来了下议院议长的命令，要求立即释放他的同僚，结果自然也是无功而返。在主持法庭审判时，克罗斯比市长依然保持着往常幽默风趣、不修边幅的风格，他头上戴着法官的假发，身上穿着睡衣，宣布在伦敦城内逮捕米勒的行为是非法的。他转而勒令那位触犯法律的执达官到位于伦敦城里的老贝利（Old Bailey）——中央刑事法庭——接受治安法官的讯问。克里门森的抗议遭到粗暴拒绝，他不得不为自己的同僚支付一笔保释金。[19]

国王闻讯后大发雷霆，他怒吼道，“下院的权威已经荡然无存了”，必须把克罗斯比与奥利弗都扔进伦敦塔，以儆效尤。但乔治三世很明智，他没有去冒险挑战那个“无赖威尔克斯”，因为后者

很满意自己“被下院盯上了”。作为报复，议会将克罗斯比市长大人与参事会议员奥利弗传唤到下院。在将要登场的大戏中，坦普尔
58 栅门将最后一次扮演自己的真正角色——伦敦城与威斯敏斯特区之间的真实屏障。3 月 19 日，克罗斯比市长离开自己的病榻，在痛苦的折磨下前往威斯敏斯特，威尔克斯坐在另外一辆马车里紧随其后，沿途的伦敦城“同业公会会员、自由民与公民”像对待英雄一样护送着他，这些人都接到了传单，集体走出家门以浩大的声势支持他们的市长。在下院全体议员面前，克罗斯比的宣言令人注目，他说如果当初自己屈服了，便违背了就任市长时捍卫伦敦城宪章的誓言。但这些傲慢的伦敦人丝毫不为所动：3 月 25 日，经过下院投票，奥利弗被判监禁在伦敦塔，直到这届议会任期结束。2 天之后，克罗斯比也遭受了同样的处罚。虽然下院议员怒不可遏，但他们依然避免与威尔克斯发生正面冲突：他们意识到现在的局势已经到了一触即发的状态。传唤威尔克斯到下院问询，无异于点燃战火。[20]

即便如此，伦敦城也立刻变得群情汹涌：参事会和市议会的全体成员团结一致，向克罗斯比、奥利弗与威尔克斯致敬，感谢他们奋不顾身地捍卫城市的自由。他们筹集了一笔钱，为正在下院受审的克罗斯比与奥利弗支付辩护费用。3 月 27 日是克罗斯比受审的日子，议会外的街道上爆发了暴力冲突：诺斯（North）勋爵的马车遭到大批群众围攻，这些人想在把马车弄散架前，把心惊胆战的首相大人从里面拽出来，勋爵本人受了伤，血流不止地缩在马车里。在议会里，两派议员都开始恐慌。反对派的埃德蒙·柏克将一张纸条递给他的赞助人罗金厄姆（Rockingham）侯爵：“暴民越来越疯狂了。这里没几个人是我们的朋友。我不知道该做什么……我现在急

得要命。”㉑

在克罗斯比被送往伦敦塔监禁的路上，坦普尔栅门发挥了真正的作用。押送囚犯的使者不是别人，正是克里门森，那个曾在市长 59
官邸遭受市长嘲讽的警卫官。当一行人来到河岸街尽头时，坦普尔栅门被一群伦敦城的自由民紧锁着，大批群众将马车包围起来并抓住了克里门森。这一刻令人心惊肉跳，这位警卫官很可能会被私刑处死，多亏市长本人出面说服那些人打开了坦普尔栅门，让克里门森继续履行自己的职责。值得称赞的是，克莱门森发现他曾经的敌人正为病痛所折磨，于是让马车载着市长直接返回市长官邸，而不是前往伦敦塔。但克罗斯比认为直面惩罚是自己的责任，第二天清晨他早早起床，一路蹒跚着前往伦敦塔。他与奥利弗一直被关押到 1771 年 5 月 10 日，国王在这一天解散了议会，下院的判决同时宣告到期。㉒

当奥利弗与克罗斯比离开伦敦塔，步行穿过吊桥时，无数欢呼的群众在迎接他们归来，其中包括市议会的全体成员，他们挤在 53 辆一字排开的马车里。伦敦城荣誉炮兵连（Honorable Artillery Company）鸣响火炮致敬。在震耳欲聋的炮声中，凯旋者们穿过人群，前往市长官邸参加宴会。华丽的埃及厅里觥筹交错，笑语满堂，议会不再纠缠印刷商案，并允许印刷行业自由出版议会的辩论。㉓

“印刷商案”捍卫了出版自由的权利，但其主要目的是为了保
护伦敦城的特权不被中央政府侵犯。而威尔克斯事件最引人注目的 60
成就之一，是它动员了整个伦敦的劳动人民参与到政治事件当中。威尔克斯不但从伦敦城的工匠、自由民及同业公会会员中得到了帮

助，而且从米德尔塞克斯的选民那儿获得了支持，他们中有手艺人、店主和商人。他的呼吁感染了更多人，无数在那一天目睹了圣乔治草地屠杀的无权者、苦工和劳动群众都站在他身后。这些人都是伦敦的劳苦阶层，在 18 世纪的英国历尽千辛万苦，特别是熬过了 18 世纪 60 年代的经济萧条和罢工浪潮。1768 年 7 月，在一场恐怖的大规模处决中，7 名参与东郊罢工的搬运工被吊死。他们都是家境极其贫寒的劳动者，在伦敦码头卸煤为生。但行刑地点不在以往的泰伯恩刑场（Tyburn，就在今天伦敦西郊的大理石拱门）的绞刑台，而是在拉特克利夫公路下面不远处的太阳酒馆草地（Sun Tavern Fields），这是为了警告东郊参与罢工的其他居民。一年半后，又有一群罢工的纺织工人在贝思纳尔格林遭到处决，这些工人的家就在旁边的斯皮特尔菲尔兹，根据一位官员的解释，此举的目的是“将恐惧种在叛乱者的心里”。在伦敦的劳动人民心里，威尔克斯是这种精英阶层恣意妄为的残酷体制下的又一个受害者。对于这座大都市其他地区的学徒与短工们来说，威尔克斯至少是一个愿意在阔佬们赤裸裸的暴力下保护普通民众的人。[24]

威尔克斯与他的支持者也给伦敦的政界打了一针兴奋剂。在伦敦城对抗国王与议会的过程中，城市的官员们开始要求进行政治改革，以抑制许多英国人害怕的内阁权力的膨胀。威尔克斯于 1774 年
61 当选伦敦城的市长，同年又被选为米德尔塞克在议会的代表。这一次他终于得以担任议员。2 年之后，他发表了一场演说，声称“议会应当是这个王国里每一位自由人的代表”，这句话意味着要求确立男性的普选权。“即使最贫穷的技工、农民与临时工，也有获得个人自由的崇高权利……议会制定的某些法律与他们的利益息息相

关，并且要求他们遵守，所以，立法的一部分权利应该留给这些生活在共同体的底层，但却十分有用的人。”无人支持威尔克斯的建议，只有诺斯勋爵做出了冷淡的回应，他认为前者是在“开玩笑”。但在不久的将来，威尔克斯的号召会在伦敦乃至整个英国引起普遍的共鸣。[25]

与同时期的纽约一样，民众为伦敦的政治事业注入了鲜活的力量。伦敦城的领袖们捍卫自己特权的行动，发展为更广泛的捍卫英国人的权利与自由的事业，同时也将伦敦城的自由与全英国人民的自由联系在一起。不同之处在于，纽约动员了更多民众，他们既反对英国政府，又反对当地的殖民地精英阶层的统治；而在伦敦，波及整个城市的支持威尔克斯的运动，并不反对伦敦城的特权，也不质疑富有的参事会议员和市长的权力。事实上，双方联合了起来，这也是反抗政府权威的运动尽管沸腾，却没有酿成革命的原因之一。正好相反，伦敦城利用其特权及政治机构，阻挡了国王与议会对威尔克斯、米德尔塞克斯选民的权利和自由出版权的伤害。在冲突期间，紧闭的坦普尔栅门是这场反抗运动有力而形象的表达。伦敦城的自由强有力地根植于其宪章，并且无论是否情愿，包括国王与议 62
会在内的各方势力都承认它的自由，因此伦敦人的反抗运动不需要触动整个英国的政治结构。

这一点与纽约，乃至整个北美殖民地形成鲜明对比。在那里，英国政府无视一切政治机构，甚至连殖民地议会也不放在眼里，一味推行它备受争议的严苛政策，而议会也声称他们有权这么做。纽约人最终被逼得走投无路，他们无法在现有政治体制内捍卫自己的权利，只有将其推翻。另一边的伦敦人得以利用伦敦城的特权实现了自己的目标，而且似乎同时捍卫了所有英国人的自由。这是 18 世纪 60 年代至 70 年代早期，伦敦所发生的一系列政治事件没有转向革命的深层原因。

但这同时也意味着，未来伦敦城的领袖们对王室与议会权威的挑战是有局限的。捍卫特权与现存的自由是一回事，像威尔克斯一样要求彻底的政治变革则是另一回事。尽管威尔克斯关于男性普选权的呼吁将在整个英国唤起更激进、更有进步性的思想，但他不能指望伦敦城支持他这么做。为了实现这个目标，改革者需要更开阔的视野，在整座城市、整个国家寻求支持。就这一点来讲，威尔克斯的支持者在圣乔治草地上的集会迈出了重要的一步。这件事反映了民众对政治的积极参与，女人、男人、工匠、学徒、短工，这些人既没有选举权，也不能从伦敦城特权那儿得到什么好处，但却积极参加到威尔克斯掀起的斗争中。从这一点来看，圣乔治草地是一
63 个合适的地点：它与伦敦城的各种特权没有直接关系，只是一片荒野，大批来自城市各处各行各业的人都能自由自在地在这里集会。此外，这个地方与伦敦城隔河相望，是一道天然的地理分界线，具有足够的象征意义，代表着在 18 世纪晚期，伦敦城开始与英国的民主改革运动分道扬镳。

第三章

与巴黎作对的国王

（1763—1776 年）

65 在18世纪60年代中期，纽约人与伦敦人都害怕政府利用权力侵犯他们身为英国国民的自由与权利，并进行了激烈反抗。这两座城市的反抗运动都利用了城市景观的某些地点，这些地点有的易于辨识，有的具有象征意义，它们或者是传统的集会场所，或是在位置、大小和用途上具有实用价值。这些建筑物和空间通常兼具上述的多种特征。例如，纽约的公共广场就是一个常用的集会场所，但它又具有重要的象征意义，因为自由杆就立在这里，而自由杆又是用来表达对俯瞰此地的英军军营的一种藐视。伦敦的坦普尔栅门代表伦敦城的分离倾向及其独有的自由，但那坚固的栅门也有现实和战术的作用，它曾在威尔克斯事件的两个关键时刻阻拦了国王与议会支持者的去路。此外，政治运动的地点从精英阶层的常用活动场
66 所，如伦敦的市长官邸与纽约的市政厅，逐渐转移到城市的大街小巷与开放空间，以及广大劳动人民的活动场所，反映出了反抗运动的大众化。

纽约反抗运动的发展最终引发了革命，因为英国政府以简单粗暴的方式对待来自殖民地政治机构的抗议，迫使北美的反对派不仅在城市的公众场所（公共广场与街道、海滨和酒馆）集会抗议，而且还在更私密的场所开展反对活动——在家里、商店、工场等地，

男男女女通过抵制英货，在日常生活中参与政治活动。而在伦敦，伦敦城的政治机构能够有效地抵抗中央政府的侵犯，其含义颇为激进，但并无革命意味。大批民众团结在威尔克斯及伦敦城的领袖周围，他们在圣乔治草地上集会，声援而非挑战伦敦城的特权，让伦敦城能够反抗国王与议会。即便如此，更大规模的城市运动开始出现，它包含的激进主义思想远远超出了捍卫伦敦城传统自由的范畴，同时也标志着要求民主变革的开端。

七年战争之后，巴黎的政治局势一开始更类似于伦敦而非纽约。在巴黎也有反抗运动，法国国民认为他们的权利被君主专制制度所侵犯；同样，这里的反抗浪潮也将引发城市各阶层的联合。不过目前，巴黎反抗的主要目标是保卫法兰西王国最重要的合法机构之一——巴黎高等法院（Parlement of Paris）。在捍卫传统权利这一点上，它比伦敦更甚。高等法院位于西岱岛的司法宫（Palais de Justice），让巴黎市 67
这个非常中心的位置成了 1789 年大革命前国王与其臣民间激烈冲突的场所。但另一方面，司法宫本身也代表了高等法院与王室之间亲密的关系（这一点或许有争议），像伦敦的坦普尔栅门一样，它也表现出高等法院的反抗本质上具有保守主义倾向。

西岱岛在巴黎市中心，位于塞纳河之中。几个世纪以来，西岱岛一直是王国的政治、法律与宗教中心。建于公元 12 世纪的巴黎圣母院从岛上俯瞰整个巴黎城，宣示着巴黎大主教在整个法兰西王国的权威。这座岛当时挤满了摇摇欲坠的房子，是巴黎人口最密集的区域之一。同时，它也是王国的法律中心。岛屿的西半部坐落着造型优雅的司法宫，这里不但是权力极大的巴黎高等法院的所在地，它通风明亮、庄重古典的宫殿还连接着巴黎古监狱那令人生畏的塔楼和黑暗的牢房，无数犯人在这座监狱里颤抖着等待命运的终点。司法宫的建筑群当中还有15个下级法院，是一座名副其实的“审判之城”，被雇来在这里工作的巴黎市民有4万人之多。这座布局紧凑的小岛上到处都是为了案子奔往法院的律师，他们的黑斗飘舞在街道中；年轻而鲁莽的法庭书记员们也与他们前往同样的目的地；而法律专业的学生们则缓步前行，准备熟悉法律程序，并向这个国家最有名的律师们学习雄辩术。除了这些法律相关人士，岛上还可以看到他们的客户一家人，同样也可以看到城市日常生活的景象：马车、小贩和附近贫民窟里的居民，都在一条条纵横交错的狭
68 窄小巷里穿行。还有一些神职人员，如身披法衣的神父、修士与修女们，他们有的前往大教堂办理各种宗教事务，有的到附近的主宫医院（Hôtel-Dieu）看顾病人，这是巴黎的中心医院。这家大型机构的存在也意味着这座岛屿像磁石一般吸引着周围的穷人和走投无路的人，他们跌跌撞撞地来到医院，有的是为了寻求遮风挡雨之处，有的是来治病，更多的人则是来这里等死。西岱岛是巴黎城市生活的中心之一，由于高等法院坐落于此，在旧秩序最后一场革命危机爆发前，这里因而是政治冲突最为激烈的地带，这些冲突中既有合法的斗争，也有民众自发的反抗。①

当时法国有13个高等法院，王国大部分地区都在其管辖范围内，它们各自的司法管辖权大小不同，巴黎高等法院是其中权力最大的一个。大革命之前，王室最坚定的反对者便来自这些法院。法国波旁王朝的君主宣称他们绝对的权力来自神授，但事实上国王的旨意从来都不会变成法律，除非他的敕令得到了高等法院认可。每

个高等法院都有权“注册”圣旨，法官们通过这道程序对国王颁布的法令进行细致检查，以确保这些命令不和他们的司法管辖范围内的各种特权及合法的风俗习惯发生冲突。接下来他们会把这道圣旨记录在法典上：没有这道注册程序，它成不了法律。[②]

法官们乐于扮演这个角色，在没有任何经选举产生的立法机关的情况下，他们将自己视为唯一的法律卫士，防止王权的滥用，这种观念多少是认真的。法官们援引“基本法”和历史上的“宪法”来对抗国王的专制统治。一些法官声称国王与“国家”之间有一种契约，在这份契约里高等法院就是后者的代表。这样一来，到了18世纪中叶，高等法院开始向广大公众——国王的臣民当中那些见多
识广且积极参与政治的人——寻求道德支持，以对抗王权。律师们 69
为了赢得口碑而出版了法律读本，这些小册子经常会印上几千份。识字的巴黎市民如饥似渴地阅读着这些作品，从著名案件的戏剧当中找到了不少乐趣。18世纪80年代，许多作者在自己的作品当中增加了对腐败、特权与苛政的批判，同样获得了读者的喜爱。人们兴奋地倾听着大牌律师的演讲，阅读他们的短篇作品，其中就有一位来自阿拉斯（Arras）的年轻律师，他的名字叫马克西米利安·罗伯斯庇尔（Maximilien Robespierre）。[③]

但高等法院与君主制一样，都是旧制度的一部分。法院承认国王才拥有最终决定权，并且通常认真履行自己的主要职责，即确保国王的旨意与现行的法律相吻合。当法院提出反对意见时，他们很少攻击国王本人，而会称陛下是被奸臣误导或者蒙蔽了。国王与高等法院之间不是永无休止的对抗，而是在对抗与合作之间来回摇摆，这种关系中，高等法院往往给予国王有力的法律支持。从国王的立

场上来讲，他很清楚通过法官推行统治，他的诏令才有了法定权威。结果，高等法院尽管言辞激烈，并心怀宪法至高的宏愿，但它们依然和君主制下的政治与社会等级制度牢牢绑在一起，并没有颠覆这种制度的意愿。事实上，高等法院试图通过确保国王依法治国，来巩固自己在等级制度中的地位。[4]

高等法院与国王之间这种相互猜疑又相互依赖的关系，在巴黎
70 司法宫的建筑结构中得到了完美体现。在司法宫五月树庭院（Cour de Mai）宽阔大气的台阶顶端，宫殿的入口处，立着一道门廊，门廊本身由 4 根宏伟的多利安式柱支撑，它们都是在 1776 年火灾之后重新设计建造的。值得关注的是，建造的费用由国王本人支付，尽管国王与法官之间的政治冲突从来就没有中断过，而且到 1787 年完工的时候，王室和高等法院之间又爆发了激烈冲突。不过，双方都认为，不管这场斗争看起来多么残酷，都不会超出旧秩序的制度框架，为了弘扬正义，国王与法官最终将携手合作。

同样重要的是，当法官反对改革时，他们是为了捍卫特权，其中既包括他们自己的特权（高等法院的所有法官都是贵族），也包括整个贵族阶级的特权，以及各省、市和行会的特权。这些特权对于法国臣民来说意味着实实在在的好处——可以免税。正是因此，这个贵族群体反对任何系统性的改革，挫败的王室官员和启蒙改革家总是疲于应对这些阻碍。贵族与高级神职人员——主教与修道院大院长——享有的特权最多，而广大农民则最少，但他们都是整个法律体系的一部分，保护他们的特权是高等法院的职责所在。这里还有一个宪法性质的论点：法国人并没有英国人所享有的各种公民权利（这一点让许多进步的法国人满怀嫉妒），例如《人身保护法》

与经同意征税，这样一来特权就成了个人抵抗绝对主义国家毁灭性力量的唯一保护伞。结果，当高等法院以捍卫特权的方式反对改革时，他们可以说自己是在保护法国臣民仅有的“自由”。他们重申自己的宣言是“绝对主义”（国王权力的合法实践）与“专制主义”（国王因一己私欲而滥用其权力）之间的一道红色警戒线。

特权对高等法院，乃至对大革命前整个法国社会的重要性，71
体现在司法宫入口下的“五月树庭院”的名字当中。在装饰华丽的镀金院门后面就是五月树庭院，它的名字源自法庭书记员行会享有的一种特权，该行会是检察官的书记员的组织，他们每年5月都会立起一棵装饰着缎带的树。这棵法学家的五月树就在宽阔的台阶左侧，虽然这个风俗并不出名，但它能提醒所有法国人，就像高等法院的书记员一样，他们都以这样或那样的形式归属于某个团体，比如贵族、神职人员、职业组织、行会、一个城镇或一个省。这个团体认可自己的身份，并小心翼翼地保护着能够界定其成员身份的特别权利。[5]

还没等法国从七年战争耻辱性的失败中缓过一口气，对特权的保护便引发了大革命前国王与高等法院之间一场最深刻的冲突。路易十五将重振国家力量与挽回荣誉的重任托付给了当时的一位风云人物舒瓦瑟尔（Choiseul）公爵。这位公爵精力充沛，头脑精明，为了自己的责任煞费苦心，他在掌权期间推行了一项富有野心的改革计划，其目标是通过实现军队现代化、建设基础设施、缓解财政危机等措施来复兴法国。在一段短暂的时间里，国王与法官们（他们当中的大部分人）的确携手合作，支持并鼓励带有爱国性质的战后抵制运动，这种沙文主义思想体现在一部广受欢迎的仇英戏剧《加莱围城战》(*The Siege of Calais*)里，该剧于1765年在法兰西喜剧院首次上映，主要内容为百年战争时6位市民的著名英雄事迹。这些都涉及当时的时代精神，法国的民众都不约而同地赞美国家统一、祖国和爱国主义，将它们视为美德，足以令国家复兴。在这种气氛
72 下，属于改革派的舒瓦瑟尔与高等法院并肩作战，但这种情况并未能持续很久。冲突并非始于巴黎，而是在布列塔尼省；1763年，布列塔尼省雷恩市的高等法院断然宣布国家政府的复兴计划已经损害了本省的特权。国王派往布列塔尼省的长官艾吉永(Aiguillon)公爵与布列塔尼省高等法院之间展开了一场权力的较量，在公爵下令逮捕几名法官之后，此事发展成了一场全国性的危机。艾吉永公爵的行动是对布列塔尼司法机构的粗暴侵犯，巴黎高等法院决定插手此事。法官们认为，所有高等法院都源于一个曾为国王提供咨询的司法机关。因此，他们可以联合行动，在王国境内高举法律的大旗。[6]

以此为基础，巴黎的法院发布了多份“谏诤书”。从严格的法律角度看，这些谏诤书都是对王室敕令的个人批评，但它们是一所法院拥有的最有力的武器，尤其是在18世纪，法院已开始将这些谏诤书印刷出版，供公众阅读评论。从理论上讲，国王可以通过“御临法院”的方式无视法官们的反对。在这个仪式中，国王本人或其代表将来到法庭，并在国王专属的席位上发言，宣布将敕令定为法律。但如果要这么做的话，王室首先要确认大权在握，因为高等法院越来越倾向于鼓动公众来支持他们的想法：以错误的方式与法官们作对，最好的结果是引起众怒，最坏的结果是引起骚乱、动荡，乃至叛乱。不过这个时候国王自我感觉良好，准备在1766年3月2

日的“鞭笞会议”上，有力地教训巴黎高等法院的法官们。

这一天，年迈体衰但依然充满王者风范的路易十五国王坐着马车来到司法宫外。在王室成员来访时，国王的御辇按照传统都是停在巴黎圣母院的圣安娜门前，这里有一座圣母玛利亚雕像，膝上坐 73
着婴儿耶稣：小耶稣还拿着一本律法书。从这里开始，国王将在廷臣的陪同下一路前往司法宫，之后在大批法国法律界人士尊敬的目光下穿过圣礼拜堂（Sainte-Chapelle），这是路易九世在位时修建的一座华丽精美的教堂，位于宫殿中心位置。路易十五通常会在这座典雅的哥特式教堂上层聆听弥撒，这里阳光穿过教堂窗户的彩色玻璃，如同穿过了棱镜般，在地板上投射出紫色、红色与蓝色的光斑，令人目眩。礼拜结束后，国王将进入司法宫，前往宏伟的大厅与巴黎高等法院的全体成员会面。[7]

但 1766 年 3 月 2 日这天的情形却大不一样：英国小说作家兼书信作家霍勒斯·沃波尔（Horace Walpole）当时就居住在巴黎，他以充满讽刺的笔调描述了当时的景象，“这里曾经遭受了雷霆一击。早晨国王陛下突然驾临高等法院，周身仿佛环绕着闪电”。国王的马车直接停在五月树庭院中，他下了马车，踏上宽阔的台阶径直走向梅西耶长廊（Galerie Mercière），接着右转进入宽敞的大厅。这个“没有脚步声的大厅”是一个庞大的休息室，获得这个名字是因为，无数的脚步声消散在豪华宽广的空间里，淹没在律师与公证人的喧哗声中，他们与同事、客户并肩前行，一边走一边谈生意。如果是在平时，这些法律职业者在相互交谈时，会经过一大群商贩，他们围着大厅巨大的柱子摆起了货摊，贩卖着商品或服务：有的售书，有的卖刀剑，有的替人做抄写，还有的则出售糕点。几个世纪

以来，巍峨的大圆柱一直是律师们聚集的地点，他们在这里为城里
74 的穷人无偿提供法律服务。所有这些形成了一个重要的社会及政治现实：对于巴黎市民来说，司法宫是他们能够得到法律帮助的地方，高等法院是他们的高等法院。不管什么法院都是一个公共场所，国王永远都不可能为所欲为。⑧

但那一天国王准备以最激烈的手段对付那些桀骜不驯的法官。在重重护卫下，他穿过大厅和大厅北墙上的两扇大门，这里通向大会议厅，巴黎高等法院一处极为宽敞的议事厅，该厅装饰华丽，以突出法律的至高地位，并承认君主的无上权威。在议事厅北端有一处高起的台子，台子上铺了点缀着鸢尾花的地毯，这是王室的象征，地毯上是国王的御座——在这里国王完成他御临法院的仪式。台下有一张扶手椅，是给大法官准备的。法官们的座位在王座之下对称展开。根据沃波尔后续的描述，路易十五在法庭上做出了惊人之举，他粗暴地“命令 4 名非贵族身份的私人顾问随他入内”。换句话说，他的讲话将不会按照惯例由高等法院的法官们传达，而是由他最亲密的顾问们代理，这些人按照吩咐就坐在他的脚边，沃波尔解释说，“（他们）宣读了一份讲稿，在其中，国王对在场的那些大人物表示，他们什么都不是，只不过是一群法官与叛逆者而已，只有他本人才是全知全能的众神之王”。⑨

国王的长篇演说针对在场的全体法官，这些头戴假发身着华丽长袍的人都惊呆了，他们满怀愤懑却一言不发。每个人都知道路易十五想让法官们俯首帖耳，但没人意料到国王会如此斥责他们。“鞭笞会议”至此达到了高潮，国王厉声训斥他的法官们：“王国的权力只在于朕一人之手……法庭的存在与权威都来自朕……立法权

握于朕手，并无二主，不可分割……朕乃公共秩序的守护者，国民 75
权利及国家利益与朕之权利及利益实为一体，当由朕一言而决，竟有小人胆敢妄言上述诸物独立于君权之外！”[10]

所有立法权归于路易国王一人，这是绝对王权毫不妥协的宣言。但与此同时，国王也表示他的权威将通过现有的法律渠道实践，并保证符合“国家的权利与利益”，而国王本人就是它的化身。由此，这条法令将“绝对主义”与“专制主义”区分开来，与前者不同，后者纯粹由君主的个人好恶决定。当英国人与北美人正高度警惕各种可能威胁权力组织平衡的危险时，18 世纪的法国人意识到他们的王国会轻而易举地从“绝对主义”滑向“专制主义”的深渊。国王驾临巴黎高等法院举行的所有仪式的目的，就是要在所有人心中树立君主权力的神圣性与合法性。在进行令人震惊的训斥之前，路易十五没有参加圣礼拜堂的弥撒仪式，当他离开那些晕头转向的法官时，觉得自己必须对上帝表示些许敬意。马车离开西岱岛，驶过新桥（Pond Neuf）时，路易十五命令停车，在众目睽睽之下，跪在行车道上开始祈祷。

深思熟虑了 7 天之后，法官们派出一位代表向国王表示悔悟，但同时仍旧抗议国王对待布列塔尼高等法院的方式。从这一刻起，路易十五与他的法官们之间本来就如履薄冰的关系迅速恶化。这场
危机在 1768 年达到了顶点，布列塔尼高等法院试图控告艾吉永。艾 76
吉永公爵行使了他的权利，选择让他的同伴，也就是巴黎高等法院来审判他，国王的新任大法官勒内·德·莫普（René de Maupeou）希望通过这个策略为艾吉永公爵脱罪，而巴黎的法官们将审判变成了一场针对政府内部工作的调查行动。路易十五决定叫停这次调查，

并于 1770 年 6 月御临法庭，正式宣告布列塔尼长官无罪。此令一下，高等法院群起抗议。国王试图镇压司法机关的反对，他再次来到巴黎高等法院，像 4 年前一样把法官们痛斥一番，并强制颁布一项《纪律法令》(*Edict of Discipline*)，目的是为了限制高等法院反抗王室权威的力量。这项措施的效果无疑是致命的。法令由莫普起草，否认高等法院是国家的代表，也不承认其在贯彻国王意志过程中所起的作用。这种言辞无疑是在故意挑衅——巴黎高等法院上当了。法官们拿出了他们的终极手段，举行司法罢工，并拒绝与国王合作。[11]

新的一年到来了，政府开始反击。在 1771 年 1 月 19 日晚至 20 日凌晨，王家士兵手持火枪砸响了每一位法官的家门，他们逼这些惊慌失措的人当场表态，问他们是否已经准备好回去工作：70 名法官带着藐视的姿态表示继续罢工；35 人拒绝表态；还有 50 个人在寒冷的黑夜中独自与国王的士兵们对抗一番后，答应继续为国王服务。但他们的立场在第二晚变得更加坚定了，国王在莫普的催促下颁发了密札，这是由国王签署的秘密逮捕令，下令把那些坚持唱反调的法官都抓起来，然后流放到地方各省。其余的法官重新回到罢工的行列，接着也遭到了流放的命运。莫普接下来着手瓦解高等法
77 院的所有权力，将各省的高等法院逐步进行改组，但对巴黎高等法院则大力打击。莫普在原属巴黎高等法院管辖的地区中设立了 6 个高级法院，巴黎高等法院原来广泛的司法权力分散其中，高级法院只能注册法律条文，没有质疑与抗议的权利。而新各改组的巴黎法院更像是莫普法院，它的司法权只局限在巴黎及其周边地区。在路易十五统治的剩余岁月里，这些措施有效地驯服了法官们。[12]

但莫普的妙计同时也令社会舆论沸沸扬扬。18世纪法国两位最伟大的启蒙思想家——小说家、剧作家兼历史学家伏尔泰［原名弗朗索瓦·马里－阿鲁埃（François Marie-Arouet）］和数学家兼社会改革家安托万·德·卡里塔（Antoine de Caritat），即孔多塞（Condorcet）侯爵——是莫普改革的著名支持者，因为他们期待接下来会有一场全面的法律改革。不过没有人支持他们的看法，著名启蒙改革家阿内－罗贝尔·杜尔哥（Anne-Robert Turgot）担心莫普正大步踏向"合法专制"。在参与政治活动的公众眼里，实际情况比这个还要糟糕：莫普的政策表明专制已经成为现实。如果国王动一动手指就能击溃限制王室权力的头号法律机关，那么将来他恣意妄为的时候，又有什么能够阻止他？[13]

"莫普改革"对法国的公共舆论产生了巨大冲击。"任何与政治有关的事都陷入了巨大的混乱之中，"1771年4月，一位英格兰女贵族玛丽·科克（Mary Coke）女士在巴黎如是记述，"大家都认为大法官是个胆大妄为的家伙，谁也不知道以后究竟会发生什么事。"[14]

王室法令与高等法院的谏诤书曾是国王与法官们之间的私人对话，现在则成了公众讨论的重要话题。在巴黎的社交空间，特别是咖啡馆里，客人们能够阅读、讨论最新的消息，沉浸在各种非法，通常也是粗俗的小册子中，还能听到新鲜出炉的各种流言蜚语。书 78
商西梅翁－普洛斯珀·阿迪（Siméon-Prosper Hardy）看到城市里有不少墙壁都贴上了告示，内容全是发泄对莫普的仇恨："在巴黎城的许多地方都能找到这种告示，足以说明骚动已经到了什么地步，同时也表明人们期盼有一位代表光明与和平的天使降临尘世，擦亮国王陛下的双眼，让他明白自己在浑然不觉中走向陡峭的悬崖边缘，却以为自己大权在握。”[15]

根据阿迪的记述，第二年的狂欢节（在 3 月初）到来时，在大法官府邸所在的新圣奥古斯丁大街上举行了一场隆重的狂欢游行，“游行者戴着面具，数量很多，还有更多善良的围观者，这些蠢货的日常生活被打断，几乎全是被警方花钱雇来参加活动的”。阿迪认为这场游行是警方设计的，以确保莫普能够让国王相信“巴黎这座美丽城市的公民从未被赐予如此多的欢乐与满足”。而实际情况则是“许多人在抱怨，陛下的臣民已经在最近这场灾难般的改革中吃够了苦头”。霍勒斯·沃波尔认为，莫普是一个“目光锐利的多疑症患者”，他的动机十分卑鄙，“权力是他的目标，专制是他的方法”。[16]

在当时的法国社会，人们并不习惯于通过自由集会表达对政府的不满，巴黎并没有类似纽约的公共广场或伦敦的圣乔治草地这种专供老百姓举行合法集会的地方。在巴黎，司法宫成了法国人民心中自由的象征，在 1771 年高等法院面临灭顶之灾时更是如此。18 世纪 80 年代中期，一位进步作家（后成为革命家）路易 - 塞巴斯
79 蒂安·梅西耶描述了市民对法官们遭流放的普遍反应：“当法官们被流放，或被全副武装的士兵逐出正义的殿堂时，他们被称为‘亡魂’，因为人们相信他们不久之后便会归来……甚至连一名在司法宫门口巡逻的士兵，面对这座失去法律守护者的宫殿，也说‘我在守卫这座坟墓，等待死者复活的那一天’。”[17]

在 1771 年，焦虑不安的巴黎人似乎要等上一段漫长的时间才能盼到这场“复活”。现在他们不禁要发问，当这样一个能够约束王权的机构被解散后，接下来又会发生什么？答案再明显不过：王国的自由与特权在国王及其大臣的意志面前失去了一切保护。约

翰·莫尔是一位曾在巴黎求学的苏格兰外科医生，他在1772年回到这座城市时，震惊地发现公共舆论开始妥协了：“巴黎高等法院的安全甚至存在都仰赖国王的恩典，除了正义、辩论与理性……他们没有任何武器，他们的命运可能早就在预料之中……法官们蒙受了耻辱，法院也被解散。手段充满暴力，流放者被尊为殉道者，广大人民感到震惊和悲痛。”[18]

但随着时间推移，王室也想和曾经的高等法院一样获得更多民众的支持，国王身边那些头脑冷静的人也意识到，如果要团结王座之后的力量，并赋予行政和财政改革合法性，高等法院的法官们是不可或缺的搭档。因此，当心善但呆板的路易十六（Louis XVI）于1774年继承了祖父路易十五的王位后，他认为自己需要一个全新的开始，王室的胜利成果于是被这位年轻的国王化为乌有。莫普在这一年的年底被解职，他的改革体系遭到否决，高等法院也恢复了旧貌——无论是人员组成、抗辩的权利还是其他方面。最初，在一股民意的鼓舞下，路易十六认为将莫普解职能够满足公众希望改变政
治方向的要求。同时，他任命启蒙改革家杜尔哥担任财政总监。然 80
而，新的任命燃起了人们的新希望，他们盼望这位年轻的国王能彻底放弃他祖父的“暴君”政策。路易十六的新大法官劝说他：“若无高等法院，国将不国。”因此路易十六与他的廷臣们召回了所有法官，以赢得公共舆论和民众的忠诚。路易国王自己也这样写道：“从政治的角度出发，这个举措并非明智。但这是公意，我也希望自己能受到民众爱戴。”唯一的政治风险是高等法院会不会听从国王的命令。[19]

新国王统治的头几年，王室与被召回的法官们之间的关系依旧剑拔弩张，但并非没有成果。从 1774 年到 1782 年，高等法院在没有反对的情况下注册了路易十六的大部分敕令。[20] 1776 年司法宫大火后路易十六的反应，反映出国王与法官们的关系与以前已经大不相同。路易十六不但提供了修缮的费用——其中包括在五月树庭院上的司法宫入口处建造一条柱廊——而且赞助了司法宫内部的装潢，在梅西耶长廊到大厅的入口处上方建造了一幅浮雕。这一浮雕刻画的是头戴橄榄枝的路易十六，他手持密涅瓦女神的盾牌，按照当时的一本导览手册描述，这意在彰显“伟大君主的智慧与美德”。另一个重要的信息是浮雕中还有月桂花环（garlands of laurels），它将国王与束棒联系在一起，束棒是一束捆好的棍棒，“象征着权力……标志着各高等法院的团结，保证法律的权威，这一切构成了国家的基石”。这种说法透露了一种充满希望的信息，即国王与司
81 法机关将为了国家利益而并肩奋斗；同时这也暗示国王会尊重法律对君权的约束。[21]

然而即使在这段时期内，国王与法官们之间的关系远不如想象中的那么乐观。1776 年，巴黎高等法院阻碍杜尔哥的改革。杜尔哥制定了影响重大的《六项法令》（*Six Acts*），包括废除行会（该制度一直是经济发展与贸易自由的大敌）与徭役（强制农民在王室公路上义务劳动）。虽然路易十六利用御临法庭的方式通过了这些法令，但来自法国社会各阶层的抗议浪潮也让他提高了警惕。国王放弃了自己的大臣，杜尔哥于 1776 年 5 月被撤职。高等法院反对杜尔哥改革也是出于其政治目：高等法院的主要目的是维持现状，维持一个建立在特权等级制度，特别是贵族特权上的社会。高等法院上

上下下都充满了保守主义思想，这一点充分体现在了1766年它凶相毕露的判决中，而这一年正好是路易十五与高等法院发生冲突的同一年。在法国北部一座名叫阿布维尔（Abbeville）的城镇里，当地法庭判处一位18岁的巴尔（Barre）骑士死刑，罪名是唱亵渎上帝的歌曲，他的舌头被拔了出来，右手也被砍掉，最后在痛苦的挣扎中被斩首。而后他的尸体被焚烧，灰飞烟灭。高等法院支持了这个野蛮的判决。这起案件激怒了伏尔泰，他以笔为剑，将高等法庭比作西班牙宗教裁判所。丹麦驻法国大使也记录下了当时明显的矛盾现象："每个人都惊讶不已，法官们本来应该是人民的保护者，现在却成了以强权进行统治与迫害的黑暗暴君。"这个教训也被一位头脑灵活的政府审查官马勒泽布（Malesherbes）记了下来，他警告说："受过教育的公众应当担任法官，来审判这些所谓的法官。"[22]

自从国王与高等法院展开旷日持久的拉锯战之后，公众也日 82
趋分裂，不过这场战争中谁进步谁反动并不那么明确。路易－塞巴斯蒂安·梅西耶在用妙笔描绘巴黎人的生活时捕捉到了这种含混的现象：高等法院确实"充当了一道阻止危险敕令的安全防线，并抵抗绝对权力的暴力冲击……但它为何总是跟不上这个世纪的思想呢"？此外，在莫普改革之后的20年里，公民文化，也就是"公共舆论"自18世纪中期以来一直稳步发展，生活条件较好、受过教育的法国人逐渐熟悉了一种政治语言，这种语言理想化地阐释了民族、国家、理性、公民及自然权利等概念。高等法院在与国王斗争时，在向公众寻求支持时，无意识却强有力地鼓励了公民文化的发展。但从本质上来讲，这种全新的政治语言注定会和高等法院的设想发生冲突，后者认为社会应该在各种特权及团体构成的等级制度下稳定运作。而目前，这些深刻的含义尚未显现，不管有什么缺点，高等法院是唯一有能力捍卫公众为数不多的自由权利的机构。对于巴黎高等法院，梅西耶这样写道："感谢它的勇气与守护，我们才能享有这些权利而不至于被剥夺。"当国王的臣民"看到他们与恐怖的专制权力之间没有任何阻挡之物，他们将（事实上已经如此）在这可怕的真空前惊慌失措"，这也是危险到来的时刻。而莫普改革让人们知道：国王能够轻而易举地摧毁高等法院，这个机构尽管满身缺点，却仍然是真正保护人民剩余自由权利的唯一机构。后来托马斯·杰斐逊担任美国驻法大使时曾评论："如果国王真的有权这样做，那么这个国家的政府就是一个真正的专制政府。"[23]

83 七年战争后开始的激烈政治对抗发生在国王与法官之间。冲突总是发生在司法宫的会议厅与大厅里，以传统的程序与方式进行表达：谏诤书、御临法庭，甚至流放的惩罚都是国王与高等法庭之间较量的传统手段。但是，公共舆论业已成为一个正式合法的武器。法官们——后来是国王——都十分清楚巴黎公众表达观点的能力在日益增长。然而，法官们认为在和国王周期性的较量中，公共舆论会真正站在他们这边。咖啡馆和沙龙或许充满了各种各样的争论与谣言，但从本质上讲，整个巴黎参与政治活动的人大半都会在道义上支持高等法院，如前文提到的莫尔、沃波尔、梅西耶及其他观察家。而巴黎市民一旦卷入法律事件，首先想到的就是到司法宫求助：高等法院是他们的法院，也是保护他们权利的英雄。这种看法令公共舆论和贵族法官这一派别都迈向了保守主义的方向，因为那时大多数法国人的"权利"都属于特权范畴，而高等法院在1776年反对杜尔哥改革时，便以行动证明他们是特权最坚定的捍卫者。这一切决定了法官们与国王一样，都希望如果有可能，包括最激烈的政治争议在内的一切政治纠纷都应当在司法宫的会议厅里解决。甚至在全体法官遭到流放时，空无一人的高等法院仍然成了捍卫民权与王国法律，反对国王与大臣“专制主义”的象征。

在伦敦，捍卫伦敦城自由的过程充满保守色彩；而在巴黎也是一样，公众对高等法院的支持，加强而非破坏了大革命前标志着法国社会结构的特权等级。但当一场更为严峻的新危机到来时，这种小心翼翼维持的平衡便会发生急剧变化，政治主动权将转移到巴黎那些远离司法宫会议厅和大厅的地方。

第四章

革命与战争中的纽约

（1775—1783 年）

85 到目前为止，巴黎的政治冲突一直在旧秩序的机构内部进行。激愤的公共舆论传遍了全城——在咖啡馆、剧院、沙龙里，在街道上，在地下小册子的贩卖者与阅读者中。但舆论仍然将高等法院视为保护人民免遭国王专制暴政伤害的功臣。在伦敦，城市里动员起来保护约翰·威尔克斯的劳动阶级已经有了民主的意识，但只有极少数人——包括威尔克斯本人在内——愿意挺身而出，要求进行激进的政治改革。

与此形成鲜明对比的是，纽约城公民们的抗议、抵制，以及1775 年 4 月之后在殖民地政治机构之外发生的一连串骚动，最终将这座城市推向了革命。在之后紧张而又可怕的岁月里，革命与战争接踵而至，让这座城市变成了政治与战略意义上的双重要地。从
86 1775 年 4 月到 1783 年 11 月，纽约人先后经历了革命的动荡与军队的摧残，两者都伴随着战争的恐怖与掠夺。首先是革命，它发生在英军攻占纽约之前，整个过程充满了危险至极的政治与军事行动，爱国者们以一切手段巩固对这座城市的控制，并积极准备防御。之后乔治·华盛顿（George Washington）将军指挥的起义军在长岛战役中败退，曼哈顿遂于 1776 年 9 月被英军占领，从此纽约的战争与美国革命再无直接关系，直到 1783 年 11 月英军从纽约撤退。

所有这些经历都在城市里留下了它们的痕迹，虽然大部分痕迹并非永久性的，但这意味着纽约人在战争与革命中，经历的不仅是个人的贫困，以及恐惧、希望、宽慰的交替。除了这些，首先他们还目睹了战争是如何在城市景观上留下创伤的；其次，在这段混乱而又饱尝痛苦的岁月里，政治以何种方式侵入城市生活的私人空间。如果说在革命之前的抵制运动中，政治就已经渗透到纽约人的家庭和商店中的话，那么战争、革命与军事占领无疑加强了这种体验：这座城市昔日那些熟悉的建筑纷纷被征用并改造；城市的资源被充军；街道上无数士兵来去如风，先是美国人，之后是英国人；先是这一方，接着另一方在这里追捕、打击、迫害他们的政敌。

与北美殖民地的其他聚居区一样，纽约城的革命经历了十分苦涩，甚至可以说是悲伤凄凉的分裂。每个纽约人都要在心中权衡很多东西，如心中的恐惧、经济利益、效忠的派别及自身原则，由此这场自发的脱离英国统治的暴力行动出现了两大阵营：一方是继续忠于国王，并维护英国统治的“效忠派”；另一方则是支持革命的“辉格党”或者“爱国者”。但两派都由殖民地社会各阶层的成员组成。效忠派被他们的敌人蔑称为“托利党”，这个名字源于曾反 87
对 1688 年光荣革命的英国极端保守主义分子。效忠派的成员既有城里的贵族，也有商贩与工匠。纽约的商业精英多数追随德兰西家族，他们通过旅行或私人交往，深受伦敦大都市文化的熏陶。这些人非常依赖与大英帝国之间的商业联系，在信仰上则完全忠于英国国教，他们害怕，而且通常蔑视那些“暴民”。然而，整个殖民地世界的大多数效忠派成员是商人、店主和农场主。与那些团结在技工委员会或自由之子社旗下的同行不同，他们更担心的是叛乱导致的经济后果；他们彼此之间，或与效忠派的精英之间有着私人或社会的联系；同时，他们反感殖民地抵抗运动使用的粗劣手段。[①]

爱国者一派的成员同样来自社会各阶层，拥有各自的诉求，既有温和稳健的地主，也有狂热激进的工匠与海员。对温和派而言，如古弗尼尔·莫里斯，他们在母国暴政恶魔与叛乱导致的混乱之间并没有选择的余地，同时他们都明白反对革命会导致比政治分裂更糟糕的结局——一场足以威胁财产与秩序的社会动荡。还有一些人尽管不愿意，但不得不承认保证自由的最好方法便是反抗国王与议会的高压政策，不过他们可能更企盼最后能够和解或达成某种妥协。派别的选择是一件关乎政治压力、党派忠诚、经济利益、社会关系和道德良心的事，这种令人左右为难的困境把纽约市变成了一个政治战场，战场上所有的观点越来越两极化，双方毫不退让的政治压力让一切都变得更尖锐。[②]

88 在爱国者控制整座城市，并着手防御英军袭击时，他们也更凶残地追捕效忠派，野蛮的政治冲突在纽约的街道不断上演。于是，一方面，革命者在正式的权力场所——市政厅与交易所——尝试组建一套能够发挥作用的政府班子以应对危机；另一方面，纽约人却已经以更直接的方式体验了一回动乱的滋味，这座城市的街道与建筑，甚至是他们自己的家，都见证了对全体市民的政治动员，感受到了武装备战所带来的冲击。

一开始，1775 年春开始掌权的革命机构充分体现了爱国者与效忠派之间的分歧：在百人委员会组成的市政府里，在省会议（1775 年 5 月 22 日在纽约交易所首次召集）上，自由之子社的成员对托利党反对派怒目而视，而爱国者当中的温和派尴尬不安地与前者站在一起。在这段令人焦虑不安的日子里，大陆会议与英国政府之间进行了一系列徒劳无功的政治谈判，双方阵营中支持强硬路线的鹰派与主张和平的鸽派都在妥协与冲突之间反复摇摆。美洲殖民地的内部政治活动和外交方面的不懈努力，都想促成一种曲折而温和的解决方式，即殖民地人民反对帝国的统治，但不诉诸战争。纽约城里一些头脑更为谨慎的人也建议走温和路线，因为英国已经开始展示了可怕的武力威胁：1775 年 5 月 26 日，装备 64 门火炮的英国军舰“亚洲号”开进纽约港，将强大的火力对准了这座城市。

纽约人现在已经不可能对革命视而不见，虽然许多人一直在逃 89
避站队问题。革命政治在英军来袭之前几个月就已经渗透进了城市的街道与千家万户，不管市民愿意与否，政治已经成为日常生活的一部分。爱国者将矛头转向他们的死对头效忠派，一开始是以“暴民”行为恐吓对方，街道再次成为政治场所。1765 年的反《印花税》骚乱最坏也不过是破坏财物、威胁一些不受欢迎的人，这次则不同，这场行动是真正意义上的暴力，反映了当时的形势已经日益严峻，随着每一场新危机的爆发，与英国最后摊牌的时间也越来越近。然而，爱国者的行动同样充满象征意义。自由杆成了人们公开宣布支持革命的场所，尽管一些人是被逼着这么做的。1775 年 3 月初，一位名叫威廉·坎宁安（William Cunningham）的驯马师被强行带到自由杆下，根据一家报纸的报道，当时现场有“200 多名暴民”。这位驯马师“拒绝下跪，也拒绝咒骂乔治三世这个天主教国王”，相反他大声高呼“上帝保佑乔治王”，结果他被拖到公共广场的另一边，扒光了衣服，最后被迫逃离这座城市。1776 年秋，坎宁安和大批英国士兵一起回到了纽约，昔日的驯马师变得十分恶毒，有人说他这是在报仇雪恨。在另一些事件中，袭击效忠派分子是为了对市政机构进行革命的净化。5 月 10 日深夜，国王学院的校长迈尔斯・库珀（Myles Cooper）差点被一群人抓住，他穿着睡衣匆匆从窗户挤出去，然后翻过校园的篱笆墙逃之夭夭。之前他教过的学生亚历山大・汉密尔顿（Alexander Hamilton）把他从睡梦中叫醒，并警告他走为上策，汉密尔顿是爱国者当中的温和派，不久之后他就成了这个国家最伟大的革命领袖之一。[3]

在其他类似事件中，对效忠派的迫害往往倾向于让他们闭嘴，而一个真正的公民社会往往能够容纳不同的声音。1775 年 11 月，
90 艾萨克・西尔斯与 96 名骑手快马加鞭地在百老汇大街上疾驰而过，他们肩上挎着火枪，前去劫掠詹姆斯・利文顿（James Rivington）的商店。后者是效忠派报纸《纽约公报》（*New York Gazetteer*）的出版商，他的店铺就在三一教堂附近。这帮人抢走了利文顿店里的所有铅字，然后上马离开了镇子，一路上还唱着《扬基歌》（“Yankee Doodle”），这首歌原本是讽刺那些纨绔子弟的，现在则用来讽刺英国城市的精英主义。

效忠派——或者所谓的效忠派——出版商们很容易因为意见不同而遭到镇压、打击，这一点在 1776 年 2 月至 3 月间政治思想家和小册子作者托马斯・潘恩（Thomas Paine）拜访纽约时就可以看出来。早在 1 月，潘恩就因他那轰动性的小册子《常识》（*Common Sense*）而声名远扬，据说这本小册子销量高达 25 万册。在他的作品里，潘恩号召所有美洲殖民地同胞张开双臂，接纳一件许多人都考虑过，但几乎没人敢于公开承认的事：脱离英国而独立。潘恩扔下

的这枚政治炸弹引发了一场关于北美殖民地未来的讨论，一个月过去了，他本人离开自己的根据地费城，到北边的纽约去感受革命浪潮的冲击力。潘恩的声望如此之高，以至于他在纽约短暂停留期间，城市里又爆发了一场反托利党人的骚乱，以示对《常识》的支持。一大批群众袭击了出版商塞缪尔·劳登（Samuel Loudon）的家，毁掉了屋子里的印刷品。劳登本人并非效忠派，纽约在英军围攻下陷落后，他逃出这座城市，1777 年又成为纽约州宪法的官方印刷者，不过他的思想足够开明，甚至敢于出版批评潘恩的作品。这份托利党人的攻击性小册子出自三一教堂的教区牧师查尔斯·英格利斯（Charles Inglis）之手，匿名出版。小册子斥责《常识》是有史以来“最狡猾、最阴险、最有害的小册子之一”。在探听到劳登的所作所为之后，大批爱国者工匠怒气冲冲地聚集到劳登在水街 5 号的家和商店门口，要求他立即交代小册子作者的身份。劳登是一个意志坚定的苏格兰人，他拒绝透露作者是谁。这时抗议者蜂拥而上，将劳登推到一旁，涌入他的家门，来到他在二楼的办公室，找到了 1 500 91
本小册子。他们每人都举着一大摞装订好的小册子，趁着夜色向住宅区进发，然后来到公共广场（又一次强调了这个地方象征着对革命的绝对忠诚），架起柴堆，将这些东西付之一炬。④

在这种充满敌意的氛围中，许多效忠派成员及骑墙派分子都逐渐溜之大吉，包括德兰西家族执政时代的政府要员。1775 年 10 月，纽约总督威廉·特赖恩放弃了这座城市，逃到停泊在东河的一艘英国军舰“戈登公爵夫人号”上避难。前“辉格党三执政”之一的小威廉·史密斯始终秉持着一颗良心，于 1776 年 3 月返回北部的老家哈弗肖（Havershaw），以回避站边。不过他最终还是选择了效忠派，并于两年之后返回英军占领下的纽约。形势越来越紧张，效忠派成员随时有可能遭到群众围攻，或者被革命当局逮捕，于是托利党商人雅各布·沃尔顿（Jacob Walton）修建了一条逃生通道，通道一头连接着他在乡下的宅邸（在今天上曼哈顿区的东侧），另一头连接着东河海岸。1913 年在修建卡尔·舒尔茨公园时，这条通道的遗迹被发现。对效忠派的迫害得到了新革命政府的默许。1775 年 7 月 8 日，纽约的省会议任命了一个八人安全委员会（Committee of Safety），其职责是监督战争的准备工作，到了 10 月，大陆会议授权各级政府逮捕任何“聚众滋事……威胁殖民地安全及美洲自由的人”。宣布独立之后，省会议在白原（White Plains）召开会议，宣布任何“对同属一国的上述任何一州发动战争者，或坚持追随英国国王者……将被判处叛国罪，犯有以上罪行者，将被严刑拷打并处
92 死”。1776 年 9 月，取代了省会议的纽约州代表大会（New York State Convention，它为新成立的州起草了一部宪法）成立了一个新的安全委员会来“侦查本州任何与美国的自由为敌的阴谋”。[5]

以上各项命令只有得到纽约众多普通大众的主动支持才能够执行，因此，广大公民踊跃的告发、威胁、驱逐、非正式审查和不间断的巡逻警戒，成为革命不可或缺的一部分。各委员会则负责协调官方的镇压机构与民众的自发活动，确保两条道路并行不悖，将革命深入城市的每一条街道和每一栋建筑当中。这样一来，虽然暴力针对的都是已知的效忠派分子，但非正式的监察网络已经悄然张开，将暴力的威胁悬在每一个谨慎潜藏的反对者头上。因此，如果在这座城市显眼的位置——如具有政治象征含义之地、公共机构、公民社会各机构内部——可以发生迫害效忠派分子的严重事件，那么这

场迫害也极有可能蔓延到纽约市各社区与街道的一砖一瓦中。监控的力量无处不在，这足以令许多效忠派不敢表明立场，恐惧而小心谨慎地保持沉默、无所作为。不过这张镇压的天网并不如想象中的那么强大，事实上，效忠派依然在城市里活动，其中包括积极的托利党妇女，她们坚决地与爱国者作斗争。蕾切尔·奥格登（Rachel Ogden）就是其中之一，她成了一名英国间谍，在自己家里组织着一个效忠派间谍网络。[6]

不过，1776 年 2 月 4 日，查尔斯·李（Charles Lee）少将来了，抓捕托利党人的力度随之大大加强。李是一位脾气暴躁、喜怒无常的前英国军官，战绩十分辉煌——莫霍克人（Mohawks）称呼他为“沸水”。他于 1773 年底“倾茶事件”期间来到纽约，随即 93
加入了爱国者的阵营。独立战争爆发后，他被任命为华盛顿的副司令官，指挥军队在新英格兰作战，并在 1775 年 6 月的邦克山战役中重创英军。现在他被派到纽约组织防御。动身之前，李给自由之子社的领袖亚历山大·麦克杜格尔写了一封信，严词申饬纽约“犹豫不决的行动方式”，意指纽约在处理效忠派的问题上表现不佳。因为痛风病的困扰，他入城时不太威风，是躺在一副担架上被抬进城里的，但李的意志十分坚定。2 月 24 日，他与托马斯·潘恩共进晚餐，第二天他以特有的直率风格写道：“我希望他能够用他那些真理继续堵住那些易呕吐的家伙的喉咙。”作为回应，潘恩向将军“天才的讽刺”及“军事知识”致以敬意。李很快给所有人留下了深刻印象，他警告英国舰队，如果敢向这座城市开火，他就杀掉 100 个托利党人，纽约城的所有效忠派都被当成人质抓了起来。而后，李又下令逮捕了被准许上岸办事的总督家仆，纽约城与“戈登公爵夫人号”上的特赖恩总督之间的交涉陷入僵局。爱国者对效忠派的迫害并非都出于偏执的猜疑：1776 年 6 月 28 日，超过 2 万名士兵和群众在公共广场集会，观看华盛顿的一位贴身警卫托马斯·希基（Thomas Hicky）被执行绞刑，他因企图刺杀华盛顿将军而获罪。参与这个阴谋的还包括纽约城的效忠派市长戴维·马修（David Mathew），甚至特赖恩总督本人。⑦

11 天后，公共广场又举行了一场集会，会上宣读了一份激动人心的宣示政治决裂的文件。1776 年 7 月 9 日晚，根据华盛顿的命令，他麾下的士兵在公共广场集合，听取《独立宣言》的宣读。华
94 盛顿本人也在场，他骑着一匹马，面对着周围呈方形队列的士兵，他们携带着各式各样的武器，混杂程度足以令一位老练的军需官哀叹流泪。大陆军总司令官身旁还有一位同样骑马的侍从官，负责宣读“美利坚合众国十三个州一致通过的独立宣言”。侍从官的声音在静默的人群中回荡：“在有关人类事务发展的过程中……”这份宣言解释了为什么美洲殖民地必须解开与英国之间的“政治联系”，并以令人振奋的语言，阐释了指导（或者说本应指导）新秩序的基本原则。全体官兵以震耳欲聋的声音欢呼三声。华盛顿这天的指令提醒每个人，“这个国家的安定与和平”，如今唯有靠“手中的武器赢得”。《独立宣言》首次在纽约市进行宣读的地点如今竖起了一块标识牌，它在百老汇大街旁市政厅公园的入口附近，面对着默里街。⑧

正如恺撒当年渡过卢比孔河一样，大陆会议的代表在宣言上签字意味着公开承认叛变的事实，这也是他们的名字在 1777 年前都没有公开的原因；集合的士兵与纽约市民的围观也说明他们明白这

件事的含义。不管是在现实还是政治意义上，公共广场都是大陆军官兵听取《独立宣言》的适当地点。更引人注目的一幕是，宣读结束后，大批士兵及加入他们队伍的纽约平民沿着百老汇大街拥向乔治三世国王的骑马像。马萨诸塞民兵组织的一位军官艾萨克·班斯（Isaac Bangs）中尉目击了之后发生的一切：

> 昨天晚上，鲍林格林广场上乔治国王骑马像，也就是被称
> 为乔治王的那座雕像被群众推倒。从这座雕像身上得到了 4000
> 磅铅，还有人从雕像表面刮下来 10 盎司黄金，因为国王与马的
> 塑像都贴着金箔。我们听说这些铅会重铸成火枪子弹供新英格 95
> 兰人使用，大家都希望这位铅制的乔治国王做出来的东西……
> 能给他的红衣士兵和托利党走狗们留下难以忘怀的纪念。[9]

人群还拆掉了绿地周围铁栅栏顶端的所有王冠装饰，但栅栏本身没有遭到破坏。这座乔治国王雕像只存在了不到 6 年的时间。此外，和之后的法国大革命不同，美国人并没有真正砍掉他们国王的脑袋，而是象征性地完成了这件事。英军工程师蒙特雷索听说："叛徒们……削去了雕像的鼻子，剪掉头部周围装饰的桂冠，然后将一粒火枪子弹打进雕像的脑袋，以各种手段来破坏它。"蒙特雷索后来得知，雕像的头部被带到曼哈顿岛北端的莫尔酒馆，穿在酒馆外的一根尖杆上，就像伦敦的坦普尔栅门上示众的叛徒头颅一样。与此同时，爱国者将剩下的铅运送到康涅狄格的利奇菲尔德（Litchfield），由当地妇女负责熔铸成火枪子弹。[10]

除了这次象征性的弑君行动，纽约的政治革命几乎没有改变当时的城市景观。几个月以来，这座城市确实已经出现了各种标记，但它们的出现并非因为政治和意识形态原因，更多是因为军事战略的需要，毕竟纽约不光处在政治骚乱中，而且正在为战争做准备。1775 年 12 月，进攻加拿大的美军在魁北克坚固的城墙下无功而返；1776 年 3 月，美洲殖民地英军新任总司令威廉·豪（William Howe）将军放弃波士顿，将部队从海上撤走，纽约的形势变得十分严峻。毫无疑问，英国人下一个进攻的目标就是纽约。约翰·亚当
96 斯（John Adams）曾向华盛顿表示，纽约是“北部与南部殖民地的连接点……是整个大陆的战略要地……应当毫无保留地防守此地”。英国驻军此前退缩到了公共广场旁的军营里，他们在 1775 年 6 月 6 日撤出这座城市，但途中被自由之子们堵在布罗德大街上缴了械。下一步，爱国者打算夺走炮台上英军所有的大炮：一批自由之子在 8 月 23 日晚行动，激起了英军战舰“亚洲号”的猛烈射击，炮弹击中了炮台的防御墙。从那个夏天起，亚历山大·麦克杜格尔清空了城里所有的硝石储备，从西印度群岛进口火药，尝试自行铸造大炮，并雇用军械工人修理各式民用火枪上的击发装置。省会议征召了 4 个团的新兵，用市政厅军火库的装备将他们武装起来，然后将他们送到公共广场被英军遗弃的上军营进行严格训练——革命战士驻扎的地方正是之前帝国政府的堡垒。李将军也选择自由之子社的巢穴蒙塔涅酒馆作为自己的指挥所。[11]

随着轰炸和军事入侵的危险日益逼近，这座城市的社会面貌也发生了改变：纽约疏散了全部市民。1775 年 8 月底，一位摩拉维亚教会的牧师埃瓦尔德·肖柯克（Ewald Schaukirk）在他的日记里记

录道：“搬迁出城的行动一直在持续，有些街道看上去就像瘟疫过境一样，许多房子都已人去楼空。”1775 年 9 月，离城的市民高达 2.5 万人，占纽约市总人口的 1/3。撤离城市的公民大部分都不是托利党，就像一位纽约人所解释的：“我们整日都在等待着自己的城市在士兵手中燃烧并化为废墟。大部分财产均已转移到城外；至少有一半家庭已经离开，剩下的也在紧锣密鼓地行动，这么一来整个
城市就变成了一座守备森严的要塞。”另一位目击者是一名美军的随 97
军牧师，他发现街道上“人声鼎沸”，不断有车辆、马匹、行人从兵营外经过，他无法静下心来写布道词。1776 年 7 月，这座城市原有的居民只剩下 5 000 多人；其余的全部是大陆军士兵和民兵。[12]

数千名大陆军士兵与民兵接管并占据了这座城市的空间——他们在准备防御敌人即将发起的进攻时，在城市里留下了无数痕迹。李将军与他的继任者们都预见到了纽约及其要道防御工作的艰巨性。纽约港及其河流两岸遍布堡垒与炮台；今天守卫着哈德孙河的华盛顿堡与李堡在乔治·华盛顿大桥的两端隔桥相望，它们矗立之处就是李最初修筑防御攻势的位置。在市区，东河临海处炮台遍布，从北河入城的要道上也设置了路障。乔治堡的城墙被推倒：在李将军看来，这座城墙并不足以成为一道防御阵地，而且假如英国人占领了乔治堡，他们也没有掩体。百老汇大街上也筑起了街垒，还有 4 门大炮瞄着堡垒的方向。三一教堂后面的一处高坡上还有一座炮台。从北边入城的要道由一圈多面堡守卫，其中一座被称为“邦克山”，棱堡之间设有一座座炮台和一道道路障，它们沿着今天的格兰街（Grand Street）一字排开。[13]

长岛上也修筑了防御工事，一排堡垒、堑壕、胸墙封锁了从高

旺努斯河（Gowanus Creek）到沃拉博特湾（Wallabout Bay）之间的布鲁克林高地（Brooklyn Heights），这项工作十分艰难，由 4 000 名士兵及从当地农场征召的大批奴隶共同承担。一年后，一位英国游客尼古拉斯·克雷斯韦尔（Nicolas Cresswell）来到了纽约，记录道："如果单从外观判断，这些工事意味着叛军打算与我方军队争夺每一寸土地。"因此，留在家乡的纽约人沿着街道散步时，感受到
98 的不光是爱国者将其政治理想烙进这座城市的无上决心，还有战争阴云业已四面笼罩的事实，无数士兵在街上来来去去，在每一片空地上安营扎寨，紧张地修筑着防御工事。[14]

纽约人都无法逃避这段经历，即便是藏在自己家里。成千的士兵汗流浃背、满身泥土地挖着战壕，把泥土与石块堆成小山，然后运走。这些画面给纽约市民留下的即便不是积极正面，也是极其深刻的印象。城外，今天的运河街（Canal Street）上，到处都是规模庞大的营地，有的部队甚至乘着渡轮越过大海在布鲁克林区的村庄安营扎寨。也有不少部队选择将精英们抛弃的别墅与乡间宅邸作为驻地。麦克杜格尔努力保住了两位大陆会议代表约翰·杰伊和约翰·艾尔索普（John Alsop）的房子，但其他人的住宅，特别是托利党人的房子，已经挤满了在一天的辛苦劳动中折腾得脏兮兮的汉子——包括班斯中尉在内的所有人称呼这种工作为"杂役"。"哦，纽约的那些房子，你该看看它们里面成了什么样子！"一位纽约的女士悲叹道："它们挤满了这片大陆上最肮脏的人……如果房子的主人有一天能回到这里，我敢肯定他们要花几年时间才能彻底打扫干净。"仓库、国王学院的教室、医院都被军队征用。街角、公共场地的边缘堆满了补给，或者成了货运马车的停车场。栅栏和树都被

砍倒当柴火烧，或者用来修建工事。街道上到处都是士兵与帐篷。8月初，纽约遭到夏季的热浪袭击，而且遍地都是垃圾与排泄物。“整座城市的空气充斥着病菌。每条街道上都弥漫着可怕的恶臭，”一位大陆军士兵如此抱怨。疾病流行，班斯中尉于7月24日写道：“我们连有一半人都染上了帐篷病，也就是痢疾，这种疾病在军队 99
中司空见惯，它令士兵们日益消瘦，但又不至于要了他们的命，我们团里没有一名士兵死于这种疾病。”[15]

战争终于到来了……英国军队于6月29日抵达战场，阵仗庞大，海军上将理查德·豪（Richard Howe）率领了一支由30艘战舰与400条补给船组成的舰队，密密麻麻的桅杆看上去就像一片茂密的森林。“我以为整座伦敦城从海上飘了过来，”一位目瞪口呆的美军步兵这样说。这支舰队是美洲殖民地人见过的规模最为庞大的远征军，而英国准备以此进行他们有史以来最大规模的两栖作战行动。英国舰队在斯塔腾岛与长岛之间的狭窄水道下锚停泊。几周之中，英军都在试探纽约的城防：7月12日，英军战舰“玫瑰号”与“凤凰号”穿过上纽约湾（Upper Bay）溯哈德孙河向塔里敦（Tarrytown）前进，李将军沿河布置的炮台纷纷开火，而英舰轻松穿过炮火，毫无损伤。美军的实际战果是伤到了自己：一小队炮手在炮台上开火时不小心引燃了旁边的弹药，把自己炸飞了。8月16日，美军对这2艘英军战舰发动了一次更猛烈的进攻，他们派出火船——将老旧的船只点燃——在英国人沿着哈德孙河返航时朝着他们径直冲过去，水流的阻力过于强大，这次美国人的武器根本没能碰到目标。[16]

与此同时，理查德·豪上将的弟弟威廉·豪将军率领2.4万多名精锐的英国士兵于8月中旬在斯塔腾岛登陆，并受到当地效忠派的热烈欢迎。英军登陆部队当中有一支全部由非裔美洲人组成的“埃塞俄比亚团”（Ethiopian Regiment），所有士兵都是纽约前总督，时任弗吉尼亚总督的邓莫尔伯爵约翰·默里（John Murray，Earl of Dunmore）招募的，并许诺让他们脱离奴隶身份。非裔自由人军队
100 的出现对仍处在奴隶制压迫下的纽约非裔人口产生了极大吸引力，但这些非裔奴隶与南方种植园里终日劳作的奴隶不同，他们或已经适应了纽约的城市生活，或四散在周边的农场里，他们受过更好的教育，拥有更好的技术，抓捕他们的爱国者想要控制他们可没那么容易。在整场战争中，这些历经千难万险逃往英军控制区的非裔男性都获得了一份承诺，只要在特殊部队里服役，他们就能获得自由。这些部队包括乔治·马丁（George Martin）上尉的“黑色先锋与向导”部队，它于1776年从南北卡罗来纳调到纽约。入伍宣誓仪式是这些非裔美洲人有生以来第一次声称他们在“自由而自愿地”行动，“没有受到任何强迫”。[17]

8月22日，英军在长岛展开登陆行动，进攻速度极快并且毫不留情。8月26日至27日凌晨，英军对美军在布鲁克林修筑的坚固阵地进行迂回包抄，在拂晓时分从前后两个方向同时揳入美军防线。扼守高旺努斯山道（Gowanus Pass）的马里兰人以悲壮的自杀式冲锋顶住英军的突袭，华盛顿的溃军得以有足够的时间撤退到东河沿岸的安全防线内。长岛战役是美国独立战争中规模最大的攻防战。8月底，军需官休·休斯（Hugh Hughes）组织了一支由各式各样的小船组成的舰队，接着在一场精心策划的夜间撤退行动中，华盛顿的军队从长岛撤到了曼哈顿。[18]

9 月 15 日，在 4 艘战舰炮火齐开的掩护下，1.3 万名英军士兵与黑森雇佣兵在基普斯湾（Kips Bay，位于现在的东河、第 2 大道、第 32 与 38 大街之间）岩石嶙峋的入口处登陆，突破了美军防线并向北前进，兵锋直指驻扎在波士顿邮路的美军主力部队。华盛顿离 101
开他设在莫里斯－朱梅尔官邸（现在的第 161 街）的指挥部，一路上迎着枪林弹雨快马加鞭，指挥纽约的 3 500 名士兵在落入包围圈之前迅速撤退。伊斯雷尔・帕特南（Israel Putnam）将军与他的副官阿伦・伯尔少校率军沿着布卢明代尔路（Bloomingdale Road）闪电般地冲向纽约，他们派出骑兵在大街小巷来回疾驰，号召所有士兵立即放弃阵地向北方撤退。伯尔是纽约人，熟悉这座岛屿的地形，他带领这支部队在黑夜中跋涉了大约 19 千米，成功抵达安全的哈莱姆高地（Harlem Heights）。撤退的美军在途中躲过了豪将军亲自指挥的英军部队，据说，当时这位英国将军正在默里乡村别墅（今天公园大道与第 37 大街的交汇处，旧址上竖着一块标志板）寻欢作乐，别墅里的女士们用葡萄酒和蛋糕热情地招待豪将军与他麾下的军官。与此同时，伯尔与他的弟兄们在树林与农田间穿行，沿着布卢明代尔路悄无声息地撤往西边。

令人安慰的是，第二天早晨，美军在山谷小径（Hollow Way）周边地区的一场激烈交火中表现出了爱国者的精神，这个山谷位于哈莱姆高地与布卢明代尔（现为莫宁赛德）高地之间，大致位置就在今天的第 125 大街。美军全力将英军逼退到一片荞麦田里，这里是今哥伦比亚大学的所在地。但此时美国人已无力防守曼哈顿，因为豪上将的部队已在沛尔岬（Pell Point，即现在佩勒姆湾公园的罗德曼之颈）登陆，准备将美军一举歼灭。华盛顿放弃了曼哈顿岛，于 10 月 16 日率军撤至白原的一处补给点。在这一年剩下的时间里，战场开始向新泽西与宾夕法尼亚转移，哈德孙河谷也爆发了激烈的战斗。一支大陆军部队死守华盛顿堡，直到 11 月 16 日英国人与黑森人发动突袭将其攻陷，一个名叫玛格丽特·科尔宾（Margret Corbin）的女人在丈夫阵亡后接替他继续战斗，她的名字很快传遍四方。

102 9 月 15 日，大陆军匆匆放弃了这座城市，残余的市民茫然无措地走出家门，街上找不到一个士兵，只有来不及带走的辎重乱七八糟地扔在工事旁边。肖柯克牧师写道："城里发生多起暴乱，人们砸开大陆军的仓库，将储藏的物资一扫而空；无数小船在波尔斯海岬（Powles Hook）与城区之间来来往往，一直到晚上才停下来；有的人走了，有的人又来了；但不久渡轮就全部撤走了，通道也被切断。"剩下的人爬上城北的一座堡垒，挂起一面白旗，宣布城市不设防。第一支入城的英军部队是 100 名皇家海军陆战队士兵，他们从长岛穿过东河而来，受到了一小群托利党人的热烈欢迎，根据豪上将的秘书安布罗斯·塞尔（Ambrose Serle）的描述，那些人将士兵们扛在肩上，就像"欢喜过头的疯子"一样。在废弃的堡垒上，一位妇女拽下叛军的军旗，将大英帝国的旗帜高高升起。纽约将在英国的军事占领之下度过 7 年的时光。[19]

美军占据纽约时已经在这座城市留下了自己的印记；而现在数以千计的英国和黑森士兵遍布城市的每一个角落。纽约人即将体会到战争带来的贫困、物资短缺，以及在希望与焦虑之间摇摆的心情。战争从未远离这片土地：大陆军对斯塔腾岛不断发动袭击；1778 年 2 月法国参战，7 月法军舰队不时在桑迪胡克附近出没，对纽约形成

了包围之势，威胁着城市的安全。如果说英军占领下的纽约形势不
佳，那么住在一片 48 千米宽的“中立区”里的公民境况简直就是
糟糕透顶，这片地区夹在长岛、康涅狄格州、威彻斯特县与新泽西
州之间，该地区的居民要同时应对邻近的纽约城周围的英国驻军和 103
较远的“叛军”。两边都会派小部队来偷窃牲畜和马匹，强迫男人
服役，打击各自的政治对手，将游击战带来的无尽恐惧归咎于普通
百姓。[20]

“中立区”的一群勇士是曾受奴役的非裔美洲人。英国方面自始至终都不吝给予从美国控制区逃到英国控制区的奴隶以自由，但这个政策并不适用于原本就生活在英国控制区的非裔奴隶，因为英国的目标是打击爱国者而不疏远效忠派的奴隶主们。即便如此，对了解英国政策的奴隶来说，效忠派控制下的纽约依然是他们逃亡路上的一座灯塔。1777 年颁布的纽约州宪法对是否废除奴隶制只字不提；当时约翰·杰伊与古弗尼尔·莫里斯提出了一项温和的议案，仅仅是建议逐步取消奴隶制度，但仍然被驳回了。对于那些决心为自由而战的足智多谋的男女而言，中立地区几乎不设防的边界线给了他们逃往英占纽约的良机。有一位名叫波士顿·金（Boston King）的黑奴从南卡罗来纳州的一处种植园逃走，在 1780 年他通过步行、游泳、划船等方式穿过沼泽与河流，从爱国者控制的新泽西到达斯塔腾岛，在那里他获得了一张英军指挥官颁发的护照，凭借这个他可以安全地前往曼哈顿。爱国者的报刊上发布的逃奴启事表明，金只不过是逃往效忠派控制下的纽约的 500 多名奴隶之一，但考虑到只有 1/4 的奴隶主刊登过这类启事，逃亡奴隶的总数可能多达 2000 人。逃奴们利用各种巧妙的方法来帮助自己穿过中立区：伪

造通行证，把皮肤涂白，或者在衣着举止上尽量表现得像个自由民。[21]

104 在城里，纽约人偶尔会听到远方传来枪炮低沉的轰鸣，但他们对战争的日常体验主要来自与军队的紧张关系。不过在此之前他们得承受另一场悲剧：在英军回归纽约6天后，一场大火吞没了这座城市。9月21日午夜时分，大火首先从白厅码头附近的一家斗鸡酒馆燃起，烈焰与火花随风扑向居民区，一路上将所有房屋与财产焚毁殆尽。火灾发生时，肖柯克牧师正在摩拉维亚教堂（这个地方在今天的富尔顿街），他惊恐地看到“整个天空都变成了红色”，到处都是从火场逃命的人群。纽约市民聚集在公共广场，绝望地看着这一切，一位目击者说，“天空都被火光照亮了”。纽约建筑页岩屋顶上的瓦片也被高温烤裂脱落，在风的吹拂下，它们带着火焰四处散落。风借火势，火助风威，2小时之内，这场特大火灾便横扫百老汇大街，吞噬了三一教堂，教堂那骄傲的尖顶也在烈焰中轰然坍塌。之后，火焰呼啸着扑向西城区。惊恐的肖柯克牧师写道：“火灾蔓延的速度实在太快了，无论做什么都无济于事。”“如果有人站在一条街上看过去，他会发现火焰已经笼罩了另外一条街，火灾肆虐了整整一夜，一直到第二天中午才熄灭。”公共广场附近英国圣公会的圣保罗教堂在火灾中得以幸存，因为英国的士兵与水手们组成一支救火队，用一桶一桶的水扑灭了火焰。余火在城北的空旷地带苟延残喘了一段时间后才逐渐熄灭。次日拂晓，纽约有近1000座建筑——全城建筑数量的1/4——变成了烟雾弥漫的焦黑废墟。[22]

英国军方迅速认定，这场大火是革命者放的。在泽西海岸上隔岸观火的大陆军士兵们欢呼雀跃，华盛顿凝视着燃烧的天空，他认为上帝做了他和他的部下不愿意做的事。英国人逮捕了200多人进

行审讯，但最终背负这项罪名的是内森·黑尔（Nathan Hale）。他 105
是华盛顿手下的一名间谍，被捕时穿着平民的装束，英方以间谍罪将他绞死在比克曼庄园（现在第3大道与第66大街的交汇处）的炮兵营地。在约瑟夫·艾迪生（Joseph Addison）的剧作《卡托》（*Cato*）里，黑尔行刑前留下了著名的遗言："我唯一遗憾的是只有一次生命可以献给祖国。"[23]

对于留在纽约城里的为数不多的市民而言，这场大火在政治上和城市建筑上，给他们带来了一连串糟糕的后果。在政治方面，鉴于革命派间谍活动的可能性，特赖恩总督放弃了恢复公民自由的最初计划，宣布对纽约市继续进行军事管制。这无疑令效忠派大失所望，因为他们希望能够恢复旧公民秩序的那些地方依然在军队的控制之下。国王学院仍旧是一座战地医院兼军营。公共广场成了炮兵部队的驻地与训练场。或许效忠派纽约人唯一的安慰就是，1776年10月28日，他们终于砍倒了自由杆，将它锯成一段段然后扔上马车拉走。"这个东西就是对政府的侮辱，人民无法无天的标志，"特赖恩总督讽刺道。毁掉自由杆的行为或许只是在发泄情绪，但市政厅变成中央警卫厅则体现了军事管制的现实；原本殖民地的代表机构现在到处都是士兵。从1777年12月起，英军司令官罗伯逊（Robertson）将军任命了一个"教区委员会"，充当平民与军队之间的沟通渠道，这个主意源自英国本土的市政府管理方式。[24]

这场大火也导致纽约可住房屋的数量急剧下降，而这座城市还必须安置英国军队和无数来自其他殖民地的效忠派难民。大部分英军和黑森雇佣兵都驻扎在斯塔腾岛达克斯伯里岬（Duxbury Point）
希尔堡（Fort Hill）附近。1919年，对此地的考古挖掘发现了当年的 106

士兵们遗留的垃圾与杂物：烹饪工具、箍桶的铁圈、皮带与带扣、武器零件和掉落的纽扣。最后一样东西反映出，在驻扎期间，前前后后至少有 20 个团的士兵在这里待过。即便如此，许多在大火后流离失所的纽约人不得不在废墟中安家落户。他们屋顶就是从旧船帆上扯下来的帆布，它被架在木杆、被烟火熏黑的残垣断壁和烟囱之上。无家可归者与身无分文的难民们挤在这座“帆布之城”中，在战争中艰难求生。[25]

虽然爱国者已经撤退，但由于城市建筑问题带来的压力，军队与纽约市民之间的关系一直处于紧张状态。住房的短缺耗尽了纽约人的耐性，而随着时间的推移，他们的处境变得越来越艰难。一批又一批躲避战争与爱国者的难民涌入纽约，1783 年这座城市的人口数量多达 30 万，达到历史的最高。但军队的需要必须优先考虑，这个决定转而加大了城市建筑环境造成的压力。为了在这座布局相对紧凑的城市里驻军并保证后勤补给，英国人毫不留情地征用一切建筑。居民们很清楚他们什么时候要被驱赶，因为房子的前门与门楣上都刻着两个字母 GR——乔治国王。军方特别盯上了码头、仓库，甚至是酒馆。一位效忠派分子刚刚收拾好一家废弃的酒馆，给它起名叫“呔嗬”（Tally-Ho，呼唤猎狗追捕狐狸的叫声），可以想象他在给酒馆挂上招牌，完成装修的最后一步时有多骄傲，然而军队立刻就强行征用了这家酒馆。而私人住宅，特别是爱国者家庭留下的房子，一律改造成兵营。这个举动首先从军队高层开始：接任英军司令官的詹姆斯·罗伯逊将军，以及后来的詹姆斯·帕蒂森（James Pattison），占据了位于百老汇大街 1 号豪华的肯尼迪别墅内
107 的前华盛顿指挥部。这类举动当时很流行。由肖柯克牧师的笔记可

知，早在1776年11月麻烦就开始了，“来到这座城市的士兵越来越多，需要清点房屋来安置他们及其妻儿”。一位英国圣公会牧师抱怨说，由于城市遭到“掠夺与破坏”，连一张能睡觉的床都找不到。1781—1782年的冬天十分难熬，肖柯克抱怨说，“房租又涨了，只有那些富贵人家才付得起钱”。[26]

真正让纽约人感到惊骇的是宗教场所的遭遇。教堂的钟之前就被大陆军拆下来熔铸成枪炮子弹，但肖柯克牧师担心的是全城许多教堂被英军占据之后的命运：它们被改造成军营或囚禁战俘的监狱。圣保罗教堂因为属于英国圣公会而逃过一劫，但其他教堂就没那么幸运了。1777年8月，昔日宏伟壮观的三一教堂被烧毁的残垣断壁与空地也被英军占领。纽约人起初能接受是因为这里每天都有一场换岗仪式，然而没过多久它就变成了一个名为“林荫路”的游乐场所，这个名字取自伦敦林荫道。树枝上悬挂着彩灯，栅栏围出了带着长凳的步行道，英国军官在这里陪着女士们漫步，站岗放哨的卫兵随时准备把闯进这里的无赖们扔出去。1778年8月11日，以严于律己而闻名的前“辉格党三执政”成员之一小威廉·史密斯终于返回纽约，他已经变成了效忠派的一员，这座城市触目惊心的惨状让他惊骇不已。虽然史密斯是长老会教徒，但看到神圣的三一教堂蒙受这种亵渎，他依然坚决表示反对。肖柯克严厉地评价：“这种事情真是卑鄙可耻！对面的一座房子里住着军官们的妻子或情妇，而当地居民和难民这些老实人却得不到一处房屋或寓所来居住或维持生计。”让这位牧师更为震惊的是，那条步行道没过多久居然又加
宽了，两侧的护栏直接修到了教堂周围的墓地里；在圣坛的残迹上 108
建起了供管弦乐团用的演奏台。这些行为“让严肃的人感到非常不

舒服，对那些虔诚的人更是极大的冒犯……污秽与邪恶已经占据了上风——主啊，发发慈悲吧”！[27]

肖柯克虽然是一位牧师，但他的反应无疑说明，英军占领区内部已经出现分歧，军官们沉醉于灯红酒绿的社交活动，而当地民众不得不以一切手段勉强维持生计。战争导致贫困日益加剧，犯罪现象层出不穷：在元旦的礼拜会上，肖柯克提前告辞以免走夜路回家。卖淫成风，1777 年圣保罗教堂礼拜会上的一些女人给英国旅行家克雷斯韦尔留下了深刻印象：“这是我在美洲旅行时见过的最漂亮也是衣着最华丽的一群女人。我认为她们大多数都是妓女。”纽约人为吃饱穿暖想尽了一切办法，黑市交易变得十分兴旺，即使军方竭力控制物资供应也无济于事。1777 年 8 月底，肖柯克这样抱怨：“生活必需品变得越来越贵了，即将来临的冬天简直让人绝望。”事实一次次证明他的预言是对的，1781 年 11 月又是一个严酷的冬天，“每个人都缺乏取暖用的木柴，但没有任何办法能解决这个问题”。[28]

在英军占领下的纽约，生活最冷酷无情的一面被牢牢地封锁在城市建筑的砖块与灰浆后面。英国军队目前最紧迫的问题是如何处理战俘，把他们关押在什么地方。现成的监狱当然有不少，包括债务监狱、市政厅的地下牢房、公共广场旁新建成的拘留所，以及附近的“新立监狱”。最后一处监狱的总管是军队法务官威廉·坎宁安，那个 1775 年爱国者暴力事件的受害者，现在他满怀复仇的渴望回到了纽约。坎宁安对牢房里的犯人严刑拷打，每间牢房长不到 6
109 米，宽不足 9 米，却关了 10 个犯人，牢房内除了供囚犯方便的粪桶之外别无他物。

随着英军俘获的美军士兵越来越多，教堂、工厂和仓库纷纷被征用，例如皇冠大街（今天自由大街）上的利文斯顿糖厂，这座建筑阴暗、充满压迫感，让人想起这场战争中人类所遭受的苦难。一位名叫格兰特·索伯恩（Grant Thorburn）的苏格兰移民工匠多年以后依然对这座令人生畏的工厂记忆深刻：“那座用黑石头砌成的建筑，因为年代久远而变成了灰色并且锈迹斑斑，墙上的窗户又窄又深，看起来就像是一座地牢。”这座建筑共有 5 层，每一层都被分成“两个沉闷的房间，天花板几乎压到头上，窗户透进来的光也暗淡无比，不熟悉这里的人肯定会把它当成监牢”。现在它已经变成了监牢，英国与黑森士兵在它高墙四周的通道上来回巡逻。[29]

监狱的条件恶劣至极。曾任北美英军总司令官的盖奇将军说，反叛者并非一般的战俘，他们是一群“彻彻底底的”罪犯，能活命就该感谢上帝。此外，英军的补给日渐吃紧，这意味着美军俘虏也得不到足够的口粮：他们每周体重都会减轻一磅，日渐衰弱并迎来可怕的死亡。环境拥挤加上食物匮乏，战俘们被疾病与营养不良所折磨，一位目击者惊骇地写道，他们“简直是一群会走路的骷髅”，“从头到脚都是虱子”。“睡在我旁边的人在夜里死掉了，”一位经历这场创伤的老兵回忆说，“一次我还看到 15 具尸体，裹着毯子扔在院子的角落里，这些是 24 小时里死掉的人”。最糟糕的是，当城市的监狱人满为患时，英国人想到了一个解决办法，他们在英国本土也用过这一招：监狱船。这些监狱船都停泊在曼哈顿岛周边的水域，特别是东河的沃拉博特湾。船上的环境污秽不堪，每天早上监狱看守就会叫醒那些臭气熏天的犯人：“喂，造反的，把你们死掉 110
的同伙搬出去。”据统计，在曼哈顿岛及其周围的监狱里总共关押着 24 850—32 000 名美国人，其中有 15 575—18 000 人死亡——大概有 11 000 人死在监狱船里。美国人在战争中战死 6 824 人，另有 1 万人死于创伤或疾病，这些数字与监狱死亡人数相比就是小巫见大巫。直到 19 世纪 40 年代，沃拉博特湾岸边低浅的墓穴里仍然能够找到这些囚犯惨白的遗骨。[30]

纽约痛苦的战争岁月逐渐走向尾声。1781 年 10 月美法联军在约克敦取得胜利后，关于和谈的传闻便不胫而走。1782 年 4 月 6 日，来自英国的邮轮“威廉·亨利王子号”驶入纽约，带来了 2 月 14 日颁布的《皇家宣言》，宣布停止一切敌对行动。3 天之后，这份文件在市政厅进行宣读，英军现任总司令官盖伊·卡尔顿（Guy Carleton）将军急忙把这个消息告知他的对手乔治·华盛顿。许多效忠派分子现在忙于寻求未来的保障。一些人准备永远离开美国，前往大英帝国的其他地区。其余的人忙着交际，他们联系爱国者阵营的家族成员，希望从英国统治到美国统治的转变来得缓和些。小威廉·史密斯最终决定乘船去往伦敦，并于 1783 年 12 月启程。而衣衫整洁的詹姆斯·利文顿正踌躇满志，从他 1777 年返回纽约以来，他所开办的《皇家公报》（*Royal Gazette*），一直在言辞辛辣地讽刺抨击爱国者的领导。多年后，人们才知道利文顿是为华盛顿工作的间谍，他是情报集团的一员，该集团成员使用隐形墨水书写情报，而利文顿将写有情报的信纸“卖”给他的联络人。[31]

逃脱了被奴役命运的非裔群体焦急地寻找各种方法来保护已取
111 得的自由，不少人获得了成功。1783 年 11 月，英国军队撤离时，大约 3000 多名黑人跟他们一同离开了纽约。而许多奴隶要面对更为惨淡的命运，如效忠派分子家里的非裔奴隶，还有原本就处在英国一边而没有获得解放的奴隶。按照英格兰与苏格兰的法律，任何到达英国土地的奴隶都将获得自由，准备逃亡的奴隶主们了解这项法律之后，尝试卖掉自己全部的奴隶。对于被牺牲的奴隶来说，这又是一段伤痕累累的回忆。[32]

最终，权力交接的时刻到来了。1783 年 11 月 25 日早上 8 点，天气寒冷，身着蓝黄色军服的大陆军部队离开他们在麦高恩山道（McGowan Pass）的阵地，这个地方在今天纽约中央公园的东北角，然后向南沿着波士顿邮路朝着纽约城进发。英国守军在午后 1 点左右放弃了他们沿格兰街构筑的有利阵地，以良好的秩序沿着包厘街前进。英军士兵穿过女王街来到东河的码头，爬上划艇，他们从东河河口出发，驶向更宽阔的港口，皇家海军的军舰就在那里等着，准备把他们带回大西洋彼岸的祖国。威廉·坎宁安也随着英军部队离开，他的脸上血迹斑斑——他怒气冲冲地命令一个女人把提前展开的星条旗收起来，结果被扫帚狠狠打了一顿。码头上的水手们欢欣雀跃地撕掉了酒馆用来取悦英国士兵的标志。[33]

美国士兵随后列队入城，他们气宇轩昂地从女王街转向华尔街，踏着整齐的步伐走向百老汇大街。队伍前排是几位参加过纽约革命的老兵，包括亚历山大·麦克杜格尔（现在他已是一名将军）与纽约州州长乔治·克林顿。军队护卫着华盛顿，他正骑着马，穿过欢呼的人群。庆祝英军撤离的庆典持续了好几天，但最著名的 112
集会是 12 月 4 日早晨那场郑重的告别。在女王街的弗朗西斯酒馆（Fraunces Tavern），乔治·华盛顿将军宣布他从军队退役，并与他的战友们道别。一队沉默的步兵将他护送到停靠在北河的一条驳船上，他从那里前往新泽西，踏上返回家乡的第一段旅途。

这个故事里有一段小插曲：11 月 25 日，在美军胜利游行的结尾，他们来到堡垒前，发现英国的国旗依然在旗杆上飘扬。英军士兵在旗杆上涂了油脂，而且切断了升降索，这样想把旗子降下来就没那么容易了。先后有 3 名士兵想爬上去，但都失败了，最后一名水手搬来一张梯子，将防滑木条钉在旗杆上，然后爬到杆顶扯下英国国旗并升起星条旗。与此同时，下面的士兵们鸣响火枪致敬。英国军队撤退前的最后一场恶作剧是几年前自由杆争端的遥远回响。不过现在的事实是，新生的美利坚合众国的旗帜飘扬在之前大英帝国的要塞上，对于爱国者来说，这一刻就是他们最大的胜利。

然而，对于成千上万的美国人来说，11 月 25 日代表的不是胜利而是创伤：大约 6 万名效忠派分子逃离这个国家，其中包括 8 000—10 000 万名黑人，他们不想重新被奴役。同时，留下来的效忠派分子想要适应新秩序，但愤怒的爱国者声言要惩罚他们。经过 1776 年的大火和美英双方的反复争夺，纽约变得十分荒凉。此外，纽约正好处在爱国者与效忠派分子、大陆军与英军的分界线上，这
113 意味着战争的掠夺与恐怖曾以难以忍受的方式降临这座城市。事实上，1775—1783 年间纽约在革命与战争中的经历，预示了法国大革命时期巴黎的命运。特别是在 1793—1794 年，法国首都和 10 年前的纽约一样，经历了一场政治军事动员，人员、物资、建筑、空间都被用来筹备战争。这个过程将伴随着对内部敌人的监视与迫害，宁可枉杀，不可漏网；另外还伴随着一场军事运动的总动员和广泛的政治参与。在此过程中，巴黎的城市景观将从象征与实用两条途径进行改造，但巴黎革命在深度与广度上都比纽约走得更远。不过这将在 10 年后才发生。现在，1783 年，纽约的战争宣告结束，当

这座城市从战争的创伤恢复后，其城市景观才将开始发生真正的革命性变化。同时，美国革命给大西洋彼岸带来了震撼性的冲击，但即刻受到影响的并不是巴黎，而是大英帝国的首都伦敦。[34]

第五章

燃烧的伦敦：改革与骚乱

（1776—1780 年）

115 托马斯·潘恩在《常识》中预言："美洲的事业是全人类事业的一个重要组成部分。"美国革命给整个世界带来了巨大震撼，欧洲各大城市的公共空间里尤其能感受到革命的影响。一个民族奋起反抗帝国统治者，而后以先进的原则为基础尝试建立共和秩序，这些政治原则同样激励着欧洲的改革者，而对革命的想象更令他们激动不已，他们在伦敦与巴黎等地的咖啡馆或酒馆里，在辩论会和读书会中，展开热烈讨论。人们聚在一起阅读新闻，兴致勃勃地讨论其中的含义，他们关心的不光是美国人的问题，还有他们自己的社会。①

在英国，美国革命"人人生而平等"的口号，以及他们对天赋人权的主张，激励了改革者，他们不再局限于原来的政治变革的要求，而是制订了更为民主的计划，在未来数十年间，这一计划都是
116 议会改革运动的目标。英国各地的政治改革运动将全国性地组织起来，而在伦敦人们选择了合适的动员地点，让政治运动的发展表现在了物理空间之中。在法国，1778 年 2 月，法国国王路易十六决心与美国站在一边对英宣战后，国内反英爱国主义情绪高涨，但这场战争也促使公众积极讨论王国的未来。同时，美国独立战争也给法国带来了严重的冲击。法国在 1783 年与美国盟友一同欢庆对宿敌英

国的胜利，但长期的战争产生的高额军费开支，已在不知不觉间掏空了国库、动摇了王国的地基。然而国王沉醉在胜利的喜悦中，一直到 1786 年才意识到问题的严重性。财政危机的出现将引发后续的一系列事件，而它们最终将把法国导向 1789 年的大革命。

从中长期的视角来看，英国将非常迅速地从败给美国的耻辱中恢复过来，但战败的短期影响非常严重，尤其是在伦敦。对城市建筑的利用与滥用产生了鲜明的对比。如果说政治改革运动是建设性地利用城市空间实现其政治目标的话，那么 1780 年 6 月的伦敦暴乱则是在破坏。暴民们挥舞着棍棒、四处纵火，伦敦经历了有史以来最为严重的混乱。暴乱持续了 6 天，让政府险些失去对城市局势的控制，这次动荡的部分原因是美洲战争带来的消耗。但暴乱并未动摇英国的政治与社会秩序：与美洲殖民地不同，帝国的首都不会因为政治改革的争论、公共秩序的混乱，或者战败的打击，而爆发一场“双重革命”。英国为什么走了一条完全不同的路？部分答案在于：追求变革的各方力量在面对现政府时，使用了不同于美法的方式。通过追溯伦敦某些地点和空间的历史，我们可以描绘出这种截 117
然不同的行为方式。这些地方既是争取改革的场所，又是暴乱的巢穴，这与纽约和巴黎在革命中的经验形成了有趣的对比。

在 18 世纪 60 年代至 70 年代早期的威尔克斯事件中，各反对派势力的联合表现在空间与地理上，政治活动既利用了传统的抗议地点（例如坦普尔栅门、市长官邸和市政厅），也利用城市里更开阔的公共空间（圣乔治草地）。在伦敦，这意味着保卫既得利益（伦敦城的传统自由与米德尔塞克斯郡选民的既有权利）的行动与规模更大、参与者范围更广的反抗运动结合在了一起，反对派因此有足够的潜力迫使政府进行民主改革。威尔克斯事件的结果是温和的而非革命性的，部分原因在于1774年国王与议会对伦敦的民众做出了让步，而同一时期他们正在美洲强行贯彻自己的意志。这两套政策截然不同的原因之一与宪法有关：伦敦城的主张明确建立在现有的宪章之上，而英国议会是否有权对殖民地征税则有待讨论。此外，这个问题还与现实优先性有关：英国政府即使再怎样恼火，最终都会承认伦敦城的特权，因为它本来就是现有政治体系的一部分；而对威尔克斯关于男性普选权的提议，政府则嗤之以鼻；而在英国本土的大部分居民还没有政治权利的时候，赋予殖民地居民政治代表权就更是另当别论了。如此一来，这场广泛的市民运动支持了“威
118 尔克斯与自由”，帮助捍卫了伦敦城固有的自由和米德尔塞克斯选民既有的权利，但这些民众并没有获得任何实质性的回报。即便是在独立战争之前的岁月里，这个结果从根本上讲也是保守的。

不过以上事件并没有给18世纪民主改革运动造成重大挫折，毕竟这只是它稚嫩的第一步。美国革命在英国的改革者当中引发了新一轮的、更为热烈的辩论，但和美国（或之后的法国）不一样，这些衣冠楚楚、出身名门的进步人士直到最后都没有与圣乔治草地上那种抗议群众进行交流。事实上，在美国革命时期，英国发生了完全相反的事情：“改革”与“暴乱”开始分道扬镳，而在1780年6月暴乱期间，双方的活动在伦敦同样的建筑和空间中展开。于是，故事有两条线索：一条是民主改革运动对美国革命的回应；另一条是群众的活动。事实证明，后者既有令人惊恐的毁灭性，又有深刻的保守性，甚至趋向于反动。

英国改革者在美洲人争取权利的斗争中看到了一个讨论英国政治变革的机会。但他们的回应显得模棱两可，即便是在双方开始交战后，他们的态度也没有更清晰。约翰·威尔克斯也是在理论和行动上支持殖民者的人之一，但即使是他也让人难以捉摸。威尔克斯从大西洋彼岸的崇拜者那里获得了广泛的赞美，但他没有答谢。1771 年，威尔克斯在伦敦的一位脾气暴躁、不好对付的盟友约翰·霍恩·图克（John Horne Tooke）教士表示，这个身材瘦削的伦敦人“一直讨厌美洲人，声称自己是他们自由的敌人，并激烈谴责 119
他们为人权所做的光荣斗争”。波士顿的一位爱国者约翰·博伊尔斯顿（John Boylston）曾前往王座法庭会见威尔克斯，他难过地写到，当这个伦敦人问起“他在荒僻旷野上的朋友”时，他表现出蔑视之情。②

但威尔克斯也为美洲人事业做了很多事。在独立战争爆发前，他就一直和波士顿的自由之子社保持书信往来，自由之子们希望威尔克斯的事业能够帮助他们在伦敦宣传自己的理想。1775 年 6 月，身为伦敦城市长的威尔克斯向市议会提交了一封来自纽约通信委员会的信，并警告政府如果议会不撤回《不可容忍法令》，殖民地人民将拿起武器反抗。8 月，国王的传令官穿过坦普尔栅门，带来了一份王室宣言，其中宣布殖民地已经处于“公开叛乱”的状态。威尔克斯允许传令官在伦敦交易所宣读这份宣言，但拒绝遵循传统为他们提供穿越舰队街的马匹，并严禁伦敦城任何政府官员（除了伦敦城的传令员）出现在宣读现场。随着英国与殖民地之间的战争公开爆发，《人身保护法》被中止，英国人与殖民地之间的合作也被迫转入地下。1775 年秋，威尔克斯玩了一个危险的游戏：他帮助美国最早的外交官之一弗吉尼亚人阿瑟·李（Arthur Lee）及喜欢冒险的法国剧作家皮埃尔-奥古斯丁·卡龙·德·博马舍（Pierre-Augustin Caron de Beaumarchais）建立了一家贸易公司，暗中为美洲的起义者提供来自法国的军火。[3]

主动帮助美洲殖民地等同叛国，战争的公开爆发促使伦敦人，甚至所有英国人，团结到国王周围。不过战争并没有阻挡政治改革运动的步伐。对于激进主义者来说，北美的危机证明，专横霸道的王室及支持他们的腐朽堕落的议会对大西洋两岸所有英国臣
120 民的自由构成了日益严重的威胁。这场政治冲突已不再局限于威尔克斯事件、米德尔塞克斯郡选民和伦敦城的自由这些问题。没有谁主张革命或者共和制。美国的独立和共和主义彻底割断了英国的改革者与美国革命者之间积极的政治联系，但前者依然赞同后者对帝国危机切中要害的理解。和美国的爱国者一样，英国改革家也不断批评议会主权与“实质性代表”的理论，而主张立法权来自人民的说法。[4]

但早期的骚乱并不激进，也并非发生在大都市，而是发生在约克郡（Yorkshire），他们要求议会进行温和的改革。约克郡是英国北部的一个大郡，1779 年一个名叫约翰·威维尔（John Wyvill）* 的自由持有地主成立了一个郡联合会。联合会的宗旨一是利用“经济改革”的方式削弱国王对议会的影响力，这意味着逐步减少接受王室资助与年金的议员的数目；二是重新划分选区，以体现几百年来的人口变化。威维尔的联合会意义重大，他想以这种方式组织一场

* 原书有误，从所做的事来看，此人应为克里斯托弗·威维尔（Christopher Wyvill）。——编者

全国性运动。而联合会确实给伦敦带来了重大冲击，1780 年威斯敏
斯特联合会宣告成立。这个团体制订了更为激进的政治改革计划。
它的成员包括参与威尔克斯事件的伦敦城名人，例如布拉斯·克罗
斯比，以及其他思想更为激进的改革家，如约翰·卡特赖特（John
Cartwright）少校和约翰·杰布（John Jebb）——前者是反叛的军官，
后者则是教士兼医生，对监狱和教育的改革十分热心。1780 年 5
月，威斯敏斯特联合会下属委员会宣布，议会不仅代表着整个英国
的地主，尽管“许多人缺少土地和它的产物……但是每个人都珍视
他的生命、他的自由、他的亲人和他的国家”。联合会能够发出这 121
样激进的宣言，一部分原因在于威斯敏斯特是英国人口最稠密的选
区，也是面积最大的选区之一。⑤

威斯敏斯特联合会计划中的激进主义在某种程度上是出于政治私利的考虑，准确地说就是保证反对党看好的候选人、政治巨头查尔斯·詹姆斯·福克斯（Charles James Fox）当选议会议员。为实现这个目的，需要在议会外发起一场激进运动。换句话说，联合会的目标虽然具有民主色彩，但这个目标必须在现有体制之内实现，不能搞革命。威斯敏斯特联合会下属委员会的开会地点在威斯敏斯特厅（Westminster Hall），这暴露了联合会背后的党派选举目的。这个大厅修建于 1099 年，属于威斯敏斯特宫的一部分，大厅的墙壁约 2 米厚，由诺曼时代坚固的石头砌成，它们支撑着 14 世纪建起的厚重的悬臂托梁屋顶（hammer-beam roof）。无论从礼节还是法律上来说，这里都是展示王权的地方。国家的几座高等法院——包括大法官法院（Court of Chancery）、财政部法院（Court of Exchequer）、高等民事法院（Court of Common Pleas）和王座法庭——都在这里

装饰华丽的木质隔间中办公，每逢遇到庆典时这些隔墙便会被移走，这种情形一直持续到1882年皇家司法院建成。所以就像巴黎的司法宫一样，威斯敏斯特厅也到处都是头戴假发、身穿黑色长袍的律师，一边走一边与客户说话，书记员则一路小跑着去办差。人群中还有一些好奇的民众，以及40多家商铺（后来这些商铺被清理出去了），店主们租下一些场地售卖各种货物，不时有一些年轻人与售卖书籍、手套、衬衫和绶带的女孩们打情骂俏，塞缪尔·佩皮斯（Samuel Pepys）就是其中之一。因此，这里是一处公众场所，选举期间候选人在这里激烈争夺威斯敏斯特的代表资格。大厅汇集
122 了商人、店主、工匠、骑士和贵族，他们中间还混杂着一些没有资格投票却能给自己捞点小钱的人——擦鞋童、小贩、扒手，以及传唱时事打油诗的歌手。如果说活动地点的选择将威斯敏斯特联合会与福克斯的野心及其盟友联系了起来，一部分联合会成员，特别是卡特赖特与杰布这些最激进的成员，则将联合会与一个更具有全国性影响力的组织联系起来。这个组织就是宪法知识会（Society of Constitutional Information），卡特赖特与杰布本身也是它的创始人。[6]

1780年4月，卡特赖特、杰布与其他激进主义者共同创立了宪法知识会，并发表了首篇《告公众书》（*Address to the Public*），这份文告重申了已为大众熟知的结论，国王、上院与下院三者之间在宪法上的权力制衡正在遭受破坏，而这种平衡正是英国人自由的保障。“每个英格兰人都有继承这份自由的平等权利，也有权继承捍卫这些权利的法律与宪法；因此，每个英格兰人都应当知道宪法是什么，它在什么时候是安全的，什么时候又处于危险之中。”宪法知识会的目的是尽可能普及宪法知识，让英国式自由深入人心，“让

所有公民同胞们、全体国民明白他们失去了什么权利”。知识会的印刷读物免费提供给公众，知识会成员负责创作并承担 30 几尼的成本费，这在当时可是一笔巨款。通过这种方式，宪法知识会的精英领导们将唤醒一个沉睡的民族，让人们意识到自己应有的权利，其中包括男性普选权，公正、平等的代表权，以及一年一选的议会。宪法知识会进行的是漫长的斗争，他们也明白议会出于自身利益考虑绝不会同意改革，然而城市激进主义者的奋斗目标意义深远，并且制订了激进主义运动的核心计划，其影响力将持续到 19 世纪中 123
后期。1780 年 5 月 27 日，威斯敏斯特联合会下属委员会详细阐述了这些奋斗目标。这份由卡特赖特、杰布等激进主义者起草的“争取全民普选权的计划”，让福克斯和其他温和派改革者感到不舒服，他们只想进行“经济改革”，以及调整议会席位的分配。[7]

这份“计划”的言辞非常直白，开门见山地申明其奋斗目标是不容置疑的：“全体国民在议会中拥有平等的代表权、年度选举、全民普选权，这些要求合乎人类的自然情感，符合人类利益，任何诡辩都不能阻挡它们的力量。”[8]威斯敏斯特联合会与宪法知识会共同拟定的计划包括 6 项内容：男性普选权、年度竞选、选区平等、无记名投票、议员领取薪资及废除议员财产资格限制。这些内容直到宪章运动时期依然是激进派计划的基本组成部分，那场运动将在 1848 年达到高潮。查尔斯 · 詹姆斯 · 福克斯当前的目标仅仅是赢得选举，不过他的行动使得某些他既不真心支持又无法完全控制的力量得到释放。另一方面，宪法知识会也明白，想在议会里打开局面几乎是不可能的，地主精英与特权阶层的势力依然根深蒂固。1780 年 6 月，当这份计划由性格自由叛逆的里士满（Richmond）公爵递交到上议院时，根本无须进行投票，它就被否决了。

如果仿照约克郡联合会的先例，宪法知识会的目标应该是到城市之外的地区联络民众，动员舆论；而知识会的活动方式及其成员组成，都意味着他们要用温和的合法手段来实现民主目标。宪法知识会本身是一个中产阶级的组织，他们所期望的是：要改革，但领
124 导者必须教养良好、勤奋努力并受人尊敬；改革的目标应当通过温和的手段达成：通过理性的辩论、通过教育人民，最终通过让足够多的议员相信他们的要求是公正的。此外，如前文所述，威斯敏斯特联合会选择威斯敏斯特厅作为活动地点，强调了温和派改革家希望在现有政治体系内活动的愿望。伦敦的激进组织没有像在早些年威尔克斯事件中那样与街头抗议的民众结盟，这与纽约及后来巴黎的情况都不相同。

之后发生的事完全出乎意料。在里士满公爵向议会同僚们发出注定徒劳无功的呼吁的同一个月，伦敦的街头爆发了一场大规模暴乱。“人民”之间进行理性辩论的设想彻底沦为空谈，和平改革也变得遥遥无期。在1780年6月2—8日这恐怖的6天当中，这座城市到处上演着群体暴力。引发暴力事件的核心原因是，有些人认为，广大英国人民的自由与权利正在受到他们的死敌——天主教——的威胁。这表现出辉格党式意识形态中黑暗、暴力且狭隘的一面，即宪法及作为其基础的自由并不属于所有“英国人”，而专属于新教徒。反天主教势力首先点燃了暴力之火，而后经济的衰退与混乱、受挫折的爱国主义和仇外情绪，以及对汉诺威王朝合法权力——或者说，邪恶权力——压抑多年的愤恨混合成了爆炸性的燃料，推动了暴力事件的进一步升级。这场暴乱将参与者、攻击对象及受害者

从城市环境中拉了出来，而这些环境又影响着暴乱的发展方向。

这场骚乱在一定程度上是美国独立战争引发的：英国军队不得不在缺乏兵员的情况下，与美国及其盟友法国和西班牙打上一场全 125
球性战争。议会回应以温和的策略，对于受到 18 世纪理性与宽容的理念熏陶的人来说，这种措施无可指摘。议会颁布了一项法案，减少了对英国天主教徒的各种限制。这些人自 1688 年光荣革命以来就被剥夺了投票权，并且因为参加天主教仪式受到严厉惩罚。理论上，一旦发现天主教教士举行弥撒，理论上可判处其终身监禁。天主教徒不能合法买卖或持有土地，许多教徒为了摆脱贫困选择在陆军或海军中服役，但入伍时必须对君主宣誓效忠——这个誓言包括了对他们信仰的侮辱。1778 年夏，英国议会通过了《天主教解放法案》（*Catholic Relief Act*），放宽了对天主教徒的某些限制，当然离完全解放还十分遥远（例如天主教徒依然没有投票权）。通过这项法案的部分目的是为了让军队能更容易地招募天主教徒入伍，特别是在爱尔兰地区。[9]

1779 年，新教徒的抗议运动首先在苏格兰爆发，其破坏力如此之大，以至于英国政府承诺以后不会在英格兰边界以北地区推行此类法律。在这次胜利的鼓舞下，宗教偏见在南方迅速发展，代表人物就是乔治·戈登（George Gordon）勋爵。令人不安的是，苏格兰贵族戈登是美国革命的支持者，在议会里与更为进步的辉格党人站在一边。不过在 18 世纪的政界，进步思想常常与反天主教联系在一起。许多英国平民相信——政府当局也不断向他们重复——天主教思想危险，煽动民众，而且一直反对 1688 年革命中新教徒制定的宪法性法案。“罗马天主教”这个词与“木鞋”和“奴役”联系在一

起，这两者意味着“贫穷”与“专制”。而受过教育的英国人通常
126 真诚地对坚持这些观点感到厌恶。但到了 1780 年，这些观念仍然能在人群中引起共鸣。这时英国不仅和信仰新教的美洲革命者交战，也与天主教绝对主义治下的法国与西班牙敌人交战。对戈登勋爵来说，《天主教解放法案》是对“新教自由”的挑战，而美国人正在为自由浴血奋战。

戈登当上了一个新教联合会（Protestant Association）的会长，该联合会的目标是通过组织运动使政府取消《天主教解放法案》。联合会迅速在整个英格兰建立起了分会。1780 年 1 月起，联合会开始通过组织全国性的请愿活动，展示他们反对天主教解放的立场。新教联合会“呼吁”民众：“天主教在英国已经被限制了很长时间，如果解开锁链，将会遗祸子孙。”5 月底，请愿活动准备就绪，而且这项“事业”得到了伦敦城官方的大力支持，但其中并不包括威尔克斯本人，他对宗教信仰的态度十分宽容。[10]

1780 年 6 月 2 日，一个阳光明媚温暖宜人的日子，大约 6 万名请愿者聚集在萨瑟克的圣乔治草地上——从它不久前发生的事情看，这个地方有些不吉祥。在戈登要求下，请愿者都在自己的帽子或衣服的翻领上佩戴了蓝色徽章，或者扎上蓝色饰带。戈登盘算着，议会将被反天主教解放运动的规模之大所震撼，于是足够多的议员会动摇并赞同撤销法案。佩戴着蓝色装饰的抗议者列队游行，挥舞旗帜，高唱圣歌与赞美诗。按照预定计划，游行队伍一分为二，一路从伦敦桥过泰晤士河，沿着伦敦城蜿蜒曲折的街道行进约 5 千米，召集沿途的支持者；另一队则穿过威斯敏斯特桥，径直前往议会。队伍的领头人肩负一卷厚重的羊皮纸卷轴，它是游行的前一晚缝好的，

上面有超过 10 万人的签名。在别的情境中，议会改革者或许会嫉妒 127
这种游行方式：人数众多，令人尊重，井然有序，还有一份成千上万来自各行各业的人签名的请愿书。然而气氛很快发生了变化。[11]

当天下午 3 点，两支游行队伍在威斯敏斯特厅前的庭院里会合。这时队伍当中不光有原来的游行者，还加入了几千名来自社会各阶层的民众，一些人甚至还骑马或坐着马车赶来，人群不断涌入院子，周边的大街小巷也挤得满满当当。就在这座庭院里，气氛陡然变得恶劣。一部分示威者涌进威斯敏斯特厅，有些人开始冲撞上议院的大门，并遭到门卫驱赶。之后大批群众开始用拳头和棍棒敲打议会会议室的大门，吼叫着“不要天主教！”对于议员们来说，想要穿过情绪激昂的人群需要极大的勇气：少数为人熟知的反对《天主教解放法案》的议员受到群众的欢呼，而其余的人都被逼着高喊“不要天主教！”对后一部分人来说，最好的待遇就是只需要喊口号。首席法官曼斯菲尔德（Mansfield）勋爵的马车窗玻璃被石块砸得粉碎，但他之后的遭遇还会更糟。乔治·萨维尔（George Savile）爵士是促成解放法案通过的功臣，他被迫离开自己的马车，眼睁睁地看着它被暴民拆得七零八落。诺斯勋爵又一次体验了骚乱带来的沮丧，他的马车被拦了下来，一个人拉开车门跳进车厢，夺过这位首相大人的帽子，然后扭头带着他的战利品冲进人群。约克大主教与坎特伯雷大主教遭到辱骂围攻，身上被扔了泥巴，大主教的长袍、假发也被暴民脱了去。虽然没有人受重伤，但议会外的景象着实黑暗、恐怖、压抑。[12]

当戈登呈递请愿书时，它被砰的一声扔到地上，弹起了尘
土——他在下院的同僚们已经受够了。议员们已经要求军队前来保 128

护他们，而戈登则被2位充满敌意的议员步步紧逼，其中一位是霍尔罗伊德（Holroyd）上校，他因为在门外闹事的暴民而冲着戈登大发雷霆："如果他们任何一个人闯进来……我会拔剑先捅死你，而不是那个混蛋。"戈登一会儿在议席与公众旁听席之间徘徊，一会儿对他挤在威斯敏斯特厅里的支持者发表演说。他不仅让民众了解了下院处理请愿书的进度，还点出了持反对意见的议员们的名字，这种举动非常危险，而且刺激民众的情绪。下院在紧张的气氛中进行了长达6个小时的激烈辩论，最终以压倒性优势（192票对6票）决定到6月6日下周二再进行下一步讨论。戈登向所有请愿者宣布了这个结果，并恳请他们和平解散。这时已将近晚上11点，常备军和卫队业已奉命到达，开始清理威斯敏斯特厅及周边的大街小巷。[13]

游行的群众解散了，许多人面带愠色，愤愤不平。一部分抗议者因为他们大力支持新教徒"事业"却徒劳无功而怒气冲天，无心听取戈登的建议。从这一刻起，请愿活动彻底演变为暴力冲突，从6月2日星期五深夜到6月8日星期四，伦敦"暴民"邪恶的本性及恐怖的毁灭性力量暴露无遗。伦敦的天主教徒成为暴乱的第一批牺牲品：6月2日夜至3日凌晨，撒丁王国大使馆与巴伐利亚大使馆的天主教教堂都遭到了攻击。这2座教堂分别位于杜克街（Duke's Street）的林肯法学会广场（Lincoln's Inn Fields）和苏豪区（Soho）的沃里克街（Warwick Street），是富有的天主教教徒进行礼拜的场所。撒丁教堂被烧得只剩下焦黑的废墟，而沃里克街的巴伐利亚教堂先被洗劫一空，而后被付之一炬。企图焚
129 烧南奥德利街（South Audley Street）葡萄牙大使馆天主教教堂的暴民被军队阻止。这3个地方——优雅的林肯法学会广场、沃里克

街所在的精致的苏豪区（这里当时还没有像后来那样声名狼藉）、光芒四射的圣詹姆斯区的南奥德利街——受到攻击，意味着“暴民”的破坏性力量已经进入了伦敦西区最富有、典雅的中心地带。南奥德利街离议会、白厅和王室住所圣詹姆斯宫这些伦敦政治权力中心、宗教中心并不算太远。[14]

但宗教偏见可没有阶级界限。就在同一晚，一群人前往伦敦城东北角的穆尔菲尔兹（Moorfields），这个地区聚居着大量爱尔兰移民。袭击者被驻军击退，其中一些人被法官逮捕。第二天，整个城市的气氛变得非常紧张，但十分平静。从6月4日星期日到6月5日星期一，暴力事件进一步升级，暴乱者扫过伦敦东区各地，小穆尔菲尔兹、沃平（Wapping）、斯皮特尔菲尔兹还有霍克斯顿（Hoxton）无一幸免。他们一路上洗劫并焚烧教堂，砸毁天主教学校和天主教教徒经常光顾的酒馆，这里的天主教教徒多为爱尔兰移民，是城里最贫穷的劳动者。6月5日起，暴徒将袭击对象扩大到《天主教解放法案》支持者的住宅：乔治·萨维尔在莱斯特广场的房子——也在苏豪区——窗户被砸碎，部分家具被抢走，多亏卫兵及时赶到才免遭进一步破坏。埃德蒙·柏克在圣詹姆斯区查理街的房子也受到了威胁，这位政治家兼作家不得不收拾好他最宝贵的文件准备逃跑，幸好军队在最后一刻及时赶到。6月2日晚上逮捕过暴徒的伦敦法官的房子都遭到了拆毁。这样一来，暴乱席卷了整个伦敦，暴力侵袭了城市的东部边缘
地区，西区一部分富人的住宅也遭到暴力毁坏。没过多久，这座城市 130
的中心也将完全处在骚乱不安之中。[15]

6月6日星期二，议会再次开会讨论这次反《解放天主教法案》的请愿书，挥舞棍棒与刀剑的人群挤满了宫殿庭院，警卫们竭

力守住威斯敏斯特厅的入口。埃德蒙·柏克前一晚才从围攻中逃脱，今天他只能抽出佩剑从人群中开出一条道来。与此同时，大约 500 名暴徒穿过威斯敏斯特桥涌入兰贝斯区，将坎特伯雷大主教的宅邸团团包围，使劲敲打着上了闩的大门。兰贝斯区可能早就被盯上了，因为它是债务人的避难所：这里到处是密集混乱的小巷与院子，那些被债主们追得走投无路的人可以躲藏在这里逃避牢狱之灾。不过我们也会发现，对于那些在肮脏的环境中艰难谋生的店主与工匠们，参与暴乱的民众还是抱有些许同情心的。[16]

当天下午晚些时候，议会再次决定延期讨论请愿书。海德（Hyde）法官在 5 点钟露面，他宣读了《骚乱法》（*Riot Act*），并命令聚集在庭院里的群众立即解散。令这位法官大为惊恐的是，人群中有人挥舞起一面红黑相间的旗帜，大声高喊："上海德家去，走啊！"一大群暴徒冲向这位法官在伦敦西区圣马丁街（Saint Martin's Street）的住宅，大肆劫掠并放火焚烧家具。这次破坏行动标志着暴力事件的焦点发生了转移——从针对天主教的愤怒行动转变为对法律与秩序的粗暴践踏。在烧掉海德家的所有东西之后，这群人又冲向东北方向几百米开外的朗埃克街（Long Acre），接着转入弓街，冲进科文特花园。在这里，他们用铁条与凿子撬开约翰·菲尔丁爵士警署的指挥部，把这里洗劫一空。正是在这样暴力
131 的情景中，臭名昭著的新门监狱被焚烧。这座监狱早就成了暴徒的目标，因为他们的一部分同党在 6 月 2 日被逮捕之后就关在这里。他们将所有囚犯都放了出来，随后放了把火。袭击新门监狱是暴乱者针对伦敦城的第一个行动，由此威斯敏斯特、伦敦城与东郊都被串联在了暴力与毁灭的链条中。激进派剧作家托马斯·霍尔克罗夫

特（Thomas Holcroft）——他本人将在1794年被关进新门监狱——目睹了罪犯与债务人从火焰与灰烬中被救出来，有的甚至是从绞刑架上被放下来：

> 全体被关押者共计300多人，其中有4个人将在星期四那天被处决，现在他们都得救了。暴民的举动令人吃惊。他们把囚犯一个个拖出来，有的拽着头发，有的扯着手脚，或是别的任何可以抓住的部位。他们破坏了各个出口的大门，让所有人赶快逃生。他们的动作如此娴熟，仿佛早已熟悉了这个路径复杂的地方……这些无法无天的恶棍计划得十分周详，他们在街道上设置了岗哨，以免逃狱的犯人被送往其他监狱。这座英格兰最坚固也是守备最森严的监狱……不复存在了，只剩下光秃秃的高墙，它们太过厚重结实，连火焰都无法将之焚毁。[17]

袭击弓街警署和焚烧新门监狱的伦敦民众或许本意并不是要与法律、秩序作对。首先，与那些真正与法律打交道的富贵阶级相比，他们更容易成为犯罪的受害者。伦敦人在大街上遭到攻击或者抢劫时，大喊“抓小偷！”或“杀人啦！”，他们基本上都能从同胞那里获得帮助。18世纪的伦敦还没有多少警察，日常的社会秩序需要政府与民众通力合作才能维持。伦敦人也没有必要 132
抗议政府频繁使用绞刑。在18世纪的伦敦，被处以绞刑的人大多数来自边缘群体：1703—1772年间，60%的绞刑犯都是刚进入城市的移民，因此不太可能有保护人或地方团体支持他们，为他们寻求仁慈的审判。此外，这些被判绞刑的外来户当中有相当一部分（高达 14%）都是信奉天主教的爱尔兰人，参与这次暴力事件的民众对他们可没什么同情心。[18]

事实上，伦敦人愤恨的是法律的实施如此粗暴而且不公正。那些被关进新门监狱和那些被暴乱参与者从监狱里救出来的囚犯都是生意人或工匠，他们当中有印刷工、织工、装潢工、玻璃切割工、制刷工、裁缝、雕椅工、服装商、泥水匠、皮革修整工、锻工、画师、细木工和制鞭工。他们来自城市的各个劳动阶层，也是 18 世纪伦敦繁荣的动力，他们是街道上的居民，在作坊和市场中工作，他们制造商品、提供服务，让城市生活得以运转。换句话说，这些人与支持戈登的暴徒一样。最重要的一点或许是，新门监狱的纵火犯释放的债务人里，许多都是小本商人，他们因为那些有权有钱的客户拒付账单才落到如此田地。债务人监狱和兰贝斯避难所都深深触动着受压迫的工匠们的神经。如前文所述，攻击者关注点的转移开始于兰贝斯的债务人避难所，并在接下来对新门监狱和其他监狱的攻击过程中得到强化。这反映出国家统治阶层的各种压迫与强制手段已经引起了广大劳动阶层的深刻敌意，当局似乎与大众为敌而偏
133 袒富裕阶层，这些人享受着财富带来的安全，而且常常是法律的制定者。这场暴乱引起了另一些人的共鸣，那就是 10 年前曾在圣乔治草地支持威尔克斯的群众，有的人甚至两次事件都参与了。然而，正如我们将看到的，戈登暴乱是英国激进主义发展的转折点，此前威尔克斯与支持他的狂热群众共同为之奋斗，此后它将与群体行动相分离。[19]

借着新门监狱这个最大的胜利，在接下来的两天里，其他监

狱也纷纷被打开：克勒肯维尔监狱、黑衣修士区的布莱德维尔监狱与新立监狱（在泰晤士河南岸）都被打开，里面的囚犯与债务人都获得了自由。6月7日凌晨零点半，曼斯菲尔德勋爵的宅邸遭到了袭击。曼斯菲尔德是议会的领军人物，《天主教解放法案》的支持者之一，也是一个以喜欢判处犯人绞刑而闻名的法官，因此，暴乱者痛恨他是必然的。曼斯菲尔德的宅邸坐落于布卢姆茨伯里广场（Bloomsbury Square）的东北角，暴乱当天宅邸外宽阔、优美的公园和街道上挤满了人，曼斯菲尔德勋爵全家仓皇出逃。随后，暴乱者砸开大门肆意破坏，书籍、纸张、油画、大键琴、家具、女士的服饰都被从窗户扔了出去。暴乱者将这些东西都堆在广场上，然后放火焚烧；在它们化为灰烬之前，一些暴徒将火球扔进房子，整座宅邸被大火吞没。[20]

暴乱在6月7日星期三达到高潮，两座债务人监狱——位于伦敦城的舰队街监狱和位于萨瑟克区的王座法庭监狱——都被砸开然后焚毁。暴乱者制造的最大场面就是点燃了天主教富翁托马斯·兰代尔（Thomas Langdale）在霍尔本街（Holborn）与费特巷（Fetter Lane）交会处的杜松子酒厂，制造出了地狱般的火海。酒厂里储存的12万加仑烈酒被大火引燃并发生剧烈爆炸，夜色中酒精带着烈焰 134
直冲云霄，而后又像曳光弹一般四下溅落在街道上。冲进酒厂抢劫藏酒的暴徒都葬身火海，附近大约20座房子在爆炸中受到波及。酒精带着蓝色的火焰穿越街道，流入排水沟，积水的池塘熊熊燃烧。男女老少有的被烈火烧死，有的则因吸入倾泻在街道上尚未加工完成的烈性酒精而被毒死。[21]

在这个“黑色的星期三”，整整36处火场染红了夜空，这也是暴乱活动的高潮。政府疯狂地召集一切能够调遣的力量。军队从周边各郡开了过来，在海德公园（Hyde Park）扎营，将伦敦西郊的绿茵变成了一片帆布与红色军服的海洋。一个讨厌驻军的伦敦人伊格内修斯·桑乔（Ignatius Sancho）像一个真正的辉格党一样抱怨道，这个地方现在颇有“法国政府的样子”。到6月8日暴乱结束时，到达伦敦或正在前往伦敦途中的军队已经超过1万人。伦敦城在稍做犹豫之后也动员了起来，市长让荣誉炮兵连与伦敦军事联合会（London Military Association，一个志愿民兵组织）提供帮助，守卫英格兰银行和市长官邸，后一地点已经成了惊恐不安的暴乱受害者的避难所。[22]

军事联合会的一名志愿者事后回忆起当时“可怕又美丽的景象”：“自己想象一下吧，街道上每个男人、女人还有孩子都在痛苦中挣扎，连空气都被腾起的火焰染得如血一般鲜红，到处都能听到火枪射击的轰鸣声，女人和小孩四处乱爬；所有来自社会底层的人都呈喝醉的状态，举着旗帜一边游行一边高呼万岁。”[23]军事联合会与荣誉炮兵连的一部分人马被派往城北的老布罗德街（由伦敦老城
135 墙一直向北），去保护那里正在遭受攻击的房子。根据这位志愿者的描述，成群的暴徒“拒绝解散，叫嚣着有本事就开枪。然后我们满足了他们的愿望。转眼间，地上躺满了死者、伤员和将要咽气的人。我们对他们已经够仁慈了，一次只开一枪，而不是整排齐射，给了很多人足够的时间逃跑”。[24]

与此同时，伦敦城里的名流大腕都参加了恢复秩序的行动。参事会议员约翰·威尔克斯通知同业公会做好防御准备。之后他又严厉批评自己的那些参事会同僚，包括一些以前支持他的人，

斥责他们在平息暴乱的问题上缺乏干劲，一些参事会议员甚至允许自己选区内的警察佩戴蓝色徽章。威尔克斯在自己的外法灵顿区实行戒严，晚上 10 点准时关闭所有酒馆，并派遣一支由 20 名士兵组成的小分队从路德门山街的军营出发巡逻。在得到 60 支西班牙火枪之后，他将当地的居民武装起来，保卫自己的社区免遭暴乱者袭击。6 月 7 日，人们看见威尔克斯率领一小队士兵前去抵御暴乱者，这些家伙已经烧毁了黑衣修士桥（Blackfriars Bridge）上的钟楼，现在又准备到伦敦桥上放火。这天晚上 11—12 点钟之间，威尔克斯帮助英格兰银行抵挡了一次猛烈攻击。指挥攻击的是一个酿酒师的马车夫，他跨坐在重型马上，马身上装饰着从新门监狱得到的锁链，看起来非常奇怪。当暴民尝试包围银行时，在针线街这座宏伟的建筑里驻扎的士兵怀着最后一线希望，将墨水瓶熔化做成火枪子弹。小分队的成员守在门后和房顶上，一旦暴乱者突破了街道上的防线，就立即对他们进行近距离齐射。威尔克斯也是保卫者的一员，他在日记中记录道："我们在银行后面朝奥斯丁修道会的方向和银行中间的位置进行了六七次集中射击。2 名暴乱者当场被打死在银行大门前，还有几个死在猪街（Pig Street）和齐普赛街（Cheapside Street）。"塞缪尔·约翰逊（Samuel Johnson）大力赞美威尔克斯的行为："杰克*·威尔克斯 136
带领队伍击退了暴民。杰克是极重视秩序和体面的人，他表示如果给他足够的权力，那些暴徒一个都别想活下来。"㉕

回顾一下此前的事件就会明白，威尔克斯对暴动的反应一点都

* Jack，约翰（John）的昵称。——编者

不令人惊讶：虽然他那富有争议的名声是靠着那些他现在毫不留情杀死的“暴民”获得的，但他的权力根基却是在城市，特别是在城市核心的伦敦城。而伦敦城捍卫自由的力量与能力源于那些暴乱者试图摧毁的制度和机构。从暴乱者的角度来看，袭击英格兰银行和大桥的钟楼意味着暴动扩大成了对伦敦城本身经济利益的攻击。保卫伦敦城的特权和以暴动的方式表达广大劳动人民的不满，这两条道路在 18 世纪 60 年代曾因威尔克斯的个人魅力而交织在一起，现在两条路线开始分化。因此，或许在威尔克斯看来，保卫英格兰银行并不是因为要保护有产者的金钱与房产免遭劳动贫民破坏，而是因为英格兰银行无论从地理位置还是象征意义上来说，都处于伦敦城的核心位置。[26]

枪林弹雨敲响了暴乱者的丧钟，这场大骚乱于 6 月 8 日宣告终结。至少有 210 人在暴乱中当场死亡，还有 75 人因伤势过重在医院去世。暴乱造成的财产损失高达 3 万英镑，在当时这是个惊人的数字。法律对暴乱者的惩罚也极其严厉，有 450 人被逮捕，62 人被判处死刑，其中 25 人立即执行。为了警告心怀不轨者，这些犯人没有在泰伯恩刑场处决，而是押送到他们当时犯罪的地点行刑。行刑地点的分布展示了暴乱波及的范围之大，同时也表明政府将坚决维护其威信，无论它在哪里受到损害。此外，还有 12 人被收押入狱。[27]

人们开始试着理解这场英国 18 世纪最严重的暴乱的意义。例
137 如，这场暴乱表明，英国人的自由观念如果受宗教信仰制约，那么将带来一片黑暗。伊格内修斯·桑乔是一个出生在贩奴船上的非洲人，而现在已经是伦敦的一名自由民，他写道：“这——这是——这就是自由！真正的英国式自由！这一刻大概有 2000 名自由男孩在

宣誓，并拿着又粗又长的棍子大摇大摆地走着，他们已经做好了与爱尔兰的领袖与工人们交手的准备。”不少传言说暴乱者是受了法国或美国间谍的煽动，最终目标是为了搞垮英国，但冷静分析之后，这些谣言就不攻自破了。桑乔观察到人群的流动并没有预定的方向，他判断没有一个人被他人控制：“我认为需要超自然力量才可能准确地控制他们的一举一动。”[28]

然而对于激进主义者来说，戈登暴乱导致威尔克斯与伦敦民众之间的关系破裂。这次决裂，或者说双方不再合作，也让激进主义者意识到，反天主教的需求已不再能作为支持政治改革的主要动力。威尔克斯积极镇压暴乱的行动也是关系破裂的标志。冷静理性的集会是一回事，但骚乱与暴动可是另外一回事。根据宪法知识会的约翰·杰布的分析，这种让伦敦陷于火海的暴乱根本解决不了议会的腐败问题，只是反映了问题。事实上，民众的行为将招致激进主义者最畏惧的专制与暴政：镇压暴乱需要对这座城市的每一条街道实行军事管制。[29]

然而，暴乱也动摇了受过教育、工作勤奋但没有公民权的这一类人，他们正是城市激进主义者的重点宣传对象。一个伦敦人以事后诸葛亮的方式忏悔道：“尽管年龄本该让我了解得更深刻……但
当数以千计的人被威尔克斯那个政治骗子忽悠时，我也不可避免地 138
被某种狂热情绪所感染；这种情绪让我们错误地看待那次威胁公众的灾祸，对事态的扩大毫无警惕，直到自己的底线被突破，而我们却没有勇气去保护这一切……从那一刻起……我变成了一个忠心耿耿而且遵守社会秩序的人。”[30]

埃德蒙·柏克也在事后聪明地将戈登暴乱与议会改革运动简单

联系在一起。他说：“国内充满了愤怒的情绪，更可怕的是它正在持续高涨。疯狂而野蛮的暴动已经离开森林进入我们的城市，披着改革的外衣在每一条街道上徘徊。”于是，宪法知识会失去了广大进步市民的支持。伦敦城一直是国民自由的捍卫者，但这次却发现自己身陷暴力之中。许多领导人果断转变方向，不再寻求“暴民”的支持，甚至远离改革。第二年 3 月，市议会投票禁止一批来自全国各地、代表各个改革团体的议会代表利用同业公会来推行改革计划。这标志着一股保守主义忠君思潮业已兴起，并将在未来的岁月中一直延续。宪法知识会坚持前行，但 18 世纪 80 年代的大多数时间里政治改革运动已经衰退。1787 年美国宪法颁布，此后英国又举行了一系列激动人心的光荣革命百年庆祝活动，它们给激进主义者注入了一针强心剂。不过，要到 1789 年，发生在海峡对岸的划时代事件才推动了激进主义的真正复兴。[31]

在纽约，革命扎根在城市的空间中，其发展的方式也受到城
139 市空间的塑造，例如海滨城区，又如公共广场。后者此前因其实用性而成为纽约市民的常用集会地点，而后又被爱国者赋予了深刻的象征意义。纽约也经历了一场革命的洗礼，因为民众在市政厅、交易所、咖啡馆举行的抗议活动，在政治上与反对英国殖民地当局的统治联系在一起。纽约的政治和社会领袖与民众之间虽然也有摩擦——而且确实存在潜在的冲突——但是在纽约（其他殖民地也一样），大多数精英愿意与民众运动密切合作。这个跨越社会利益的联盟具有强大的革命性。首先，双方尽管使用的手段、方式不同，但有着共同的反抗大英帝国的目标。其次，联盟保证了爱国者阵营

能够取得控制权——不管是在现实意义上还是在政治意义上。爱国者们不但控制了街道、公共广场和酒馆这些民众集会的地方，而且还控制了殖民地各官方机构这些精英阶层的权力场所。革命者得以在此成功地对抗帝国派驻殖民地的代表，并在纽约城的大街小巷、公共场所搜查、逮捕效忠派分子。

这种情况在伦敦是不存在的。18 世纪 60 年代至 70 年代早期，威尔克斯、伦敦城与广大市民之间建立了一个联盟，但 1780 年戈登暴乱导致联盟彻底破裂。破裂的极致表现是当年煽动群众的人，现在激烈地抵抗暴民，以保卫伦敦城及其政治机构免遭侵害。如果当初暴乱者能够约束自己的暴力行为，集中火力攻击他们最初的政治目标——天主教建筑及天主教教徒社区——那么伦敦城当局的反应便不会那么激烈，毕竟包括布拉斯·克罗斯比在内的许多大人物已经对请愿活动表示支持。可当暴乱者开始破坏伦敦城本身，袭击新门监狱，并攻击英格兰银行时，伦敦城当局便不得不采取防御措施。140
整起事件实际上反映了伦敦城内部根深蒂固的保守主义思想：威尔克斯也许要求过男性普选权，但在伦敦城的领导集团中只有他一个人主张进行激进主义改革。英格兰银行激烈的保卫战并不是为了改善天主教徒在法律上的处境，而是为了保卫被伦敦城视为统治基础的金融机构。

与此同时，自 1780 年开始的民主改革运动还需要经历漫长的斗争，以获取城市民众的支持，其中一个重要原因在于它避免培育出群体政治，毕竟戈登勋爵牵头发起的大规模游行导致了毁灭性的后果。结果在至少 10 年内，城市激进主义者不得不改变策略，避免引起任何可能引发革命或社会混乱的行为。他们展示出对法律和更广泛的英国议会政治体系的尊重，希望以此获得现存法律机构的支持。于是，他们的活动被限制在伦敦既存的市民文化场所之中，包括威斯敏斯特厅（前文已经提到）、咖啡馆、印刷店、酒馆、演讲室，以及进步新教团体理性不从国教者（Rational Dissenters）的礼拜堂（后文将会见到）。这些地点反映出，多年来议会改革运动的中坚力量都是中产阶级。与美国革命的领导方式不同，伦敦的激进主义运动与街头政治无关，而且也力图避免与之扯上关系：直到18世纪90年代初期，推动议会改革的大规模户外集会活动才重新出现。

英国在1789年前得以避免革命的原因之一在于，当政治进入街头的时候，总会走上一条保守，而且事实上反动、具有毁灭性
141 的道路。伦敦咖啡馆和书店里的进步人士可不希望他们的事业和外边那些纵火泄愤的暴徒有什么联系。1789年爆发的法国大革命中，社会动荡更为剧烈，波及范围更广，群体政治带来的问题也更亟待解决。

第六章

巴黎起义：革命的到来

（1776—1789 年）

143 善于思考的法国观察家——带着一点幸灾乐祸的感觉——想
知道他们能从戈登暴乱里吸取到什么教训。像教士迪布瓦·德·洛
奈（Dubois de Launay）这样的保守主义者认为，戈登暴乱是个明确
的信号，反映出议会制政府这种“吵闹不休而且荒诞怪异”的东西
只会“引发无穷无尽的麻烦与革命”。思想进步的人士则得出了不
同的结论。路易－塞巴斯蒂安·梅西耶认为“伦敦人民所享受的自
由，让他们几乎能够任意发动起义，这很麻烦而且充满危险”，但
另一方面，它同样是力量的来源之一：“士兵与水手都是从那些敢
于拆屋烧房的暴民当中招募的，他们无所畏惧。如果让他们处于严
刑峻法和过分敏感的警察的管制下……英格兰将会失去前进的动力
与激情，因为它们根植于放纵的自由之中。”相比之下，在由法军与
瑞士雇佣兵严防死守的巴黎，街头发生严重暴乱“事实上是不可能
144 的”。这无疑是在暗示动乱与无序是一个主张社会自由的强大国家
所要付出的代价：问题在于这种代价究竟值不值。梅西耶对英国模
式的思考反映出，受过启蒙思想洗礼的法国人带着些许敬意对英国
政府进行了仔细观察。在英国，政府受到立法机构的约束，国王、
议会、司法机构三者之间实现了某种权力的平衡。但这些受过教育
的法国人并非一味地赞美，他们十分清楚，英国的政治遗产中还藏

着一把弑君的利斧。[①]

虽然法国人对他们的英国邻居抱有一种混合了敬畏与敌意的复杂感情，但在戈登暴乱之前，他们与对手英国人一样，把目光投向大西洋彼岸的一股更富有活力的新兴势力。美国独立战争的爆发让法国的男女老少在某种程度上团结了起来。1778 年 2 月，法国正式介入这场冲突，法国人对美国革命的热情与法国人饱满的爱国主义精神结合在了一起。虽然法国政府官员私下担心，绝对主义的法国援助美国的共和主义者会带来某种危险，但这场战争依然引起了公众前所未有的关注。保守派希望 1763 年战败的耻辱激发的仇英情绪和爱国主义精神能让民众团结在国王周围。而拉法耶特侯爵这样的进步人士则看到了一场以自由为目标的战争，无数美国人在为推翻暴政和在新大陆实现启蒙运动的理想而奋战。对于雅克－皮埃尔·布里索·德·瓦尔维尔这样的激进主义记者、小册子作家兼政治活动家来说，美国人正在建立一种基于分权、公民与政治自由这些启蒙思想的全新共和体制，以及基于广泛选举权的议会制度。[②]

法国人对美国事物的热情甚至能够体现在巴黎妇女的发型上。有一种叫作“起义头”的发型，头发盘得高高的，其主题暗指反抗英国统治的革命。该发型的设计者是王后的服装设计师罗丝·贝尔 145
坦（Rose Bertin）和她最中意的美发师莱昂纳尔·奥蒂耶（Léonard Autié）。这种发型诞生于法国公开宣布参战之前，结果迅速遭到禁止。美国共和主义者的美德在本杰明·富兰克林身上得到了完美体现，他是费城有名的贤者，也是美国驻法国的公使，他在科学领域的才华、朴素无华的服饰、直言不讳的说话风格，让他成了巴黎人眼中标准的美国人。不过这不仅仅是一个时尚潮流的问题：美国革命中的每一次困难和转折都被报道、评论，并引起激烈的政治讨论。咖啡馆与沙龙里的启蒙思想家将美国人的事业视为他们自己的事业，将他们兴奋的爱国情绪投注在一场对英的战争之中。至少在公开场合，没有人胆敢或愿意承认，法国对美国的政策与自身政治体制是完全不协调的。支持美国的年轻法兰西贵族们只是后知后觉地发现了这道鸿沟。法尔斯－富思兰德里（Fars-Fausselandry）子爵夫人后来承认："美国的事业似乎和我们的一致；我们为他们的胜利而骄傲，为他们的失败而哭泣，我们揭下告示带回自己家里阅读。任何人都没有意识到新大陆将会给旧世界带来怎样的危险。"③

没有多少人会把这种危险放在心上，谁也不会想到欧洲最强大的君主制国家之一法国会爆发革命。直到这个时候，大部分反对王权的运动依然局限在高等法院的合法框架中；具有批判性思想的饱学之士在法国各个城镇——特别是巴黎——的咖啡馆、俱乐部与书店里表达对王权的不满。他们的目的不是要推翻君主制，也不是破坏统治整个社会的特权等级制度。他们的关注点是司法宫，这一事实说明，大部分巴黎人民认可巴黎高等法院的声明，即在缺乏类似
146 英国或美国的立法机构的情况下，高等法院是对咄咄逼人的王权的最好的合法牵制。

但到了1789年，一切都变了：高等法院的公信力荡然无存，民众准备寻求更激进的方式解决政治危机。在巴黎，这种革命性的转变可以从空间的角度去感受，反抗运动的中心首先从高等法院所在的司法宫转移到公共舆论的集中地，塞纳河右岸的罗亚尔宫（Palais-Royal）；而后又由罗亚尔宫转移到巴黎东部工匠聚居的圣安托万区（Faubourg Saint-Antoine），这次变化的意义极为重大。第一

次转移意味着高等法院在政治辩论中已经败给了记者、雄辩家和支持他们的公众，这些人与旧秩序作战，在知识上无情攻击，在意识形态上步步紧逼，在言辞上穷追不舍。这场论战以罗亚尔宫为中心展开，宫殿的主人奥尔良公爵在旧制度的最后一段岁月里下令将宫殿对公众开放，这里的确是一个聚会、饮酒与作乐的好地方。第二次转移标志着 1789 年旧制度的最终危机，那时它发展成了一场社会的和政治的动荡。所有法国人——农民与工匠，资本家与自由贵族——都参与了起义；不过在巴黎东部工匠聚居的圣安托万区，起义具有特殊的活力，它在巴士底狱那阴森恐怖的堡垒高墙之下迅速蔓延。

巴黎的三处要地——司法宫、罗亚尔宫与圣安托万区——描绘了法国大革命到来的路线图。此外，作为城市建筑的一部分，它们本身的存在就能深刻影响重大事件的进程与结果。危机到来的原因有很多，但首要的是法兰西王国为美洲战争的胜利付出的极其高昂的代价。从政治角度来看，在法国最具影响力的男女，乃至广大公 147
众已经熟练使用权利、自由和爱国主义这套语言。从短期来看，更危险的是战争中的财政开支让王国欠下了巨额债务，国家已被拖入财政危机之中。法国财政上的巨大空洞直到 1786 年才暴露无遗，时任财政总监夏尔 - 亚历山大 · 德 · 卡洛纳（Charles-Alexandre de Calonne）足足花了 2 年时间，翻阅了大量关于国库的杂乱无章的文件，终于发现这个令人震惊的事实：法国已濒临破产。1786 年 8 月 20 日，卡洛纳向路易十六报告了此事。从这一天起，旧制度的危机便开始了。

卡洛纳素有赌徒的恶名。此外，他的对手和前辈、日内瓦银行家、前财政总督察雅克·内克尔（Jacques Necker）在1781年首次公开了王室的账目，让公众相信法国的财政在扣除军费开支之后还是有盈余的。因此，卡洛纳必须经历艰难的斗争，才能说服高等法院及公共舆论，让他们明白形势已危在旦夕，必须立即从根本上实施改革。为此，卡洛纳绕过高等法院召开了一次显贵会议（Assembly of Notables），按照他的解释，该会议的参与者囊括了“王国所有最重要并受过启蒙思想熏陶的权贵名流”，卡洛纳希望这些人能够听取他的意见。然而事与愿违。显贵会议于1781年2月至5月召开，与会的大人物坚持认为，唯一有权批准这个广泛改革计划的合法机构是三级会议（Estates-General）。三级会议是法国在那个时代最接近立法机构的东西，然而自1614年以来它就没再召开过。卡洛纳畏缩了，他于4月被解职。他的继任者洛梅尼·德·布里安（Loménie de Brienne）解散了显贵会议，并就改革的紧迫性向高等法院施加压力。激动的法国公众详尽地跟进着政治辩论。街头与咖啡
148 馆里流传着这样的说法：没有三级会议的同意，任何税收都属于非法。激进派小册子作家雅克－皮埃尔·布里索强烈要求“法兰西宪法”现在应该成为反对派的战斗口号：“无论在何处都应反复重申，宪法的基础就是没有同意便无须纳税。”整个巴黎都在讨论王室权力、宪法、公民权利之类的问题，但没有任何地方的争辩比罗亚尔宫更激烈。④

罗亚尔宫是塞纳河右岸一处优雅的景点，柱廊、拱廊、花园、喷泉、公寓、剧院、办公室、精品店等各色建筑汇集于此。宫殿正

对着当时贯通东西的大道圣奥诺雷大街。托马斯·杰斐逊对这个地方十分熟悉：1784 年 8 月 6 日他首次拜访巴黎，随行的有他的女儿帕齐和他的仆人詹姆斯·赫明斯，他们头两个晚上住在黎塞留街的奥尔良旅馆（Hotêl d'Orléans），这家旅馆旁边就是罗亚尔宫。罗亚尔宫由枢机主教黎塞留于 17 世纪 20 年代修建，路易十四从巴黎移驾凡尔赛时将这座宫殿赐给他的弟弟奥尔良公爵。宫殿主建筑群后面有一座长长的传统式花园，让整座宫殿更显优雅。在整个 17 世纪和 18 世纪的大部分时间里，这里是一处贵族专用的休闲胜地。"笔直的小道、池塘与花坛将此地分隔成无数小块，"弗雷尼利（Frénilly）男爵在大革命多年以后怀念道。"它是一处充满华贵气息的散步场所，用来举行庆典和社交活动。宫殿里到处都能看见羽饰、珠宝、绣花的礼服和红色的高跟鞋；而'毛虫'（指身穿燕尾服、头戴圆边帽的中产阶级成员）是绝对不敢在这里露面的……罗亚尔宫是巴黎贵族阶级的心脏、灵魂与中心：是这个阶层的根基所在。"但这个贵族阶级专属的休养所在大革命前夕也发生了一系列变化。[5]

1780 年，绰号"胖子"的奥尔良公爵离开罗亚尔宫，和他的 149
情妇一起搬到昂坦大街（Chaussée d'Antin）的宅邸居住，这座装潢豪华的新房子就坐落在大街的北边。公爵将罗亚尔宫传给他的儿子路易 - 菲利普 - 约瑟夫（Louis-Philippe-Joseph）。路易的家族非常富有，但他本人欠了不少债，继承人准备抓住这个大好机会增加收入。宫殿的花园将对公众开放，新古典主义建筑师维克托·路易（Victor Louis）将设计建造 3 条拱廊，用于开设店铺、咖啡馆与歌舞餐厅。虽然路易十六不禁揶揄他的表兄要成为一名商店老板了，但他依然批准了公爵的请求，不过国王很快就会后悔这个决定。新建的长廊组成了长方形，内部是观赏园林，成排的栗子树在园林上方投下浓荫，喷泉的水花让人感觉格外凉爽。西边的蒙庞西耶（Montpensier），东边的瓦卢瓦（Valois），北边的博若莱（Beaujolais，由于公爵花光了建筑经费，这部分最初是木头建造的，被游客们戏称为“鞑靼人的帐篷”），每条长廊里都有许多小酒吧与精品店。罗亚尔宫很快便吸引了一大批前来娱乐、放松、谈笑和猎艳的巴黎人。[6]根据杰斐逊的记述，奥尔良公爵给巴黎增添了“一处重要的点缀，令居民的生活变得更加方便”。[7]

在对这种“方便”赞不绝口的人当中，有一位是1790年来到巴黎的俄国历史学家尼古拉·卡拉姆津。3月27日，他到达下榻的旅馆后，第一站便游览了宫殿花园。卡拉姆津离开圣日耳曼区穿过塞纳河时，正是日落之时，华灯初上，罗亚尔宫开始热闹起来：

> 想象一下，有一座华丽宏伟的方形城堡，城堡里有一条条拱廊，拱廊下是无数熙熙攘攘的商店，在店里你可以看到世界
> 150 上所有的珍品……它们以最时髦的方式陈列着以吸引眼球，灿烂炫目的各色灯光把它们照得光彩夺目。再想象一下，人们成群结队地在长廊里进进出出只为了看对方一眼。这里还有“咖啡馆”，这个巴黎最重要的场所。咖啡馆里同样挤满了人，客人们或者在高声阅读公报或报纸，或者在喧哗争论，或者进行演说……我的头开始发晕了。我们走出长廊，坐在罗亚尔宫花园的大道旁，路两边都是栗子树。周围变得十分安静，光线也变得非常暗淡，拱廊的灯光投射到枝头的绿叶上，但这些光很快被影子遮蔽。从另一条街上传来一阵轻柔舒缓的音乐；一阵

清凉的微风拂过，吹得树上的嫩叶沙沙作响。[⑧]

这并非这幅宏伟景观的全部：1787年8月，杰斐逊写道，公园的中心地带都被挖开，准备修建“一座下沉的圆形竞技场……竞技场里还会举行马术表演”。杰斐逊本人也经常去罗亚尔宫，在精品店里寻找书籍与艺术品。[⑨]

势利眼的弗雷尼利男爵表达了他后知后觉的担忧，罗亚尔宫的变化不啻一场“社会革命……一个地方的上下颠倒意味着整个王国的动荡不安”。这里有令人刺激的放纵。宫殿设有一处学术俱乐部和两座剧院作为启迪智慧的场所。来访者还可以参观一座摆放着名人蜡像（包括王室成员）的博物馆，或者参加舞会与宴会。罗亚尔宫也成了一处色情文化场所：瓦卢瓦长廊里有一座小型的木偶剧院，原本是给孩子们放映木偶剧的，但经营者很快发现提供现代人口中
的“成人娱乐”更有利可图。成群的妓女光天化日之下在宫殿的廊 151
柱之间走来走去，一路上搭讪嫖客，招徕生意——卡拉姆津的遐想被这些“欢乐的仙女们”打断了，她们“许诺给我们各种各样的欢乐，然后像月光下的幽灵一样消失了”。这种纵欲享乐的行为是可能的，因为作为奥尔良公爵的私产，除了偶有混入其中的告密者，宫殿免于警察与审查机构的监视。宫殿的拱廊下有书店和出版商，德塞纳（Desenne）是最有名气的一家；兜售小册子、小报、宣传海报和色情作品的小贩们在人群中出没。罗亚尔宫是一处非同寻常——也许是独一无二——的场所，感官享乐、社交、思想辩论各种活动都能在这里进行，各种出版物在这里流通。唯一能与之相比的只有伦敦的科文特花园，它的拱廊、咖啡馆、酒馆、货摊、歌剧院和妓女对英国民众具

有同等的吸引力。罗亚尔宫很快成了巴黎市民的聚会中心，在这里他们打听消息、交换意见或者消遣娱乐，随着此类活动日益频繁，越来越多的人开始称呼罗亚尔宫为“巴黎的首都”。[10]

就在罗亚尔宫这里，巴黎市民兴奋地阅读显贵会议激昂的辩论稿，以及后来高等法院对抗王室权威的新闻。显贵会议解散后，高等法院呼吁召开三级会议，于是陷入了与政府紧张的政治较量之中。这场漫长、剧烈的冲突在 1788 年 5 月 3 日达到高潮，所有带头的法官都于拂晓时分在家中被逮捕，而后被集体流放。有 2 名法官逃脱了追捕，前往司法宫避难，其中包括最为直率的杜瓦尔・德・埃普雷梅尼（Duval d’Eprémesnil）。其余的法官站在被捕的同事一边，他们在大会议厅召开会议，经商讨决定既不逃跑，也不交出在此避难的法官。5 月 5 日夜间，军队包围了司法宫，法律工作者被迫交
152 出了他们的同僚，随后剩余人员被解散。3 天之后，国王御临法院下令重组高等法院。[11]

此次打击高等法院的行为被证明是国王最后一次尝试像个绝对君主那样统治国家，它同时导致批判君主专制的小册子铺天盖地而来。随着公共舆论与司法系统的反对之声日益高涨，欧洲神经紧张的投资者们拒绝向亟待资金的法国政府提供贷款。面对国家即将破产的危机，财政总监布里安最终向舆论投降，许诺尽快召开三级会议。在国库入不敷出之后，布里安确定于 1789 年 5 月 1 日在凡尔赛召开三级会议的第一次会议，随后宣布辞职，并向国王推举雅克・内克尔来接替他的职务，因为后者是唯一一个在公众当中具有威信的大臣。这位有财政天才之称的日内瓦银行家在走马上任后便宣布，自己对现状无能为力，要等到三级会议召开后才会有办法。

王朝已经无计可施：它能做的只有等待三级会议召开，等待王国的代表们为改革注入新的生命力。[12]

1788年9月，5月遭流放的高等法院成员被召回，法官们在返回司法宫的路上受到大批群众疯狂而热烈的欢迎，整座新桥上挤满了人，领头的是书记员行会的成员，以及附近王妃宫（Palace Dauphine）的当地工匠，他们的奢侈品生意因为挥金如土的法官、律师的存在而兴旺。全体群众聚集在新桥上亨利四世（Henri Ⅳ）的雕像周围，这位国王在当时仍被视为贤君的典范。人们在雕像前点起了节日的篝火。政府并不打算冒险，但仍然派出500名精锐的法国卫队（Gardes-Françaises）士兵包围了法院。当群众向士兵投掷石块和鞭炮时，军队顿时失去了耐性，一名士官吼道："给我开枪打这群狗娘养的！"子弹没有击中任何人，只有一位律师小心地避开 153
子弹时，外套被火枪子弹打穿了。直到高等法院自己明令禁止在周边地区聚会或点篝火时，街道上才安静下来。虽然此时并没有明显的预兆，但这是司法宫最后一次作为反"专制主义"运动的集结地点，而且即便此时，参与抗议活动的主力军仍是那些自身的特权、生计与法院的命运绑在一起的人。政治主动权不久后就会转移到塞纳河对岸的罗亚尔宫中，这一转变正是高等法院自己无意促成的。[13]

三级会议的召开是高等法院与广大公众联合的一场伟大胜利，现在每个人都在兴奋地讨论这件事。如何让三级会议成为"一个真正的国家议会"？当这个问题被公开抛给公众的时候，政府也放松了审查制度。书店的生意变得十分火爆，所有的报纸供不应求：在巴黎出现了不下40家新的期刊；从1788年9月到1789年5月，整个法国至少出现了400万份讨论这个问题的出版物。巴黎城内到处都是政治俱乐部，连罗亚尔宫长廊的顶楼也不例外，那里已经成了一个喧闹的讨论场所。1788 年 9 月 25 日，高等法院发布了三级会议的组织方案：会议将“按照 1614 年的形式”召开。从这条命令颁布的那一刻起，“巴黎的首都”就变成了革命的首都。[14]

高等法院的表述听起来似乎无伤大雅，然而它真正的含义变得清晰时，引起了普遍的愤慨。在 1614 年，三级会议三个等级——教士、贵族和第三等级（包括前两个等级之外的所有社会成员）——的会面、讨论、投票表决都是分别进行的，然后每个等级各自做出
154 一个集体决策。这意味着，教士与贵族这两个“特权等级”往往能联合起来压制第三等级的意见。结果就是，教士与贵族得以维护自身的经济等各种特权。巴黎高等法院 1788 年 9 月的决定表明，它的目的是维护特权和等级制度，而非保护这个国家绝大多数人民的利益。咖啡馆、俱乐部、出版物里的辩论要求、期待三级会议成为一个锐意进取并代表人民利益的机构，成为宪政的开端，不光维护少数上层人物的特权，还要保护全体国民的权利。

随着新的一年到来，三级会议竞选的日子也越来越近，而政治辩论的主题也在悄然变化。之前，高等法院因为要求“恢复”或者说“重建”传统的“宪法”体系而得到支持；现在广大公众则要求进行彻底的改变，与旧时代决裂——现在每个人挂在嘴边的一个词都是“革新”。几个月前，法官们才成为大众的英雄，被视为反对君主专制的国家的守护神；可现在看来，他们一直以来不过是为了精英阶层的利益而斗争。杰斐逊认为，如果这场争端能够和平解决，三级会议“将诞生一部完善、自由而且进步向上的宪法”。[15]

然而事情完全走向了相反的道路。随着政治上的决裂，一部分

人自称“爱国者”，他们既反对君主专制也反对贵族特权，每天都在罗亚尔宫集会。政治主动权在地理上发生了转移，这反映在一个令人震惊的事实上，日内瓦记者雅克·马莱·杜庞（Jacques Mallet du Pan）如是记载：高等法院的杜瓦尔·德·埃普雷梅尼之前是“国民的复仇者，法兰西的布鲁图斯（Brutus）”，现在却“到处遭到非议”……尤其是在罗亚尔宫，他一出现众人就发出嘘声。根据后来的雅各宾派人物贝特朗·巴雷尔（Bertrand Barère）的记载，政治 155
小册子突然——而且公开地——从德塞纳的货架上全部消失了。拱廊下的马斯饭店是狂徒俱乐部（Club des Enragés）成员的聚会场所，根据埃马纽埃尔·西耶斯（Emmanuel Sieyès）的说法，这个团体是当时所有爱国者社团中“规模最大、最有名也是积极性最高的一个”。[16]

西耶斯知道自己的话意味着什么，因为在当时的政治论战与观点交锋中，正是他写的小册子最具影响力。这本小册子就是《第三等级是什么？》（*What is the Third State?*），它一开始以匿名的方式于1789年1月底出版。这部作品从论战的各种铺天盖地的小册子中脱颖而出，它的表述逻辑缜密，用最严厉的言辞表达了公众对压制第三等级声音的行为的愤怒。西耶斯的作品受到公众的热烈欢迎，几周之内便卖出了3万多本。公众在咖啡馆、读书俱乐部、政治社团里共同研读这本小册子。[17]

西耶斯认为，第三等级包括了所有的社会生产部门，他们种地、生产商品、进行贸易，或者提供各类自由的专业服务。然而，这个等级的代表，也就是真正能代表国家的人，却受到自私自利的教士与贵族阶级的阻挠，不能获得平等的政治代表权。如果贵族阶级拒绝放弃手中的特权，他们“就不能成为真正的国民……因为他们更关心自身的特殊利益而不是公共利益”。话已经说得很明白：在新的秩序下，特权将不复存在，大家都是在权利与义务上完全平等的公民。西耶斯无比清晰地想象了一套政治体系，这一体系的基础是合法性的唯一来源——国民。“国民，”西耶斯做出了有名的论断，“国民存在于一切之前，它是一切之本源。它的意志永远合法，它本身便是法律。在它之前和在它之上，只有自然法。”⑱

156 围绕三级会议展开的政治斗争重新划分了战线。现在已经不再是王室的“专制主义”触犯王国“基本法”、古代“宪法”，侵犯臣民特权的问题。如今的两大阵营中，保守的一方想方设法捍卫旧制度，另一方则主张在国民主权、平等的公民权及自然权利的基础上建立全新的政治秩序。

3 月，杰斐逊告诉他的一位美国同胞：“自从你离开之后，这个国家所发生的变化已经超出了你的想象。轻浮无聊的谈话已经完全被政治讨论所取代——男人、女人和孩子都不会在其他内容上浪费时间；你认识的那些人更是滔滔不绝。印刷行业每天都在生产新产品，其内容之直白，足以令任何一个自认为大胆无比的英格兰人目瞪口呆。”⑲

5 月，三级会议的所有代表齐集凡尔赛，政治冲突随之升级。一开始第三等级和其他两个特权等级之间存在对话交流。按照西耶斯的描述，6 月 17 日双方对话中断，因为第三等级的代表会议宣布自己为国民议会（National Assembly），是有主权的人民的唯一合法代表。3 天后，国民议会的代表们发现会议室大门上了锁，任何人都不能进去。真实情况是会议场地正在进行清洁工作，为三级会议的一场王室会议做准备，因此会场需要关闭。然而，代表们担心关闭会场背后有更糟的原因——王室的阴谋。议长让－西尔万·巴伊（Jean-Sylvain Bailly）是天文学家和巴黎代表，他带领国民议会全体成员在附近的一家王室室内网球场里集合，发誓在“王国宪法和公共革新得以确立并被确保实施”之前绝不解散。教士与贵族阶级中的开明人士逐渐动摇。6月25日，第一批叛逆的贵族在奥尔良公爵的带领下，离开自己的等级，转而加入国民议会。[20]

巴黎的公众疯狂而兴奋地时刻关注、讨论着凡尔赛的一举一 157
动。大批群众不断涌进罗亚尔宫，有的焦虑不安，有的精神振奋，有的交头接耳，宫殿里的生意也变得前所未有的兴旺。英国旅行家（兼农业专家）阿瑟·扬（Arthur Young）于1789年6月9日拜访巴黎，所见所闻令他震惊不已：

> 我前往罗亚尔宫看看又出版了什么新书，然后再想办法搞到一份目录。每时每刻都有新作品问世，今天有13种，昨天16种，而上周总共有92种。我们有时会觉得伦敦的德倍礼或斯托克代尔太拥挤了点，但它们与这里的德塞纳和其他一些书店相比，简直就跟荒凉的沙漠差不多，在这些店里从门口挤到柜台前边可不是一件轻松的事……罗亚尔宫里的咖啡馆……不仅里面挤满了人，门口与窗外也都是人头攒动，所有人都聚精会神地倾听演讲者慷慨激昂地陈词……我感到惊讶的是，政府当局竟然允许这种煽动暴乱的场所存在。这里一刻不停地向人们传播的那些原则，不久之后必然遭到政府的坚决反对。而政府现在居然允许这样的宣传存在，真是疯了。[21]

很久以后，奥尔良公爵之子路易－菲利普回想起了那愉快的花园在法国大革命到来前起到的作用。回顾往事，他认为当时温暖干燥的天气助长并激化了罗亚尔宫里的反抗情绪：“1789 年热得要命，那个不可思议的夏天为革命提供了很大帮助——频繁的暴雨则可能有效地帮助政府镇压反抗运动，驱散大大小小的集会。”在阳光灿烂的日
158 子里，罗亚尔宫成了户外政治活动的最佳场所：革命家约瑟夫·色吕蒂（Joseph Cerutti）后来说，这个地方就是“革命的诞生地”。[22]

以小册子为媒介的论战是一回事，枪林弹雨、流血牺牲的激情革命是另一回事。当爱国者的反抗运动从前一种向后一种转变时，运动的中心也开始由罗亚尔宫转移到群众起义的中心圣安托万区。圣安托万区是巴黎最靠东的一个城区，它在地形及社会结构上都是独一无二的。这个城区围绕主干道圣安托万大街建立，从东边的巴士底狱开始，向外延伸到王座广场（Place du Thrône，即现在的民族广场）的围栏。圣安托万区位于巴黎老城之外，它的地形有利于全区居民形成高度的凝聚力。其中一个原因是，该区的所有街道不是连着圣安托万大街，就是连着沙朗东路（Charenton），所以不管什么人来办事，他们都会发现自己在某个时刻身处其中一条大街上。每天擦肩而过的都是同一批人，他们相互示意，彼此交谈，增进了解，一起做生意或开玩笑。圣安托万区的房子都很小，通常是三到四层，与市中心那些高耸的大楼无法相比。这里的开发者不是把楼修高，而是建起了长长的庭院或者走廊，将居民区与工场作坊连为一体，许多人都住在临街工作坊后面的房子里。虽然空气混浊，但这种样式的庭院对社交活动大有帮助，左邻右舍之间都是知根知底

的。即使在今天，在圣安托万区里闲逛一阵，走进无数庭院当中的一座，依然能够感受到这种社会地理状况。此外，从这个街区出来到城里办事的人都会经过巴士底狱——这是该区居民前往市中心的唯一一条直路。在路上他们会经过一个个市场摊位和叫卖货物的街 159
头商贩。不时有人停住脚步谈天说地，买卖食品、酒水和鲜花——在出入这片街区的同时彼此之间便套上了交情。[23]

圣安托万区具有强大社会凝聚力的根本原因是，相对于其他城区，这个区的居民更具同质性：87% 的人都是技术工人，其中最出名的就是家具木工——制作家具和橱柜的工人；此外就是为他们提供服务的商铺店主、面包师、葡萄酒商人和街头商贩。圣安托万区的独特性事实上获得了半官方的承认。该区大部分地区归属于同一个教区，即圣玛格丽特区（Sainte Marguerite）。也许这就是为什么大革命爆发时圣安托万区的居民在听到教堂熟悉的钟声后集合得如此迅速。最重要的一点是，这个区的工匠在做生意的时候不需要获得巴黎行会或同业公会颁发的许可证。圣安托万区在巴黎老城之外的地理位置因此有了真正的经济意义。其他地区，例如南边的圣马塞尔区（Saint-Marcel）和市中心的大市场（Les Halles）地区，内部的邻里社区间的关系也都很亲近，这让他们在大革命期间得以迅速地进行政治动员。不过圣安托万区的地形和位置让当地的居民更为好战，因为大家都清楚地意识到，它在巴黎之外。事实上，该区的居民具有高度的防备心，因为巴黎行会的人经常尝试插足圣安托万区的经济生产，逼迫工匠们放弃手头的生意。[24]

地区的独特性，强烈的共同体纽带，街道、庭院与工场作坊的地理分布，由独立工匠构成的人口，这些因素让圣安托万区成为未

160 来法国大革命大众运动的先锋。革命中的纽约和圣安托万区最相似的部分是海滨城区，海洋文化在当地居民间建立了密切、有破坏力的联系，然而这里的人群来去匆匆变化无常。在伦敦，特别是它的码头区、斯皮特尔菲尔兹和斯特普尼，工匠、劳工与他们的合作伙伴及邻居之间有着密切的联系，这可以解释为什么他们在 18 世纪 60 年代能够通过游行乃至暴力实现共同的目标。但这两座英语城市中没有一个能在地理凝聚力、同质性、地区独立性、居民防备性等方面与巴黎的圣安托万区相比。

不过圣安托万区的经济、社会前景与巴黎息息相关。田地和蔬菜农场里的种植者用马车把水果、蔬菜和鲜花送到巴黎中心的大市场，面包师与酿酒商也同样如此。同时，圣安托万区的工匠所需的各种原材料都采购自巴黎市中心的工场和批发商：例如裁缝们都是从圣但尼街（Saint-Denis）附近的生产商那里购买布料、纽扣与饰带。对圣安托万区意义最为重大的就是中心的大市场，全区居民的食物大半是从这里购买的。于是，在和市中心互通有无的过程中，各种新闻与传言迅速且定期地传播到圣安托万区。最重要的是，当中心市场出现食品供应匮乏、物价上涨的情况时，圣安托万区的工匠、商铺老板及其他所有人都会立刻知道。当经济灾难发生时，这个区的团结精神和社会关系网络让工匠能够快速组织起反抗活动。

1789 年的夏天正是这种时刻，政治危机更是雪上加霜。1788
161 年一整年的天气都糟糕透顶，夏末庄稼严重歉收。到了 11 月，面包的价格上涨到许多劳动者无力购买的程度。冬天到来之后情况更加恶化。[25]第二年开春后，杰斐逊在给一位朋友的信中写道：“女士，我们刚刚度过了一个极其可怕的冬天，现在回想起来都让我浑身发抖。通信全部中断。晚餐的分量缩了又缩，社会花费了不少钱为穷人提供衣食，他们在这个严酷的季节里根本找不到活干。运货的马车从冰冻的塞纳河上驶过，从早到晚都有人在河上溜冰。这种景象持续了 2 个月，前所未见。”[26]根据书商阿迪的估计，1788 年 12 月整个巴黎约有 8 万人失业。

1789 年 4 月 27—28 日，圣安托万区的一群工人抢劫了壁纸生产商让－巴蒂斯特·雷韦永（Jean-Baptiste Réveillon）和火药生产商昂里奥（Henriot）的家。这两个人之前都曾发表关于面包价格的评论，而且都被群众误解了。雷韦永说面包价格已经高到不好发工资了，结果传到街上便成了要削减本就度日如年的劳工的工资。以维持城市秩序为己任的法国卫队和瑞士卫队到达现场后，对暴乱者进行齐射，打死了约 300 人，抢劫者于是被驱散。

经济衰退与政治不满融合成一股危险的暗流，这股暗流针对的不仅仅是凡尔赛的贵族政治。西耶斯曾宣称第三等级就是“一切”，然而现实并非如此，因为并不是第三等级的所有成员都有权选举他们的代表。4 月 20—21 日在巴黎举行的选举中，市民要获得投票权需要缴纳直接税、拥有大学学位，并且在公务机关或军队供职。否则，他（除了个别特例，女性没有选举权）至少要支付 6 里弗尔的人头税或投票税，才能获得选民资格。这样下来，全巴黎 60 个城区 162
一共约有 15 万合法选民，占巴黎总人口的 1/4。各城区的选举大会将选出共 400 名选举人前往巴黎市政厅（Hôtel de Ville），在那里这些人将在他们自己之中选出巴黎的代表。巴黎群众早就在激烈的论战中变得情绪激昂，广大劳动阶级——短工、学徒、摊贩和家庭仆人——被排挤在选举活动之外的事实引发了一场风暴。“我们的代表不可能代表我们，”一位服装商人愤怒地说，“我们根本连选他们的机会都没有”。圣安托万区 2/3 的男性公民都没有选举权，这一事实将部分解释 7 月的暴力行动。[27]

7 月的政治动乱源于凡尔赛的政治僵局。国民议会的挑衅行为引起了国王的警惕，6 月中旬，军队开始进入巴黎。7 月第一周将结束时，王室集结军队的事实已经十分明显。7 月 11 日，杰斐逊在写给托马斯·潘恩的信中说：“大批军队，包括大量外国雇佣兵在内，正在从四面八方逼近巴黎。总人数大概在 2.5 万—3 万人之间。所有人都感觉要出大事了。”财政总督察雅克·内克尔一直致力于加强政府对谷物贸易的管制，以保证食品供应，因而受到人民欢迎，然而他在 7 月 11 日被路易十六解职，政府的态度似乎变得愈发强硬。然而，国王的做法点燃了群众的情绪。7 月 12 日下午，内克尔被撤职的消息传到了罗亚尔宫，在花园西侧蒙庞西耶长廊 57—60 号的富瓦咖啡馆（Café de Foy）外，一位年轻、有志气的记者卡米耶·德穆兰（Camille Desmoulins）跳上桌子，向在场群众发表了激昂的演说，要求大家警惕起来，号召所有人拿起武器。来自社会各阶层的大批
163 抗议者沿街游行，城市里的剧院都被迫关闭。游行队伍到达路易十五广场时发生了一场冲突，一队德意志骑兵向抗议人群开枪扫射，许多人逃往桥对面的杜伊勒里花园。在骑兵追击的过程中，据说有一位老人被杀，有人则说是严重受伤，事后证明这些皆为虚假报道。巴黎市民担心事态进一步恶化：政府正在用武力宣示其权威。[28]

这天晚上，巴黎城周围的关卡被付之一炬。政府正是在这些关卡处征收着令人痛恨的货物入城税，这项税收针对所有进入巴黎的货物，抬高了巴黎商品的价格。随着秩序的崩溃，时常在市政厅进

行非官方聚会的巴黎选举人从王室官员手中接过了巴黎的大权。他们迅速组织起一支国民自卫军，每个选区派出 800 人，保护这座城市免遭国王军队的蹂躏，私人财产免遭市民骚乱的破坏。整个巴黎处于动乱之中，选举人指挥这支尚未武装的新建队伍向市内各个战略要地进军。同时，罗亚尔宫里的公共舆论，赋予了这次起义合法性，视它为大众自发的行为。在接下来的两天里，国民自卫军的士兵们在全城疯狂地搜罗武器弹药，他们劫掠了路易十五广场上宫殿里的王室仓库，7 月 14 日早上还洗劫了巴黎荣军院。当天晚些时候，寻找武器的行动点燃了导火索，巴黎市民与王室权力之间的冲突自此转变为一场革命。这就是攻占巴士底狱。

巴士底狱位于巴黎城东，这座建立于 14 世纪的堡垒俯瞰着曾经防卫这座城市东大门的圣安托万区。它有 8 座圆形高塔，厚实的城墙高达 30 米，那阴森恐怖的外形在法国人民的心目中一向是强权的象征，展现了绝对君主制的黑暗面。随着周围的城区不断发展扩 164
张，巴士底狱本身也被城市吞没，它最初的军事意义逐渐淡化，并在之后的岁月里充当了一个令人闻之色变的角色：国家监狱。巴士底狱用来关押根据密札——国王任意签署的逮捕令——被逮捕的犯人：作家伏尔泰两次被请来“做客”，第一次是 1717—1718 年，第二次是 1726 年；萨德（Sade）侯爵在 1784—1789 年间也被关押在此，在巴黎民众攻占监狱的前 10 天，他被转移到沙朗东路的精神病院去了。

巴士底狱犯人的入狱过程充满神秘色彩。囚犯总是被裹得严严实实的，避免暴露身份，而后被塞在一辆装有遮板的马车里带过来。当马车从前院驶向监狱内部时，每一道门的卫兵都会把脸扭开，以免看到被押送的是谁。一旦进入这座堡垒，囚犯就会被送进 8 座高塔当中任意一座的监牢里。所有犯人都会受到一位来自沙特莱（Châtelet）——巴黎王家警察总部——的委员的讯问，如果犯人特别重要，则由巴黎警察局局长审问。审讯结果和处理建议会整理成报告呈递给国王。犯人足够幸运的话，国王会签署第二道密札将其释放；但路易十六在位期间，巴士底狱里的 240 名囚犯享受到这种待遇的只有 38 人。管理犯人的监狱看守不准和犯人交谈；当犯人被释放时，他们必须发誓不会将监狱里的情形透露给别人（虽然遵守这个誓言的人并不多）。[29]

因此，巴士底狱完全就是旧秩序压迫的体现。事实上，巴士底狱的生活环境要比其他监狱强一些。在 1789 年，尽管囚犯已经被禁止携带金钱、食物与仆从（因为许多犯人是贵族）入内，但他们可
165 以拥有其他私人物品，一日三餐也是由监狱的厨房供应，据说吃得挺好。巴士底狱的地下部分的确有不少阴暗潮湿的牢房——臭名昭著的地牢；高塔的顶部也有许多狭小的囚室，冬天寒冷刺骨，夏天则闷热难熬。但 1776 年之后，地牢便废弃不用，顶层囚室也只用来惩罚造反的人，而且通常关押时间较短。自 1776 年来，监狱也不再用铁链捆缚犯人。1780 年，国王下旨禁止刑讯逼供，路易十六最后一批大臣之一布勒特伊（Breteuil）男爵规定，任何密札都必须注明犯人的囚禁时间。这座堡垒确实有自己的秘密：在高墙内的档案里藏着由警察局局长负责看管的一些秘密文件，其中既有粗鄙、损害王后玛丽·安托瓦内特（Marie Antoinette）名誉的非法色情文学，也有调查过程当中搜集到的证据。监狱里还有一个军火库，它在

1789 年 7 月起到了重大作用。在那个时候，由于巴士底狱也算名副其实的专制统治堡垒，巴黎人民对它既恐惧又愤恨，也许后一种情绪要远远超过前一种。[30]

为了避免军营里储备的火药落入巴黎市民手中，政府雇佣的瑞士雇佣兵在破晓时分用马车将它们从军火库转移到巴士底狱。7 月 14 日清晨，堡垒上架起的大炮瞄准了包括圣安托万区在内的东部城区。对巴士底狱发起攻击的 602 人当中，425 人来自圣安托万区。风暴开始于市民在巴士底狱外的集结。监狱派出信使去联络法国卫队。然而，它下属的军队在维持治安时已经被愤怒的群众搞得疲惫不堪，士兵们开始与老百姓建立友谊，不愿向他们开枪。 166
更糟糕的是，军队里出现了显而易见的骚动，他们已经准备好倒向起义者一方。

巴黎选举人把自己设为常设委员会，并派出一个代表团前去协商解决办法。代表团呼吁巴士底狱的典狱长贝特朗-勒内·德·洛奈（Bertrand-René de Launay）侯爵，立即撤走堡垒上的大炮。但是武装的巴黎市民大部分都不知道有这回事。力图避免冲突的德·洛奈将大炮从城墙上移走，城墙下的群众却以为大炮正在装填弹药准备开火，随即展开了攻击。攻击者首先拿下了外院门口的吊桥，而后踩着这座桥冲进了巴士底狱内院。一场真正的战斗在这里开始了。攻击者已经冲到城堡的护城河边，吵嚷着要把守此处的瑞士卫队与雇佣兵把堡垒入口吊桥放下来，而守军通过城墙上的射击孔以凶狠的射击作答。起义者几次试图攻下吊桥，但都被雨点般的子弹打了回去。于是他们点燃了 2 辆载满草垛的马车，制造烟幕作为掩护，火焰引燃了典狱长的屋子。从巴士底狱沿圣安托万大街向西走约 1.6

千米便是市政厅，巴黎选举人的会议室就设在此处，现在这里挤满了伤员。巴黎选举人再次派出了代表团协商，然而激烈的枪声让任何人都无法听见他们的声音。[31]

最终，法国卫队中 2 个哗变连队从市中心沿圣安托万大街急速赶来支援，他们还强行征用了出租马车的马匹，拖拽来了 5 门大炮。无数妇女和士兵一起行军，她们的围裙里兜着火药与子弹。有 2 门大炮被拖过巴士底狱满是尸首与瓦砾的外院，拉到内院中，从这里打出去的炮弹足以将堡垒上的吊桥轰成碎木片。堡垒里，吓得几乎
167 发疯的洛奈草草地写了一张便条，表示守军愿意投降，但要求围攻者保证所有人的生命安全，否则“我们会把这座要塞连同整个街区都炸上天去”。下午 5 点，一名军官通过吊桥的缝隙举着便条向攻击者挥手示意，同时堡垒上挂起了白旗。起义者在护城河上铺了一块木板，派一个人将便条拿了回来。便条的内容令在场的所有人都狂怒不已，他们大声喊叫“落下吊桥！没有妥协！”炮手们立刻准备向依然立着的吊桥开火，正在这时，吊桥的锁链毫无预告地滑动了，吊桥落下，大门敞开。我们并不清楚这是如何发生的。或许守军认为落到巴黎市民的手里，比在爆炸中被活活烧死或砸死要好，或许是洛奈丧失了勇气。随后巴黎市民冲过吊桥，俘虏了所有守卫者，战斗宣告结束了。然而德·洛奈侯爵的脑袋被砍了下来，穿在长矛上游街示众。起义者一方 83 人当场死亡，75 人受伤，其中 15 人伤重身亡，13 人终身残疾。监狱里的所有囚犯——一共 7 人——全部被释放。[32]

当天晚上，杰斐逊从巴黎选举人之一的埃希·德·科尔尼（Ethis de Corny）那里听说了这场战斗。科尔尼是当天尝试和德·洛

奈侯爵谈判的代表之一，不久之后他将向那些丈夫在巴士底狱战斗中牺牲的寡妇们支付60里弗尔的补偿。在7月17日写给托马斯·潘恩的一封信里，杰斐逊阐述了自己对未来局势的看法，他说国王“前往国民议会，表示国事听凭议会处置，这一天国王与议会举行庄严的游行，安抚市民……在过去的5天当中，巴黎所经历的一切比我在美国看到的任何一幅战争场面都要可怕。这起事件将议会的权力提升到至高无上的位置，他们或许从此被视为掌握全权的机构”。[33]这是王权向巴黎屈服的象征性时刻，而杰斐逊本人亲眼见证了这一切：

> 国王来到了巴黎，而王后惊惶不安地等待着丈夫的归 168
> 来……国王的马车在正中央，两边都是国民议会的人，每边两列，徒步行进。他们的首领是国民自卫军司令拉法耶特侯爵，他骑在一匹马上。队伍的前后都是自卫军。现场大约有6万多名市民，身穿五颜六色、各式各样的衣服，他们有的手里握着从巴士底狱和荣军院等地抢来的火枪，其他人则带着手枪、佩剑、长矛、修枝刀、长柄镰刀等武器，人群沿着队伍通过的街道长长地排开。街上、门边与窗户里都挤满了人，他们向游行队伍致意，并高呼“祖国万岁”。但没有一个人喊“陛下万岁”。国王在市政厅前下了车，前来迎接的是巴伊先生（三级议会的巴黎代表，现在则是巴黎的首任革命市长），他为国王佩戴上三色（红白蓝）帽徽，并以礼相待……在返程途中，民众的喊声变成了“陛下与国家万岁”。国王在一支国民自卫军的护送下回到凡尔赛宫。国王于是完成了这样一场正式谢罪，以前从来没有任何君主

> 这样做过，人民也没有接受过这样的致歉。[34]

现在国民议会掌握了一切权力，法国的政治与社会开始了革命性的转变。

巴黎市区的地理环境与城市景观当然不是引发 1789 年革命的原因，但它们的确影响了这场革命的进程。如果没有罗亚尔宫沸腾的政治讨论声援起义，难以想象 1789 年的起义会以这样的方式发展，获得如此革命性的成果。攻占巴士底狱的行动混合了市民的恐
169 惧、希望及对变革的期盼，人们用国家、爱国主义、权利，以及保护人民免于“政府专制”的压迫这套语言描绘起义的意义，这不仅赋予了起义合法性，也让巴黎市政厅（在罗亚尔宫以东几百米处）内选举人夺取权力的行动获得了正当性。来自整座城市、各个社会阶层的居民无疑都参与了 1789 年 7 月的革命。但圣安托万区和这个城区的公民做出的贡献尤为巨大。圣安托万区特有的地理环境和社区的团结精神，让这里的居民能够精诚合作，在关键时刻充当起义坚强、极具战斗力的核心力量。正是这些因素保证了起义的成功。

罗亚尔宫与圣安托万区之所以紧密联系在一起，不光因为它们一个滔滔雄辩、一个全副武装地追求共同的政治目标；还因为两者都习惯于独立行动——一个言论自由、一个行动独立。罗亚尔宫以前是贵族专用，现在则向公众开放，是少数位于政府权力之外，可以避开审查的公共场所之一。不过只有这一点还不足以令其成为“革命的诞生地”：这里吸引广大民众的除了启蒙思想与政治辩论之外，还有长廊、商店、咖啡馆，以及各种各样提供感官享受的场所。

这里集合了新闻、新观念、辩论和娱乐，令人难以抗拒，也保证了罗亚尔宫在革命前夕的巴黎占据着独一无二的位置。

圣安托万区与罗亚尔宫相似，也是汇合了各种潮流的独特集合
体，即便两者形成原因有所不同。圣安托万区的地理环境独特、居
民团结一致，并且积极地维护着自己的独立，当然它也通过与中心
城区的各种私人和商业交往跟巴黎城区联系在一起。因此，巴士底
狱由于历史的机缘处于这样的街区，对于绝对君主制政府来说是十 170
分不幸了。巴黎的这两个地方以各自的方式独立于政府的掌控之外：
一个成了巴黎各派政治观念聚集的中心，另一个则成为民众起义的
中坚力量。最终，两个地区的两股力量组成了一个强大的联盟，催
生了 1789 年的革命。这座城市各个阶层的人民联合起来，在两个
截然不同又彼此互补的地点组织活动，这种联合力量强大而且似乎
不可遏制：它能帮助我们理解为何“第三等级”——或者说国民议
会——能在 1789 年革命中获得决定性的胜利。

对于那些在凡尔赛目瞪口呆的代表来说，现在的问题是，既然国王的权力已经落入国民议会之手，他们应该如何使用手上的权力。议会面临的任务艰巨。它需要尽快恢复巴黎乃至整个王国的平静与秩序。在外省各大城市，革命机构——类似巴黎的选举人与国民自卫军——夺取了王室官员的权力；在农村，全国各地的农民发起了反对庄园制度的起义。绝对君主制政府的财政与政治危机也被甩给了国民议会，不过革命者在几周之内便沉着冷静地处理了这些问题。完成这些任务的同时，革命者也开始对社会、法律、政治和行政机构进行彻底的革新，它们也是现代史上任何革命政权都必须采取的措施。

这种急剧的变化将体现在法国的所有公共空间与场所之中，不过变化最为剧烈的当属巴黎。巴黎市民在这场革命中不但要经历各种机构、人员、思想、语言上的改变，而且将见证城市环境的变迁，因为城市里那些熟悉的旧建筑已经被新政权所占据。随着巴士底狱的石砖被大块大块地拆除，这个过程事实上已经开始，并将以最为
171 激烈的方式进行。不过我们应当看到，巴黎城内的一切建筑都已被代表新秩序的革命机关继承并改造，这是城市景观最重要也是影响最深远的变化。没有人能对这种视觉与空间上的改变视而不见，因为法国公民日常生活的场所无处不受到这场变革的影响。这种改变不只是单纯的空间占据，或是为了适应新目的而进行的表面改造。大革命也是一场思想转变，全新的政治语言——公民权、国家、自由与权利这套语言——将通过修辞、象征或实践的方式进行表达。换句话说，这是一场文化的革命。

为了树立自己在全体公民心中的地位，新政权利用18世纪各种文化生活与社交活动提供的机会传播它的讯息。出版物、剧院、俱乐部都是重要政治媒介，甚至时尚用品、家具、扑克牌之类的日用品上都印满了各种带有革命思想的印记。某些宣传措施深入了人们的日常生活当中，例如与新公民秩序相关的各种颜色、标志、口号被装饰在了建筑之上。因此，大革命给建筑环境带来的变化既是空间上的，也是文化上的：前者体现为，在每一个街区，新政权都将其机构与人员安置到了熟悉的旧建筑内；后者体现为，建筑物内外都被点缀上了表达革命热情和革命原则的装饰品。

大革命给巴黎所带来的变化规模巨大而且意义深远，纽约同时也在经历类似的转变，只是激烈程度上稍有不如。的确，两座城市

各自景观的变化具有明显差异，这反映出法国大革命更激进彻底，
而相比之下美国革命更温和有序。不过这两场革命也有相似之处：
不管是在纽约（1776 年）还是在巴黎（1789 年），针对政府当局的 172
反抗运动都受到场地、空间与街区的影响。两座城市里新建立的公
民秩序都将新的政治印记烙在城市景观上，从现在起，我们的故事
也将随之转向新的方向。

与此同时，伦敦一直在避免陷入革命的漩涡，但法国的政治动荡在英国也引发了一场意识形态上的激烈冲突，最终发展为保守秩序与改革运动之间一场残酷的政治斗争。虽然大英帝国的首都不会像巴黎或纽约那样发生革命性的转变，但英国保守派与激进派之间的斗争也同样深入这座城市各处场所和空间。既然纽约在革命当中的变化与巴黎有诸多有趣的可比之处，那么下一个故事便从这座城市开始。

第七章

纽约：首都

（1783—1789年）

173 1789年，革命者夺取了巴黎的政权，同时也继承了这座古老城市的建筑。他们将新政权的机关部门设立在有数百年历史的公共建筑里，从功能上来讲，这些建筑和整座巴黎城一样，都是为等级森严的封建君主制社会服务的：教堂、修道院和女修道院；贵族宅院与府邸；王宫与王室政府财政、行政与立法机构的办公室；法庭和监狱；警卫室与军营；举行典礼以彰显王室权威的场所，如杜伊勒里花园、路易十五广场和位于巴黎西郊用来阅兵的马尔斯校场。

1783年11月，华盛顿的大陆军进入纽约城后，占据了旧殖民
地政府的建筑与场所。独立战争后，整个纽约城经历了向共和制的
转变，也预示了不久之后巴黎将发生的变化，不过比起后者，纽约
174 变革的规模小多了。为了从视觉与文化上展现出新政权的威严，共
和政府对大量城市场所进行了改造，对各类建筑进行翻修与装饰，
还给一些地点换上了新的名称。城市空间也反映出了社会的剧变，
殖民地的效忠派分子被迫抛弃自己的房屋与土地，并眼睁睁地看着
它们被没收、拍卖。总之，纽约市从英军撤离到1789年乔治·华盛
顿宣誓就任总统期间所发生的变化，预示着巴黎在18世纪的最后
10年间将经历更为深刻的变革。

自1783年起，纽约从英军占领的打击中恢复过来：它开始适应新生的共和秩序；毁于1776年大火的城区也得以重建，并再次向曼哈顿岛的北部扩展。这座城市如浴火凤凰一般，从战争的灰烬里重生。另一方面，城市也变成了美国政坛党派相争的激烈战场，革命者正在争论新时代意义最为重大的议题之一——宪法的起草与通过。

美国人的战后工作异常繁重，但对于纽约人来说，有两项任务至关重要：第一项任务是重建自己的城市，让纽约从火灾和战争造成的荒废状态中恢复过来；第二项任务是建立一个稳定的政治秩序，在新的国家中协调各方的利益，重建被战争撕裂的共同体。第一项任务艰巨无比，不少城区依旧是一片废墟。1776年大火后，人们在建筑物的残垣断壁中搭建出了臭名昭著的“帆布之城”。战争中的掠夺也令大量公共建筑、私人宅邸损失惨重。纽约市战后的第一任市长詹姆斯·杜安（James Duane）在英军撤退日与华盛顿一起回到 175
这座城市，却发现自己的两座房子都遭了殃，看起来就像是“被蛮族或野兽盘踞过”。许多街道完全被破坏，1776年修建的沟渠里流淌着污水，堆积如山的杂物臭气熏天，垃圾遍地。[①]

一位爱国作家写下了自己的愤怒：“我们占领的不是一座城市，而是一片废墟。”

> 这座城市最优美的部分业已化为灰烬，昔日璀璨的明珠现在变成了一堆瓦砾。房屋与街巷充斥着灰尘、污秽与恶臭；流亡者的居所和财产每天都在遭受肆无忌惮的破坏，这是对它们主人的羞辱……船埠、码头与街道都荒废了八年之久……宗教场所与其他大型建筑物现在变成了监狱或医院；死者无法在墓

穴中安息，因为墓地无遮无挡，一条条公用道路从中穿过。[②]

即便描述有所夸张，任务仍然艰巨。不过纽约人的确重建了整座城市，而且城区不断向曼哈顿岛北部扩张。这大半要归功于杜安市长的积极管理，他指定了 5 个委员监督受破坏城区的重建工作。整个重建工程漫长而复杂，但纽约城很快又展现出了它战前引以为傲的商业活力。事实上早期的证据显示，纽约城的商业活力将远远超过战前的水平。1784 年 2 月 22 日，当东河码头上严冬的坚冰消融之时，一艘黑色的船扬帆起航。码头区和炮台区挤满了兴奋的人群，目送这艘船出港，水手们在船尾扬起星条旗，开动这艘大船驶
176 向汪洋大海。这次航海的目的地是广州，中国唯一对外国商人开放的港口，这艘船还有一个雄心勃勃的名字“中国皇后号”（Empress of China）。《独立公报》（*Independent Gazette*）提醒读者：“它是这个新国家开往那片富饶遥远的世界的第一艘船。”这艘船于 1785 年 5 月 11 日回到纽约，船上满载着茶叶与瓷器，当时的外交国务秘书约翰·杰伊表示祝贺，他向国会汇报时称这是“美国公民首次尝试与中国进行直接贸易”。此类商业活动在独立前根本不可能进行，因为东印度公司要维护自己在亚洲贸易中的垄断地位。“中国皇后号”开启了一条更遥远的海上航路，随后，更多的船绕过合恩角（Cape Horn），横穿太平洋，开始了漫长但利润丰厚的航海探险。[③]

但纽约城的重建还需要付出一笔代价。那些付出了沉重代价的人全部都是效忠派——至少在英军撤离后的头几年是这样。纽约的一些托利党人曾满怀期待，认为新政权会对他们一视同仁。到了 1783 年 12 月他们才如梦初醒，在战后举行的第一次选举中，激进

派赢得了市议会及纽约州立法机构的绝大多数席位，而纽约州的首府就是纽约市。高唱凯歌的激进派成员立即开始全面报复托利党人。根据战前的“辉格党三执政”之一罗伯特·R. 利文斯顿记载，当时共有 3 个相互斗争的党派：首先是“依然希望获取权力的托利党人”，但实际上这批人已经被当时爱国者的复仇情绪吓倒；其次则是“粗暴的辉格党人”，这批人主张把所有托利党人驱逐出境；最后一派人“希望终结一切暴力行为，减轻法律对效忠派的严厉惩罚”。但当时的社会风气十分激进，因为复兴的技师委员会在煽动手工业选民，这个组织仍旧通过联合中等商人、手工业者与水手发展壮大，这些人都曾是自由之子社的骨干力量。在纽约市议会，以 177
及根据 1777 年纽约州宪法建立的州议会两院中，激进派占据了大部分席位。温和派的詹姆斯·杜安被任职委员会（负责任命当地官员）选为纽约市市长，这个决定给这座城市的政坛中心带来了一股冷静的清流，但总体气氛依旧激进，两位自由之子社的资深成员马里纳斯·威利特与约翰·兰姆分别担任纽约市的警察局长和海关征税官。更糟糕的是，纽约州的州长乔治·克林顿是一位狂热的爱国者，他曾立场鲜明地表示：“我宁可下地狱后被烈火焚烧……也不会放过一个该死的托利党徒！”④

为选举的辉煌胜利所鼓舞，自由之子社与技师委员会又开始了以往在街头的活动。1783 年 12 月底，威利特、西尔斯与兰姆一起“拜访”了效忠派出版家兼记者詹姆斯·利文顿，并强迫后者关闭他新办的报纸。《宾州消息》(*Pennsylvania Packet*)以欢欣鼓舞的语气报道了这则新闻：“吉米·利文顿的政治生命于上周三，也就是上个月的 31 号，宣告终结。”传说这位记者是华盛顿手下的一名密探——根据一位证人所言，华盛顿曾赏给他 2 袋金子。但真相始终是个谜。事态愈演愈烈，1784 年 5 月，一场大型群众集会在公共广场这个老地方举行，集会要求将“所有托利党人和有托利党嫌疑者驱逐出本州”。集会者带着这个要求前往市政厅，途中遇上 2 名来访的英国官员。他们抓住这 2 个英国人，将他俩粗暴地绑在一辆双轮马车上，拉着沿街游行，让群众大肆嘲弄。幸亏克林顿州长及时介入，否则他们会被浑身涂满柏油，再粘上羽毛。[5]

激进派的矛头继续对准昔日的效忠派分子：州议会禁止托利党人担任公职；只要有一名证人作证，投票机构就有权剥夺托利党选民的选举权。后一条法令曾被法案修正委员会（Council of
178 Revision）否决，但又被众议院通过。社会上流传了一些妙语，说效忠派分子如今总算如愿以偿了：有纳税，无代表。纽约州向那些独立战争期间站在英国一边的人征收一笔高达 10 万英镑的附加税。不过最激进，也是波及范围最广的措施当属拍卖效忠派分子被充公的房产，该措施也决定了纽约城未来的轮廓。这项措施适用于政府在 1782 年 11 月 30 日之前“获得”（当时用的就是这个词）的任何房产和地产。这次拍卖为稳固中小地主阶级提供了良机。[6]

拍卖托利党人财产的任务由“没收特派员”负责执行，这些人在独立战争期间便活跃于爱国者控制的地区。曼哈顿没收的财产甚多：据说包括“纽约市城区 2/3 的房产与托利党人在郊区的地产”。1784 年 6 月中旬至 1787 年末，特派员们仅仅在纽约市及其下辖县就组织了 339 桩强制拍卖。而这些只是 26 名托利党人的财产，足以展示他们产业的规模之大。目前，大部分的房地产都来自詹姆斯·德兰西，他在革命前的纽约政界是利文斯顿家族的劲敌。他的产业卖了 12 万英镑，而所有拍卖的收入加起来是 20 万英镑。德兰西原有的土地面积广阔，从包厘街一直延伸到东河河畔，以今天的迪威臣街为中轴线展开，这条街也是这片房产的中心地带。德兰西家族的宅邸居于中央位置，它是一座两层的砖房，门前是一条通往包厘街的林荫大道。德兰西的整片地产被没收，而后分成小块出售，拍卖于 1784 年 7 月正式开始，持续了 2 年之久。拍卖的主要获益者是 15 名商人、法官和地主家庭，他们早已是纽约城精英阶层的成员，这次拍卖又增强了他们的经济实力。不过后续拍卖中的大约 50 名购买者出身都比较低：佃农、木匠、商铺老板、车夫、园丁、屠 179
夫，以及一名水手和一名装配工。其中许多人曾是德兰西家族的佃农，然而他们直到现在才有权购买曾租赁的土地。激进派的目标是为社会中下层、手工业者提供更多的经济机会，他们的行动显然起了作用，但同样明显的是，精英阶层也强化了他们在社会与经济当中的主导地位。[7]

这次拍卖也在城市布局上留下了永久的标志。这一块块土地面积较小，而且价钱合理，它们共同构成了现在纽约市的下东城区（Lower East Side）。在城市向北扩张的过程中，这些土地之间的边界线变成了大大小小的街道和人行道。德兰西街与利文顿街［德兰西家族的宅邸就在这两条街之间的克里斯蒂街（Chrystie Street）上］让人想起了从前效忠派分子的纽约，穿过这两条街的果园街（Orchard Street）则让人忆起德兰西家族地产上曾经枝繁叶茂的果树。[8]

激进派的严厉措施也以最温和的方式给这座城市留下了印记。国王学院一直是托利派的聚集地：校长迈尔斯·库珀在革命一开始就被一伙暴民赶出了校园。但库珀本人也是一名学者：他期盼国王学院有一天能成为纽约“省”高校网络的核心，成为面向整个北美殖民地的大学。于是，成立纽约州立大学的想法首先是出现在倔强的托利党人的脑海中。革命之后，美国与英国国教相分离，詹姆斯·杜安建议给国王学院颁布新的章程，以反映如今的宗教自由。立法机关中的激进派成员希望利用这一时机，实践州立大学的设想。1785 年，纽约州议会将国王学院更名为哥伦比亚大学（抹掉了学校
180 的君主制色彩），在此后的两年里它作为纽约州立大学的组成部分存在。这项措施背后有更为深远的目的，那就是将教会垄断的教育组织转变为共和国的世俗机构，并向全体公民开放。[9]

随着圣公会失去国教地位，从灰烬中重建的三一教堂不再享有任何特权：立法机构贪婪地盯着该教会在纽约的丰厚地产。1785 年 2 月发布的一篇报道详细论证了教会地产应该归整个州所有，然而州议会并没有对教堂动手，准许它继续保留所有的财产。这个结果一点都不意外，因为如今三一教堂的教会委员会已经被无可指摘的圣公会信徒接管，他们都是如假包换的爱国者，其中包括杜安市长与艾萨克·西尔斯。[10]三一教堂化险为夷的事实表明，激进派对效忠派的打击已经达到了极限。这一次没有全体驱逐，没有公开流放，也没有颁布禁止托利党人活动的法令。就连激进派掌握的立法机构也收敛了以前那种难看的吃相。可以确定的是，到了 1784 年夏，反托利党运动最为暴力的阶段已经过去。

并不是所有的爱国者都赞成迫害托利党人。在处理这一问题时，纽约人亚历山大·汉密尔顿完成了他生命中的壮举之一。这位律师在撤离期间占领了位于华尔街 57 号（后来变成 58 号）的一处

漂亮住宅，他本人对当时的复仇主义论调十分反感。看着一个又一个托利党人为了免遭迫害携带财产出逃，汉密尔顿的忧虑与日俱增，他意识到这对新生的合众国财政与经济的发展极端不利。他悲叹道：“我们的国家在未来的 20 年里都要承受这种疯狂行为所带来的后果。”1784 年夏，汉密尔顿将自己的语言转化为行动，当时他在一桩民事诉讼案里为一位不受欢迎的托利党商人乔舒亚·沃丁顿（Joshua Waddington）辩护。起诉方是爱国者阵营的一个寡妇伊丽莎白·拉特格斯（Elizabeth Rutgers），她控告沃丁顿在英军占领期间抢占了她在少女巷开办的啤酒厂。根据战争时期颁布的《侵占法 181
案》（*Trespass Act*），所有逃离英军占领区的爱国者有权起诉擅自动用、破坏他们财产的人。汉密尔顿成功地驳斥了这位寡妇的大部分有关赔偿金与滞纳租金的要求，而杜安市长明智地做了一个折中的判决。身为一名温和的辉格党人，汉密尔顿或许希望通过国家上层人物之间达成谅解，阻止激进主义浪潮的发展。⑪

此外，汉密尔顿还十分在意新生共和国的国际形象。他在《福基翁来信》（Letters from Phocion）一文中对痛恨托利党的人提出质疑，认为这些人违背了战争结束时签订的《巴黎条约》（*Treaty of Paris*），并逐字逐句地引用该条约的内容，论证今后不能因为一个人在独立战争中的立场而剥夺其财产或迫害其人身。破坏该条约会让美国从一开始就“被各国鄙视，因为他们违背了自己签下的庄重条约”。温和政策才是最好的国策：“不要滥用你手中的权力，这样你也无须体会权力被削减或剥夺的滋味。”滥用权力则会“让你变成下一个案例，证明专制会毁掉一个政府，不论它代表少数人还是多数人的利益”。⑫

激进派也及时悬崖勒马。他们都是城市手工业的骨干力量，非常明白纽约的繁荣有赖于良好的商业关系和兴旺发达的商业共同体。此外，他们跳出了复仇的怪圈，致力于建设更为平等的民主制度，在这套制度下富裕阶层与特权阶级的权力将会受到制约，手工业者和“技师”将享受他们为之奋斗良久的民主的自由。不过，新制度中并不包括“平均”，或者说社会平等。纽约的激进派、温和派及托利党人都一样，在这座城市的金融与商业领域拥有自己的既得利
182 益。1784 年 5 月 30 日至 6 月 2 日，托马斯·杰斐逊在纽约停留，随后他将动身前往巴黎就任驻法公使。在纽约期间，这位坚定的共和党人抛开个人的好恶，两次拜访老牌托利党人詹姆斯·利文顿在女王街 1 号的书店，这标志着战后清算的结束。[13]

另外一件让各方都感到困扰的大事就是奴隶制。由于大批非裔美洲人在 1783 年随撤离的英军出逃，而欧洲移民不断增加，曼哈顿区非裔人口占总人口的比例从 1771 年的 14% 下降到 1790 年的 10%，总数为 3 096 人。在这个统计数据的背后隐藏着一个令人不快的事实，虽然革命期间不少人都主张解放奴隶，但现在依然有 2/3 的非裔人口处于奴隶的地位：这座城市 1/5 的白人家庭拥有至少一个奴隶。1785 年 2 月，就在反托利党运动进入尾声时，纽约奴隶解放会（New York Manumission Society）在老汇大街的咖啡馆（Coffee House）里宣告成立，从这个地点可以看出该组织成员都是爱国精英分子，而协会的宗旨是谨慎的、保守的。由于州政府迟迟不肯签署废奴的法令，而且不断有非裔自由人再度沦为奴隶，32 名来自各党派的公民联合了起来。他们当中既有托利党人，也有激进的辉格党，还有贵格会信徒；市长詹姆斯·杜安、州长乔治·克林

顿、梅兰克顿·史密斯（Melancton Smith，一位辉格党激进派，纽约州在国会的代表）、亚历山大·汉密尔顿和约翰·杰伊这些社会精英也都参与其中。协会同意采取措施逐步解放纽约的非裔奴隶，这样他们就能“和我们共享平等权利……包括公民自由与宗教自由”。协会不愿意疏远潜在的支持者——他们的成员克林顿与杰伊本身也是奴隶主——于是选择了一种温和、渐进的道路。几个月之后，奴隶解放会利用自身的影响力，让立法机构通过了一项逐步解放非裔奴隶的法案。这份法案并没有赋予非裔自由人投票权，而且它最终被法案修正委员会否决了。

不过奴隶解放会还是可以为其他方面的成就而感到高兴：1788 183
年，解放会说服立法机关禁止将纽约的奴隶卖到其他州，同时禁止把奴隶贩运进纽约。虽然奴隶解放会的态度温和保守，但在18世纪90年代末，这种废奴主义的出现本身就已经足够震撼。一个奴隶主团体抱怨“许多黑奴认为这个州的立法机关已经给了他们自由，现在是主人在强迫他们干活”，这种现象让奴隶主们“忧心忡忡”。[14]

奴隶解放会最伟大的成就大概是资助建立了纽约市的第一所非裔美国人学校。1786年2月，解放会专门成立了委员会来研究建立学校的可能性；到了1787年11月，这座学校在克利夫街一座只有一个房间的屋子里举行了开学典礼。协会希望来上学的孩子们都能“尽早关注他们的道德品质……远离各种恶习，有能力成为有用的人”。对这些白人废奴主义者来说，发展教育是逐步解放奴隶的关键：他们认为如果把基督教的道德标准植入非裔美国人的心田，便可以帮助这些奴隶成为心智成熟的公民，为这个秩序井然的社会做出自己的贡献。同时，这所学校训练有素、热情和正直的毕业生们将会向焦虑的白人证明，非裔美国人和他们一样，也能成为国家的好公民。最关键的一点是，这些男孩（学校从 1793 年开始招收女生，导致每个班级的学生人数激增至 100 人左右）未来将成为纽约非裔美国人的道德领袖。学校对学生和他们家人的行为举止有严格要求：孩子们在入学前要经过筛选；他们所在的家庭要到奴隶解放会登记；解放会将明确告知学生及其家人要“清醒节制、诚实可靠，为过上平和、有序的生活而培养美好的品质”。这些清教徒式
184 的规则同时也警告他们“不准在室内拉小提琴、跳舞或者进行其他任何喧闹的娱乐活动，以免打扰左邻右舍的安宁”。[15]

奴隶解放会的出现，表明昔日的托利党与辉格党最终跨越了长久以来的政治鸿沟：至少对于这座城市的精英阶层来说，达成共识还是有可能的。纽约第一家银行的诞生也反映了这种共识。1784 年 2 月，纽约的商界与法律精英在百老汇的咖啡馆举行会议，拟定了建立纽约银行（Bank of New York）的计划。银行的领军人物是汉密尔顿，董事会由温和派、激进派和托利党成员共同组成。在向纽约州立法机构申请许可状时，各个政治派别的成员都在申请书上签了字——不过技师委员会除外，它态度鲜明地反对托利党分享“商业与贸易带来的好处”，并自行设立了更为小型的贷款基金，专为它的成员服务。重建的商会同样吸纳了托利党、温和派与激进派的各色成员。不久之后，形势发生了巨大变化，以至于汉密尔顿开始与纽约的工匠和技师们建立战略联盟。克林顿州长不妥协的态度促进了此事的发展。1784 年年底，克林顿倒向州议会中的激进派，对进口到纽约州的商品征收高额关税，英国商品的税额更是翻倍。这种政策的部分目的是赢得农村的支持，因为这一措施会让州内的税

收保持在较低水平；但许多城镇居民对此大为不满，因为商业是他们的经济命脉。1785 年的竞选中，温和派占据了优势，他们与技工委员会——这时已更名为技师与手艺人总会（General Society of Mechanics and Tradesmen）——联合反对激进派。激进派遭到了沉重打击：曾经是街头政治象征的西尔斯得票最少。立法机构反托利党的态度得到了扭转：1786 年所有托利党人重获完整的公民权；1788 年，反托利党的法律基本上被全部废除。[16]

克林顿州长的经济政策令汉密尔顿与其他温和派成员失望，他 185
们希望有一个强大的联邦政府整顿后革命时期美国混乱的经济秩序。汉密尔顿期待这个中央政府能够承担各州的战争债务，并统一美国的货币。纽约这座滨海城市处于交通枢纽的位置，这里流通着五花八门的货币，有大量来自新泽西和宾夕法尼亚的纸币，还有许多来自海外的金银货币——西班牙达布隆、法国里弗尔、英国几尼、葡萄牙莫艾多。对于纽约的零售商们来说，每种货币的汇率都是必须关注的信息。雪上加霜的是，克林顿州长宣布发行一种纽约州货币，并设立一项基金以偿还该州的战争债务。虽然后一项政策值得赞赏，但在汉密尔顿看来州长的政策大错特错，因为它们无异于宣布纽约要在财政上独立于新生的合众国。汉密尔顿也在意纽约州的繁荣，但在他看来，克林顿州长过于关心纽约州的利益得失，而忽视了国家的统一。汉密尔顿的质疑是有道理的。[17]

1787 年 5 月，纽约派代表团到费城参加制宪会议，纽约州内部的政治分歧在代表团中体现得很明显。这些分歧也将引发纽约有史以来规模最大的几场游行活动，届时纽约人将充分利用这座城市的公共空间。汉密尔顿是一名坚定的联邦党人，与他共同前往费城的约翰·兰辛（John Lansing）和罗伯特·耶茨（Robert Yates）却狂热地支持克林顿维护州权的政策。他们满心希望这次会议能够修改1777年的《邦联条例》（它将独立的各州组成了一个松散的邦联）。
186 当汉密尔顿与其他代表建议组织一个更紧密的合众国，建立一个权力更大的联邦政府时，兰辛等人感到厌恶，表示不能接受。批评者——不久之后被称为“反联邦党人”（Anti-Federalist）——担心如果联邦政府权力日益增长，它将威胁各州的主权，将外交、军队、税收、司法、商业等政策全部掌握在自己手中。他们最担心的是，这项宪法提案会把整个国家再度推回专制统治的深渊。联邦党人则针锋相对，他们认为现有的邦联无论在复兴商贸还是稳定经济上都表现乏力，更不用说保卫这个新生的国家不受外来侵犯。

这个年轻的共和国事实上正处在风口浪尖上，政治灾难接踵而来：财政破产、债台高筑，甚至是内乱。1786年，马萨诸塞州的贫农不堪战后债务的沉重压力，在丹尼尔·谢司（Daniel Shays）的领导下发动起义，旋即被镇压下去。托马斯·杰斐逊对此留下了饱受诟病的评价：“自由之树必须时常用爱国者与暴君的鲜血来浇灌。”不少人认为，一个强有力的国家政府能够带来政治与经济上的稳定，刺激商业的发展，并保证全体国民的安全。[18]

制宪会议于1787年9月17日结束，会议的主持者、结束赋闲生活的乔治·华盛顿在这天的日记中写道：“在会上，新宪法得到了11个州的全体代表和纽约州的汉密尔顿中校的同意。”这句话强调的显然是“汉密尔顿中校”（他本人的战时军衔）而非“纽约州”，这暗示了兰辛与耶茨因为不满已经提前退会。他们之所以敢这么做是因为纽约有一大批组织良好、势力稳固的反联邦党人在背后支持他们。联邦党人在弗吉尼亚州面临的形势最为严峻，经过艰难的反复斗争才让新宪法得以通过。大会规定，合众国13个州当中必须有9个州投赞成票，新宪法才能够生效。弗吉尼亚 187
是邦联中力量最强的一个州，而纽约是邦联的商业中心，这2个州的赞成是联邦得以建立的关键。事实便是如此，全国上下关于这次会议的争论热火朝天，纽约尤其激烈，有6家报社卷入了这场政治狂潮，努力让自己的新闻报道跟上论战的节奏。《纽约日报》（*New-York Journal*）的托马斯·格林利夫（Thomas Greenleaf）写道："这一季的流行话是，嗨，杰克！该死的，你小子到底站在哪一边，是联邦党还是反联邦党？"⑲

这场争论也催生了18世纪最复杂也最严谨的政论作品，它们原是一系列用于武装纽约联邦党人的公开信，帮助他们在波基普西（Poughkeepsie）的会议上说服纽约人批准宪法。第一封信出自汉密尔顿，它于1787年10月27日在《独立日报》（*Independence Journal*）上发表。作者在携妻子伊丽莎白乘坐一艘双桅帆船从奥尔巴尼返回的途中开始动笔，一帆风顺的旅途和纽约高地的风景无疑激发了他的灵感。不过大部分信件还是在他华尔街的家中完成的。这批信件统一命名为《联邦党人文集》（*Federalist Papers*），一共85封，其中51封的作者都是汉密尔顿，他的朋友纽约人约翰·杰伊写了另外5封，其余信件来自弗吉尼亚人詹姆斯·麦迪逊（James Madison）。该文集是一部兼具政治性和思想性的优秀论著，它提出在特定情况下，各州的利益让位于联邦党人所谓的国家利益。⑳

虽然大部分农村地区都掌握在克林顿州长及反联邦党人手中，

但在技师委员会的支持下，纽约市还是坚定不移地站到了联邦党人一边。其他各州批准新宪法的消息——特拉华州首先于 1787 年 12
188 月承认新宪法——都会在纽约的街头受到欢呼与庆祝。纽约市代表们乘坐双桅帆船沿哈德孙河逆流而上，于 6 月 14 日到达波基普西参加审议宪法的会议。现在帆船停靠在岸边，代表们则陷入激烈的辩论中，连续数周闭门不出。辩论一方是汉密尔顿为首的联邦党人，另一方则是克林顿为首的反联邦党人。后一方实力雄厚，占据了多数。然而，经过曲折而缓慢的斗争，联邦党人终于扭转了形势。已经有 8 个州投下了赞成票，只差一票就能终结旧邦联，建立起一套全新的秩序。6 月 25 日，一位通信员策马来到波基普西，带来了令人振奋的好消息——新罕布什尔州已经批准了新宪法。新宪法如今生效了，但纽约的反联邦党人似乎不为所动。两大阵营的辩论日趋白热化，克林顿与他的支持者企图令纽约独立于联邦之外。7 月 2 日，又一位纽约城的通信员骑马奔行 120 千米路而来，送来新消息——弗吉尼亚州也批准了新宪法。现在纽约如果不愿加入新联邦，只能孤军奋战了。事态变得越来越紧张，汉密尔顿一度警告，如果新宪法最终未获批准，纽约市将脱离纽约州，单独加入新联邦，这是一个威胁，但汉密尔顿本人认为这是为了秩序。

纽约市民迅速行动起来，充分利用城市的公共空间，举行了一场“联邦大游行”。7 月 23 日早上 8 点，联邦党人在公共广场集合，这个地方既有实用价值（除了当时正在下小雨），又有象征意义，为新宪法而进行的斗争和过去在自由杆下进行的战斗因此具有了连续性。大批纽约城的工匠全体身着工作时的服装，如围裙、罩衫、工具腰带等，带着他们行业的标志性物品，开始了集体游行，以表示对新宪法的支持。在队伍当中有腰别斧头的护林员、拖着支架和桌子的家具工、手拎铁锚的铁匠、挥舞帆布的制帆工人，以及扛着一条 3 米长的“联邦面包”的面包师，他们头上的横幅描述 189
了贸易停滞现状。印刷工人带着印刷机与字模，在游行途中，他们印刷了对新宪法的赞美颂歌，并分发给周围的群众。游行队伍沿着百老汇大街一路向大码头街（Great Dock Street）前进，穿过汉诺威广场（Hanover Square），而后折向女王街与查塔姆街（Chatham Street），最后返回公共广场。游行队伍穿过了这座城市的所有大道，也经过了几个重要商区和权贵富人的住宅区。换句话说，这条路线展示了工匠的力量，同时将新宪法与城市和劳工群体赖以生存的商业繁荣联系在一起。这场游行也表明，人们意识到贸易是这座城市的财富和新秩序的支柱，同时也提醒精英阶层，革命所带来的不仅仅是国家的独立，也唤醒了大众、赋予了人民权利。正如当时一位观察家所描述的那样，游行展示着一个崭新的时代业已到来，这个“伟大、光荣、无可比拟的时代，为人民打开了多条通向幸福的道路，国家繁荣的前景无可限量”。[21]

游行队伍中的 5000 多名工匠代表了不下 60 个行业，而其中最引人注目的当属“联邦之舟汉密尔顿号”（Federal Ship Hamilton），这是一艘约 7.5 米长的护卫舰模型，模型上的船帆迎风展开，运载船模的马车均以蓝色帆布包裹，整条船看起来就像在大海上劈波斩浪一般。这条船——与工匠们制作的图案和条幅一样——将新宪法与纽约市商业贸易的繁荣联系在一起：

扬帆出航，我们的商人面无惧色地离开海岸，因为“汉密尔顿号”的水手们胆大心细、技艺精湛。
这艘联邦之船会让我们的贸易繁荣兴旺，
每个人都前程似锦，不管他是商人、船工，还是木匠。[22]

190 民众对汉密尔顿的支持起到了作用。7月27日，以梅兰克顿·史密斯（Melancton Smith）为首的部分反联邦党人动摇了，他们改变立场，使得会议以极为微弱的多数票通过了联邦新宪法，票数的差异是所有州中最小的。当天晚上，又一名气喘吁吁的信使骑着同样筋疲力尽的马冲进纽约城，宣布州代表大会最终批准了新宪法，这个消息令所有人欢欣鼓舞。经历了多年的革命、战争与社会动荡，现在这个国家终于看到了希望的曙光，一个安定、繁荣的新时代就在眼前。

纽约城更有资格为这个未来载歌载舞，因为在1788年，这座城市的每一处建筑都是战后复兴的证明。1788年1月，即联邦新宪法大辩论爆发的几个月之前，克林顿州长曾向州议会表示：“大半个国家已从战争的损耗与创伤中恢复过来。”杜安市长重新铺砌并拓宽了格林尼治路（Greenwich Road），也表明了这座城市向格林尼治村（Greenwich Village）方向扩展的决心。就快坍塌的码头与船坞都在缓慢而稳步地重建中。

1788年，纽约也解决了一些“老大难”的城市问题。淡水池与东河之间是一条条低洼的街道，它们污秽、泥泞，而且恶臭不堪，街道两旁都是地基严重下沉的木头房子。这些街道从来没有修葺过，也没有排水排污系统，因此这个聚集了大量城市穷人与新移民的贫民区是一处传播疫病的温床（1797年此处还将爆发一场可怕的黄热病）。1788 年 3 月，纽约市政当局就开始关注这个地区，市议会批准了重建计划，并着手修筑新的堤道与桥梁，最重要的是，“在这些公路、大道两侧开挖沟渠，并保证它们能够穿过每个人的地盘……这些沟渠可以把积水引走，让路面干燥整洁”。排水工程费用和其他改造项目的开销均由该地的业主承担，因为他们从中受 191
益最多。1788 年 9 月，纽约市颁布了一道整修滨海地区所有街道的法令，这项措施的最大好处是推动商业的发展。[23]

与其他城市相比，纽约的战后复苏显得格外生机勃勃，因为自 1785 年 1 月开始，邦联国会都是在纽约市政厅召开会议的，这让它事实上充当了新共和国首都的角色。1788 年 7 月，随着新宪法的批准工作落下帷幕，国会正式指定纽约为新联邦政府的临时首都。整个城市开始了各项准备工作，迎接合众国的各机关入驻。纽约的老堡垒已于 1788 年拆除，在堡垒的旧址上准备为总统修建一座气派的官邸，不过后来这座在旧殖民地总督府的位置上拔地而起的建筑并没能完成它最初的任务。更引人注目的是，华尔街的市政厅重新设计后面目一新，为新国会参众两院提供了开会场所。市政厅更名为联邦大厅，它是法国著名建筑师兼城市规划专家皮埃尔 - 夏尔·朗方（Pierre-Charles L’Enfant）的杰作。和大陆军并肩作战之后，朗方在纽约被委以重任，其工作内容包括建造帆布大帐篷，用以举行 1788 年 7 月 23 日的“联邦大游行”之后的宴会；他还重新装饰了圣保罗教堂内的一尊纪念碑。它是为了纪念在战争中牺牲的将军理查德·蒙哥马利（Richard Montgomery）而建造的，这位英雄在 1775—1776 年的冬天美军入侵加拿大时战死沙场。[24]

得知自己的市政厅被选为国会办公地点后，纽约市各政府机关毫不犹豫地搬了出去。不久之后，另一座全新的、专门为市政府而建的市政厅在公共广场中心地带拔地而起，它于 1812 年竣工，现在依然是纽约市政府所在地。邦联国会于 1788 年 11 月最后一次履行
192 职责，而新一届联邦国会的选举正在进行。与此同时，朗方开始了他的工作，他和他带领的工匠们以饱满的热情高效地投身到建筑工作中。[25]

纽约港湾内的海事设施规模固然令人惊叹，但与欧洲大陆许多国家的首都不同，它的内部没有任何震撼人心的景致用以突出一座公共建筑的宏伟。朗方最初的设想就是创造一个这样的空间。他计划建起一座有 8 条拱廊的大楼，这些拱廊呈扇形展开，每条拱廊的尽头都有一座亭子作为入口。这样一来就能在联邦政府大楼与城市其他建筑物之间创造出距离感。但这样的建筑到底要建在纽约市的哪个位置？要花多少钱才能把它建好？未来朗方会有这样的机会，在他设计华盛顿特区时，那一条条大理石铺就的大道，使得城市看起来“气势恢宏……展现出一个强大帝国的风姿”。但是在纽约，朗方得到的只是一座市政厅，它位于这座新兴商业城市的最南端，周边环境狭窄拥挤，在数百年的时光中，欧洲殖民者修建的道路和美洲本土居民开辟的小径共同塑造了城市街道的风格。[26]

即便如此，朗方的建筑依然抓住了那个时代的精神。联邦大厅里的每一寸石材、灰浆、油彩、镀金，都表现着美国革命带来的政治变迁。大厅一楼的砂岩地板与拱形天花板保留了下来，这里对所有来访者开放，“以方便公民，为公民提供休息场所，”《每日公报》（*Daily Gazette*）赞赏地报道。建筑二层的大阳台由塔司干柱式支撑，

阳台上立着多利安柱式，它们承托着一面沉重的三角墙，墙上刻着“一只金光中的雄鹰，正挥动双翅破云而出，鹰爪紧攫13支箭，它的胸前是代表美国的盾形纹章”。建筑的顶端是一个“小而优雅”的尖顶。

穿过拱廊，来到一个铺着大理石地板的大厅，大厅的上方是高耸的圆顶，它让整个空间的光照十分充足。大厅的两边都是办公室，而楼上就是国会两院。参议院集会的房间四壁装饰华丽，天花 193
板上雕着一轮太阳和13颗星星，房间里还有两条旁听席。众议院所在的房间被认为是“整座建筑中最出色的部分，最能够体现‘联邦大厅’这个名字”。在整个建筑中，众议院会议厅的面积最大，占了2层，上层装了一排高大宽敞的方形窗户，下层则是椭圆形的窗口，阳光透过窗户将会议厅照得通明透亮。伊奥尼亚风格的廊柱支撑着天花板和两条旁听席。会议厅的北端设有发言人的座位（它的上方还准备造一尊自由女神像），一张巨大的桌子从发言人所在的位置一直延伸到会场中央，桌子周围是59名众议院代表的座位。会议室周边的墙上装饰着引人注目的政治象征，美国的盾徽也在其中。《每日公报》总结道：“整个作品最令人钦佩之处，就在于它的设计成功地传达了原本想要表达的意义。很明显，如果这位艺术家没有被限制，他一定能为这件作品增添更多令人惊叹的东西。建筑总体风格大胆、简洁而又合乎规范；建筑分区少，各个部分面积大而且极具特色；各部分间的过渡迅速且醒目；我们认为整座建筑显得大气磅礴。”[27]

“大胆、简洁而又合乎规范”，以及“大气磅礴”：换句话说，这意味着共和主义？一部分人对联邦大厅表示反感。反联邦党人称它为“傻瓜的陷阱”，认为这是联邦党人实施贵族统治的前兆。但从总体上来看，无论美国人还是国外游客的反应都是积极的，其中最积极的当属那些富裕的商界精英，他们也是新兴的联邦党人的支柱。在朗方将新古典主义风格——优雅、简约、线条清晰、敞亮——应用在联邦大厅的建造上之后，这种风格迅速流行起来。这座城市的政治巨头们，不管是住在华尔街、布罗德街，还是百老汇大街南端与炮台附近，都将联邦大厅的风格铭记于心，他们把自己
194 居住的二三层砖楼全部建成这种激动人心的风格，通常把砖块漆成红色或是更轻淡优美的灰色与奶油色，而灰浆部分则保持原来充满活力的白色，以形成对比效果。这种新鲜而又激情洋溢——充满坚定的共和色彩——的审美形式逐渐成为后世有名的“联邦风格”（Federal Style）。[28]

1789 年 4 月，新国会的全体成员齐聚在朗方建造的联邦大厅，为总统与副总统的选举结果计票。乔治·华盛顿毫无悬念地当选总统，而约翰·亚当斯则刚凑足了当选副总统的票数。4 月 21 日，亚当斯在联邦大厅宣誓就职。2 天之后，也就是 4 月 23 日，战争英雄华盛顿到纽约城宣誓就职，全城人都在期盼他的到来。纽约港当天船舶云集，所有的船上都挂满了五彩缤纷的舰旗与三角旗，将这片广阔的水域化作欢腾的海洋。在这些船当中有一艘西班牙护卫舰“加尔维斯顿号”（Galviston），“它的装饰与打扮是所有船当中最体面的，”《每日广告》（*Daily Advertiser*）报道。在上纽约湾里，人们蜂拥着挤上一条条小船，许多人穿着自己最好的衣服，目光都注视着西边新泽西州的方向，一条驳船出现在远方的河上（Kills）。船上有一位乘客站在红色帘布搭成的雨篷下面，他就是华盛顿，随行

的有 3 位国会参议员、5 位国会众议员，以及 3 位纽约州与纽约市的地方官员，联邦最高法院大法官罗伯特·R. 利文斯顿也在随行人员中。驳船破浪前行，划船的是 13 名身着耀眼白色制服的纽约港领航员。港口顿时一片沸腾，《每日广告》对此情此景的评价是“水上一片欢呼雀跃的景象，任何文字都难以形容”。国会代表伊莱亚斯·布迪诺特（Elias Boudinot）的记述是：“护卫舰与巡逻艇一艘接一艘地加入队列，每艘船上都有海军特有的装饰，组成最为壮观的场面。”当华盛顿乘坐的驳船经过一艘护卫舰并全速向右转舵时，岸上的一个唱诗班唱起了一曲庆祝总统就职的颂歌。恰巧就在这个时候，一群海豚也在现场戏水。纽约炮台鸣炮致敬。[29]“我们看到，” 195
布迪诺特写道，“数以千计的人聚集在岸上——男人、女人，还有孩子们——或者我应该说数以万计；从旧堡垒到登陆的港湾这约 1 千米内，海滩上、街道上、甲板上，到处都是簇拥的人头，如同秋收时的玉米穗一般。”[30]驳船靠近了默里码头，西班牙战舰“加尔维斯顿号”在缆索上展开了万国旗，同时所有水手沿船桁一字排开。当驳船从军舰旁驶过时，“加尔维斯顿号”的火炮连鸣 13 响以示敬礼。

华盛顿本人的服饰简洁朴素，他穿着标志性的浅黄色衣裤，配上一件蓝色双排扣长外套。他沿着木质台阶登岸，前来迎接的有纽约市的詹姆斯·杜安市长及纽约州的克林顿州长。震耳欲聋的欢呼声在人群当中响起，把其他一切声音都压了下去。群众簇拥着华盛顿，先走过华尔街，然后右拐到珍珠街（以前的女王街），然后一路前往樱桃街 3 号，在樱桃街和多佛街的交汇处，一座装修一新、豪华气派的官邸正等着总统先生入住。士兵们不得不在兴奋的人群当中为他们的英雄开出一条路来。樱桃街与多佛街交汇处的这座官邸成了华盛顿的新家，他在这里一直住到 1790 年 2 月，之后他搬到百老汇大街 39 号，同年 8 月他离开纽约，此后再也没有回到这座城市。[31]

纽约城对这位英雄的热烈欢迎不仅仅是对他个人的崇拜与敬仰，同时也表达了对未来的乐观态度。经过整整 6 年的争吵、妥协与斗争，这个独立的共和国终于有了一个全新的联邦政府。政府的核心机构——国会与总统府——都在纽约，这让纽约拥有了一段作
196 为美国首都的短暂而又光荣的岁月。1789 年 4 月 30 日，在一场庄严华丽的典礼上，华盛顿正式就任美国第一任总统，美国的宪政初步成型。美国人现在终于可以期待一个稳定繁荣的新时代，而纽约将是这个新时代的中心。

华盛顿在联邦大厅俯视华尔街的大长廊上宣誓就职，他宣誓时的礼服是康涅狄格州首府哈特福德的一家工厂捐赠的，根据宾夕法尼亚州参议员威廉·麦克莱（William Maclay）的记录，礼服镶着“金属纽扣，每个扣子上都有老鹰的花纹，还配了白色长筒袜，一个手提包和一柄饰剑”。对宣誓仪式最详尽的描述来自伊莉莎·昆西（Eliza Quincy），她在 1821 年回忆，1789 年当她还是名叫伊莉莎·莫顿（Eliza Morton）的 15 岁小姑娘时：

> 我站在布罗德街第一座房子的屋顶上……离华盛顿非常近，几乎能听到他的讲话声。所有房子的屋顶与窗边都挤满了人；街道上更是水泄不通，人群密集得都能踩着脑袋走过。所有到场的群众都能看到联邦大厅阳台上的景象。阳台中央摆着一张桌子，

> 桌子上铺着一张红色天鹅绒厚桌布；桌布上面又是一张深红色的天鹅绒垫子，垫子上放着一大本精装《圣经》。[32]

华盛顿出现在阳台上，群众热烈欢呼。利文斯顿大法官宣读了早已写在宪法中的誓词，华盛顿手按《圣经》，一字不漏地跟着宣誓。接着参议院秘书长将《圣经》捧起，华盛顿亲吻了这本书，这时利文斯顿宣布从此刻起华盛顿便是美利坚合众国的总统。一面巨大的星条旗在联邦大厅的尖顶上迎风展开，纽约炮台的大炮连鸣13响，向新总统致敬。在场所有观众齐声欢呼，声震云霄。华盛顿向众人鞠躬回礼，而后退回联邦大厅，“告别了连最骄傲的君王也未曾享受过的荣耀时刻，”伊莉莎准确地评论。随后，华盛顿在国会发 197
表了就职演说，而后他来到位于百老汇大街的圣保罗教堂——曾是效忠派的活动中心——参加宗教仪式。[33]

离开百老汇大街与华尔街上欢呼的人群之后，华盛顿在参议院会议厅里向国会两院的全体成员发表了讲话。麦克莱参议员是在场的听众之一，他记述道：“这位伟大的领袖比以往任何时候都焦虑不安，神情尴尬，就像被大炮或火枪瞄准了一样。他看起来有些发抖，有几次差点连一个字都读不出来。”[34]华盛顿是个沉默寡言的人，他曾私下里承认自己在面对恭维时感觉十分不自在，并说自己就像是“一个正在走向刑场的犯人”。华盛顿的首次就职演说在表达效果上有些不尽如人意，但他在演说中表示国家利益高于地方利益和党派利益，这无疑十分明智：“任何地方偏见或地方感情，任何意见分歧或党派敌视，都不能使我们偏离全局和公平的立场，这是我们对待这个由利益各不相同的团体组成的国家的基本立场。”华盛顿同时提醒国会："最终，人们满怀期待地把希望寄托在美国人身上，神圣的自由之火能否为继，共和制政府的命运将如何发展，都取决于美国人正在进行的实验。"[35]

新生的共和国迈进了全新的政治领域。联邦宪法提供了革命后社会秩序的框架，但也只是框架而已。还有许多纠缠不清的重大问题亟待解决，如奴隶制。以当时的眼光来看，宪法能在1788年获得通过简直是奇迹。1789年4月纽约的庆祝活动在美国并非孤立事件：如果说其他各州有什么不同，那就是场面更大，花钱更凶。纽约的特别之处在于，它是新联邦政府的所在地，而且自1784年起就
198 一直是老邦联的中心。宪法的通过重新燃起了公众的热情，人们举行各种庆典赞美国家的政治文化，这类活动在接下来的岁月中进一步增多：每逢7月4日（美国国庆日）、华盛顿诞辰和法国国庆日（某个党派的成员庆祝这个日子）这些重要的政治节日，美国各地的公众都会在街道上、建筑里和各种空间里举行庆祝活动。1788年的"联邦大游行"与1789年纽约迎接华盛顿的仪式都属于此类活动，它们表明美国的普通民众对政府在做什么非常感兴趣。[36]

人民对政治的理解在纽约城这个4月的最后一个星期通过声音、光线、衣着、饰品、砖块、灰浆及庆典表达了出来。这些庆典可能也是一种彻底的、集体式、听得到的放松与宣泄。虽然华盛顿在1789年的春天被一片歌功颂德之声搞得很不舒服，但人们对他的热烈欢迎并非仅仅是出于狂热、崇拜或景仰，也是在表达他们的安心和希望。华盛顿同意出任总统，全新的政治架构最终得以搭建起来。尽管还有不少令人头疼的事务需要处理，但纽约这些天来让人感觉一切都会好起来。

1789 年，大西洋两岸的人们就将美国革命与法国大革命进行了
对比，我们不难发现，纽约和巴黎的革命在空间体验上有几个重要
的不同点。在法国，自 1789 年起，社会的变革程度深、规模大，新
的公民秩序进入了千家万户的私人建筑中。一方面新人出现，其中
包括通过选举上任的政府官员与法官；另一方面，建筑物被改造。
新秩序通过这种可见的形式渗透进了全城的邻里社区。而纽约的转 199
变过程没有这么激烈，因为革命并没有在新旧世界之间制造如此之
大的裂痕：纽约市政府乃至整个纽约州的组织机构都继承了殖民地
时代的制度、机构，而非将它们统统付之一炬、重新开始。核心的
行政与立法机关进行了改革，而非推倒重来，因此革命者——常常
是那些在独立战争之前就一呼百应的人——进入行政或立法机构期
间，并没有发生革命时期的巴黎那样的动乱。此外，纽约城市景观
真正革命性的变化——接收殖民地时代建筑为新宪政机构所用，使
用各类代表共和制度与国家的标志等——都发生在战争结束之后。
这种改造与城市的重建工作同步进行，其过程从 18 世纪 80 年代一
直持续到 90 年代。但这种和平的转变与发展对大革命时代的巴黎来
说可望而不可即。

第八章

革命的巴黎

（1789—1793 年）

201 巴黎革命性的变化开始于一座标志性建筑物的消失：被攻占数
日之后，巴士底狱被夷为平地。这是一个正在日月换新天的自由国
度，自然不能容忍一个“专制主义”的象征继续存在下去。这座中
世纪堡垒的石块刚落入护城河，就变成了“自由的文物”，就像 2
个世纪之后轰然倒塌的柏林墙一样。法国人将巴士底狱视为 1789 年
7 月 14 日革命的纪念碑，这里发生的英雄事迹迅速传遍整个王国。
监狱里所有的铁质品——锁、链、栅栏等——都被回炉重塑，铸成
墨水瓶、镇纸、鼻烟盒、钥匙之类的纪念品。其中一把纪念钥匙通
过拉法耶特侯爵的手下送到了乔治·华盛顿手中。拉法耶特现在是
正式的巴黎民兵组织——国民自卫军——的最高指挥官。巴士底狱
的石块最现实的用处就是拿来修建路易十六桥。这座桥连接了路易
202 十五广场与塞纳河左岸，于 1791 年完工，自然它后来也被改了名
字，叫革命桥。这样一来，根据某些人的说法，巴黎人民的双脚将
永远踏在巴士底狱的废墟上。

随着旧制度的崩溃而倒塌的建筑物并不只巴士底狱这一座。胜利广场中央路易十四雕像的周围到处是被锁链拽倒的富有寓意的雕塑，它们象征着 17 世纪法国对东部各省的征服。巴黎人民现在无法消化这种“令人无地自容的景象”：法国的任何一个地方都不能被

表现为绝对王权与暴力的牺牲品。1790 年 6 月 19 日，国民议会命令将这些雕像搬离广场并妥善保管。①

但改变城市景观不仅需要打破传统的习俗与观念。要在法律、行政、政治、宗教、财政等各个方面、各个层次上对法国进行改革，革命者还有大量的工作要做。此外，革命才刚刚开始。1789 年 7 月的起义夺取了国王的权力，并将之转交给国民议会，但革新法兰西的措施也引发了法国社会当中某些更深层次的分歧，接连不断的冲突不但动摇了新生的政治秩序，甚至在一开始就有将其分裂的预兆。大规模的形式转变及持续不断的政治动荡意味着，法国大革命首先将深远、广泛地影响巴黎的城市空间；其次，它将继续动员法国人民。巴黎各邻里社区的特点、空间布局也将继续在接下来的重大事件中发挥作用。在本书的故事当中扮演重要角色的两个地区是市中心的大市场区与塞纳河左岸的科德利埃区（Cordeliers）。革命给巴黎造成的冲击及巴黎在其中扮演的角色让人想起纽约的经历，但巴黎的革命更为紧张激烈。

这场改革的开始充满着对未来的期望。正如 1789 年 6 月 20 203
日革命者在网球场宣誓时说的那样，他们的终极任务是为国家制定一部宪法。考虑到这样的目标，他们现在把自己称为制宪议会（Constituent Assembly），并着手恢复国内崩溃的法律与秩序。法国的农村地区恐慌与叛乱四处蔓延，农民纷纷揭竿而起，准备彻底推翻庄园制度。在此制度的压迫下，他们要向封建领主缴纳租税、收成，并提供人身劳役。面对如此危险的局势，制宪议会没有退缩，在 1789 年 8 月 4 日晚上一场唇枪舌剑的会议上，议会宣布废除所谓的“封建制度”以安抚广大农民。这个决定彻底摧毁了等级制度，从个人层面到团体、城市、各省、各庄园，旧制度时代的纷争之源至此不复存在。同时，这也意味着新秩序必须建立在新的原则之上。1789年8月26日，制宪议会颁布《人权与公民权宣言》(*Rights of Man and the Citizen*)，上面写下了激荡人心的话语：“人生来就是而且始终是自由的，在权利方面一律平等。”《人权与公民权宣言》的中心思想是法律面前人人平等，革命者宣扬的是公民权上的平等，而非社会或政治意义上的平等。这些基本权利还包括宗教信仰自由、言论自由、根据财产能力纳税等。获得公职的唯一标准就是“德行”(美德与才能)而非出身。国家——而不是国王——才是所有权力的来源。[②]

以上原则在付诸实践时带有以牙还牙的意味，法国的高等法院就是这场大洗牌的首批牺牲者之一，它们曾是法律界对抗君权的中坚力量。当革命者竭力对整套司法体系进行改革时，高等法院随着
204 旧制度的崩塌而覆灭。在巴黎没有多少人为之哀婉叹息：早在三级会议与特权等级做斗争时，革命派就将古老的高等法院视作旧制度与贵族的一部分。1789年11月，所有高等法院开始了永久的休假，法官们最后一次平静地走出司法宫。1790年8月，高等法院被彻底废除。这个曾经坚定不移、广受支持，有时颇有原则地约束王权的机构就这样消失了，连一声微弱的抗议都没有。[③]

大多数人认为法国将变成一个君主立宪制国家，但是这种制度给革命者制造了第一个重大障碍，直到巴黎民众介入，问题才得以解决。国王现在的称呼是“法国人的国王”，这个称呼意在指明他的权力来自人民，而此前的“法国国王”这个称呼更像暗示国家归国王所有。制宪议会的代表掌握了所有的立法创制权，他们反对赋

予国王提议案的权利，但是同意，在他们的命令变成法律之前必须得到国王的御准。问题在于，国王是否应当拥有否决权？一些激进分子表示不应赋予国王任何政治权力，他们当中包括来自法国北部阿拉斯的马克西米利安·罗伯斯庇尔，但这些人属于极少数。另外还有极少数顽固的保王分子，他们主张国王应该拥有绝对的否决权。1789 年 9 月 15 日，各方都做出了让步，国王由此获得悬置法案的权利，这意味着他可以在两届政府的任期之内推迟某项法律的通过。在讨论这一事件时，制宪议会开始分裂为两派：激进派坐在制宪议会议长左边，保守派坐在右边。这也赋予了先前无关痛痒的词语现代的政治内涵。

然而，到这个阶段，革命的脚步开始停滞不前，国王迟迟不批准制宪议会通过的各项法令，包括取消特权的《八月法令》和《人权宣言》。同时，农产品的丰收并没有产生及时的效果，这个秋天， 205
巴黎民众已经对面包的短缺及居高不下的物价忍无可忍。街头上与政治俱乐部里流言四起，传言称这是反革命者的阴谋，他们想饿死所有的巴黎人。这转而促成了一种想法，就是迫使国王搬进巴黎城、批准革命者的所有改革计划，并强迫“贵族们”放宽对食品供应的限制。在这座充满政治激情的伟大城市，面包与革命此刻结合为一体，这不是第一次，也不是最后一次。扳机事件是 10 月 1 日星期六在凡尔赛宫举行的一场宴会。路易十六已经了解到巴黎民众躁动不安，他们打算用强制手段将他拖入首都。9 月 14 日，他将佛兰德斯军团——一支意志坚定、纪律严明且对王室忠心耿耿的部队——调到凡尔赛保卫王宫的安全。军团抵达驻地后，凡尔赛宫举行宴会招待全体军官。当王后带着 4 岁的王太子出现在宴席上时，喝醉的军官们喊起了各种反革命的口号、大唱诅咒革命者的歌曲，还将他们的三色帽徽拔掉、踩在脚下，换上代表波旁王朝的白色帽徽和——根据令人震惊的谣言——代表玛丽·安托瓦内特王后出身的奥地利的黑色帽徽。④

这场“恣意狂欢”的新闻传到巴黎后立即激起了轩然大波。10月 4 日，巴黎妇女在罗亚尔宫举行集会，要求向凡尔赛进军；在各个政治俱乐部与街区，发言人呼吁拉法耶特调集所有国民自卫军，在他们的设想中，那些醉醺醺的佛兰德斯军官的行为预示着国王将对巴黎发起反革命的进攻。10 月 5 日拂晓，妇女们在市中心的大市
206 场和圣安托万区集合，看上去这本来将是一场协调有序的游行。在大市场区，一个小女孩敲着鼓、高喊着反对面包短缺的口号，召集所有妇女在圣厄斯塔什教堂（Saint-Eustache）集合，参加行动。四周教堂里的钟声大作：大市场里圣厄斯塔什教堂的大钟发出洪亮的声响；圣安托万区的女人们把敲钟人从床上拉起来，逼着他去敲响圣玛格丽特教堂的大钟，它的声音虽不那么响亮，却更为人所熟知。圣安托万区的男男女女又一次做好了作战的准备。中央大市场的妇女们表现尤为积极，这不仅出于经济原因——食品供应是否充足关系到她们全家人的生活——而且与这个街区的文化和特点有深刻的关系。纽约有溪谷市场，伦敦的市场更是数不胜数——销售肉类的史密斯菲尔德市场、贩卖鱼类的比林斯盖特市场、卖花和各类食品的科文特花园市场。然而巴黎中心的大市场是独一无二的，在这里生活与工作的居民高度团结，大市场同时还是全巴黎劳动人民生活的中心。经济、文化及地理因素的结合赋予了这一地区极大的革命积极性。

从12世纪早期开始，巴黎城的中心地带就一直有一座市场。那时路易六世（Louis Ⅵ）与巴黎大主教合作，并且买下了今天圣奥诺雷街以北的土地。这里很快便盖起了鳞次栉比的建筑物，以安置迅速兴起的商业贸易。今天我们仍然能通过一些街道的名字看到旧日商业贸易的兴盛，如铁器街和内衣街。此外，这个街区还有制桶街、干酪店街、锡陶街、陶器街、制鞋街和旧衣街。面包对全巴黎市民及政府的统治都至关重要，因此在1762年，该街区的西边建了 207
一个粮食市场。这座圆形建筑（它于1889年被今天所看到的建筑取代）让1787年来访的英国客人阿瑟·扬印象深刻：“这是迄今为止我在巴黎见过的最好的东西。”市场繁忙的交易活动震惊了他：“这里储存了许多小麦、豌豆、大豆、扁豆，而且它们卖得很好。”货摊上有大批面粉出售，还有“一间间储藏着黑麦、大麦与燕麦的宽敞房间”。革命爆发前，这座市场发生了一些小变化：政府新修了一条横穿市场的卡洛纳街，以改善交通。圣厄斯塔什教堂不远处的卡罗露天市场被扩建。1785—1787年间，无罪者教堂（Church of the Innocents）被拆除，堆尸如山、恶臭四溢的坟场也被关闭（所有遗骨均移至城南的地下墓穴）。在重新铺砌场地后，教堂原址建起了无罪者市场，市场的中心是一座16世纪修建的壮丽喷泉，它是从附近的圣但尼街移来的。这里成了大市场的水果与蔬菜销售区。[5]

这个街区是整个巴黎最热闹的地方。西边有一家养兔场，从圣但尼街一直到圣厄斯塔什教堂；南边则是圣奥诺雷街。这里人口密度达2.25人/平方千米。而该区北边的博讷·努韦勒（Bonne Nouvelle）和蓬索（Ponceau）地区人口密度只有1.46人/平方千米。市场周围都是租给最穷苦的人住的房子，租金是巴黎最便宜的，某些脏乱的房间甚至只要一个便士就能住一晚。但真正给这片土地带来生命力的乃是市场上的人们，他们给市场注入了活力、噪声、气味，决定了市场的特点。旧衣商（大多是女人）——那些出售二手
208 衣服的人——推销的本事往往是一流的：在他们的摊前驻足的顾客最后总是会掏出自己的钱包。每条街道上都挤满摊位，有水果贩子、面包师和卖鱼妇，摊位都集中在各自行业的区域中。蛋类、黄油、面包和鱼在卡罗市场销售。触犯法律的小偷、妓女和流浪汉也在此地带枷示众。圣但尼街外的几条路上都是叫卖蔬菜与水果的小贩。干酪师、水果商、猪肉贩等供货商从周边的村庄来到城里贩卖产品。他们通常在星期三和星期六天没亮的时候来。到了上午九十点左右，他们就会将场地让给后来的粮食商。市场里最出彩的人物是那些女贩子，她们牙尖嘴利、令人生畏。她们整日守着自己的货摊，卖东西、聊天、讨价还价，与来自巴黎各处的人——尤其是女性——进行日常交流。[6]

无论街头小贩还是市场搬运工，都表现出共同体的团结。令他们联系如此紧密的纽带既包括家庭、职业，也包括一个简单的事实——他们彼此相识、曾在街头摊铺上闲聊、曾在有需要的时候相互帮助。大市场的女人们满嘴粗鲁的行话，混合了各式各样的腔调、故意扭曲的句式与语法，以及辱骂与威胁。人们在这个街区的货摊上做买卖，或在小酒馆里吼歌时用的就是这种语言。“说话像个泼妇”（*parler comme une poissarde*），意为用一种粗鲁、尖锐、毫不客气的方式进行交谈。于是，“泼妇”这个词在狭义上专指蒙特吉尔街（la rue Montorgueil）上的女鱼贩子，在更一般的意义上指代市场上所有用这种方式说话的女贩子。这些女人虽然作风粗犷、行事

冲动，但她们在凡尔赛也扮演着极为重要和特殊的仪式性角色：她们享有或多或少的觐见王后的机会，在王室成员出生时她们被允许进入宫殿，并确认新生儿的性别。因此，当她们成为 10 月 5 日大起 209
义的主力军时，凡尔赛宫成了她们自然又熟悉的目标。[7]

作为巴黎最重要的食品市场，中心大市场有“巴黎之胃”的称号［一个世纪之后，法国作家埃米尔·左拉（Émile Zola）这样称呼它］。这个事实对巴黎的劳动人民而言十分重要，因为每天喂饱全家老小并不是一件容易的事，同时大革命并未令他们的生活发生根本性变化。富裕的家庭有足够的钱去附近的面包店购买面包，普通劳动者则只能指望来自巴黎周边村庄的 1 000 多个面包师。这些人长途跋涉进入城市，运来的面包在大市场的货摊上堆成了小山。这些外来的面包价格比较便宜，因为它们在出售之前至少放了半天，已经不太新鲜；此外，根据法律规定，这些面包只能在城内的一处市场上集中出售。由于面包只要开始出售就不能回收，时间一到，没有卖完的面包只能打折处理，因而城里的穷人们在附近徘徊，等待着这个时候。于是，生活艰辛的巴黎劳工们总是在白天快要结束时再买吃的，因为这个时候食品的价钱非常便宜。他们或许也常光顾周围的市场，例如塞纳河左岸的圣日耳曼市场和莫贝尔广场（Place Maubert），或者塞纳河右岸玛莱区的圣保罗广场，不过最大、最繁忙、最受人欢迎的地方还是大市场。这些市场成为巴黎劳动人民的社交场所，舞厅、酒店和咖啡馆都彻夜开张，吸引了整座城市的居民。[8]

18 世纪的家庭生活中存在着一个残酷的事实：巴黎的大多数劳动群众得以生存下来，是因为每个家庭成员都为家计贡献了力量。

这也是女人们在1789年10月5日大起义中扮演主角的重要原因之
210 一。女人的劳动是“家庭经济”当中不可或缺的一部分，因为这份活计不光能挣到钱，还帮助她与市场上的商贩、面包师、教区神父等建立起各种社会关系，在危机时代，这些人能够助她安定家庭。当食物短缺、价格飙升时，便会出现令人恐惧的“饥饿等级”：女人们首先要保证自己的孩子和丈夫不饿肚皮，于是她们自己成了第一拨忍受饥饿的人。到市场上购买蔬菜和面包的一般都是女人，她们也首先知道商品价格上涨，知道市场上面包所剩无几或供应断绝的消息。正是这些女人把消息传回了她们所在的街区。于是，在18世纪的历次面包暴动当中，妇女毫无疑问冲在最前面，还把“她们的男人”也动员起来，跟着她们一起行动。由此，大市场的危机足以引发一场波及整个法国的大地震。[9]

这些残酷的现实足以解释为什么市场上的女商贩是10月初这一事件的发动者，也能解释为什么整个巴黎的妇女都加入了她们的阵营。起初，这只是一场出于经济目的的抗议活动，但很快便转向了政治目的：只有说服政府改变政策，巴黎的老百姓才能填饱肚子。游行群众的第一个目标是巴黎市政厅，这里是巴黎市政机关所在地。大约800—2 000名（数据出入较大）来自社会各阶层的女人——女鱼贩子、市场货摊的女摊主、女工匠，以及衣着讲究的中产阶级女士——都聚集在此地。9点左右，她们冲开市政厅的大门，潮水般拥进大厅，沿着宽阔的楼梯一路向上。任何胆敢阻挡她们的男人都被捆成一团扔到外面的台阶上。在想起这里的武器早在7月就已经分发完毕之后，女人们把这座宽敞的建筑搜了个遍，找出一批长枪。然后她们搜寻每一间办公室，将找出来的文件统统送到大厅，并威胁着要将其付之一炬。她们宣称：这里的东西对解决面包的问题没有任何帮助。[10]

在这紧要关头，斯坦尼斯拉斯·马亚尔（Stanislas Maillard）来 211
到了市政厅，他是参与巴士底狱风暴的老兵之一，因此很受妇女们信任。马亚尔劝说妇女们不要焚烧这些文件，并被说服或是被强迫带领这些女人向凡尔赛进军。妇女们在外面的沙滩广场（Place de Grève）上集合，向凡尔赛出发，在途经沙特莱城堡时又抢来 2 门加农炮。有一部分女人被派回自己所在的街区，向她们找到的所有妇女寻求支持，在圣厄斯塔什地区——又是集市区——一个孩子在街道上吹响了喇叭，手里还摇着铃铛。

上午晚些时候，当妇女们在路易十五广场上再次集合时，队伍的规模已经增加到 5 000—7 000 人。一部分人肩扛长枪，但大多数人却只有扫帚和厨刀。在马亚尔与 8 位鼓手的带领下，队伍冒着细雨向凡尔赛进军——全程约 19 千米，需要步行 6 个小时。

与此同时，警觉的拉法耶特调动国民自卫军准备阻止这场游行，但民兵直到下午 4 点才整装出发。拉法耶特将军骑着白马带领 2 万名精锐士兵开始追赶妇女的队伍。七八百名手工匠与劳工也尾随着国民自卫军出发了，这些男人在傍晚时分放下了手中的工具，拿起了所有他们能找到的武器——工具、棍棒、长矛与步枪。妇女顶着大雨长途跋涉，于下午 5 点抵达凡尔赛，她们冲进制宪议会，要求国王出来。在群情汹涌的情境下，国王最终同意批准所有改革议案，并承诺巴黎将得到足够的面包。晚上 10 点左右，拉法耶特率
领国民自卫军冒雨来到凡尔赛，之后他们竭力把王宫的卫兵与宫殿 212
庭院里的妇女们隔开，浪费了当晚最好的一段时间。

午夜过后，就在巴黎的男人到达凡尔赛时，一群女商贩冲进王宫，她们在走廊上东奔西跑寻找王后。惊恐的王后在王宫卫兵的保护下躲进宫殿深处，直到拉法耶特的民兵冲进来，把这些女人全都赶了出去。现在，上万名群众包围了王宫，齐声高喊："回巴黎！回巴黎！"为了平息事态，国王被迫屈服，答应带着家人随同民众返回首都。当天，国王、王后和他们的儿女们在一片压抑的气氛中匆匆登上马车，永远离开了凡尔赛。他们身后一大队运送面粉的车子吱呀作响，这些面粉都是从王室的仓库里搬出来的。一来到巴黎，国王全家就搬进了破旧不堪、四处漏风的杜伊勒里宫，这座宫殿很快就被整修一新。如今的王室实际上已经成了人质，巴黎市民两次以实际行动宣告了推进革命的决心。[11]

仅仅几天之后，巴黎就恢复了首都的功能。10 月 19 日，制宪议会跟随国王将办公地点搬进了巴黎。制宪议会的地址起初设在巴黎大主教官邸的礼堂中，它的旁边就是巴黎圣母院。但旁听席被参观者压出了一条可怕的裂缝，随后坍塌，于是这里的环境变得非常糟糕。之后议会便搬到杜伊勒里宫北边的驯马场（Manège），这里是路易十五年轻时练习马术的地方。这么一来，制宪议会与国王之间的距离只有短短的几百米。随着国王与制宪议会一同迁入巴黎的
213 还有政府各部，这些部门的办公地点设在城里一些次等的宫殿和大楼中，政府机构的大量迁入将巴黎的西郊——特别是旺多姆广场（Place Vendôme）与路易十五广场周边地区——变成了一个行政区，并且与杜伊勒里宫、驯马场两个政治轴心连为一体：在某些街区，每 100 个人当中就有三四十个公务员。巴黎城这处中心地带所扮演

的角色已经完全改变了。[12]

这场革命的另一个目标是打破以名存实亡绝对君主制为代表的集权制度，将权力分配给全体公民。这不光给整个巴黎，也给整个法国带来了一场空间上的震动。1789 年 12 月，全国性的政治构架搭建完成——这套统一的行政区划体系包括 83 个省，它们至今依然是法国行政管理和政治生活的基本单元。城市、小镇和村庄都变成了“市镇”（commune），巴黎和马赛这样的大城市设有一名市长、一个市议会及一名总检察官，这些城市很快又会分成一个个被称为“区”（section）的选举单位。

每一级政府都是由选举出来的议会及官员来管理——他们需要一个固定的会面地点。在 1789 年春三级会议的竞选过程中，巴黎的 60 个选区都有各自的集会地点，而所有选区内可利用且空间足够宽敞的公共建筑只有教区教堂和修道院教堂。这也是一个极其自然的选择：教堂本来就属于公共空间，也是社区群众经常聚会的地点。于是，在 1789 年革命的进程中，巴黎的 200 多座大大小小的教堂有不少都印上了政治的标记。这样一来，这些城市景观中曾为人熟知的地标建筑在一段时间内传达着双重信息。在十字架、殉教者、圣
徒、耶稣基督和圣母玛利亚等天主教象征物旁，在蒙尘已久的贵族 214
与王室徽章旁，人们现在能看到新秩序的世俗象征物。在宗教活动的间歇，沸腾的辩论声总是不绝于耳；1789 年 7 月之后，佩戴三色帽徽的公民在教堂的走道里来来往往。各级议会将有关日常事务与宗教事务的政治告示钉在一处，教堂外面还常常设有一座警卫室，由国民自卫军派人驻守，守卫们都身着随处可见的红蓝白三色制服。在大革命早期，革命的象征物与天主教的标志能够共存，无疑是一

个乐观的信号。[13]

然而革命者深陷绝对君主遗留下来的财政危机之后，这种和谐共处的状态便不复存在了：革命者决定将所有宗教场所世俗化，并决定破坏教会与革命政权之间微妙的共识。1789 年 11 月 2 日，为了还清国债，革命者宣布将教会的土地收归国有。这些土地总面积占法国国土总面积的 1/6，政府将把它们公开拍卖以筹款偿还旧政府的债务。紧随其后，政府于 1790 年 2 月又出台一项新政策，隐修誓言被宣布无效，巴黎成百上千的修士与修女如果愿意的话，可以不再受到清规戒律的束缚。不过革命者还没决定要把天主教连根拔起，在摧毁其经济基础后，制宪议会对天主教会进行了彻底的改革。1790 年 7 月 12 日，《教士公民组织法》（*Civil Constitution of the Clergy*）出台，规定所有神职人员由各教区居民投票选出，并由国家负责发放工资。该法令的出台并没有询问教皇的意见，也令许多虔诚的天主教徒惴惴不安。[14]

这则法令在巴黎引发了一场地震。巴黎城内有 50 座教区教堂、130 座修道院及女修道院、12 座神学院，以及超过 60 所附属于巴黎大学的学院，这些机构均由教会经营，服从教会的规章制度。城里还有 6 000 多名神职人员——身披法衣的教士、坚持修行的修女、
215 削发受戒的修士。他们是大街小巷随处可见的景观。随着隐修誓言被废除，修士们很快各奔前程，一些修道院空空荡荡，其中包括塞纳河左岸的科德利埃修道院和圣奥诺雷街的多明我会修道院（即雅格宾修道院）。其他修道院的成员则几乎全体坚守自己的信仰，例如圣雅克路（rue Saint-Jacques）上的加尔默罗会修道院与嘉布遣会修道院。

教会建筑与土地的世俗化，让大革命得以以闪电般的速度深入城市的每个角落。教会的许多房子都被改造以满足政治和市政的需求。最引人注目的是带着圆形穹顶的新古典主义风格建筑圣日内维耶大教堂（Church of Saint-Geneviève），它的设计者是雅克 - 热尔曼 · 苏夫洛（Jacques-Germain Soufflot）。教堂此时尚未建造完毕，它很快被改名为先贤祠（Pantheon），用来安葬那些被祖国认可的“伟人”（很长一段时间里这里只安葬男性）。[15]政治俱乐部也搬进了宗教建筑。最广为人知的是，巴黎人的“宪法之友社”（Society of the Constitution）最初在多明我会修道院的食堂聚会，后来搬到了它的图书馆里。这座修道院就在圣奥诺雷街上（现在圣奥诺雷市场的位置），离驯马场很近。留下来的修士依然穿着白色的长袍，戴着黑色的头罩，他们甚至把自己的绰号借给了俱乐部——雅各宾派。多年以后，这座修道院的院长可以宣称：“我是巴黎雅各宾俱乐部的缔造者之一。”[16]

制宪议会的绝大多数成员——贵族、教士、律师和有产者——都致力于实现法治、保护私有财产、建立一个有秩序的立宪政府。街道上抗议和暴力事件频发，10 月 5 日妇女们向凡尔赛进军便是其代表和高峰，这样的现状让议会代表深感恐惧，他们担心民众的反抗活动将会走向不可预知乃至失控的暴力。1789 年 10 月 29 日，制 216
宪议会决定仅赋予“积极公民”投票权。“积极公民”是指任每年纳税达 3 天非技术性劳动工资的成年男性。成为一名“积极公民”不仅意味着在两年一度的议会大选中拥有投票权。在新秩序下，国家、教会、法律的各个部门都发生了大规模变革，“积极公民”还有权决定由谁来担任市长、各部门的官员、治安官、法官及教区神职人员。因此，投票权事关地方的日常生活。这一点在巴黎显得尤为真实。1790 年 5 月，制宪议会投票通过的巴黎市宪法将整个巴黎重新划分为 48 个新选区，取代了之前的 60 个旧城区，当年的三级会议正是这些旧选区选出来的。在新划定的选区里，只有“积极公民”才有投票权。

在推进上述改革时，制宪议会想方设法压制巴黎的群众运动。对选举权的限制及新区的划分，正式剥夺了许多工匠与劳动者的政治权利，他们激进好战，曾是 1789 年各次起义的中坚力量。这些压制措施旨在削弱劳动阶级的政治能量，但针对这些措施的抗议活动接连不断，态度最为激烈的是科德利埃区，它是巴黎原先的 60 个城区之一，也是巴黎激进主义运动的中心。这一区的社会阶级组成、地理位置，乃至政治领导的特质，都让它显得与众不同。与圣安托万区和大市场区那种明显的“平民化”风格截然不同，科德利埃区的社会组成更复杂：在大革命期间许多生意人在这里活动（屠夫也在附近做生意），工匠、律师和学生在狭窄的街道上摩肩接踵。这个街区的人富有且生活安适，但与此同时，他们也同巴黎政治斗争
217 的主力军——工匠和零售商——并肩作战。但就这一点来看，科德利埃区远算不上独一无二，因为在巴黎的住宅区并不像伦敦那样鲜明地根据社会阶层划分。

这片街区的革命特殊性源于历史上的偶然性：在 1789 年，这里成了大革命中最具活力的政治领袖的根据地。在穿过科德利埃区的街道当中，有圣安德烈艺术街（la rue de Saint-André-des-Arts）、古代喜剧街（la rue de l’Ancienne Comédie）及与之平行的圣安德烈

商业街（le passage du Commerce Saint-André），以及科德利埃街（现已不复存在）。今天医学院街（la rue de l'École de Médecine）与圣日耳曼大道交会的三角地带，就是让－保罗·马拉（Jean-Paul Marat）的住宅。他曾是一位医生，早在 1789 年之前就开始撰写思想激进的作品，不过他的新闻事业是与大革命一同开始的，那时他创办了《人民之友》（*L'Ami du Peuple*）这份充满激情的报纸。崇拜他的工匠读者们很快把报纸的名字作为他的绰号。从马拉的住宅出发再走上一小段路，你就会看见一座修建于 19 世纪的乔治－雅克·丹东（Georges-Jacques Danton）的雕像。丹东是一位热情洋溢又善于鼓舞他人的律师，他积极地抓住所有大革命提供的政治机遇。丹东雕像所在之处正是他当年在科德利埃街上的住宅的位置。沿奥德翁街（la rue de l'Odéon）往南走，22 号房子里住着一对革命夫妻卡米耶·德穆兰和露西尔·德穆兰的房子，他们共同创办了革命报刊《法兰西与布拉班特革命报》（*Révolutions de France et de Brabant*）。穿过圣日耳曼大道，在丹东雕像的北边就是圣安德烈商业街的入口，这时它还是一条风景如画的鹅卵石小路：商业街 9 号是吉约坦医生（Dr. Guillotin）拿死羊来测试他那科学而又民主的断头台的地方。当年印刷《人民之友》的地方就在这条街的边上，在现在装有栅门的大院——罗昂庭院（la Cour de Rohan）——的尽头。普罗可布咖啡馆（Café Procope）也在这条街上，有几位最伟大的启蒙思想家曾在此交流看法，享受咖啡；但大革命时期，住在 218
科德利埃区的革命领导人成了这里的常客。在这座咖啡馆里，小红帽（弗里吉亚无边便帽）开始成为法国自由公民的标志。商业街的尽头就是圣安德烈艺术街，艺术街 45 号是比约－瓦雷纳（Billaud-

Varenne）的住处，他曾经担任丹东的秘书。沿着艺术街向左拐就来到了古代喜剧街，丹东的朋友兼同盟者法布雷·德·埃格朗蒂纳（Fabre d'Églantine）就住在喜剧街 12 号。[17]

除此之外，如果说巴黎的每个区都有自己的工匠与零售商，科德利埃区的人们从一开始在政治上就享有极高的声望。1790 年 5 月，居住在科德利埃区的一位思想激进的普鲁士男爵阿纳卡西斯·克洛茨（Anarchasis Cloots）声称曾听到一群苦力、铁匠、泥瓦工和车夫在讨论启蒙运动的某些先进思想。尽管克洛茨的话有失公允，但科德利埃区，方向明确且具备政治头脑的工匠团结一致掀起了火热的群众运动，并且这种大众政治开始与激进派革命者的领导核心相结合。科德利埃区的地理位置同样有助于革命事业进行：科德利埃区就在巴黎大学旁边，也就是说它靠近圣雅克街的印刷品贸易中心，而圣安德烈艺术街据称是全巴黎出版商最集中的地方。在 1792 年 5 月之前，鲁瓦永（Royou）神父的保王派报纸《国王之友》（*L'Ami du Roi*）曾大胆地将办公室设在圣安德烈艺术街 37 号，不论是在地理位置还是在名称的意义上，都在与马拉的《人民之友》唱对台戏。[18]

科德利埃区具有民主的倾向，这里的社会阶层组合及地理环境让出身中产阶级的革命家与工匠比邻而居。这个街区很快便培育出了一批思想激进、具有批判精神的群众，它的名声也将其他的民主
219 主义者吸引到这里定居。1789—1790 年汹涌澎湃的革命动力，让科德利埃区议会在采纳直接民主的观点、满足人民群众实际需求方面都更具革新性。1789 年 10 月，科德利埃区议会派出一支全副武装的国民自卫军小队，到乡下征收粮食，满足街区人民的需要。到

了第二年的1月，正当巴黎市政当局以出版煽动作品全城搜捕马拉时，民兵们在街头拉起一道道警戒线，划出市政当局的“禁行区”。科德利埃区议会急于得到召回本街区在巴黎市镇所有代表的权利，如果代表继续对选民的意愿置若罔闻，那它一定会行使这个权利。1790年6月，科德利埃区议会公开反对不怎么民主的“积极公民”及新选区制度，他们提出任何人只要缴纳了任意一种税，包括间接税在内，都应当获得“积极公民”的资格。这一方案实际上把所有人都包含在内了。[19]

巴黎城原来各城区的议会起初只是为举行1789年的选举而组织起来的，现在它们把自己塑造成了常设的地方政府，它们之中的不少后来都成了培育民众激进主义思想的温床。这些政府承担了大部分维持治安的职能。在18世纪的法国，维持治安意味着“行政与管理”，它包括任命治安委员会、挑选警长与治安官以维护法律与秩序等。同时，这些政府也负责监视妓院与赌场、管理街道的灯火及清洁卫生、监督商铺的营业时间、整顿咖啡馆与小旅店、检查度量衡是否符合标准、留意消防问题。为了救济穷人，地方政府开办了不少施舍食物的场所，为穷人募款。地方政府最重要的工作则是寻找价格合理的谷物和面粉供应源。此外，每个街区都驻扎着一 220
个包括约500人的国民自卫军分队。[20]

制宪议会里那些有产、崇尚秩序的代表于1789年10月建立了“积极公民”制度，并在第二年夏季以新选区代替旧城区。他们这么做的部分原因是希望把出身巴黎劳动阶层的那些粗鲁而无畏的激进分子排挤出地方权力圈子。按照新制度的标准，巴黎只有一半的成年男子拥有选举权，总数还不到8万。此外，重新划分城区边界也给了政府破坏地方政治网络的机会，这些地方政治网络与科德利埃区类似，自 1789 年以来，它们反复将民众的情绪推向狂热状态。新选区的各个议会只在选举期间起作用，因此一个立宪政府的诞生无疑意味着地方工匠激进主义的末路。60 个营的国民自卫军被允许保存了下来，尽管他们更倾向于和自己的城区站在一边，而不是听从拉法耶特将军的指挥，但城区议会与民兵组织之间的直接纽带还是被撕裂了。[21]

综上所述，最激烈的几场抗议活动发生在科德利埃区丝毫不令人感到意外。露西尔·德穆兰与她的丈夫卡米耶·德穆兰在奥德翁街的寓所里笔耕不辍，并在他们的《法兰西与布拉班特革命报》上发表了一篇文章，警告人们，法国的政府正在“贵族化”，并尖锐地指出：“那个说了一遍又一遍的‘积极公民’到底应该指什么人？积极公民应该是当天攻占巴士底狱的所有人。”在新选区取代旧城区这件事上，德穆兰夫妇敏锐地抓住了科德利埃区公民心中的强烈不满，他们世代生活的城区就要被合并到新的法兰西剧院区（Théâtre-Français section）了。1790 年 5 月 17 日，《法兰西与布拉班特革命报》对此表示了惋惜与悼念：

> 221 哦，我亲爱的老科德利埃，向我们的手摇铃说再见吧，向议长的椅子说再见吧，向我们的讲坛说再见吧，这里曾经万众瞩目，挤满了口才出众的演说家。如今这里空空如也，只剩下一个奇大无比的罐子，那些从来都没人见过的积极公民会将他们的选票投入其中，然后把红蓝白三色飘带授予那些最熟练的阴谋家……到那时，一切都会死亡，连这个城区的名字也不例

> 外，这个名字令人敬畏，它会让所有公民想起那些属于他们的光荣，想起他们攻占巴士底狱、进军凡尔赛的壮举。[22]

但科德利埃区及其他城区的激进主义运动并没有像想象中的那样逐渐消亡。新选区的划定并没有破坏革命的团结和社区的纽带。在合并了科德利埃区的新法兰西剧院区，革命领导者与当地居民之间的政治关系像以往一样紧密。他们组织经验丰富、雄辩、笔锋犀利，在他们的推动下，1790 年 7 月上旬的巴黎市镇大选中，榜上有名的绝大多数都是激进派成员，城区北部圣安德烈艺术街上那些身披斗篷如同“黑色洪流”一般的保守派律师在这种攻势下溃不成军。此外，根据巴黎市新宪法的规定，巴黎人民有向更高层权力机关请愿的权利：只需要 50 位公民联名提出申请，而选区议会的代表得以借机集会，后来激进分子充分地利用了这条规定。[23]

由于过去一系列激进主义运动的历史，法兰西剧院区依然吸引
着全巴黎的民主人士，这个街区的另一独特之处在于，它的政治影
响力业已遍及巴黎——事实上是整个法国。科德利埃区之所以享有
这样的影响力，是因为在该区迷宫一般的纵横交错的街道中心地带
出现了一个政治俱乐部。1790 年 4 月，人权与公民权之友社宣告成 222
立，这是科德利埃区对政府限制民主参与权的行为做出的回应。和
雅各宾俱乐部一样，这个政治俱乐部以其集会地点闻名，这个地
方就是方济各会的修道院——科德利埃修道院。俱乐部成员在修道
院内 16 世纪修建的圣马德莱娜教堂集会，该教堂位于奥特弗耶街
（the rue Hautefeuille）与科德利埃街的交汇处，是巴黎最大的几座教
堂之一。圣马德莱娜教堂与一条 17 世纪修建的回廊相连，回廊后面

是一座栽着许多树的大花园。科德利埃俱乐部的成员在因岁月悠久而颜色发暗的木质拱顶下辩论，圣坛屏上的圣彼得与圣保罗的雕像默默地注视着他们。[24]俱乐部的首篇宣言发表于 1790 年 4 月 27 日，宣言称俱乐部的目标是“在公共舆论面前谴责所有政府滥用权力及侵犯人权的行为”。因此，俱乐部的首要任务是根除一切对革命的威胁（俱乐部的官方报纸上印着一只能够看穿万物的警戒之眼），此外俱乐部还要实践 1789 年的平等原则。这意味着他们将挑战现有秩序对公民政治权利的限制。[25]

参加俱乐部的人恰好正是那些把科德利埃区变成政治运动温床的人：思想激进的律师、商人、工匠、店主和零售商。会费特意设置得很低，比富有的雅各宾俱乐部要求的低得多，后者现在仍然不接纳穷人入会，包括制针工人、补鞋匠、洗衣妇、女裁缝、家仆、临时工，还有其他在城市里讨生活的人。在民主思想的冲击下，科德利埃俱乐部鼓励上述人群以观察者的身份出席俱乐部的讨论会，大批妇女踊跃参加。于是，这个俱乐部让巴黎的革命之火继续熊熊燃烧。[26]

此外，尽管新的选举制度与选区划分缺乏民主，但与巴黎昔日
223 的封建王权相比已经有了长足的进步。在绝对君主制下，巴黎存在某种意义上的市长（*prévôt des marchands*，直译为商贩们的头头，英语中与之最接近的一个词是 provost），还有一个由高级市政官组成的市议事会。但这个议事会远不是一个代议制的地方政府，其成员都由国王直接任命，而且不管发生了什么，这些人都只能做做表面文章。从 17 世纪开始，议事会的诸多权力就逐渐转移到了沙特莱巴黎警察局局长的手中，他手下有 48 名警长，指挥部设在塞纳河右

岸沙特莱阴森的堡垒、监狱和太平间里。真正的权力掌握在警察局局长和一位负责指挥所有武装力量的军事长官手中。当时的法国作家、后来的革命者路易－塞巴斯蒂安·梅西耶直言不讳地说，“市政府的权威毫无根基”，权力的真正掌握者是警察，市长和议事会成员不过是权力的影子。

因此，1790 年夏大革命创造的新选区制度事实上意味着与旧时代的决裂：这些选区都能直接选举自己的议会、治安官、警长和国民自卫军军官。此外，选区的活动往往安排在昔日安静地进行祈祷、礼拜和冥思的地方，这一事实提醒所有居民，革命已经发生，它带来的转变已经到达了最基层的地方。各选区的成员及其建筑都能够反映革命带来的改变，这些变化深入了城市的每一个角落。7 月，48 个选区的选举完成不久，新巴黎市府在市政厅安了家，天文学家让－西尔万·巴伊担任新市长。[27]

1790 年 7 月 14 日国庆日，也就是巴士底狱陷落一周年之际， 224
新的地方政府体系刚刚开始运转。在经历了种种暴力之后，不少人都真心希望新政府能够确保和平，期待安全最终到来。这一天，国王、制宪议会和巴黎市政府成员、成千上万的民众，以及来自法国各地的国民自卫军官兵齐集马尔斯校场，这个庆典的场地位于巴黎的西南角。到场的每一个人都宣誓“忠于祖国、忠于法律、忠于国王”，大家都把这次庆典看作国家团结的象征，以及在整个法国建立全新公民秩序的庄严许诺。在这一天里，大约有 35 万人怀着满腔热情与喜悦参加或旁观了这次庆典活动。站在舞台中央的都是在巴黎政府推行改革的过程中获益最多的人，例如市长巴伊，还有国民自卫军最高指挥官拉法耶特，后者手中的武装力量是法律、秩序和稳定的保证。如果要说国庆日是哪个人的凯旋仪式，那么一定是他们的。[28]

这些人都被庆典活动中民众发自内心的喜悦所感染，之后几个星期，红、白、蓝三色成了一种时尚，人们比任何时候都自发地使用它们：圣奥诺雷街的时装设计师们设计了一套“爱国妇女便装”，它包括红领白边的蓝色外套、镶有红边的白色褶饰的白裙子。更为繁复的花式服装上也必须有红、白、蓝三色；女士们别在胸口披肩上的花束也由白色的雏菊、蓝色的矢车菊和血红色的罂粟花组合而成。女性的扇子上印着革命者的画像：国民自卫军、制宪议会和当时的英雄们，如巴伊和拉法耶特的画像，都是当时
225 最受欢迎的图案。奖章、珠宝、玻璃、陶器和瓷器上刻着“国家、法律、国王”的字样。[29]

短时期内，整个法国都充满了乐观、轻松的情绪，但问题接踵而至。路易十六虽然立下了誓言，却为权力的丧失、家人的安全和正在进行的宗教改革深感忧虑。对许多贵族来说，在失去了特权而且受到暴力威胁的情况下，流亡是一个颇具吸引力的选择。随着时间推移，共 1/4 的法国贵族逃离了自己的祖国。国王的亲弟弟普罗旺斯伯爵（后来的路易十八）与阿图瓦伯爵（后来的查理十世）已然逃往德意志。跟着他们一块流亡的还有贵族军官和教士——前者已经无法控制他们手下反叛的士兵，后者则无法接受教会改革。德法边境附近组建起了一支由贵族流亡者组成的军队，这些人梦想着在欧洲各国支持下打回法国去，消灭那些革命的暴发户，重建旧秩序。

然而对反革命势力帮助最大的，却是制宪会议在其存在的 3 年中犯下的一个极大错误：这就是 1790 年 11 月 27 日颁布的《教士

宣誓法令》。该法令要求所有教士与主教宣誓忠于新颁布的公民宪法。目前为止，保王派对改革的批评激怒了革命者，后者十分期待全巴黎的神职人员积极宣誓，以展现支持革命的势力之大。但结果却令人惊骇，神职人员基本平均地分裂为两大阵营，“宣誓派”和“拒绝宣誓派”。在巴黎，仅约 56% 的神职人员向公民宪法宣誓，然而他们也谈不上完全支持革命。这一结果意味深长，因为教士的决定不仅代表自己的意见，同时也反映了他们所管辖的教区居民的意见，这意味着法国人民在革命的问题上发生了严重分裂。于是， 226
在 1791 年的头几个月里，谁会宣誓谁不会宣誓这个问题成了全巴黎公众在街头、教堂讨论的焦点，并且事情很快升级为暴力行动。教士宣誓事件让本来就十分脆弱的革命共识荡然无存，并强化了法国国民或革命或反革命的立场。“拒绝宣誓派”的存在给了那些对新秩序心存不满的人一个共同的目标，让他们迅速团结起来。[30]

在另一个政治阵营，1791 年上半年的争议也给了激进派新的使命。《教士宣誓法令》造成了教士群体痛苦的分裂，而这一时期科德利埃俱乐部则将其影响力扩大到了整个巴黎。俱乐部将自己视为劳动阶级的政治“学校”，他们派出代表，推动其他街区成立“大众的社团”、接纳不同阶层的男男女女的政治俱乐部。科德利埃俱乐部这样做是为了动员整座城市的劳动者，对他们进行政治教育，另外一个目的是敦促依然犹豫不决的神职人员尽快宣誓。科德利埃俱乐部的一位记者路易丝·凯拉利奥－罗贝尔（Louise Kéralio-Robert）在 1791 年 4 月发表的文章中对这些社团赞不绝口：总有一天，未来的一代人会在“一个前所未有的优秀政府”的治理下生活，他们将立起一座纪念碑，感谢为这个更好的世界打下基础的政治社团。路易丝写下上述文字后的一年之内，26 个新选区建起了类似的组织，其成员的聚会地点往往是以前属于教会的房子。[31]

因此，当所有摩擦与冲突在 1791 年夏趋于白热化时，老科德利埃区成了城市动乱的震中。整个巴黎再没有第二个与它相似的城
227 区了。一方面，它在中产阶级民主运动激进派领导人和劳动民众之间架起了一座桥梁，跨越了阶级的鸿沟；另一方面，它又给巴黎的群众运动指明了前进的方向。塞纳河对岸的雅各宾俱乐部则更为精英化，其成员主要是制宪议会中的左派及其思想类似的支持者。雅各宾派俱乐部离驯马场比较近，它并非一个立足于巴黎市的组织，它着眼于整个国家。相应地，雅各宾俱乐部在全国拥有上百个姊妹社团，这些才是它力量所在。相比之下，科德利埃俱乐部显然更依托于巴黎市，扎根于老科德利埃区。这个老城区的社会与政治特点让它成为车辖，将中产阶级激进主义之轴与大众革命运动之轮连在一起。无论革命的纽约，还是激进的伦敦，都找不到一个像科德利埃这样的城区，这个独一无二的特点也许可以部分解释为何这些城市在 18 世纪晚期发生了不同的政治转向。

1791 年 6 月 21 日早上，当巴黎人民得知国王一家逃出首都时，危机爆发了。美国激进主义思想家托马斯·潘恩于 4 月中旬来到巴黎，这天一早他被闯进卧室的拉法耶特摇醒，后者大喊：“鸟儿出笼了！鸟儿出笼了！”潘恩将参与法国早期的共和主义运动，他告诉埃马纽埃尔·西耶斯——1789 年著名政论作品《第三等级是什么？》的作者——“我反对该死的君主制……我已向它宣战。”路易十六及其家人的逃亡不仅留下了杜伊勒里宫空荡荡的房间——有

人在这里贴上了“此屋出租”的玩笑话——还给制宪议会千辛万苦建立起来的君主立宪制留下了一道难以弥合的巨大裂痕。国王好不容易靠近边境的安全地带，却在一座名叫瓦雷纳（Varennes）的小村
庄里被认了出来，随即颜面无存地被押回巴黎。国王被软禁在杜伊 228
勒里宫，宪法赋予他的权力也被暂停。

巴黎民众的反应混杂着失望、焦虑和愤慨。对于一些人来说，他们之前对路易十六抱有的期望现在荡然无存：整个城市里纪念碑与建筑物上的王室标志都被市民自发地破坏、移除和捣毁。巴黎所有新选区都召集了常设会议，以应对紧急事件和随时可能出现的街头暴力。国民自卫军全副武装以防暴乱发生，他们同时密切关注保王党与激进派可疑的政治行动。有人怀疑国民自卫军长官拉法耶特参与了国王出逃事件，于是一些巴黎民众当街辱骂正在巡逻的国民自卫军士兵。所有政治派别的成员都隐隐担忧：贵族流亡者将在王后玛丽·安托瓦内特的兄长、奥地利皇帝利奥波德二世（Leopold Ⅱ）及其军队的支持下入侵法国。共和运动一触即发。[32]

在躁动不安、令人恐惧的气氛中，科德利埃俱乐部做出了一个意义重大的决定。几天之后，俱乐部与更精英化的政治社团社会社（Cercle Social，即真理之友社）携手合作。社会社在罗亚尔宫下沉的圆形广场集会，该团体成员包括知名共和派人士潘恩、激进派新闻记者雅克－皮埃尔·布里索、启蒙哲学家兼数学家孔多塞侯爵等。两个团体共同草拟了一份请愿书，要求就君主政体问题进行全民公决。1791 年 7 月 17 日，他们在马尔斯校场上的祖国祭坛向来自社会各阶层的男女征集签名。差不多一年前，洋溢着希望与团结的画面也曾在这里上演。

雅各宾俱乐部并未参与。他们内部发生了分裂，激进派与温和派互不相让——后者脱离俱乐部另立山头，组成了斐扬俱乐部。他
229 们集会的斐扬修道院就在雅各宾修道院的街对面。面对数以千计从城市各处赶来的请愿者，巴伊市长担心一触即发的局势将威胁公共秩序，于是向拉法耶特的国民自卫军求助。[33]这时恰好有2名偷窥者被逮捕，他们称自己在祭坛下挖洞是为了欣赏女性请愿者的裙下风光。这两个人被指控安放炸弹，旋即被判处死刑并送上断头台。政府当局陷入恐慌：巴伊市长在市政厅上升起代表军事管制的红旗，随后与拉法耶特一起率领国民自卫军，镇压马尔斯校场上的示威者。开始只是一阵混乱与扭打，随后一声枪响划破了天空，国民自卫军向游行群众开火，并向四散的人群发起致命的冲击。最终校场、路堤与祭坛被清理一空，50多具尸体躺在地上，不过并没有人给出明确的统计数据。[34]

从短期来看，马尔斯校场大屠杀削弱了共和运动，特别是沉重打击了科德利埃俱乐部。暴力事件过后，约有200人被逮捕，制宪议会对共和派领导人的态度转为敌对：屠杀事件发生的当晚，科德利埃俱乐部成员试图集会，但发现2门大炮封锁了会场所在的修道院。政府当局借机抓捕该派成员，马拉、路易丝·凯拉利奥－罗贝尔以及卡米耶·德穆兰等侥幸逃脱并转入地下。7月17日乔治－雅克·丹东恰巧出城用晚餐，因此得以躲过抓捕，并横渡海峡逃往英国。大众政治社团的领袖全体被逮捕。制宪议会的代表表示，在这种危机的时刻，“当国家的生存都是未知数时，非法逮捕也是正当的”。这一结论预告了恐怖统治背后的逻辑。托马斯·潘恩避开了这场血腥屠杀及其余波，因为他早在7月8日就返回了伦敦，身后

留下的是一座四分五裂、动荡不安的城市。[35]

从长远来看，这场大屠杀最大的输家就是君主制。没有多少人 230
预先知道他们来年就将见证君主制缓慢、痛苦的死亡。1791 年 9 月 6 日，在接受新宪法后，路易十六被从软禁之中释放。新宪法将于 14 日颁布，新立法议会（Legislative Assembly）的选举在充满猜疑和惶恐不安的气氛中举行。选举结果是激进派候选人的强势回归，他们虽然远远算不上多数，但是其中包括了社会社的核心成员，如布里索与孔多塞侯爵。危机期间，外省也涌现出了大批政治人才。他们之中产生了一批才华横溢、充满理想且雄辩的议会代表，这些命途多舛的共和派成员被称为吉伦特派（Girondins），因为他们当中的一些最具影响力、口才最好的成员来自法国西南部的吉伦特省。吉伦特派奔走于立法议会和雅各宾俱乐部中，将国王逼入窘境。他们要求国王公开表明自己的立场，要么做革命的叛徒，要么做它坚定不移的卫士。战争是个权宜之计，布里索四处游说，强烈要求对边界附近庇护法国流亡者的德意志诸侯采取军事行动。杜伊勒里宫的路易十六及其廷臣认为德意志军队训练有素、纪律严明，将轻而易举地击溃法国的乌合之众，全面重建君主制，因此，他们也支持这次军事行动。由于国王与激进派这次无心插柳的联盟，支持战争的政治势力压倒了雅各宾俱乐部里以马克西米利安·罗伯斯庇尔为代表的英勇而孤独的反对派，获得了胜利。1792 年 4 月 20 日，法国对奥地利宣战，一个月后普鲁士也加入了反法战争。

这场冲突将一直持续到 1815 年拿破仑·波拿巴在滑铁卢被击败。1792 年，战争的开始对法国而言就是一场灾难。当年夏季，普奥联军瓦解了法军在前线的抵抗，向巴黎进军。共和主义思想在巴 231

黎再次兴起，街头巷尾、报纸杂志都在讨论国王和王后正积极与奥地利人勾结。6 月 20 日发生了一场大规模的示威游行，大约 1 万—2 万名群众拿起武器冲进杜伊勒里宫，逼着国王戴上弗里吉亚小红帽，并为国家的兴盛举杯痛饮。这场起义的组织者是谁至今不明，一些证据显示科德利埃俱乐部的部分成员参与了此事。7 月，立法议会发表了宣言《祖国在危急中》，宣布国家进入紧急状态，号召全体人民投入保卫革命的战斗。

与此同时，全国各地民主化了的国民自卫军成员被动员起来，并开往前线。其中一些队伍途经巴黎，例如著名的马赛志愿军，7 月 20 日他们唱着《莱茵军战歌》开进巴黎，这首歌曲因此被称为《马赛曲》，并成了后来的法国国歌。同一天，丹东（已从伦敦回国，他参加了 1791 年 9 月的大选并在立法议会中赢得一个席位）任议长的法兰西剧院区议会宣布，赋予所有公民政治权利，不管他们是不是所谓的“积极公民”。这个先例很快便为其他街区所仿效。普奥联军在不伦瑞克（Brunswick）公爵指挥下进逼巴黎，并威胁巴黎人如果法王及其家人受到伤害的话，“将对他们进行一场刻骨铭心、永世难忘的报复”，如此一来，法国的君主立宪制时日将尽。巴黎民众非但没有妥协投降，几个最激进的选区还派代表到市政厅集会，共同起草了一份要求废黜国王的请愿书。这些选区现在完全被动员了起来，现在面对全体男性公民开放的国民自卫军也为它们提供武装支持。而这个会议逐渐变成了组织各个选区的中央委员会。[36]

232 以丹东为代表的科德利埃俱乐部领导充满了革命的激情，在他们的领导下，国民自卫军和各选区的武装民兵于 8 月 10 日占领了巴黎市政厅，并成立了一个革命市府，新巴黎市府的成员当中有许多都是大众政治社团的领袖，包括科德利埃俱乐部的成员，如丹东的好友法布雷·德·埃格朗蒂纳、律师加斯帕尔·肖梅特（Gaspard Chaumette）、记者雅克－勒内·埃贝尔（Jacques-René Hébert），后两位将在未来的巴黎政坛上扮演重要角色。之后在来自法国各地的国民自卫军——包括马赛志愿军——的支持下，革命市府从卡鲁索广场（Place du Carrousel）向杜伊勒里宫发起突袭。守卫王宫的瑞士卫队在战斗中表现出了视死如归的勇气。路易十六带着妻子儿女穿过花园，来到驯马场的立法议会避难。国王踩着枯枝败叶慌不择路，另一边瑞士卫队遭到革命者的残酷屠杀。到达驯马场之后，国王全家都挤在为记者预留的狭小而闷热的房间里，被迫旁听了立法议会的讨论，议员投票废黜国王，并决定在几乎是男性公民普选的基础上，选举新的国民公会。国王、玛丽－安托瓦内特王后及其儿女随后被关进圣殿监狱（Temple）。这原是由圣殿骑士团（Knights Templar）建造的阴森塔楼，坐落在巴黎城的东北角，当时被用作国家监狱。

随着政治革命的深入，巴黎的城市景观也在一股偶像破坏运动的狂潮中发生了巨大改变：满大街奔跑的都是欢欣鼓舞的民众，他们将各种与王室有关的标志或象征物统统揭掉、凿毁或者焚烧。在围攻杜伊勒里宫当晚，一名国民自卫军士兵在一封家书中写道：“王家广场、旺多姆广场、路易十四广场和路易十五广场上的所有青铜雕像都被推倒……整个首都只有亨利四世（最受民众欢迎的国王）骑马像得以幸免。”这些遭殃的艺术品当中包括布沙东的路易
十五骑马像。几个月之后，倒在这里的将不再是国王的雕像而是国 233
王本人：在已经空荡荡的路易十五雕像底座旁立起了断头台，新的

国民公会以叛国罪判处国王路易十六死刑，并于 1793 年 1 月 21 日将其斩首。[37]

法国大革命之所以变得如此激进，是因为这场革命从一开始就处在各种敌对势力的威胁与围攻之中：国王并不特别情愿变成立宪君主；宗教改革的过程中教派发生了分裂；保守派贵族出逃，并且公然组织敌对活动；政府以稳定社会为名，剥夺了民众的政治权利，这让他们愤愤不平；城市贫民和农民因为生活条件毫无改善而变得难以驾驭。如果说教士宣誓和国王出逃事件是触发 1792 年 8 月 10 日“二次革命”的重要原因，那么战争的威胁就是最直接、最紧迫的因素。整个法国都受到了这些问题的影响，尽管每个地区的反应各不相同。而在各地区中，首都巴黎的作用最为重要。1792 年 8 月 13 日，雅各宾派领导人马克西米利安·罗伯斯庇尔入选革命委员会，他抵制了立法议会解散革命委员会的举动。罗伯斯庇尔称，在 8 月 10 日的起义中，“站在人民一边的”是革命委员会而非立法议会；换句话说，巴黎各街区的群众通过革命委员会被动员起来，革命委员会代表了巴黎人民的最高意志。这份宣言认为，巴黎在某种程度上代表整个国家发言和行动，这一观点在未来的几个月中将成为分裂新生的共和国的原因之一。[38]

不过从某种意义上来讲，巴黎的确扮演了主角。首先，作为法国的首都及古老的大都市，它经历了革命的多方面洗礼：各类建筑
234 被改造为新的中央政府机构办公场所；同时大量新公民秩序的组织被建立起来，它们将深入巴黎的每一个角落。这座城市也经历了社会动乱带来的破坏性冲击：修道院被洗劫一空；国王出逃事件和君

主制崩溃之后，全城掀起了偶像破坏运动。以上所有变化时时在视觉与空间上提醒人们，这是一座革命中的城市。事实上，这些变化与语言、意识形态、象征物及政治实践一样，是政治革命性变革的重要部分。

其次，彻底埋葬君主制度的一系列重大革命事件，其发展进程也受到巴黎几个最重要城区——圣安托万区、大市场和科德利埃区——的城市、社会和政治地理因素的影响。其街区的布局与位置关乎流言与恐惧的散布，各种政治观点、语言的传播，王室军队的行动、国王与革命政治家各自的抉择、面包供应短缺等消息的流通；然而它们并不能决定巴黎民众应对 1789—1792 年间的一连串政治危机的方式。不过某些街区的特点，特别是地理特点与社会结构特点，的确有助于解释这些革命事件如何展开，解释革命动力从何而来：如圣安托万区在攻克巴士底狱时的作用；1789 年 10 月时大市场区在进军凡尔赛时扮演的角色；还有国王出逃事件后科德利埃区的作用。这些各具特色的街区的组合让巴黎成了真正的革命之都，巴黎民众普遍的战斗精神令每一场危机都能掀起热火朝天的政治运动。地理环境、社会结构与政治激进主义的结合，让巴黎完全区别于同时期的伦敦与纽约。对于大革命的进程来说，这座城市的特性即便不是唯一的决定因素，也是至关重要的，它可以解释为何在巴黎法国大 235
革命选择如此激进的道路。美国革命早期曾极力避免这样的激进化，而英国则成功扭转了整个局势。

第九章

伦敦关于法国大革命的争论

（1789—1792 年）

237 “这是世界上前无古人的伟业，也是迄今为止最棒的一件事！”辉格党反对派领袖查尔斯·詹姆斯·福克斯如此评价法国大革命。但不是所有人对大革命都像福克斯这么热情。因为福克斯本人之前支持（温和的）议会改革事业，并把法国所发生的一系列事件拿来为自己争取公民权利与宗教自由的行动做辩护。在1789年夏，许多政治上持温和态度的英国人一方面赞赏法国民众反抗暴政的行动，将大革命视为1688年英国光荣革命的遥远回响，那时英国人推翻了詹姆斯二世的统治，决定性地建立起了一套能够平衡议会与王权的政治系统。而另一方面，当他们在报纸上读到法国革命者把反革命者的脑袋挂在长枪上游街的消息时，也对这些暴行深感恐惧。一些谨慎的英国人，特别是伦敦人，很快联想到了9年前发生的戈登暴乱。7月20日，保守党的《泰晤士报》将法国大革命与戈登暴乱联系在了一起，并以傲慢的口吻提醒读者警惕“非法的群众运动带来的悲剧性后果”。①

英吉利海峡对岸所发生的一系列令人震惊和担忧的事件对于
238 英国人而言究竟意味着什么？英国人常常激烈地讨论这一问题。这一次关于法国大革命的意义及其与英国未来关系的辩论将是爆炸性的，这也是现代英国政治当中纷争最大的一次辩论。伦敦在这次辩论中释放的政治激情依然根植于城市的公共空间和遍布其间的社会关系，正如我们即将看到的，其中包括伦敦生机勃勃的出版业与图书销售业。

这场论战由一向脾气温和、富有学者风范的理查德·普莱斯（Richard Price）在伦敦城的老犹太街（the Old Jewry）点燃，这里也是理性不从国教者聚会的主要场所。作为“不从国教新教徒”（Nonconformists），即不受英国国教教会管辖的新教徒，自 17 世纪以来，理性不从国教者就没有政治权利，也不得担任公职与军职。后来议会逐渐放松了限制：不从国教者除非加入圣公会，否则没有投票权；奇怪的是，他们可以担任议会议员，在 1754—1790 年间，先后有 19 名不从国教者获得议会席位。在国教徒垄断市政府的高层职位时，他们非常乐意让不从国教者到地方政府去干辛苦的工作，如担任治安官、守夜人或管理贫民的监督官等。对于那些富裕且有雄心壮志的制造业主、大商人和金融家来说，不能在东印度公司和英格兰银行这样的大型金融机构里担任要职，是一种巨大的损失。理性不从国教者在伦敦东部的哈克尼区（Hackney）、相邻的纽因顿 239
格林区（Newington Green），以及伦敦城内英格兰银行不远处的老犹太街都设有会堂。[②]

老犹太街上有一座与街道同名的教堂，占地面积 240 多平方米，光线透过 6 扇拱形窗从外面狭窄的街道射进教堂。这座教堂是每年庆祝 1688 年“光荣革命”的最佳地点。庆祝活动在理性不从国教者心目中有着重要的地位。1789 年 11 月 4 日，正是为了参加这个活动，来自全伦敦——特别是纽因顿格林区与哈克尼区的不从国教者——齐聚老犹太教堂。就在这次庆典上，理查德·普莱斯引发了一场英国人关于法国大革命问题的激烈辩论。[③]

普莱斯本人是一位世界知名的数学家，也是理性不从国教者团体的一名神职人员，同时还是一位社会改革家，他秉持着世界主义的启蒙思想。他的朋友当中包括美国革命者约翰·亚当斯与阿比盖尔·亚当斯夫妇。独立战争结束后，约翰·亚当斯是首任美国驻英公使，在英国居住期间，夫妻两人都被这位身材矮小、服饰古板，但性情和善、风趣机智的学者吸引。阿比盖尔说普莱斯是“一位善良而又和蔼可亲的人”，尽管自1784年妻子中风卧床不起之后，普莱斯一直处于“精神的低谷”。1787年，约翰和阿比盖尔的女儿娜比（Nabby）生下了儿子，兴奋的夫妇俩请普莱斯为自己的小外孙施洗礼，这场仪式就在格罗夫纳广场（Grosvenor Square）亚当斯夫妇的住宅里举行。1788年，法国激进派小册子作家兼未来的革命者雅克－皮埃尔·布里索在伦敦短暂停留，期间他拜访了亚当斯夫妇，并向他们致以敬意。正是在亚当斯夫妇的宅邸，他见到了期待已久的普莱斯。这位法国作家惊叹，“他的脸庞令我的敬意油然而生”，“就像是苏格拉底站在我面前一样”。[④]

1789年11月4日这天，普莱斯的听众是伦敦革命协会
240 （London Revolution Society）的成员。该组织的会议记录显示，该团体成立的宗旨是“为了纪念（1688年‘光荣’）革命并维护人的权利”。革命协会的领导者大部分都是像普莱斯这样的理性不从国教者，但（根据更多的会议记录显示）协会也吸引了“更广泛人群的关注，王国各地的许多社会上层人士和重要人物加入其中”。由于入会时每位成员需要缴纳半个几尼的高额会费，协会的人员组成与

科德利埃俱乐部截然不同：伦敦革命协会的成员包括辉格党时任主席、进步人士斯坦霍普（Stanhope）伯爵，还有几位赞同协会主张的议会议员。尽管不从国教者依然是协会的核心，但协会也容纳了来自各种教派的信徒，其中也包括国教徒。同时协会的改革方案也引起了宪法知识会的关注，这一组织成立于 1780 年，一直在普通民众中传播激进思想。伦敦革命协会最初的目标是让每年的 11 月 4 日成为 1688 年光荣革命的法定纪念日。根据协会的规定，其成员必须遵从三条原则：“所有民间及政治组织的权威均来自人民”；“权力的滥用赋予反抗以正当性”；包括宗教信仰自由在内的公民自由权是“神圣而不可侵犯的”。协会的纪念日定于 11 月 4 日，即 1688 年光荣革命纪念日，这一天将有 300 名会员到场参加纪念典礼。中午时分，纪念典礼在老犹太街的会堂开幕。典礼开始于一场庄严肃穆的宗教仪式，之后全体与会者将成群结队地穿过伦敦城，到一家酒馆吃晚饭，在那里畅饮。[5]

当普莱斯在 1789 年的庆典上发言时，他重申了革命协会章程的核心部分。普莱斯认为，1688 年光荣革命背后的原则是“宗教信 241
仰自由”、“反抗强权的权利”，以及“选择行政长官、将渎职官员撤职查办和为自己建立一个政府的权利”。他进一步指出，在英国宗教自由远远不是彻底的，议会中的政治代表制度是不平等的。没有公正、平等的代表权，王国就只有部分的自由，或者说只是看起来自由。革命协会的目标是“尽一切所能，完成（1688 年革命）未竟的事业”，并将改进好的成果传给子孙后代。现在正是完成这项任务的好时候。普莱斯将他的目光投向了海峡对岸的法国：

> 这是一个风起云涌的时代！我为能亲眼见证这个时代而感恩不尽……我看到 3 000 万民众，愤怒而坚决地砸碎奴隶制度的枷锁，为争取自由而奋战……一个专横霸道的国王在他的臣民面前低下了头。在享受上一次革命成果的时候，我又见证了另外两场新的革命，它们光荣而伟大。鼓起勇气吧，为自由而战的朋友们，还有捍卫自由的作家们！……看那道你们千辛万苦奋战放出的光芒，它让美国获得了自由，现在又照亮了法国，这光芒将化作烈焰将专制制度烧得灰飞烟灭，给整个欧洲带来温暖与光明！⑥

庆典仪式结束之后，革命协会的成员带着些许兴奋，向东边的主教门（Bishopsgate）前进，旅程的终点是伦敦酒馆。在那里，协会成员商讨各项事务，并一致同意向巴黎的国民议会致贺词，向“起到了光辉典范作用的法兰西”致敬，法兰西的先例鼓舞其他国
242 家去争取人类不可剥夺的权利、在欧洲政府中实现普遍的变革典范，并给世界带来自由与幸福。⑦

普莱斯曾说，葬礼能让悼念者追随死者的脚步，令人悲哀的是这句话应验在了他身上。在参加完一位不从国教者的葬礼后，普莱斯患了重感冒，于 1791 年 4 月 19 日溘然长逝，他在人生的最后时刻依然坚信，一个自由而崭新的未来就在眼前。那时，他的布道词已经以《论爱国》（*A Discourse on the Love of Our Country*）之名出版，并且引发了一场论战，这场论战十分激烈，同时又充满智慧。《论爱国》发表之后，政界经历了短暂的宁静，直至 1790 年 1 月，出生于爱尔兰的英国政治家、思想家埃德蒙·柏克在他位于苏豪区

爵禄街（the Gerrard Street）37 号的住宅里打开了《论爱国》，他高高的鼻梁（如同漫画里的一般）上架着眼镜，锐利的目光在每一页的字里行间穿梭。柏克看着普莱斯的话语，心里敲响了警钟。早在 1790 年元旦前后，一位年轻的法国友人夏尔－让－弗朗索瓦·德蓬（Charles-Jean-François DePont）的来信就已经让他十分恼火，德蓬在这封信里援引“英格兰革命协会的权威”，试图证明法国“在争取自由时走上了一条最好的道路”。柏克强烈反对这种说法，并提笔写了回信。他对自己的法国朋友坦言，伦敦革命协会并不能代表英国各阶层。“一株蕨草下面藏着 6 只蚱蜢，它们喋喋不休的声音响遍整个田野，而在一棵名为不列颠的大橡树下，坐着无数头正在思考的牛，它们是安静的。”这封开头语气谦和的“信件”后来成了现代保守主义思想的奠基石。它被命名为《反思法国大革命》（*Reflections on the Revolution in France*），由柏克熟识的出版商、蓓尔美尔街（Pall Mall）的詹姆斯·多兹利（James Dodsley）于 1790 年 11 月 1 日出版。[8]

柏克开始的论点符合现代标准的辉格式英国政治史观：自《大 243
宪章》（*Magna Carta*）以来，王权受到议会和独立司法机构的共同制约，宪法体系在几个世纪中得到了长足的发展。这套微妙的彼此制衡的宪政秩序保证了每一位臣民的自由——至少是符合他们社会地位的自由，柏克谨慎地表示。每个社会成员都有其阶级与社会地位，但这些并非一成不变：任何人都可以凭借才华、美德和不懈的努力获得更高的位置。政治权力确实掌握在少数人手中，但交托给他们是为了保证所有人的自由和财产安全。这些自由一代代地传递下来，成为所有英国人与生俱来的权利，造就“一个从数代祖先那里继承了各种特权、公民权和自由的民族”。它们根植于英国“古老的宪法”，与议会、王室和贵族三者之间的权力平衡密不可分。[9]

因此，世袭制政府并非洪水猛兽：1688 年光荣革命只是恢复了历史上的新教继承秩序，将英国从詹姆斯二世危险的、绝对主义的野心中拯救出来。威廉三世（William Ⅲ）被议会（而非人民）授予王位，因为他是合法的王位继承人。所以，1688 年的这场“革命”并没有表达什么人民主权，也不是现代法国大革命意义上的“革命”。事实上，它是一场“旧式革命”，其意义是将时代的车轮拉回自然历史秩序的轨道。在柏克看来，就像王室与贵族代代世袭一样，臣民对他们的忠诚也是代代相传的。柏克认为，议会——根据它自己 1689 年的宣言——已将“他们、他们的继承人和子孙后代”连为一体。英国臣民享有的权利并非法国革命者及其英国支持者口
244 中的“自然”、普遍、根植于全人类理性中的权利，而是约定俗成的、根植于英国人特殊历史遗产的权利。[10]

柏克认为，这种基于继承而来的惯例权利的宪政体制提供了一条最为理想的中间道路，既不是充满压迫的专制政府，也不是令人恐怖的暴民政治——虽然表现形式不同，但两者都是暴政。在柏克看来，国家的变革是可能的，而且有时是必须的——一个没有任何变革手段的国家是不可能长久的。但变革应当“三思而后行”。此类变革若想经得起时间的考验，就必须扎根于传统。一种完善的宗教信仰是维护社会和谐、道德规范和民众团结的根本因素。[11]

法国大革命则正好相反，它摧毁了整个旧制度的结构，割断了宗教的传统，并致力于建立一套全新的秩序。由于革命者完全斩断了与过去的联系，他们只能以抽象原则为指导，而他们掌握

的——如柏克所言——只有“大学生的形而上学知识和税务官的数学和算数能力”。柏克警告，“当古代的思想和生活规则被抛弃之后”，“我们就失去了指导方向，也无法知道究竟将去往何处”。在攻击法国大革命时，柏克找到了哀叹“骑士风度”（gallantry）这种文雅的宫廷礼节——“那种建立在等级与性别之上的毫无保留的忠诚”——一去不复返。如果是在过去的话，将会有“成千上万的人拔剑而起”，保护玛丽·安托瓦内特王后（柏克曾拜谒王后，认为“她如同闪耀的晨星一般光彩夺目，洋溢着生命力与欢乐”）免于巴黎民众的侮辱及铺天盖地的低俗出版物的攻击。柏克哀叹：“骑士的时代已经过去了……欧洲的光荣业已不再。”[12]

《反思法国大革命》出版6天之内便卖出了7 000册。11月 245
29日，巴黎出现了法文译版，销量高达1万册。反响之强烈令柏克本人都深感惊讶。身为一名坚定的辉格党反对派、长期在议会中主张压制王室权力的人、昔日北美殖民地人民权利的捍卫者及查尔斯·詹姆斯·福克斯曾经的挚友，他发现自己突然获得了乔治三世国王热情洋溢的褒奖。“读读这本书，它对你有好处！绝对有！”国王对一位惊愕的大臣如是说，然后赐给他好几本《反思法国大革命》作为礼物。柏克还发现许多过去的政治盟友变成了敌人，而敌人则变成了盟友——这种变化在某些情况下是不可逆转的。1791年5月6日，福克斯与他的朋友柏克在议会下议院展开了激烈的辩论。当福克斯弯下身子，问柏克还是不是他的朋友时，柏克把脸转向一边，说不再是了。这一刻，甚至连下议院的官方会议记录当中也提道：眼泪顺着福克斯的双颊流了下来。最终，柏克与一批辉格党反对派成员离开了福克斯，站到了政府一边，为首相小威廉·皮特

(William Pitt the Younger)摇旗呐喊。小皮特思维锐利、缜密，身材瘦削单薄，与热情洋溢、身材圆胖、生活奢靡的福克斯形成了鲜明对比。法国大革命使英国议会的反对派彻底分裂，只剩下福克斯与一小部分议员继续坚持前行。[13]

与议会内的斗争相比，议会之外的回应产生了更大、更深远的影响。柏克华丽的辞藻激起了社会各界的广泛回应，著作、小册子暴风骤雨般扑面而来。如果不是伦敦的环境让书籍的出版、印刷、买卖兴旺发达，上述现象根本无法实现。

英国各郡的印刷业与书籍销售业都生机勃勃，但行业的中心无
246 疑在伦敦，特别是在圣保罗大教堂周围。1785 年，圣保罗教堂的庭院里一共有 6 家书商，而相邻的主祷文街（Paternoster Row）上有 16 家——两者之和占了全伦敦书店总数的 1/8。一位游客在向西沿路德门山街往下走，在能遥望到圣保罗教堂那宏伟的圆顶之处，会经过 4 家书店，这些书店都位于街道两侧五层楼房的最底层。如果继续往前走上舰队街，这位游客会发现路两边至少有 13 家书店，每家书店都搭着雨棚，宽大的弧形窗里陈列着各种书刊。在同一条路线上游客还会经过 33 家印刷店，占整个伦敦 124 家印刷店的 1/4 强。这 33 家印刷店中有一半以上（18 家）在舰队街，不过最重要的 6 家都在狭窄而繁忙、藏书家聚集的主祷文街。与书商和印刷商挤在一起的，还有其他许多与出版相关的商铺：文具商、装订商、乐谱商、纸牌商、染纸商和铸字商等。[14]

因此，从圣保罗大教堂庭院到舰队街的中轴线成了当时世界出版业的中心。虽然巴黎与纽约的政论出版业也十分发达，但在

出版商、印刷商和书店的产业密集程度方面完全无法与伦敦相提并论。出版业的分布格局并不影响英国国内关于法国大革命的辩论——前文提到的柏克的出版商就在威斯敏斯特区的皮卡迪利街（Piccadilly）——但这个地区是这场辩论的中心战场之一，至少有2本最具影响力的、驳斥柏克的论著都诞生于此。此前理查德·普莱斯、伦敦革命协会及理性不从国教者通过教堂和老犹太街的中心会堂联合起来，如果说是他们点燃了论战的导火索，那么是圣保罗大教堂和舰队街的出版商们将它引爆。

伦敦出版业的位置具有久远的传统，那时出版业公会（Stationers' Company）垄断了版权。公会豪华的大厅今天依然矗 247
立在玛利亚街的广场上，与圣保罗大教堂近在咫尺。1710年，新的版权法案取消了垄断权，从苏格兰到康沃尔（Cornwall）的出版业、印刷业与书籍销售业迅速兴旺起来，伦敦的出版世界更是百花齐放。出版物以各种能想到的形式出现：报纸、书籍、小册子、剧本、画报与版画。伦敦的报业迅速崛起，到1793年伦敦已经出现了13种早报、11种晚报和11种周报，更不用说不计其数的月刊。到了18世纪80年代，据普鲁士人约翰·冯·阿兴霍尔茨统计，伦敦每周要印刷6.3万份报纸。图书行业也毫不逊色，1790年，英格兰每年都要印刷4 600种作品，包括书、小册子和剧本，其中3/4以上都来自伦敦。如果把苏格兰也算进来，图书的数量还会更多。英国人，特别是伦敦人，已经习惯了自由地获得印刷品。当时的印刷成本并不便宜，但正是因为成本高昂，城市生活的繁荣才在印刷品的传播过程中发挥中心作用。报纸、书籍的读者数量比它们本身的数量多得多。有一部分归功于租赁图书馆，

1786 年的伦敦一共有 6 家这样的图书馆。因为这些图书馆要收取阅读费用，所以它们成了中产阶级的专利，并且让咖啡馆的地位更加重要。咖啡馆的作用不光是提供美味的咖啡、巧克力，或者更好的葡萄酒、白兰地、潘趣酒这些饮料，令顾客沉醉其间，它们同时也是进行文化与政治辩论的场所。咖啡馆往往看起来很宽敞，大部分咖啡馆都是在角落里设置一处吧台，给顾客提供各种饮料，剩下的地盘摆着卡座、木头桌椅。咖啡馆里常常弥漫着一
248 阵阵烟草味。这种地方的装潢及舒适程度或许不怎么样，但却是谈生意、交流和阅读的重要场所，每家咖啡馆都摆有报纸供顾客阅读。[15]“英格兰的咖啡馆，”阿兴霍尔茨写道，“与法国或德意志的咖啡馆有很大不同。你看不到打台球或者玩双陆棋的桌子，甚至听不到任何噪声，每个人在说话时都尽量压低声音，生怕打扰其他人。客人们经常有秩序地阅读报纸，读报是这个国家民众必要的任务”。[16]很大程度上是由于咖啡馆向顾客提供报纸这一惯例，人们估计每一份报纸的读者高达 20—50 人。另一方面，大声朗读是一种消磨时光的好方法，这种读书方式并不仅局限于家里——为了教育孩子，或是为了消解家务活带来的疲劳——也适用于工场、酒馆与咖啡馆，于是咖啡馆的作用进一步增大了。[17]

这样一来，作家、书商、出版商及广大读者常常光顾的咖啡馆自然在伦敦出版业中扮演了轴心角色。主祷文街上的查普特咖啡馆（Chapter Coffee House）就在圣保罗大教堂脚下，它有一间属于自己的图书馆，馆里都是最新的作品，出版商也常在这里为他们出版的新书做宣传。1773 年，一位名叫托马斯·坎贝尔（Thomas Campbell）的爱尔兰教士以每年 1 先令的价钱获得了自由

进出图书馆的权利——这笔生意十分划算。由于图书馆的藏书要用来吸引顾客，所有书籍都禁止外借，只能坐在咖啡馆的桌子旁边，一边啜饮咖啡、白兰地，一边细细阅读。因为阅读费用低廉，即使伦敦城的工人也能畅读这座图书馆里的所有书籍。坎贝尔十分吃惊地看到一位“象征着英格兰自由”的“白铁匠”（锡匠），因为他穿着干活时的围裙，胳膊下夹着工具，“落座后便叫了一杯潘趣酒和一份报纸，一边喝酒，一边读报，他娴熟的姿态宛如一个贵族”。[18]

伦敦的所有书商——他们同时也是出版商——在阅读活动中起 249
到了关键作用。他们从作者那里购得版权，而后自己掏钱印刷、装订和打广告，承担出版过程中的所有开销与风险。如果风险非常大，几个书商与印刷商将联合起来组成卡特尔（同业联盟），共同分担成本、降低风险；或者，作者将版权分割开来卖给不同的书商及赞助人，1746 年，塞缪尔·约翰逊的著作《词典》（*Dictionary*）就是以这种方式得以出版的。查普特咖啡馆就是出售和拍卖版权的最重要场所之一，交易时这里将摆满丰盛的食物和美酒。[19]

约瑟夫·约翰逊（Joseph Johnson）是当时出版业界的风云人物，他的书店就开在圣保罗大教堂庭院 72 号，这是一座造型优美的砖房，底楼的墙壁上镶嵌着一扇扇高大的窗户，透过窗户可以看到庭院对面的大教堂。约翰逊身材矮小，却是出版业的巨头，英国诗人威廉·布莱克（William Blake）将他形容为一个“五短身材”的人，但他对作家们十分慷慨、上心。约翰逊家楼上那间狭窄拥挤、形状奇特的餐厅是许多进步知识分子聚会的地方，他们围着桌子畅谈并交换意见。吃完一顿精心准备的家常便饭——炖鳕鱼、烤鹿肉和各种蔬菜——之后，低沉的谈话声便在闪烁的烛光下响起。约翰逊本人长于创作思想激进的进步作品，他的座上宾包括威廉·布莱克、威廉·华兹华斯（William Wordsworth）、激进改革家约翰·霍恩·图克和宪法知识会的托马斯·霍尔克罗夫特、激进知识分子威廉·葛德文（William Godwin，他的女儿就是玛丽·雪莱，《弗兰肯斯坦》的作者）和托马斯·潘恩。玛丽·沃斯通克拉夫特（Mary Wollstonecraft）也在这些人当中。[20]

玛丽·沃斯通克拉夫特生于 1759 年，当时他们家在斯皮特尔菲尔兹的樱草街，今天利物浦街地铁站的北边。沃斯通克拉夫特家
250 在这一地区的纺织贸易中发了财，过着优渥的生活。玛丽出生后在主教门的圣博托尔夫教堂（Saint Botolph's Church）受洗。虽然她本人并非不从国教者，但和纽因顿格林区的不从国教者团体很亲近，还成了理查德·普莱斯的好友，并赞成后者提出的诸多观点。沃斯通克拉夫特常常参加这一团体每周组织的晚餐聚会，她的政治见解与辩论技巧在此得到锤炼。通过这个社交圈，沃斯通克拉夫特结识了苏格兰人托马斯·克里斯蒂（Thomas Christie）。克里斯蒂刚刚创办了一份改革派进步杂志《分析评论》（*Analytical Review*），他非常欣赏沃斯通克拉夫特的认真与才智，邀请她充当评论人。在为克里斯蒂撰稿时，沃斯通克拉夫特又结识了约瑟夫·约翰逊，并且进入了他的圈子。* 换句话说，沃斯通克拉夫特

---

* 原文此处有误，《分析评论》为约瑟夫·约翰逊与托马斯·克里斯蒂于 1788 年共同出版的书评杂志。而早在 1787 年初约翰逊就出版了沃斯通克拉夫特的《女孩教育的思考》（*Thoughts on the Education of Daughters*），1787 年下半年沃斯通克拉夫特回到伦敦后就开始为约翰逊写作、翻译，约翰逊帮助沃斯通克拉夫特安顿生活，并且邀请沃斯通克拉夫特担任《分析评论》的书评人。此外，沃斯通克拉夫特为上文提到的威廉·葛德文之妻，玛丽·雪莱之母。——编者

同时属于两个关系错综复杂的社会团体：理性不从国教者和以圣保罗大教堂庭院、舰队街为中心的出版界。沃斯通克拉夫特支持改革派思想，和这两个团体关系都十分密切，又是一位职业评论人，于是她不可避免地被卷入有关法国大革命的辩论当中。约翰逊在萨瑟克区的新排屋里给沃斯通克拉夫特找了一间价格合适的房子，地址在乔治街 49 号，这样一来只需穿过黑衣修士桥，她就能到达约翰逊在圣保罗大教堂庭院的印刷店，定期与约翰逊会面。沃斯通克拉夫特告诉她的妹妹："他真是一位可敬的人。他拘谨礼仪，或者说是举止僵硬，这让别人对他的第一印象不好。不过他充满智慧的谈吐，会让你忘掉这些。如果你知道他对我多么亲切，多么关怀备至，你肯定会喜欢他的。"[21]

早在担任评论人的时候，沃斯通克拉夫特就阅读了普莱斯的《论爱国》，于是她迅速着手回应柏克的攻击。1790 年 11 月 29 日，沃斯通克拉夫特出版了《人权辩护》(*Vindication of the Rights of Men*)，这是 25 部回应柏克《反思法国大革命》的著作中的第一部。这本书的出版商正是约瑟夫·约翰逊。[22]

在这本 150 多页的书中，沃斯通克拉夫特攻击了柏克华丽的语 251
言风格（但她也承认，柏克"一时聪慧，一世聪慧"），重申了公民自由的原则，并批判了柏克对传统习俗的痴迷。在柏克看来"我们要向老掉牙的东西致敬，把那些不符合自然的风俗称为圣人的经验的果实，而这些东西不过是加固了无知与错误的利己主义"。而法国的一系列革命"正在打造一部能保证无数人民幸福安康的宪法"，那么"为什么要执着于修复野蛮时代的哥特式古代城堡呢"？沃斯通克拉夫特认为，世袭的财产与名望并非捍卫自由的盾牌，反而严重妨碍了文明在欧洲的扩张。人权是“上帝赋予我们的，不是先祖们传下来的”。特权、等级制度与财富并不能保证国家领导者完全具备治理的才能。事实上，公民美德的基石是自由与理性，而且沃斯通克拉夫特认为，无论是在公共生活还是在家庭生活中，这些品质都同样重要。柏克对玛丽－安托瓦内特的遭遇及骑士风度死亡的哀叹，让沃斯通克拉夫特女权主义的热血沸腾，她认为柏克的看法无视了“无数勤劳母亲的痛苦……还有无数饥肠辘辘的婴儿的哭喊”。理性、真诚与美德才是“礼仪”的基础；而所谓的骑士风度令男性将女性视为弱者，她们只是有感性的人，而非在理性与智力上与男性平等的存在。所有女性，包括玛丽－安托瓦内特在内，“在通向尊严与品德的道路上都必须克服一道道障碍”。沃斯通克拉夫特将在她最有名的作品《女权辩护》(*Vindication of the Rights of Women*)里进一步发展这些理论。该书将于 1792 年出版，出版商依然是约翰逊。[23]

约翰逊还出版了所有驳斥柏克的作品当中最有名的一篇：托马斯·潘恩的《人的权利》(*Rights of Man*)。潘恩本人早在美国革命时期便因发表了要求独立的开创性作品《常识》及其革命书
252 信“美国危机”(American Crisis)系列，而在北美享有盛名。在度过那段荣耀、多彩、与危险共存的战争年代后，潘恩对战后的生活颇感失望，他在美国找不到愿意建造他所设计的铁桥的人(他旅行时随身带着一个巨大的模型，以展示这项工程)，之后便于 1787 年返回欧洲。他首先来到巴黎，见了雅克－皮埃尔·布里索，与黑人之友社(Amis des Noirs)讨论了废除奴隶制度的问题，还和孔多塞侯爵一起研究数学，并很快与后者成了好朋友。之后潘恩横穿英吉利海峡前往伦敦，在菲茨罗维亚区(Fitzrovia)的新

卡文迪什街（New Cavendish Street）154号公寓住了下来。这也是1774年之后他首次回到英国。1789年10月他又一次来到法国，在给乔治·华盛顿的信当中，潘恩表示“参与两次革命让人生充满意义”。返回伦敦时，潘恩还带上了拉法耶特赠给华盛顿的礼物：巴士底狱的钥匙。潘恩把钥匙寄给美国首任总统时在附带的信中写道：“毫无疑问，正是美国的原则打开了巴士底狱的大门，所以这把钥匙该给它真正的主人。”埃德蒙·柏克曾经是潘恩的挚友，他对法国大革命的大肆攻击令潘恩震惊。潘恩离开伦敦喧闹的中心地区，在伊斯灵顿区（Islington，当时是郊区）的天使旅馆（Angel Inn）租了一个房间，创作《人的权利》，这家旅馆就在伦敦城的正北方向。1791年1月29日晚，潘恩完成了作品的第一部分，和一群朋友畅饮了几瓶天使旅馆最好的窖藏美酒以示庆祝，随后他好好睡了一觉，缓解连续数周写作的疲劳。2天后，潘恩从伊斯灵顿区出发，步行前往南边的伦敦城，他大步流星地穿过圣保罗大教堂庭院当中拥挤的行人车马，径直来到72号约翰逊的店铺，将自己的作品交给出版商。[24]

《人的权利》直白、辛辣地驳斥了《反思法国大革命》，激烈 253
地为法国大革命辩护，坚定地捍卫民主。潘恩否认过去的历史能指导此时此地的政府。议会无权像1689年那样要求“他们自己、他们的继承人和子孙后代”永远服从于王室。“所有暴君最为可笑愚蠢的特点，”潘恩写道，“就是进了坟墓还放不下那种企图统治他人的权力欲和虚荣心。”世袭制的政府毫无意义：“不管是世袭的立法机关、法官还是陪审团都是没有常性的；世袭的数学家或智者更是荒唐；而世袭桂冠诗人什么的简直让人笑掉大牙。”法国大革命的正当性毫无疑问，因为古老的秩序早已从根上被专制制度腐蚀，“除了一场全面彻底的革命之外，没有其他的拯救方法”。[25]

潘恩声称，法国人民在1789年所取得的各项权利属于自然权利的一部分——它们“早已存在于每个人身上”。因此，每个人都拥有基于“社会契约”的“公民权力”，这种契约是“拥有完全人身权和自主权的个体”之间的契约，而非统治者与民众之间的契约。宪法即出自这一契约，它是一份内容明确的书面文件，它的地位高于所有政府，任何政府都不得擅自对其进行修改。而英国就没有这样一套理性而清晰的法律结构，潘恩如此嘲讽柏克。柏克认为教会与国家之间的亲密关系是稳定的政治秩序的基础；而潘恩将这种模式与法国革命者和美国人“普遍的信仰的权利”进行了对比。法国大革命正在创建一套以人民主权思想为基础的新秩序。潘恩总结道：“主权只属于国家，不属于个人；一个国家无论何时都拥有
254 一项不可剥夺的权利，即在任何一种政府形式变得不合时宜时将其撤销，然后根据自身利益建立一个新政府。”[26]

约翰逊本人被潘恩的作品吸引，并允诺在2月22日就将第一版印好上市，这天是华盛顿的生日，潘恩准备将这部作品献给总统。可就在这本书刚刚印刷完毕，散乱的书页堆在地板上尚未装订时，政府当局已经开始反击。英国政府乐于见到强大的法国邻居陷入内乱，但像柏克一样，当他们看到潘恩这类激进作家企图将法国大革命的原则植入英国的土地时，他们警觉了起来。他们认为这些作家似乎在鼓励英国人效仿法国的例子。这样一来，关于法国大革命的辩论便突破了象牙塔。潘恩的小册子和伦敦革命协会这些团体举行的庆祝活动让那些支持现存制度的人焦躁不已，他们想方设法与激

进派对抗，如果需要的话不惜使用暴力。

在如何处理潘恩作品的问题上，英国政府也进行了反复考量：可以利用现行法律控告这部作品亵渎上帝、语言淫秽和“煽动性诽谤”（以写作或演讲等手段煽动民众暴乱对抗现有社会制度）。这些罪名十分严重，需要由政府自己的律师——强有力的财政部律师——处理。印刷《人的权利》这种毫不掩饰的激进作品，已经足以让政府咨询财政部律师是否要起诉潘恩。政府人员的频频登门让约翰逊紧张不已。逮捕和起诉会让他破产，于是在作品预定出版的这一天，约翰逊决定将其撤回。

狂怒的潘恩旋即寻找另一家出版商——他找到了。多亏了潘恩
在约翰逊家的餐桌上结识的朋友，以及从圣保罗教堂庭院到舰队街 255
的几家出版商的帮助，《人的权利》才得以面世。霍尔克罗夫特与葛德文是约翰逊餐桌上另外两位激进主义者，他们帮助潘恩将尚未装订的作品搬上圣保罗教堂庭院的一辆马车，伴随着车轮的隆隆声与马蹄踏上花岗岩或铺路石的嗒嗒声，《人的权利》被送到了舰队街。一位名叫 J. S. 乔丹（J. S. Jordan）的出版商愿意承担出版这本书的法律风险，而潘恩通过一笔紧急的借款承担了出版费用。《人的权利》终于在 3 月 13 日上市了，事实证明这是一个胜利。与此同时，政府的律师却没有采取行动，他们认为一本价格高达 3 先令的书会将读者限制在富裕阶层。[27]

事实证明他们大错特错。潘恩简短而犀利的作品为他赢得了不计其数的读者。短短几个星期之内，《人的权利》一跃成为最畅销的书。到了 5 月，《人的权利》已再版 5 次，销量高达 5 万册，打破了出版纪录。《人的权利》可能通过各种方式传播到了数十万

读者、听众之中。潘恩的支持者很高兴知道《人的权利》将在酒馆、工场和家中被大声朗读。潘恩本人还同意在全国的城镇发行更便宜的大众版本，他放弃了版税，由此让他的思想与见解得到更广泛的传播。这种行为很符合潘恩的个性。4月1日，潘恩决定在伦敦自费印刷《人的权利》低价版，之后他穿过英吉利海峡，前往法国观察大革命的进程。如前所述，潘恩利用自己的名望为国王出逃事件激起的共和运动助威。在马尔斯校场大屠杀的前几天，潘恩返回伦敦，而那时他的共和主义思想已经在巴黎掀起了轩然大波。

随后，潘恩开始对英国现存的社会与政治制度展开进一步的理
256 论攻击。《人的权利》的第二部预定于1792年2月出版。和沃斯通克拉夫特同年出版的第二本辩护——《女权辩护》——类似，《人的权利》第二部的思想比第一部更加激进。潘恩猛烈攻击君主制、贵族政治，以及统治阶级在公共开支方面的挥霍浪费。潘恩认为，真正的民主政治体制会关注社会公平，并致力于创造一种类似今天福利国家的制度。换句话说，这场关于法国大革命的政治辩论进一步升级。一方面，激进派作家对英国现有制度的攻击逐步升级，并在民众当中大力传播他们的思想。另一方面，当法国大革命日趋激进，同时支持大革命的英国人也更大胆地要求政治改革时，英国政府也变得越来越警惕。[28]

社会各界对沃斯通克拉夫特的《人权辩护》和潘恩的《人的权利》反应不尽相同。保守的辉格党与温和的改革者都惊骇不已。哥特小说家霍勒斯·沃波尔（Horace Walpole）以夸张的语气将沃斯通克拉夫特形容为“一条穿着裙子的鬣狗”。约克郡联合会的约

翰·威维尔抱怨说："潘恩先生采取了一种违背宪法的立场，并在下层民众当中组织了一个共和党，这对公共事业来说是一场大不幸。"立场保守的《绅士杂志》（*Gentleman's Magazine*）则警告，沃斯通克拉夫特与潘恩都致力于"毒化国王底层臣民的思想，并煽动他们破坏君民关系"。

激进派的意见自然完全相反。克里斯蒂的《分析评论》为沃斯通克拉夫特欢呼，将她与进步历史学家凯瑟琳·麦考利（Catherine Macaulay，曾热情积极地回应《人权辩护》）相提并论，并评论道，这本书一定深深刺伤了主张"女性"顺从的柏克，"他的两个最勇敢的对手都是女人"。宪法知识会一开始谨慎地反对潘恩的共和主 257
义思想，但在1791年3月23日，知识会投票决定向潘恩致意，感谢"他写了一本最精彩的书"，并希望所有英国人都能聚精会神地读一读，它值得这样的关注。宪法知识会还与潘恩合作，为广大劳动阶层出版了价格更为便宜的版本。在争取改革的过程中，为心灵与思想而战的斗争正式拉开了帷幕，辩论最激烈的问题就是英国能够从法国大革命当中学到什么。[29]

英国关于法国大革命的政治论战在全国各地精神生活的沃土和印刷品文化中发展出来，特别是在大城市中。由于1789年法国取消了审查制度，没有哪个地方比革命中的巴黎享有更多的出版自由和写作自由。美国1790年通过的联邦宪法第一修正案也保证了言论自由的权利。殖民统治下的纽约人早已习惯了享有广泛的出版自由，并且这一权利早在1734年就得到了法律的保障。就在那一年，一位名叫约翰·曾格（John Zenger）的德裔记者因为印发了讽刺殖民地总督的笑话而遭到起诉，但旋即被无罪释放。伦敦并不是唯一一座拥有自由繁荣的出版业的城市，但这里的出版业的确算得上是历史悠久，它早在1710年出版业公会的垄断结束后便开始繁荣发展。出版涉嫌亵渎上帝和煽动性诽谤印刷品的人会有被起诉的危险，约翰逊就曾经因为《人的权利》而坐立不安，但起诉的标准过于模糊，以至于没有人知道确切的界限在哪里。即便如此，正如我们所见，无数游客都兴奋地谈论着，在伦敦可以自由地获取印刷品，支持出
258 版业的咖啡馆文化繁荣，社会各阶层广泛地参与到出版文化当中。得益于如此坚实的基础及盛行的批评与辩论之风，《人权辩护》与《人的权利》这样的作品才能出版和传播。政治活动——甚至是议会之外的政治活动——都是在富于批判精神的英国人建立已久且惯常居住的空间与地点中进行的。伦敦人（和全国各地的英国人）甚至在自己日常作息、未被改造的地方讨论有关法国大革命的一系列问题。讨论的地点表明，关于法国大革命的争论，以及对英国宪政的批判与赞美都在法律的边界之内。除了自由讨论的习惯，伦敦在这个动荡的年代里没有爆发革命还有两大因素：第一，改革者都遵纪守法；第二，（至今为止）政府在起诉他们的问题上都较为谨慎。

不过这并不意味着政治动员与政治参与的范围没有扩大，没有扩展到新的公共空间。我们会发现，关于法国大革命的论战带来的一个最显著的效果就是越来越多的公众被吸引到了政治生活之中，特别是那些口才出众、受过教育且技艺娴熟的工匠。他们将民主改革视作缓解经济与社会压力的灵丹妙药。政治争论从咖啡馆和伦敦革命协会这样的上层社会改革组织，蔓延到工场、酒馆和聚集着伦敦劳动人口的社会组织当中，这样的发展让政府当局处于高度警觉

的状态。此外，法国大革命在1792年夏季变得更加激进，充满共和色彩，英国与革命法国之间的战争步步逼近，这时对担心社会稳定与国家安全的英国人来说，柏克对法国大革命前景悲观的看法更让 259
人信服。在接下来的一连串冲突中，英国与美国民主政治发展的方向将与法国大革命的进程紧密相连。

第十章

恐怖时期的巴黎

（1793—1794 年）

261 与其他关注并讨论法国大革命进展的人一样，伦敦人与纽约人对这场革命怀着敬畏、痴迷与恐惧的混合情绪。当法国大革命逐渐进入后人所谓的恐怖时期时，欧洲与整个大西洋世界的观察家都惊骇不已。对于外国人——以及后来的许多法国人——而言，这段岁月给他们留下的记忆就是那可怕的断头台，它砍掉了无数曾权倾一时的大人物的头颅，第一个被送上断头台的就是国王本人。然而1793年恐怖统治的出现主要是为了应对军事、政治及经济领域的全面危机：新生的共和国处在敌人的四面包围之下，只有用这种方法——很多时候显得专横而严苛——才能保卫与巩固新政权。从目的上看，恐怖统治要深入巴黎的城市、生活，乃至建筑物中，而巴黎的民众与城市的景观也帮助塑造了恐怖统治在地方上展开的方式。

262 巴黎的所有市民都经历了恐怖统治，然而每个人的体会却各不相同：心惊胆战的恐惧，挥之不去的焦虑，难以忍受的饥饿，但最重要的是如何在艰难的环境下努力继续日常生活。除此之外，由于恐怖统治深入城市最基层之处——48个选区——巴黎的一砖一瓦都印刻着它的痕迹。在强化政治控制手段的进程中，在为战争动员人力、筹集物资时，在实施各项经济措施以保证民众与军队温饱的过程中，巴黎的每一座公共建筑物、每一处公共空间都经受了改造。

不过，恐怖统治并不仅仅是“高层”自上而下施加在民众身上的政治手段。自从 1792 年 8 月 10 日推翻王室的统治之后，巴黎各个选区的共和派武装力量一直没有松懈过。巴黎的工匠与商贩都动员了起来，他们帮助推动了大革命激进化，他们很清楚什么才是他们理想中的共和国。因此，恐怖统治不仅是共和派与敌对势力之间的斗争，还包括革命集团内部各派之间错综复杂的关系：其中一方是国民公会（它的任务是为新生的法兰西共和国制定宪法）与革命政府里的中产阶级领导者，另一方是各个选区的民众力量。双方有时不情愿地合作，有时爆发公开的武力冲突。这种令人忧虑的关系将巴黎各团体、城市各建筑物全都卷入其中，当“高层”的恐怖政策与“底层”的恐怖对策在各选区相遇并融合的时候，形势变得更为复杂。

新生的共和国面临着日益紧迫的危机，理解了这一点，就能明
白上述混乱的局面是如何形成的。1792 年 9 月上旬，也就是 8 月 10
日起义推翻王室统治几个星期之后，巴黎的一些街区开始有组织地 263
处决囚犯，这些人是在突袭杜伊勒里宫之后被捕的，其中包括死里逃生的瑞士卫队官兵和拒绝效忠的教士。巴黎市府和国家政府的领袖对此或许持纵容的态度，至少是故作不知。巴黎所有监狱周边的街道上都血流成河，约有 1 500 名所谓的“反革命分子”遭到处决，巴黎的激进分子害怕这些犯人会趁着全城的男人参加国民自卫军远赴前线抗击普奥联军时逃出监狱、屠杀妇女和儿童。前线的局势在 9 月 20 日出现了转折，法军将士冒着倾盆大雨，在今天瓦尔密著名

的风车磨坊附近踏着齐膝深的淤泥，击退了普鲁士军队的进攻并迫使其撤退。瓦尔密战役胜利的第二天，法兰西第一共和国宣告成立，接着在11月6日，法军又在热马普战役中击败奥地利军队，同时也打开了法国入侵低地国家的大门。法国取得战争优势的一个月之后，国民公会开始讨论如何处理路易十六，结果路易十六受到审判，并于1793年1月21日被送上断头台。1793年在阴郁的氛围中到来，而新生共和国的形势急转直下，它不得不为了生存展开殊死斗争。

2月1日，国民公会向荷兰与英国宣战，同时法国军队也逼近了荷兰边界，这样一来与法国为敌的国家越来越多，到这一年夏季，西班牙、葡萄牙，以及意大利的皮埃蒙特和那不勒斯王国都与法国处于战争状态。为了应对规模日渐扩大的武装冲突，国民公会于1793年2月开始实施征兵制，但这一举措导致法国西部的旺代、布列塔尼和诺曼底地区爆发了公开的反革命叛乱。各种危机接踵而至，
264 食品短缺与通货膨胀导致食品价格飞涨，劳动人民陷入绝境，巴黎各选区民兵组织军心动摇。由于国民公会在改善本国民众物质生活的问题上瞻前顾后，更大规模的叛乱正在酝酿中，这一次运动的矛头直指国民公会本身。[①]

在军事失利、反革命暴动频发、内乱不断、社会危机加重的环境下，国民公会开始建立一套政治压迫体制：没有人计划和设计，“恐怖制度”（后人的叫法）只是应时而生，其实施的时间大约在1793年3月至9月间。这一年春天，国民公会选举了救国委员会（Committee of Public Safety）和治安委员会（Committee of General Security）：前者负责处理战事、外交事务，管理军队和政府各部门；后者负责国内安全、维持治安。两个果决的执行委员会成了大

革命时代法国的高效政府。巴黎还设立了革命法庭以审判革命的叛徒。“特派员”——来自国民公会的代表——在法国各地奔走，为战争动员人力、筹集物资，同时打击反革命行为。8月，《普遍征募令》颁布，法国第一次实行普遍的征兵制度，该法令同时宣布法国的一切资源必须为战争服务。农村地区的每个公社、城市的每一个选区都成立了监视委员会：1792年8月10日起义之后，巴黎各选区都已自发成立这样的组织，它们被称为“革命委员会”，负责监视有反革命嫌疑的人。现在这些委员会得到了政府的认可，以保证恐怖统治能够深入城市的每个角落。

1793—1794年，对教堂、修道院及曾经富丽堂皇的贵族宅邸的
改造达到了高潮，所有公共空间——楼房、公园和花园——要么被
恐怖统治的政治机构所征用，要么为紧急的战事服务。接管这些建 265
筑的行动发生在巴黎的各个角落，这不但让革命比以往更显而易见、增加了革命的侵略性，同时也形象地展现了革命机构逐步深入巴黎各个邻里社区的进程。在巴黎选区这个层面上，群众运动的诸多激进分子为恐怖统治提供了人力。他们对恐怖政策的目的和大革命发展的方向都有自己的见解。

这些被改造的建筑物是巴黎各选区机构人员的办公地点——选区议会、监视委员会在这里集会，国民自卫军哨卡、治安官的办公处也设在这里。正是在这里，国民公会和革命政府发布的政策与各选区的利益，与群众运动的目标、焦虑、恐惧、希望相结合。这种通常棘手又紧张的结合让巴黎成了革命的温床。在这段暴力、动荡不安的岁月里，巴黎的监察行动、政治冲突及战争动员在深度和广度上都是1775—1776年的纽约难以企及的。因此在讲述在巴黎的

大街小巷展开的恐怖时期的故事时，必须将群众运动的视角和“高层”政治的视角结合起来。

从 1791 年夏的某个时候起，在群众运动中担当主力军的工匠、佣工、小手工业者、小商贩开始称呼他们自己为“无套裤汉”。从字面理解就是“不穿短裤的人”，因为广大劳动人民穿的是长裤，而贵族则穿着剪裁考究的及膝丝绒短裤，下着长袜。这个名词于是指代了一种社会身份，但巴黎的平民并不等同于现代的工人阶级或无产阶级，因为其中既有劳工，也有在经济上有一定独立地位的人，
266 例如技艺精湛的工匠和商铺店主。同时这一词也是所有激进爱国者的政治标签。“无套裤汉”使用着一套平民主义的话语，这意味着他们代表了巴黎全体劳动阶层成员的共同利益，其中不仅包括领取工资的劳工、佣工和学徒，还包括雇佣这些人的工匠、手工业师傅和小商人，后一群体还是政治上的领导者。“无套裤汉”的概念发源于巴黎的工场，更准确地说是一个理想化的工场世界：在这个世界里，人们团结一致、相互尊重，他们拥有吃苦耐劳、关心家人的美好品质，他们的谈吐有些粗鲁但朴实。

“无套裤汉”的政治主张是直接民主制：人民拥有至高无上的主权，这样选区能够约束它们在巴黎市府和国民公会里的代表，并能随时将他们召回。这种形式的民主带有追求社会正义的色彩：既然政府是人民的政府、由人民管理，而穷人又占了大多数，那么他们的自由、安全和利益应当是民主政府优先考虑的问题。“无套裤汉”式的政治计划生硬、直接，而且暴力，它们在平民社团、选区议会及激进派报刊上得到表达。从各方面来看，无套裤汉这个身份牢牢根植于巴黎的生活：他们的语言风格与自信源自工场的独立及

其社会有用性；他们关于社会团结、美德、公正的观念由城市家庭及社区生活塑造；他们强大的动员、组织、行动能力则依托于选区。[2]

巴黎的48个选区拥有各自的议会、委员会、国民自卫军、治安官、平民社团，这让选区成了无套裤汉的基本组织单位。现在又有了监视委员会，无套裤汉们担负起了在各自选区保卫革命安全的职责。政府吸纳这些委员会意味着恐怖统治的高压之手业已深入城市的最底层。监视委员负责监控“嫌疑分子”与外国人、听取告 267
发、签发公民爱国证书——用以证明持有者是爱国的，无此证书的公民不能担任公职、旅游或从事工作。这些机构也把大革命和恐怖统治的痕迹刻画在了这座城市所有的公共建筑上。教堂的房屋变成了国民自卫军在各选区的指挥部，礼拜堂、教士餐厅和女修道院的图书馆里都修起了看台和讲坛，供48个选区的议会和平民社团集会。安置了长椅、旁听席和演讲台后，昔日宁静安详的宗教场所现在充斥着关于革命、战争、恐怖与民主的辩论之声，常常沸反盈天，有时剑拔弩张。一些宗教场所成了选区治安官的办公室，法官在这里处理夫妻纠纷和街坊邻居之间的争吵，如果可能的话，帮助他们达成和解。巴黎各选区对无主贵族宅邸与教会建筑的占领，是激进人民民主理论实验的具体表现，也代表着政治行动与政府权威在空间上的扩张：这些建筑都是无套裤汉运动的根据地，一砖一瓦都不例外。[3]

无套裤汉解决民众痛苦与焦虑的方法十分简单粗暴：他们主张以政治恐怖政策来应对经济危机、反革命活动和战争。他们要求处决所有囤积食品与从事投机的人，严格限制商品的最高价格，并以断头台来震慑真正或潜在的反革命分子。无套裤汉希望能够清除军队与政府当中的“温和派分子”，代之以可靠的“人民代表”。为

了实现以上目标，无套裤汉建立了主教委员会管理所有事务，这是一个由各选区代表组成的中央委员会，他们定期在巴黎圣母院旁的
268 大主教宫里聚会，委员会的名称也由此而来。委员会的一切决议由各选区议会批准通过，各选区可以随时召回他们的代表。如此一来，主教委员会就将巴黎各个邻里街区的无套裤汉运动团结在了一起，而委员会自身依旧独立于国家政府与市政府。[4]

1793年春，随着危机的日益加深，吉伦特派成了无套裤汉的攻击目标。这个派别的成员曾经推动法国进入战争，但在1月讨论如何处置国王时，他们试图令国王免于死刑。这让雅各宾派内部发生了无可挽回的分裂，吉伦特派与他们先前的盟友——包括马克西米利安·罗伯斯庇尔——分道扬镳。法兰西第一共和国头几个月的内政反映出，双方在政治上痛苦、充满怨恨的分裂事实上已经发展成了你死我活的政治斗争。吉伦特派坐在国民公会主席台右边的长椅上，而雅各宾派坐在左侧高层，并因此获得了文雅的绰号“山岳派”。* 由于两派在国民公会中均不占大多数，双方都需要说服政治立场不那么强硬的中间派——平原派（又称沼泽派）——支持自己。吉伦特派成员虽然在诸多关键部门中占据要职，但似乎无力承担从军事失利和内部危机中拯救共和国的艰巨任务。3月18日，曾经取得热马普战役胜利的夏尔·弗朗索瓦·迪穆里埃（Charles François Dumouriez）将军被奥地利军队击败。迪穆里埃原是吉伦特派的亲密伙伴，吉伦特派由此沾染了叛国的嫌疑。此后迪穆里埃又试图率领军队救出被囚禁在圣殿监狱的路易十七（Louis XVII）——已被处

---

* 早期的雅各宾派包括君主立宪派（后来的斐扬派）、吉伦特派和罗伯斯庇尔领导的民主派。随着革命的深入，前两个派别先后退出雅各宾派，此后雅各宾派与山岳派成为同义语。——编者

决的路易十六的遗孤——以重建君主立宪制。他麾下的士兵拒绝服从他的命令，前者遂于4月5日越过国境叛逃。对雅各宾派与无套裤汉来说，迪穆里埃叛逃事件正好坐实了吉伦特派的叛国罪，至少是共犯。

对吉伦特派的最终一击不是来自雅各宾派，而是来自无套裤
汉，后者自从1792年8月10日推翻君主制后就一直处在狂热与暴 269
躁不安的状态。1793年2月25日，因食品与日用品匮乏引发的动乱席卷了整个巴黎城，3月9—10日，无套裤汉袭击了吉伦特派知名记者的工作地，此事差点演变成针对国民公会的全面起义。国民自卫军与一部分头脑冷静的巴黎市府成员拒绝参加，起义因此流产。然而在吉伦特派与雅各宾派相互角力之际，雅各宾派开始与无套裤汉联合，吉伦特派对巴黎的激进主义运动深恶痛绝：4月，罗伯斯庇尔昔日的挚友热罗姆·佩蒂翁（Jérôme Pétion）呼吁“可敬的富人”把“那些毒虫赶回它们的巢穴里”。但即便如此，吉伦特派与雅各宾派都主张商品自由流通和销售，而在无套裤汉看来，这对缓解物资短缺与遏制物价飞涨没有任何作用。5月4日，为了将战争进行下去，稳定国内局势，雅各宾派首次颁布法令救济穷人，并且首次颁布对谷物与面包的限价令。从这一刻起，雅各宾派与无套裤汉之间的政治联盟事实上已经形成，尽管二者常常关系紧张。5月中旬，主教委员会组织各个选区的无套裤汉，制定清除国民公会中吉伦特派领导人的计划。⑤

在推翻吉伦特派的起义中，无套裤汉组织的妇女起到了关键作用。5月10日，2名女性激进分子——前巧克力制造商波利娜·莱昂（Pauline Léon）和著名女演员克莱尔·拉孔布（Claire

Lacombe）——获得巴黎市府的批准，建立一个“只允许女性参加的社团组织”。组织的目标是“研究如何挫败共和国的敌人”。这个名为共和派革命妇女社（Society of Revolutionary Republican Women）的组织最初活动的地点在圣奥诺雷街雅各宾修道院的图书
270 馆中，组织一经成立就有至少 170 名来自巴黎商贸行业的女性踊跃参加。她们当中有糕点师、杂货商、裁缝、亚麻工人，还有一位制袜工、一位洗衣妇、一位二手商贩、一位金属抛光师、一位鞋匠，以及一位马具商的妻子和一位煤气工的妻子。[⑥]

在 5 月的最后几个星期，在筹备政变期间，这些妇女帮助无套裤汉的男人削弱并孤立了吉伦特派的势力。这是一项具有重大意义的成就，因为在 5 月 11 日这天，国民公会从驯马场的王家骑术学校迁到杜伊勒里宫内一间特别为国民公会布置的议事厅里。这间议事厅名为机械厅，因为此前被用于储藏宫殿剧院的机器设备。罗伯斯庇尔要求选择此处作为新会址，他抱怨驯马场的旁听席只能容纳几百人。在罗伯斯庇尔看来，人民的代表就应该与成千上万的公民同胞坐在一起，受他们监督，如此才能保证完全的透明。机械厅被改建为圆形剧场式的议事厅，其旁听席足以容纳 4 000 人（罗伯斯庇尔曾要求能容纳 1.2 万人！）。这样一来，这座大厅就成了热锅，国民公会的辩论事实上变成了大规模的政治集会。如果一方能阻止自己的政敌进场，就意味着它将占据重大的战略优势。无套裤汉组织的妇女明白，大众运动要彻底打败吉伦特派，光靠辩论的胜利是远远不够的，还必须切实占领政治活动的空间。怀着这个目的，无数激进的妇女涌进旁听席，驱逐吉伦特派的支持者，并用暴风骤雨般的质问、怒吼与嘘声淹没吉伦特派发言人的声音。由于进入旁听席

的通行证由议会代表签发，作为回应，吉伦特派仅把这些通行证发给自己的支持者。于是共和派革命妇女社的成员围堵了会场入口， 271
禁止任何持有通行证的人入内。被驱逐的人包括吉伦特派的女性主义者泰鲁瓦涅·德·梅里古（Théroigne de Méricourt），无套裤汉的妇女抓住她，用鞭子残忍地将她抽了一顿。[7]

杜伊勒里宫的野蛮“政策”刺激了其他无套裤汉的妇女，她们蜂拥而起，占领其他街区的街道。换句话说，在这几周当中，作为政治活动场所的街道不再仅仅是男人的专利。一位吉伦特派记者安托万－约瑟夫·戈尔萨斯（Antoine-Joseph Gorsas）忧心忡忡地记录了这幅景象，他对巴黎发生的“大规模暴乱”颇有怨言：“女人们聚在一处，毫无疑问是愤怒让她们如此狂热。她们带着剑与手枪冲向城市的各处集会地点，抓捕了不少人……她们想对国民公会实施大清洗；最重要的是，她们想让无数人头落地，嗜血狂欢。”无套裤汉的妇女的武器是长枪、拳头和粗俗的话语，对吉伦特派的成员及其支持者而言，在城市里走动已经成了危险的事。[8]

5 月 31 日，反吉伦特派的起义拉开了帷幕，已经成为各街区唯一协调机构的主教委员会召集了无套裤汉，这次他们获得了巴黎市府［此时自称“革命总理事会”（Revolutionary General Council）］与国民自卫军的支持。此时国民自卫军的指挥官已经换成了粗野勇猛的弗朗索瓦·昂里奥（François Hanriot），前任司令官拉法耶特侯爵在 1792 年 8 月王室被推翻后逃往奥地利。昂里奥本人自寒微发迹。他率部包围杜伊勒里宫，将炮口对准国民公会。同时无套裤汉则冲进议会大厅，要求 22 名吉伦特派领袖立即束手就擒。他们的要求甚至连雅各宾派成员都觉得过分，丹东对这种胁迫人民的代表的

行为表示愤怒。他怒吼着说，起义者的这种行为是在羞辱全体法国
272 人民。昂里奥的答复表现了他本人的粗鄙：“告诉你们那狗娘养的议长，他和他的议会都完蛋了。一小时之内不把那 22 个人交出来，老子就开炮把你们都炸上天！”围困从白天一直持续到夜里，而后持续到第二天、第三天，国民公会最终被迫投降；著名记者兼演说家布里索也在这些投降者当中。⑨

这次起义的结果令人不安。吉伦特派的成员只是被监禁在家中，这意味着他们可以轻松地逃回外省，回到各自的选区去组织反抗。现在巴黎的国民公会中左翼代表山岳派占主导地位（不是在数量的意义上，而是在政治思想的意义上）。山岳派的核心——24 名立场坚定、态度务实的代表——全部都是巴黎人，这与来自各省的吉伦特派截然不同。内战由此展开，给原来的局势增加了更多血腥冲突，这些压力共同威胁着新生的共和国。满腔愤恨的雅各宾派成员将各省的动乱定性为“联邦党人叛乱”，认为其目的是分裂法国。5 月 31 日至 6 月 2 日的起义让雅各宾派得以掌权，但这个胜利是属于无套裤汉的，这股起义潮流令法国大革命的进程从“自上而下”变成了“自下而上”。在接下来的几个月里，山岳派不得不牢记，他们不是单凭自己获得权力的。

但谁真正有资格成为无套裤汉运动的代言人呢？当得起这个头衔的人将会拥有巨大无比的政治力量，同时也要有能力引领革命转向，以实现更平等的社会目标。这个问题在 7 月 13 日后变得愈加紧迫，因为这一天，吉伦特派的坚定支持者、一位年轻苍白的诺曼底女人夏洛特·科黛（Charlotte Corday）来到让 – 保罗·马拉在科德

利埃街的家中，她用一柄匕首，精确地一刀刺死了正为治疗皮肤病
而沐浴的马拉。马拉是科德利埃区的领袖、国民公会的巴黎代表之 273
一、民众运动的偶像。他主办的报纸《人民之友》曾以残忍血腥的语气，主张对共和国的敌人实施冷酷无情的打击，这种风格与一言不合就拔刀相向的无套裤汉式政治作风一致。

马拉牺牲后，不少人都争先恐后地抢夺他的衣钵。竞争者当中包括忿激派（Enragés）。这是一个松散的激进主义者团体，其成员包括“红色教士”雅克·鲁（Jacques Roux）、演说家让－弗朗索瓦·瓦尔莱（Jeans-François Varlet），以及共和派革命妇女社的两位创始人克莱尔·拉孔布与波利娜·莱昂。他们的竞争对手是从科德利埃俱乐部脱颖而出的另一批人。这些人团结在似乎不太可能的人选雅克－勒内·埃贝尔的周围。埃贝尔曾在剧院工作，后来创办《杜歇老爹报》（*Père Duchesne*）。埃贝尔是个挑剔、穿着讲究、少言寡语的人，但画在报头上的杜歇老爹形象体现了截然不同的一面。那是一个身强力壮嘴叼烟斗的炉匠，他挥舞着斧头，嘴里还骂骂咧咧：“老子才是如假包换的杜歇老爹！混账东西！”埃贝尔和他的拥护者在科德利埃俱乐部和巴黎市府中占有举足轻重的地位，他的好友加斯帕尔·肖梅特是巴黎的检察长。为了获得无套裤汉的支持，上述两方在展开激烈较量时，都不约而同地主张恐怖政策是应对共和国危机、缓解巴黎劳动人民压力的好办法。

在短暂的交锋之后，埃贝尔一方获胜。随着食品价格持续飞涨，1793 年 9 月 4 日埃贝尔的机会来了。这天劳动者自发举行了一场罢工游行，要求提高工资并降低面包价格。埃贝尔凭借自己在市政厅的有利位置，利用了这场游行。当游行群众聚集在沙滩广

274 场——由此 Grève 被赋予了罢工的含义——时，埃贝尔从市政厅出来，对广场上向游行群众慷慨陈词，劝说他们第二天参加游行反对国民公会。9 月 5 日，肖梅特率领不计其数的无套裤汉包围了杜伊勒里宫，要求国民公会立即组织“革命军”，即武装的无套裤汉，其任务是到乡下向农民征收粮食。同时要求处决所有囤积居奇者。国民公会最终答应了这个要求（当时也没有第二种选择），聚集的民众在欢呼中解散。成功清除他的激进左派对手标志着埃贝尔的胜利：9 月 5 日，雅克·鲁被逮捕；18 日，瓦尔莱也锒铛入狱。[10]

这样一来就只剩下共和派革命妇女社了，通过波利娜·莱昂与克莱尔·拉孔布，妇女社与忿激派结盟。没过多久，在雅各宾派的支持下，埃贝尔派就将矛头转向妇女社，而他们的冲锋队则是大市场区的妇女，就是那些曾在 1789 年 10 月向凡尔赛进军的人。为什么一群创造了女性政治活动辉煌时刻的女人会成为工具，去推倒另一座女性参政史上的里程碑？经济利益冲突可以解释其中的大部分原因，但巴黎的城市地形也起到了一定的作用。妇女俱乐部已经从雅各宾修道院的图书馆搬到圣厄斯塔什教堂的地下室，位置就在巴黎市中心的大市场。圣厄斯塔什教堂是一座华丽宏伟的哥特式建筑，教堂西侧入口处有一条新古典主义风格的柱廊。它还有另外一个广为人知的名字“市场教堂”，生活在市场区的人们将圣厄斯塔什教堂视为“自己的”教堂，教堂南边不远处就是销售食品的卡罗露天市场。出了教堂往西，几步之外就能看到谷物市场那风格独特的圆形建筑。妇女社政治集会的地点离市场上女商贩的摊位太近，
275 这种状况将随时引发激烈冲突。妇女社的一项任务是推行无套裤汉的经济计划，但该计划与女商贩关切的利益相冲突。限价法令、禁

止囤积居奇、在通货膨胀的情况下强制按照票面价值流通的指币（*assignat*），对女商贩而言都是潜在的灾难。女商贩认为，妇女社入侵了“她们的”地盘，还促进那些对她们极端不利的政策的实施。1793年5月12日，妇女社命令全体成员统一佩戴红、白、蓝三色帽徽，这样一来，哪些人是革命激进分子便一目了然。在这一年的夏天，大市场区成了各派妇女对抗的场所，时常能看到无数女人挥拳互殴，正在打斗的妇女社成员和大市场区愤怒的女商贩脚下掉落了一地的帽徽。[11]

暴力冲突在10月28日达到了顶点，这一天妇女社像往常一样在教堂地下室召开会议。与会者头戴弗里吉亚小红帽，别着三色帽徽，正当她们入场时，一大群女贩子冲下阶梯，她们大喊大叫：“打倒小红帽，打倒雅各宾派，让雅各宾派和三色帽徽统统见鬼去！他们都是给法兰西招来灾祸的坏蛋！”随着她们的情绪越来越高涨，喊叫声也越来越大，在封闭的地下室里更显得刺耳。一部分妇女社成员逃了出去，向附近街区的治安官求助，治安官陪同她们返回会场，然而他的发言让妇女社的成员震惊：“这些革命的女公民并没有在开会，大家可以自由出入。”这相当于把妇女社的全体成员交给这些女商贩处置，后者随即涌入房间，用污言秽语咒骂妇女社成员，将社团的标志扯下来砸得粉碎，并痛打任何敢于出手阻止的人。最终妇女社的成员开始撤退，她们的鞋子将鹅卵石地面 276
踩得咚咚作响，一路逃到附近灰岩街（Rue Coquillière）的选区办公处。紧追不舍的摊贩们高呼着“共和国万岁！打倒女革命者！”的口号，把办公楼围得水泄不通。楼里所有的人——妇女社成员和大市场选区委员会的工作人员——两人一组，悄无声息地溜出大楼，沿着一条名为圣阿格尼丝路（Passage de Sainte-Agnés）的小巷离开。失去了目标的人群没过多久也渐渐散去。[12]

女商贩们乘胜追击，向国民公会提出了取缔共和派革命妇女社的要求。然而她们是多此一举，国民公会里的雅各宾派早就想解散这个“扰乱公共秩序”的组织。无须多言的是，10 月 31 日关闭女性政治组织决议的颁布标志着忿激派的彻底垮台。从这件事上也能看出 18 世纪的传统观念，即男女天生的能力和活动领域各不相同，从事政治、公共活动是男人的事，结婚成家、相夫教子才是女人的事，她们应该待在家中。换句话说，现在已经到了该把女性政治运动这只妖精关进瓶子的时候了。

随着忿激派的出局，埃贝尔派掌握了无套裤汉的领导权。由于获得了各选区、民众社团、巴黎市府及科德利埃俱乐部的支持，埃贝尔派的力量增长到了令人生畏的地步，这让他们能够对抗雅各宾派控制下的革命政府和国民公会，要求进一步强化恐怖政策。1793 年 9 月 17 日颁布的《嫌疑犯法》在最广泛的意义上定义了“嫌疑犯”，即任何“行为、社会关系、言辞及作品被证明有专制、联邦主义倾向者，以及自由之敌人”。政府以严厉的手段控制经济危机，
277 部分措施十分严酷：囤积食品者判处死刑；富人被征收重税；各选区征召的“革命军”到城市周边的农村地区征收粮食。《全面限价法令》限制了商品价格与工资。群众运动的牺牲品还包括玛丽－安托瓦内特王后，10 月 16 日，她和自己的丈夫一样被送上断头台，成为革命政府用来安抚巴黎激进主义分子的替罪羊。之后是 21 名吉伦特派成员，他们在妇女社被取缔的前一天，高唱着《马赛曲》走向断头台。[13]

1793年秋，无套裤汉的势力达到了顶峰。国民公会也意识到，在巴黎，一部分政策如果想按照既定计划实施，就必须与无套裤汉合作，但同时国民公会也在寻找控制和疏导这些人过剩精力的方法。《嫌疑犯法》的目的之一是为了通过向监视委员会成员支付薪酬，并规定他们直接向巴黎治安委员会汇报工作，将这个无套裤汉运动的温床吸纳进中央政府体制。这样，昔日遍布巴黎的修道院、教堂与神学院都成为来自“高层”的镇压机关与“底层”的无套裤汉的主动联合的场所。由于监视委员会扎根在各个选区，它们与巴黎市民的日常生活联系紧密——令人恐惧地紧密：许多人志愿成为监视委员会的耳目，负责辨识、告发“嫌疑犯”，否则恐怖政策根本无法在这座城市的大街小巷、工场和私人空间里推行。[14]

恐怖时代继续渗入城市生活的每个角落和缝隙，其程度比以往的任何时刻都要深刻，因为巴黎已经陷入了一场关系到大革命生死存亡的战争之中。战争对巴黎的各种资源——人力、农业、制造业、
金融——都产生了极大压力。革命政府将整个国家都动员起来为战 278
争做准备，采取了各种激进甚至是严厉的措施，这让法国的经济更加萧条。这就是1793年8月23日颁布《普遍征募令》背后的动因，该法令对巴黎的城市景观造成了巨大影响。征募令第一条以强硬的口吻宣布：“自即日起，至敌人被逐出共和国领土之日止，全国国民始终有接受军事征召义务。年轻的男子将参加作战；已婚的男子制造武器、运输粮食；妇女制造帐篷、制服，服务医院；儿童将旧布拆成线；老年人要前往公共场所激励士气，宣传反对王政、统一共和国。”[15]换句话说，这是现代社会第一次尝试发动全面战争的努力，它体现在这座城市的建筑物上。整个巴黎都变成了一座巨

大的军营，无数身着蓝色军服的常备军、应征士兵及国民自卫军的士兵向北方前线开拔。应征士兵的队伍向圣但尼门外行进成了巴黎一道常见的风景，这也透露出了混合着恐惧、焦虑、爱国热情和深刻的哀伤的紧张情绪。

巴黎人亲眼见证了自己的城市不断被军工产业占据。《普遍征募令》宣布，整个首都将变成“生产各式武器的非常工厂”的中心，国民公会也责令救国委员会“组织所有它认为有必要的机构、生产商、工场和工厂”。巴黎的市民目睹着曾经熟悉的建筑物与公共空间因为战时生产被改造。塞纳河上来来往往的人们都看到了桥下无数浮动的工厂——那是一条条宽大的平底驳船，它们的名字带着雅各宾的风格：“无套裤汉号”“共和国号”“勇猛号”“诛戮暴君号”“处死国王号”和“卡马尼奥拉号”（Carmagnole，一种流行的无套裤汉革命舞蹈）。贵族的市内住宅和宫殿成了热闹的生产场
279 所：例如1793年9月，圣日耳曼区的波旁宫（今天法国国民议会的所在地）改名为革命之家，专门生产火药。曾经的主教府邸也变成了军火作坊，这里的新手工人曾在旁边的巴黎圣母院举办了一场音乐会，向巴黎市府致敬。卢森堡花园成了大型露天工场，这里撑起的帆布汇成海洋，工人们忙着生产长矛、火枪、刺刀和佩剑，锤子敲击的叮当声和风箱的声音此起彼伏。工场里劳动的工人都住在附近，特别是沃日拉尔路（rue de Vaugirard）的老修道院里。俯瞰着花园的卢森堡宫（现在法国参议院所在地）被用来关押重要的“嫌疑犯”。这样一座武器工场一度可以日产800支枪，这简直可以称为英雄般的壮举。曾经华丽优雅的贵族宅邸，修道院的花园、小礼拜堂和中庭都成了工场，有的堆满了火枪，有的用于安置成千上万的

军马和马车，还有的用于储存军粮。在昔日修道院里，修士和修女的宿舍换了新主人，夜间军械工人的鼾声在这里回响。人迹罕至的卢维耶岛（Île Louviers，现在是塞纳河右岸的一部分，在巴士底狱南边）上也建起了一座生产制服纽扣的工厂；工厂的管理者名叫热朗特尔（Gérantel），曾经在英国伯明翰的工厂里受过训练。这座工厂旁边还有另一座兵工厂，它是以蒸汽机作为动力的，这在当时非常罕见。在夏悠（Chaillot），也就是现在德洛卡德罗（Trocadéro）的位置，雅克－康斯坦丁・佩里耶（Jacques-Constantin Périer）经营着一座拥有 6 台巨型熔炉的工厂，生产各种口径的大炮。国民公会此时已经迁往杜伊勒里宫，驯马场于是被改建成了铁厂。[16]

这些战时的艰苦奋斗确保了共和国的生存，但对那些反对革命 280
政权的人来说，城市里那曾经熟悉的一座座教堂尖顶与塔楼现在有了阴森的含义。14 座修道院被改造成监狱，其中一部分属于英格兰、苏格兰或爱尔兰教会。巴黎大学的所有学院、贵族的宫殿、医院和救济院也不例外。加上西岱岛上的巴黎古监狱、玛莱区的弗尔斯（Force）监狱和圣日耳曼区的阿贝伊（Abbaye）监狱等早已存在的监狱，巴黎总共有 44 座监狱。也就是说，到 1794 年巴黎监狱的数量已增长到旧制度时代的 4 倍，危机的影响就是这样表现在了建筑物和人类的遭遇上。监狱里囚犯的数目也在飞速增长，1793 年 9 月，牢房里一共关押着 1 640 名囚犯；到了 1794 年 4 月底，这个数字就变成了 7 140 人（该数据来自发表在官方报纸《导报》上的警方调查报告）。监狱里人满为患，环境肮脏污秽，人道主义精神在这里也被限制和扭曲。当然在恐怖政策实施不久后，政府便收到了一份坦率的报告，报告称，由于建筑结构和坐落方位的问题，“几乎所有的监狱里都弥漫着公共厕所的恶臭”。一部分问题确实在于许多被用作监狱的建筑是被改建的，建筑物内部到处都是匆忙安装的木质隔板、隔栅和锁；修道院原是供修士和修女冥想祈祷之用的，在建造之初就没有打算容纳这么多人。[17]

具有象征意义的城市景观也反映了恐怖时期的政治冲突，不过主要是通过破坏偶像的方式。在 1793 年秋击败忿激派之后，埃贝尔及其盟友不但代表了无套裤汉的利益诉求，而且还制定了一系列文化纲领。1793 年 7 月，肖梅特发表了一篇题为《王室的标志将被清除》的文章。文章指出：“用不了多久，当一位共和主义者走在巴黎的街道上时，他再也不用看见那些贵族纹章和令人感到地位卑微
281 的王室标记……我们必须通过不懈的努力，让这些令人讨厌的形象彻底消失，这些哥特式纪念碑都是我们父辈被奴役的象征。”[18]

为了抹除君主专制时代的印记，街道被改名：路易十五广场更名为革命广场；罗亚尔宫改为平等宫；波旁街改为里尔街（这个名字一直沿用至今）；王宫广场改为孚日广场。人们彼此之间的称呼也发生了变化：敬语“您”（vous）被弃用，代之以更平等的“你”（tu）。直到今天法国人依然将这种语义变化叫作以“你”相称（tutoiement），它意味着共和国的公民之间不存在服从关系。陌生人之间也不再互称“先生”或“女士”，而互称“公民”和“女公民”。[19]

1793 年 10 月，当“摧毁王权与封建主义标志”运动在国民公会的支持下进行时，埃贝尔派领导的巴黎市府计划进一步扩大这场文化战争。这就是日后的“去基督教运动”，它是打破偶像运动的扩大化。它要求强制撤销教士的圣职，同时关闭所有教堂。天主教将被一种世俗的爱国主义宗教所取代，即“理性崇拜”。国民公会

对去基督教运动给予了一些支持，他们于 10 月 5 日投票通过了一部新的共和国历法，它的设计者是丹东的好友法布雷·德·埃格朗蒂纳，共和元年从 1792 年 9 月 22 日共和国建立之日开始。没过多久，新历法就张贴在办公场所的每一面墙壁上。国民公会还通过了一项法令，所有市镇都有权正式声明放弃天主教信仰。[20]

1793 年 10 月 23 日，去基督教运动在巴黎成为官方政策。街道的名字被再次修改，以体现世俗化的共和主义。一些街道名称当中的“圣”字被删除；而另一些街道则整个换了名字。圣奥诺雷街更名为国民公会街；圣但尼街变成了法兰西亚德[*]街。时至今日，在 282
巴黎一些古老的街道上，你依然可以在标有街道名字的基石上发现刀劈斧凿的痕迹，这是当年工人们敲掉“圣”字时留下的。巴黎大主教被迫放弃自己的信仰——“这都是我们祖先的迷信思想”，与“自由人的理性”相冲突——所有教堂一律关闭。这些建筑被换上了世俗化的名字：圣厄斯塔什教堂更名“农业神殿”。更名的热潮在巴黎圣母院达到顶峰，这里被改为“理性神殿”。巴黎市府下令“巴黎圣母院大门处历代法兰西国王的雕像都将被推倒并销毁”（然而事实上这些是犹太诸王的塑像）。所有雕像都被扔到下面的广场上。大教堂内部一切带有宗教色彩的装饰品都被清走：登记运走的雕像的清单就有 30 页。

1793 年 11 月 10 日，巴黎市府在理性神殿举行了一场盛大庆典：在一群身着象征纯洁无瑕的白色服饰的年轻姑娘引领下，市政官员列队向“哲学神殿”前进，那是曾经放置祭台的地方。在庆典

---

* 法兰西亚德是国民公会颁布的共和历的一个周期，四年为一期，第四年结束时增加一日以对齐回归年。——编者

的高潮时刻，一位巴黎女演员扮演的“理性女神”身披白色长袍出现在庆典现场，并带领参加庆典的队伍前往国民公会。庆典结束后，那些圣徒、圣母玛利亚、耶稣基督的画像，贵族和教士们的雕塑，圣骨匣，烛台，香炉全都不见了。巴黎圣母院只剩下空空的外壳，甚至教堂的尖顶已经被熔成了金属材料。这与我们现在看到的那座大教堂截然不同，今天巴黎圣母院的许多部分都是经 19 世纪伟大的修复师欧仁·埃马纽埃尔·维奥莱－勒－杜克（Eugène Emmanuel Viollet-le-Duc）重修而成的。[21]

去基督教运动对巴黎的城市景观造成了沉重的创伤，更不用说它给市民的思想与文化生活带来的重创。教士飘舞的长袍，修士、修女独特的生活方式，曾是巴黎街头的一道风景；巴黎各教区教堂
283 的钟声每天向全城报时；相当一部分巴黎市民依然对街角处的神龛充满敬意。然而现在整个城市的特征与氛围已经发生了重大改变。但如果革命者不去占领，并将这些空间与场所为己所用的话，这场大革命及其原则或许从一开始就不能在各方敌人的绞杀中幸存下来。这些空间的存在与位置帮助塑造了巴黎普通劳动人民参与政治、经历 1793—1794 年恐怖时代的方式。更重要的是，并非所有的革命者都一味主张破坏，例如亚历山大·勒努瓦（Alexandre Lenoir），他是 1791 年建成的国家文物博物馆馆长，他辛勤，甚至可以说英勇地保护自己力所能及的一切。1793 年 8 月，当圣德尼教堂中法国历代国王与王后的陵墓遭到破坏时，勒努瓦冒着生命危险劝说破坏者放下了他们手中的锤子与凿子。[22]

国民公会对去基督教运动持放任自流的态度，但对罗伯斯庇尔及其雅各宾派盟友来说，共和国面对的敌人已经够多了，完全没有必

要再去招惹那些老实巴交但信仰虔诚的农民。此外，埃贝尔派当中去基督教运动的支持者还曾用起义威胁国民公会。“是巴黎发动了革命，是巴黎给了法国其他地区自由，巴黎将继续革命，”一位巴黎市府的代表如此警告国民公会里焦躁的议员们。在这场充满火药味的谈话背后，罗伯斯庇尔怀疑埃贝尔派企图采用无套裤汉的计划，准备抢班夺权，而其极端主义的背后甚至可能隐藏着反革命的目的。毫不意外，焦虑不安的雅各宾派与国民公会的其他成员开始后退。1793 年 12 月 6 日，国民公会宣布，一切宗教信仰与崇拜完全自由。[23]

在接下来的几个月里，救国委员会开始召回一部分派到各省镇 284
压反革命活动与“联邦主义运动”的代表。被召回的代表行事肆无忌惮，他们残酷但高效：外省叛乱的城市均被收复，法国西部的反革命活动虽然没有被彻底打败，但也已一蹶不振；前线的军队成功地守住了阵线；甚至经济状况也在逐步好转。革命政府里的罗伯斯庇尔及其同僚担心的是，为了获取镇压行动的成功，特派员犯下的暴行将催生更多敌人，甚至比他们已经消灭的还多。因此，《12 月 4 日法令》——按照新的共和历，应该叫《霜月 14 日法令》（霜月意为“落霜之月”）——赋予救国委员会最高控制权，从中央政府各部到地方各市镇的官员都必须听从委员会的命令。一个中央集权的权威政府诞生了，与革命者在 1789 年所期望的正好相反。这项法令强化了恐怖时期巴黎中央政府机关的专制力量，其目标是控制外省的恐怖统治，削弱巴黎市府的权力，同时将各选区的机构充分吸纳到中央政府之中。中央政权渗透进巴黎各选区的机构、公共空间与建筑中时，并非没有反对的声音，1794 年春就上演了一场凶残的政治冲突。[24]

在《霜月法令》颁布几天后，国民公会与雅各宾派内部的一部分代表开始要求实施更温和的政策，甚至主张立即结束恐怖统治。这些“宽容派”（Indulgents）包括法布雷·德·埃格朗蒂纳和卡米耶·德穆兰。前者创造了共和历，后者正在着手创办一份名为《老科德利埃报》（*Vieux Cordelier*）的新报纸。如同报纸的名称所示，德穆兰在呼唤革命初期科德利埃派的精神——民主与共和。1794 年
285 的科德利埃派截然不同：他们凶残嗜血，充满复仇的欲望，成了埃贝尔派。没过多久，德穆兰与埃格朗蒂纳的挚友兼盟友、强有力的乔治－雅克·丹东加入了他们。这些人都是来自科德利埃区的老科德利埃派成员。3 位代表协力发动了一场运动，在报纸上、在国民公会里、在雅各宾俱乐部中争取更宽容的政策。随之而来的是宽容派与埃贝尔派的激烈冲突。后者以无套裤汉的代言人自居，要求强化恐怖政策，《霜月法令》早已让他们耿耿于怀。于是这场碰撞逐渐演变为一场你死我活的斗争。

救国委员会的雅各宾派领袖们——罗伯斯庇尔和他的两位助手路易－安托万·圣茹斯特（Louis-Antoine Saint-Just）与乔治·库通（George Couthon）——会支持哪一边并不确定。他们怀疑埃贝尔派在准备一场新的起义，而宽容派则有贪污腐败的嫌疑（法布雷已经因一桩经济丑闻被捕）。于是在 1794 年春，他们先后对两派实施打压。首先倒在屠刀下的是埃贝尔派：3 月 14 日，埃贝尔与他的 19 名亲密战友被逮捕，而后他们被审判并于 3 月 24 日被送上断头台。埃贝尔派自称受他们领导的无套裤汉并没有受到震动：各选区机构与中央政府的合并进行得非常成功。群众运动被瓦解了，其激进的领袖现在为国家服务，由国家支付他们薪水，而且限价法令保证了他

们全家的温饱。对他们来说，曾经支持埃贝尔派，对自己的前途、政治原则，乃至生命都可能带来毁灭性的打击。从中央到地方各级机关里残余的埃贝尔派分子遭到全面清洗，其中包括各选区和巴黎市府，这些地方已经被罗伯斯庇尔的支持者控制，并被置于救国委员会的直接管辖下。祸害周边乡村和农民的无套裤汉“革命军”也被解散。宽容派的命运转折发生在 3 月 30 日，这天其成员被逮捕。在革命法庭的审判中，丹东为自己辩护的声音响彻塞纳河两岸。但 286
这毫无作用：4 月 5 日，丹东、德穆兰与法布雷，还有其他 13 名宽容派成员也被送上了断头台。

对丹东及其盟友的处决，标志着恐怖统治的新转向。埃贝尔派至少曾聒噪而且不明智地威胁要发动起义，他们看起来对政府和国民公会构成了真正的威胁。但宽容派并没有，因此处死他们的理由并不那么清晰。法布雷的贪污腐败令罗伯斯庇尔怀疑宽容派的动机，但是宽容派并没有威胁要起义。这些事实意味着，对罗伯斯庇尔及其支持者而言，恐怖统治不再仅仅是共和国自卫的手段。雅各宾派同意恐怖统治是暂时的，但它的最终结果却是难以预料的，没有人知道恐怖统治什么时候才能安全地回归法律与政府的常规形式。罗伯斯庇尔坚信，在“自由”与“专制”的较量中，没有中间道路可以走。“社会保障只适用于爱好和平的公民”，“但这个国家只有共和主义者，没有公民”。按照这种逻辑，不仅是革命的敌人，就连腐败者、对革命漠不关心者、温和派都统统不能饶恕。[25]

对宽容派的清洗，标志着恐怖政策已经从一系列的防御性高压措施，转变成了推行一种严苛正统的政治制度的方式和压制内部不满声音的手段。从此刻开始，它变成了一种由意识形态主导的统治，旨在

“革新”法国社会，将这个国家转变为一个“充满美德的共和国”。

官方对这个重塑人类美德目标的表达体现在至上崇拜节（Festival of Supreme Being）之中，这是一个全新的公民宗教庆典。这个宗教承认神和不朽灵魂的存在，同时也认同各种苛刻的共和主义价值观。现在人人都要接受共和主义价值观，以确保自己能够成为少数具有
287 美德者之一。庆典于1794年6月8日在马尔斯校场上举行。那天恰好是罗伯斯庇尔担任国民公会议长，他带领他的同僚出席庆典。庆典活动是他们制造新公民计划的一部分。新公民的道德观念当中应当消除了旧秩序的痕迹，并且植入了共和主义的牺牲奉献精神。但并非所有人都认同这种政策。一些大胆的人至少敢于抱怨。当罗伯斯庇尔在典礼上扮演新道德秩序的高级祭司时，有人听到雅克·蒂里奥（Jacques Thuriot）低声议论：“看看那个卑鄙无耻的家伙，当了主人满足不了他，他还想当上帝呢。”[26]

造成这种不安的其中一个原因就是新的宗教仪式背后隐藏的逻辑：当恐怖统治变成改变道德观的工具时，没有人知道它什么时候会终止，以及怎样才能终止。至上崇拜节当天还发生了极度讽刺的一幕，在场的所有人都无法忽略。在典礼上，罗伯斯庇尔表示：“即使站在这座祭坛之上，我们脚下的土地没有一处不是染满无辜者的鲜血的。”这句话暗指1791年7月17日政府对共和主义请愿者的大屠杀。而“充满美德的共和国”自身存在的终极保证者却是断头台。至上崇拜节极力回避这个可怕的事实：这件执行死刑的工具这天放假，被人用布遮盖了起来。此外，在庆典的第二天，这种讽刺又体现在了空间上，断头台先是被搬到安托万广场（即巴士底狱旧址），而后在1794年6月14日又被移至巴黎城最东边的倾覆王

座广场即现在的民族广场）。至上崇拜节在首都的最西边举行之后，首都的另一端即将处决大批死刑犯。似乎这个节日的乌托邦梦想不能被鲜血玷污，但一直以来革命都是靠鲜血推动的。[27]

新道德与断头台之间的关系很快被写入了法律。《牧月法令》 288
（牧月22日，即1794年6月10日颁布）大大提高了革命法庭的工作效率：被告人不允许拥有辩护人；叛国罪的定义范围急剧扩大；如果没有真凭实据，陪审团可以根据“道义上的证据”定罪；判决只能是死刑或无罪。以上措施规范了雅各宾派危险而又狭隘的“具有美德的”公民的概念。断头台的运转速度也在不断提升。自1793年3月开始的15个月里，革命法庭共判处1 251人死刑，平均每天有3个人被推上断头台；而事实上，更多的人被无罪释放。但《牧月法令》颁布之后，巴黎进入了恐怖统治最后、最血腥的6个星期。这段时间里，1 376人被判死刑，平均每天30人被斩首。大街小巷突然安静了许多：能用得起马车的人本来就少，现在这种炫富的行为更是要避免。报告称，人们在结队游走，或者与左邻右舍交谈、打趣时，都变得小心翼翼。墙上涂满了政治口号，特别是“自由，平等，死亡”这样的字眼。按照法律的最新规定，廉价公寓的入口处必须公示房客的姓名，目的是为了方便监视进出巴黎以及在这座城市周边活动的所有人。巴黎的市民极力避免奢侈的行为，出行时都刻意穿着邋遢的衣服，什么时候都不忘佩戴政府规定的三色帽徽。[28]

然而，“恐怖体制”本身是依靠人性的弱点来维持的。人们精疲力竭、焦虑不安，他们铤而走险，并且深知失败的代价是死亡，这些都带来了大量的负面效应。先前已有的政治分歧在这种高压下变得更加尖锐，甚至在革命政府的核心圈子中情况也是如此。成为

289 救国委员会的一员，意味着要日复一日地参与一系列吃力不讨好的政治活动。罗伯斯庇尔本人对这种令人窒息的政治氛围的体验最为深刻。快速浏览这位“不可腐蚀者”过去几个月的政治生活地图，你就会发现他和他的同僚有多么繁忙，他们活动的范围有多么局促。[29]

1791年7月的马尔斯校场大屠杀之后，罗伯斯庇尔和富有的木工师傅莫里斯·迪普莱（Maurice Duplay）一家共同居住在圣奥诺雷街366号（现在是398号）。这条时尚的街道以华丽的住宅闻名，但罗伯斯庇尔坚持他严苛朴素的作风，并没有在华丽明亮的屋子里逍遥度日。迪普莱一家属于严格意义上的中产阶级，莫里斯·迪普莱本人是一位勤奋的木工师傅，他白手起家，办起了自己的生意。现在他手下有一些雇工、学徒和短工。这个家庭也足够富裕，雇用了几个仆人。后来设计推翻罗伯斯庇尔的政治家保罗·巴拉斯（Paul Barras）曾拜访迪普莱家，他穿过马车入口处时，旁边的墙壁上倚着一块块厚重的木板，这些都是莫里斯木工生意的原材料。在庭院里，莫里斯的一个女儿正在把洗好的衣服晾成一排，她的母亲也坐在院子里，脚边放着篮子和沙拉盘，正忙着择菜。2名正在休息的警卫在和母女俩闲聊。对于喜欢舒适生活的巴拉斯来说，眼前这一幕足够让他恶意评论一番，但对罗伯斯庇尔来说，这里的环境氛围正好符合他心中对道德高尚的工匠家庭的想象。迪普莱一家住在庭院边上的两层小楼里，罗伯斯庇尔的起居室就在这座小楼一楼的右侧，旁边是一条木质的户外楼梯。罗伯斯庇尔的房间摆设简朴，旁边是一间小小的盥洗室。毫无疑问，这个朴素的房间唤起了罗伯斯庇尔的共和主义的美德观。也许我们在这里能得出一个最为重要的观察结论，法国最有权势的大人物之一曾在短时期内居住在一个

劳动者家庭简朴的房间里。这个国家在摆脱凡尔赛时代的繁文缛节 290
与迷人奢华的道路上挣扎了很长时间。[30]

在他叱咤风云的那段日子里，罗伯斯庇尔每天早上都会离开迪普莱家（如果前天晚上他能回到那里休息的话），沿着圣奥诺雷大街步行大约 10 分钟，前往东边的杜伊勒里宫。最为重要而且令人印象深刻的是，他严守自己的原则，拒绝卫兵保护。在他看来人民的代表必须平易近人、诚实坦率、谦逊朴素，而不是被武装的卫兵前呼后拥。杜伊勒里宫本身在国民公会迁入后也发生了巨大变化。中央钟阁（Pavillon de l’Horloge）——现在被称为团结楼（Pavillon de l’Unité）——的圆形屋顶上，铁架子支起来了一顶巨型的弗里吉亚红帽；在它之上还竖着一面 10 米高的三色旗。在它的两边，马尔桑楼（Pavillon de Marsan）上被装饰上了“自由”的字样，另一边俯瞰塞纳河的花廊（Pavillon de Flore）上写着“平等”。[31]

除了向路过的人宣传新秩序的标识和口号，已改名为国家宫的杜伊勒里宫同时也（不那么明确地）宣布，从前王室的宫殿现在成了共和国的政治中心，而且正是人民代表的所在地。罗伯斯庇尔身着齐膝短裤、戴着假发，整个人干净整洁。他径直向着花廊——或者说平等楼——走去。宫殿门口正在大炮边执勤的卫兵们向他致意，之后罗伯斯庇尔沿着古老的王后阶梯走进一间房间，房间的镶木地板上铺着豪华的哥白林地毯，四周布置的是路易十六在一年前遗留下来的各种家具。罗伯斯庇尔与他在救国委员会的同僚会利用国民公会开会前的几个小时在这个房间里会面。之后委员会的全体成员从这里出发，在杜伊勒里宫中穿行，去往会议厅。他们将在那里为
政府的现行政策辩护，必要的时候还会以先发制人的方式阻止某些 291

代表的政治叛逆。

杜伊勒里宫的事务结束之后，罗伯斯庇尔每天晚上都会大步流星地返回圣奥诺雷街，径直前往雅各宾俱乐部——今天圣奥诺雷市场的位置。在俱乐部里，他向自己忠诚的支持者宣传自己的观点与政策，争取他们的支持，驳斥敌人和批评者的抨击。但他依然不能休息：罗伯斯庇尔之后还要再次回到平等楼，与他的同僚一起起草委员会政令、等待来自前线和外省的消息，以及回复收到的情报。这种每日的会议持续到深夜，因为传递前线消息的骑手通常都在凌晨时分到达。所有疲于奔命的委员都有行军床，以便他们能趁着空闲休息。[32]

于是，在那段风云激荡的岁月里，罗伯斯庇尔的生活就被限制在这方圆不超过 500 米的范围内。每天都是令人精疲力竭的例行工作：制定政策、立法、辩论、筹谋、组织、动员及应对危机。罗伯斯庇尔的经历并不完全等同于其他委员，但反映出了承担政府职责的委员遭受的煎熬。他们殚精竭虑，不少革命者以酗酒的方式来放松，当然罗伯斯庇尔不在其中。外人有时以激烈的方式闯入这个高压的世界。5 月 23 日，一位名叫塞西尔·雷诺（Cécile Renault）的女子据称企图刺杀罗伯斯庇尔，当时她正在寻找罗伯斯庇尔，想看看“这个暴君到底长什么样子”。警卫人员在搜查她的篮子时发现了 2 把小刀。塞西尔旋即被捕，随后经审讯被处决。一位名叫阿德米拉（Admirat）的男子与她命运相同。阿德米拉带着 2 把手枪在国民公会等待时机射杀罗伯斯庇尔。然而这位雅各宾领袖那天碰巧走了一条不同的路线，阿德米拉的刺杀计划失败，
292 沮丧地返回家中。代替罗伯斯庇尔挨枪的是阿德米拉的邻居科

洛·德布瓦（Collot d'Herbois），他是罗伯斯庇尔在国民公会的同僚之一，但幸运的是阿德米拉的2把手枪都射不出子弹，德布瓦因此逃过一劫。之后便是一场血腥的大屠杀：雷诺、阿德米拉和另外52名嫌疑犯身穿标志着叛逆罪的红色衬衣被推上断头台。这场大型处决揭示了政府在它精疲力竭的工作中，在对"诽谤、叛国、纵火、投毒、无神论、腐败、饥荒、暗杀……难以停止的暗杀、前赴后继的暗杀、永无止境的暗杀"（罗伯斯庇尔所言）的持续恐惧中，正日益滑向暴力的深渊。[33]

以上两起刺杀事件促成了《牧月法令》的诞生，法令将大大提高革命法庭的效率。罗伯斯庇尔恰巧就住在通往断头台的那条街上。对所有罪犯来说，他们走向断头台的第一步是从各自所在的监狱转移到西岱岛上的巴黎古监狱，这座监狱就在司法宫的下面。到了被提审的时候，每个犯人都会走上通往楼上革命法庭的阶梯。法庭就设在从前高等法院的议事厅，这个地方已经撤去了昔日的王权标志与奢华装饰，只剩下一个涂成白色的空壳。印着红、蓝、白三色条纹的墙纸让这里看起来稍微不那么简陋。如果被判有罪，这些犯人会在当天或者第二天被处决：他们的头发被剃短，衣领被裁掉，双手被反绑，随后被塞入停在五月树庭院的马车里。囚车将穿过塞纳河，沿着圣奥诺雷街行驶很长一段距离，沿途会有成群的，而且通常是沉默不语的围观群众。不管是自监狱开始的游街示众，还是随后快速、机械的处决，都是共和国对其敌人复仇剧本的一部分。不过当囚车经过迪普莱家的住宅（就在这场死亡旅途终点的不远处）时，罗伯斯庇尔的房子往往会触发人们的强烈情绪。1794年3月24
日，当天在场的刽子手夏尔-亨利·桑松（Charles-Henry Sanson） 293

声称，当3辆运送埃贝尔派成员的马车经过迪普莱家时，“群众热烈地高声欢呼，仿佛在感谢罗伯斯庇尔为法兰西清除了所有像埃贝尔那样无法无天的流氓恶棍”。几天之后，被缚的丹东从迪普莱家门前经过时，据说他曾愤怒地吼叫：“我会拖着罗伯斯庇尔一起上路的；罗伯斯庇尔马上就会和我一样！”[34]

犯人们被送到革命广场中央的断头台斩首，之后尸体被拉到北边马德莱娜墓地的乱葬岗，然后撒上一层生石灰。由于夏季天气炎热，革命广场上横流的鲜血很快变得腐臭难闻，于是就像前文所提到的那样，断头台被搬到了倾覆王座广场。从此以后，断头台的牺牲者们就葬在宽大的比克布斯墓地，那里至今依然是死者的安息之所。[35]

在这种令人疲惫不堪、恐惧四处蔓延的环境中，相互猜忌、政治分歧与权力纠纷让政府内部日趋分裂。颇感委屈的治安委员会指责权力更大的救国委员会干涉警务。同时，私人恩怨日益加深。1794年6月26日，法军在弗勒吕斯（Fleurus）击败奥地利军队，对外战争取得了决定性的转折，国民公会中温和的平原派对继续实施恐怖统治表示质疑。在街头、工场和咖啡馆里，公众情绪复杂，既对未来充满了希望，又对当下充满了恐惧。在这种氛围中，罗伯斯庇尔的对手们开始联合。他们当中有被从外省召回的特派员，有渴望复仇的恐怖政策的幸存者，有被处决者的亲朋好友，有愤怒的治安委员会成员，以及害怕成为下一个替罪羊的温和派成员。6月中旬，罗伯斯庇尔与救国委员会的军事负责人拉扎尔·卡诺（Lazare Carnot）之间发生了一场激烈的争吵，后者曾指责罗伯斯庇尔妄图独
294 裁。罗伯斯庇尔怒气冲冲地离开国民公会，在接下来关键的5个星

期里，他缺席了救国委员会和国民公会的所有会议，仅仅出席雅各宾俱乐部的聚会，这显然是几个月的高压导致的生理与心理双重崩溃的症状。当罗伯斯庇尔最终回归战场时，他的各派敌人正在积蓄力量。7 月 26 日，罗伯斯庇尔犯下了一个致命的错误，他向国民公会建议进行新一轮清洗，但没有明示针对谁。这天晚上，各个阵营的国民公会代表都担心自己成为下一个目标，于是他们结成了不光彩的同盟。[36]

第二天，当罗伯斯庇尔准备发言时，政变开始了。7 月 27 日（热月 9 日），在一场剑拔弩张的会议中，国民公会投票逮捕罗伯斯庇尔及其在委员会中的亲密伙伴。雅各宾派领导人来到市政厅避难，巴黎市府依然掌握在罗伯斯庇尔任命的官员手中，虽然他们拒不同意将雅各宾派的领导人关进巴黎拥挤的监狱中，但巴黎 48 个选区只有 13 个选区派出国民自卫军去保卫雅各宾派领导。此前无套裤汉的领袖被清洗后，这一派势力便陷于沉寂，他们所在的选区厌恶限制工资的政策，现在他们最好的表现也就是持观望态度。甚至连驻扎在沙滩广场上的国民自卫军也因政治立场动摇而选择撤退，取而代之的是忠诚于国民公会的部队。次日，罗伯斯庇尔与他最亲密的盟友，包括圣茹斯特在内，统统被送上断头台。被逮捕时罗伯斯庇尔的下巴还被宪兵的一颗子弹打碎了。尽管所有人（特别是那些组织反罗伯斯庇尔政变的热月党人）对大革命的走向依然不清楚，但所有公民与官员都期待着一个正常的时代、一个立宪政府的时代能最终到来。

不论在城市建筑方面，还是革命与民众的关系方面，巴黎在大革命时代的经历与革命时代的纽约和追求政治改革时代的伦敦都大不相同。纽约经历过革命与战争带来的恐怖与兴奋。我们在前文中已经看到，纽约人曾经有过几段极为紧张激烈的时期，那是革命与战争的动员深入了每个街区、每条街道之中。在新共和国建立的过程中，城市景观的变化忠实地反映了政治体制的转变。我们将看到，伦敦也将迎来一场波及整座城市的民众激进主义运动，它将把最边缘地带的志同道合者也吸引到其中。但两座城市的环境都没有经历巴黎那样的变化。

巴黎战时总动员的程度更为深入，同时巴黎人热切地期望建立一套全新的共和秩序，二者的结合导致 1793—1794 年间大革命在物理空间方面给巴黎带来了极为剧烈的转变。这让我们回想起 1775—1776 年的纽约，但外敌入侵与内部叛乱的双重压力，让巴黎革命在深度和广度上都比纽约激烈得多。两座城市经历的不同反映了美法两国革命的区别。事实证明，独立战争结束之后，美国人迎来了一段和平时光，他们能够建立起一套崭新的共和宪政体制，而且这项伟大的工程与国家的战后重建工作同步展开。纽约在 1783—1790 年间的发展很好地展现了这一点。法国大革命就没那么幸运了，法国人只能期待用于巩固新共和国秩序的和平时代不要来得太晚。这个国家必须在同一时期完成几件大事：在各条边境线与公海上为共和国的生存而战；镇压西部地区的反革命叛乱；应对令人绝望的经济
296 危机；最后，还要在国内多个地区迎接全面内战。正是由于以上原因，法国革命者从不佯称高压机构和公众动员只是紧急状态下的措施，而实施这些政策的政府无疑是完全非宪制的政府。

显然，由恐怖政治引发的冲突——中央权威政府与民众运动间

的冲突、争夺群众运动领导权的各派别间的冲突——将刻进这座城市的建筑和空间中。中央政府、无套裤汉及其他敌对势力与组织在争夺革命的领导权，以及在此过程中争夺对城市的街道、政治活动地点、重要政治位置的控制权时，巴黎的地形也在某种程度上影响了革命的进程。各派势力、集会、冲突与辩论向城市的各个角落扩散，它们扎根于礼拜堂、修道院、教堂、办公室、军营和大楼，这些也是巴黎的民众体验革命的真实方式——此外还有饥饿、焦虑、畏惧、恐慌、希望与兴奋。

235

第十一章

激进的伦敦：民主派与效忠派的对抗

（1792—1794 年）

297 当巴黎在动乱中从君主立宪制向共和制转变时，伦敦也体验了一段与法国首都在各方面都极为相似的经历：激进、大众政治的传播、政府的严厉镇压与群众的暴乱，以及战争动员。这些事件都发生在城市的公共空间，但结果却大不相同，最突出的一点就是伦敦避免了革命的爆发。而这部分是争夺政治、文化活动场所控制权的结果，最重要的场所之一便是城市的酒馆。酒馆是伦敦劳动人民的社交场所，这里成了动员全城工匠与劳工参加要求改革的政治运动的重要场所。这些酒馆的功能类似于巴黎的大众社团网络。因此，
298 在这个英国民主制度发展史的混乱时代里，酒馆成了政治辩论和冲突的场所。

在伦敦全城范围内组织一场激进主义改革运动的设想来自一位成功的苏格兰鞋匠托马斯·哈迪（Thomas Hardy）。1792 年 1 月一个冰冷的夜晚，哈迪做完了手头上的活计，走进埃克塞特街（Exeter Street）的贝尔酒馆（Bell Tavern），这家酒馆旁边就是河岸街。他来这里是为了和一帮工匠老伙计见面，会面地点事先也经过了慎重的选择。哈迪十分信任酒馆店主罗伯特·博伊德（Robert Boyd），“据我所知，他是自由的朋友，非常欢迎这样一个团体在

他的酒馆里聚会”。今天的老贝尔酒馆位于埃克塞特街与惠灵顿街（Wellington Street）交会路口的西北角，建于1835年，该酒馆的一部分就建在18世纪贝尔酒馆的旧址上。埃克塞特街是一条不起眼的民巷，巷子西边很窄，整条街上都是三四层的砖楼，楼里住着工匠、商贩和他们的家人。这些人辛勤工作，正是哈迪想要招募的对象，当然他的雄心是把全伦敦的劳动人民都吸引过来。贝尔酒馆所在的位置十分隐蔽，南边是繁华喧闹的河岸街，北边是人流如织的科文特花园，周围混杂着市场的货摊、妓女、醉汉，还有成群结队的戏剧、音乐爱好者，这些人经常去德鲁里巷（Drury Lane）的剧院，或者科文特花园广场的皇家剧院（Theatre Royal），又或者是埃克塞特球场（Exeter Court）下面的英格兰歌剧院（English Opera House）。贝尔酒馆藏在热闹的市井生活中，对所有哈迪要见的人来说都是个方便的会面地点。除此之外，哈迪舒适的住所和店铺就在皮卡迪利街9号，离酒馆很近，他可以很方便地步行一小段路回家。1792年1月23日星期一，哈迪与其他8名伦敦的工匠在酒馆里碰头，哈迪
回忆道，他的朋友们“结束了一天的工作”，“像通常那样找了间 299
酒馆放松”。[①]用过晚餐后，他们靠在椅子上休息，有的人噙着长烟斗吞云吐雾，有的人举起锡制的大酒杯，痛饮棕啤酒或深黑色的波特啤酒。“之后便是谈话，”哈迪后来记载道，“我们相互慰问，因为每个人的生活中都充满痛苦与不幸，我们相信，正是因为在下议院中缺少公正、平等的代表，我们才落到如此境地”。[②]这场聚会并非纯粹为了发泄情绪，与会者决定为此做些什么。

哈迪对当时改革家的作品十分着迷。1774年，他带着从祖父那里学来的手艺，离开苏格兰来到伦敦，当时他的口袋里只有18

个便士和几封介绍信。哈迪靠制作靴子发家，不到10年工夫他就在皮卡迪利街上开起了自己的店铺，还雇了五六名工人。和许多思想进步的英国人一样，他也被关于美国革命的讨论吸引，而且读了许多当时伦敦宪法知识会散发的政论小册子。1791年11月—12月，哈迪在闲暇时重新阅读了这些资料，并增添了更多的内容。“事情显而易见，”哈迪在1799年回忆往事时这样写道，“议会急需一场激进的改革”。问题在于如何实现改革的目标，但1793年1月哈迪便有了答案——发动一场真正的群众改革运动。这场运动要超越约翰·威尔克斯（过分注重自己全民偶像的形象）、宪法知识会和伦敦革命协会（要么精英主义思想严重，要么受地理因素制约）领导的所有抗议运动。在温暖、闪耀着烛光的酒馆里，哈迪的朋友仔细听取了他在全城范围内组织大众广泛参与的社团的宏伟计划。经过讨论，他们决定将新组织命名为“伦敦通信会”（London Corresponding Society）。这个名字“最能表现组织的宗旨，即联络
300 所有希望进行改革的个人和团体，并通过各种通信方式竭力在全国范围内收集相关的观点和感想”。这其中没有任何与革命相关的因素：哈迪清晰意识到“全国大多数人的无知与偏见”是改革运动最大的障碍。伦敦通信会将“尽最大可能扫除这种无知与偏见”。③

与会的8名工匠都在协议书上签了名，哈迪则将会员证明分发给大家，之后他被选为通信会的干事兼财务主管，掌管着总金额为8便士的会费。不过这笔资金会随着通信会规模的扩大而增长。每个星期一晚上，通信会成员都会在贝尔酒馆会面。到第三次会议时，通信会已有25名成员，包括一位名叫莫里斯·马格罗特（Maurice Margarot）的律师，他的父亲是一位酒商，当年与约

翰·威尔克斯颇有交情。通信会开始联络全国志同道合的组织，包括宪法知识会，哈迪重新与宪法知识会联系是为了请对方协助起草通信会宣言。宪法知识会的约翰·霍恩·图克（约翰·威尔克斯的前盟友）与托马斯·潘恩都答应出手相助。通信会的首份宣言发表于4月2日，宣言写道："作为个体的人被赋予了自由，这是他与生俱来的权利"，如果不能参与到国家政府之中，"任何人都不能真正说自己是自由的"。宣言在结尾时郑重承诺："本通信会痛恨任何形式的骚乱与暴力。我们的目标在于改革，而非煽动无政府主义。理性、坚定与团结是我们唯一的战斗武器。"在发展过程中，通信会开始与其他几个积极招募工匠、商人和手工业者会员的激进改革团体联手，其中比较有名的是规模令人惊叹的苏格兰的人民之友社（Societies of the Friends of People）和谢菲尔德宪法知识会（Sheffield Society for Constitutional Information）。与它们的前辈相比，这些社团在大众政治化的道路上走得更远。甚
至以中产阶级为核心的宪法知识会也开始广泛地吸纳会员。根据 301
警方密探的报告，伦敦通信会在会场上出售并朗读托马斯·潘恩的《人的权利》，他们是如此信奉民主的精神。[4]

伦敦通信会的成功还要特别归功于它的组织方式，它成功地跨越了大都市的广阔空间，将分布在整个城市的各个聚点团结起来。通信会的每个支部理论上应当有30名成员，当任何支部的成员超过46人时，多出来的16个人要分离出去，另组一个新的支部。随着时间的推移，通信会最终发展出了60个支部，不过它们并不同时活动。每隔3个月，每个支部就要各选一名代表组成通信会总务委员会。总务委员会每个星期四晚上召开会议，其职责相当于通信会的

中央执行委员会，委员们负责回复通信、管理财务、协调各支部的关系。这套组织机制让伦敦通信会扎根于地方社区（因为其成员总是在社区的酒馆里会面），同时又将各支部连成了遍布整个城市的网络。[5]

总务委员会的工匠代表每周在贝尔酒馆聚会，他们正在群策群力，准备组织一场全城规模的运动。这场运动将攻克伦敦城市急剧扩张造成的问题，克服距离遥远的阻碍——在这座“交通以步行为主”的城市里，遥远的距离可能阻碍志同道合的人们组织一场全伦敦范围的运动。他们投入的是英国的重大事件，但眼光却没有局限于国内。他们从法国大革命的一系列事件中汲取灵感，同时坚决否认英国自身需要这样一场动乱。哈迪后来表示，虽然民主是伦敦激进派与巴黎无套裤汉的共同目标，但是英国 17 世纪
302 的革命已保障了英国臣民的基本权利和自由，法国却是刚刚开始。一位激进主义者后来说：“我们成为‘人’的时候，他们还是奴隶。”所以，法国大革命——它的平等主义、人权观念和以自由之名反抗欧洲专制权力的斗争——是鼓舞人心的事情，但并不是值得仿效的范例。[6]

弗朗西斯·普莱斯（Francis Place）是伦敦通信会的成员，他后来回忆道，通信会是“有史以来教学质量最好的学校”。通信会通过向每个会员收取每周 1 便士的费用、精心选择聚会地点，实现了他们的教育目标。正如哈迪的记述：“通信会接受来自所有教派的工人和商贩……他们当中有许多未婚男子，在工场里干完一天活后就去酒馆里，先吃晚饭，然后给自己来上一品脱或一大罐啤酒，抽两管烟，接着讨论一下当天的新闻。”换句话说，酒馆是工匠自然的

社交场所。一个名叫肯尼迪的警方密探在1792年11月的报告里罗列了伦敦通信会各支部的集会地点，当时有16处，包括王冠与蓟酒馆、格兰比侯爵酒馆、黑狗酒馆、太阳酒馆、三条鲱鱼酒馆、王冠酒馆、红狮酒馆、雄鸡酒馆等。它们证实，伦敦的酒馆是经过选择的集会场所。通信会支部这样分布的一个原因是要解决空间有限的现实问题。虽然许多小旅店与酒馆楼上有可供集会的房间，但不是所有的酒馆都能容纳这么多人。老会员们回忆，当时他们有的抽烟，有的举杯痛饮，地板上到处散落着小册子，人们热烈地讨论着政治问题。数以百计的工匠讨论、参与改革，加入委员会，他们筹钱帮助被政府逮捕的同伴，给为民主与自由而战的法国军队提供军鞋。 303
对工匠来说，这些都是新鲜事物。[7]

实际上，伦敦通信会的会员人数从未如哈迪期待的那样多：积极会员的人数在250—3 500之间波动。但与此同时通信会还拥有更为广泛的支持者，他们不定期地参加集会。在通信会发展的鼎盛时期，每周的会费收入高达50英镑，按每人1便士计算，这意味着有1.2万人参与了例会。与拥挤的大都市里的100万人相比，这个数字显得微不足道。然而，当通信会举行露天集会时，特别是在经济萧条时期，成千上万的市民都被吸引过来。更重要的是，通信会代表了政治上的突破：它是伦敦第一个志在招募城市工人为会员的政治组织。评估会员的组成非常困难，因为只有347人的职业是真正确定的，他们似乎证实了一位通讯社领导人的论断，即“会员主要是店主、工匠、技工和劳工”。出身中产阶级的会员不在少数，但他们都是当时在政治上没有选举权的人，包括医生、律师、书商，还有一位拍卖商。即便如此，通讯社的领导集团依然有一半以上是工匠，这意味着他们不再只是简单地听从中产阶级改革者的领导或围绕在约翰·威尔克斯这样的著名人物周围。这无疑是巨大的突破。在整个 1792 年间，法国大革命的激进化与暴力化令精英阶层和中产阶级的改革者十分恐惧，他们放弃了政治改革的事业，然而，伦敦通信会的事业才刚刚开始，至 1792 年年底，它的支部已经发展到 30 个。⑧

1792 年 4 月 2 日，伦敦通信会的首篇公告刊登在激进派报纸
304 《百眼巨人报》(*Argus*)上，通信会也由此进入公众视野。不过名字出现在报纸上的只有哈迪一个人。有不祥的预兆显示，大众激进主义运动将面临重重困境。通信会的其他成员都不愿在公告下署上自己的名字，哈迪承认，有些“为贵族服务的人害怕被解雇”，有的“害怕失去顾客”。马格罗特拒绝签名是因为他想在伦敦城的商人那里找份差事。⑨

伦敦通信会值得尊敬，它反对暴力，成员受过教育，它支持改革而不是革命，是大众社团但观点温和，它反复强调自身不会威胁现存社会秩序，除了议会改革并不要求其他的政治变动。但精英阶层并不相信这种说法。查尔斯·詹姆斯·福克斯领导的辉格党反对派组织了人民之友社，会费高达两个半几尼。社团成员查尔斯·格雷(Charles Grey)爵士宣布要向议会递交一份实行温和改革的议案，结果得到了伦敦与各郡大众激进派的热烈支持，这让福克斯等人极为窘迫。与危机时期的其他温和派一样，辉格党腹背受敌，一边是铺天盖地的保守主义，另一边是大众激进派的政治动员。辉格党既不能战胜保守派，又不能让激进派保持克制。托马斯·潘恩《人的权利》的第二部分向读者描绘了一个消灭了贫困之后的平等

世界，这一部分出版后，英国政府开始加强管控。1792 年 5 月 21 日，政府发表反对煽动性作品的《皇家宣言》，号召全体忠诚的臣民抵制颠覆活动，要求治安法官把创作、印刷和传播“煽动性作品”的人找出来。同一天，英国政府向潘恩发出了传票，以煽动罪的名义要求他出庭受审。在开庭之前，潘恩得知自己在法国的名声已为他赢得了国民公会的一个席位，《人的权利》的作者决定逃亡。 305
9 月 14 日黎明时，潘恩在多佛港登上了横渡海峡的客轮，留下了码头上谩骂与威胁他的暴徒。[10]

以上发生的一切令辉格党温和派改革家止步不前，但伦敦通信会果断发起了反抗。5 月 24 日通讯社总务委员会认定《皇家宣言》有意“让社会各阶层人民对某些（政府认定的）邪恶的、过激的和煽动性的作品产生恐惧和偏见”。通讯社加强了与宪法知识会之间的联系，并写信联系对方，准备联手组织一场反对《皇家宣言》的抗议活动。潘恩逃亡前，协会曾为他筹集辩护费用，此外还和全国各地的其他改革团体取得联系，邀请它们联名签署一篇致法国国民公会的公告。[11]

激进派在其他方面也遭受了沉重的压力，其中最重要的是对城市公共空间控制权的争夺。政府一方的治安法官负责签发酒馆与旅店的营业许可证，他们很清楚自由进入公共会议室对伦敦通信会的行动至关重要。他们针对这一点开始了行动。很快，伦敦的酒馆一家接一家地拒绝接待工匠改革家。1792 年 6 月 7 日，通信会总务委员会抱怨治安法官对“妓院、剧院，以及光天化日下发生的抢劫的场所”不闻不问，偏偏急着去“对付无害的酒馆，威胁如果他们准许清醒、勤劳、可能讨论政治问题的技工进入酒馆，就吊销他们的营业许可证”。整个英国有上百家酒店的老板被迫屈服，答应如果发现任何“叛国与煽动活动”就立即向当地的治安法官报告。哈迪后来描述了通信会受到的冲击（单词的拼写方式均根据原文）：

306 迄今为止，他们的警告很有效果，所有酒馆、咖啡馆都拒绝接待通信会的支部，只因为他们正致力于推动议会改革……整个国家的骚动和混乱大大扰乱了伦敦通信会的运行。许多会员都害怕了，他们逃往全国各地，有的甚至逃到了美国。另外一些人，之前主要的演说家都躲到了角落里或地洞中，人们再也没有见过他们……但依然有少数人忠实于最初的原则，决定坚守。他们花费大笔资金租下私人住宅和拍卖的房子。会员们现在每周要支付双倍的会费，但他们勤奋努力的程度也同样翻了一倍。[12]

更糟糕的是，伦敦通信会刚刚被排挤出酒馆，这个公共空间就被新的敌人占据了。他们仗着政府当局的庇护，接掌了通信会的基地。这些改革的敌人以“保卫自由与财产、反对共和派与平等派协会”（Association for the Preservation of Liberty and Property Against Republicans and Levelers，也称里夫斯协会）的名义活动。该协会的创建者是纽芬兰的前首席法官、时任英国政府主计大臣约翰·里夫斯（John Reeves）。里夫斯十分忧虑，他认为存在一场预谋颠覆现存秩序的、跨海峡的阴谋，他表示那是“一套成体系的预谋，法国早就采纳并已开始行动，国内的叛徒也参与其中……

他们企图推翻法律、宪法、政府及所有世俗、宗教机构”。[13]实际上这场阴谋根本不存在，但对那些愿意相信这种阴谋论的人来说，伦敦通信会和其他激进组织——以及法国在欧洲战场上的行动——确实提供了口实。

英国各激进社团给法国国民公会写联名信的活动最初由伦敦通信会发起，这是他们对压制“煽动性作品”的《皇家宣言》做 307
出的反击。其目的是安抚法国，因为法国革命者或许会认为整个英国都对巴黎局势的激进化怀有敌意。通信会也希望成千上万人的签名能够展示公共舆论的力量，反对政府当局的进一步压迫。联名信由马格罗特执笔，在英国其他主张改革的社团之间传阅，曼彻斯特、诺里奇（Norwich）与伦敦辉格宪政会（Constitutional Society）的激进主义者都在上面签了名，签名人数多达 5 000。1792 年 9—12 月间，包括宪法知识会在内的其他 11 个团体也向国民公会表达了致意。11 月 7 日，这篇由伦敦通信会带头签署的联名信在法国国民公会中被公开朗读。联名信表示支持法国人抵抗入侵他们祖国领土的“外国强盗”，并承诺将竭力让英国在这场冲突中保持中立，联名信还肯定地告诉国民公会，政治觉醒的浪潮正在英国涌动：

> 一种充满压迫的控制体制束缚着我们，它正缓慢但一刻不停地将这个国家有名无实的自由蚕食殆尽，而后把我们带入被奴役的境地，而你们则刚刚光荣地摆脱了奴隶的地位。数以千计的英国公民义愤填膺，他们勇敢地大踏步前行，准备把祖国从懈怠的掌权者造成的耻辱中拯救出来……虽然和你们相比，

> 我们的人数依然太少，但法国人民请放心，每天都有更多的人加入我们……现在人们都在讨论自由到底是什么，我们有什么权利。法国的人民，你们已经赢得了自由，英国人民则正在为迎接自由做准备。[14]

这封信并没有表示一定要在英国发动革命，但其模糊的语句透
308 露着危险，国民公会宣读联名信的时间也十分不利。在6个星期之前，法国成了共和国，国民公会即将对国王路易十六进行审判。不仅如此，11月19日，法军在瓦尔密和热马普取得重大胜利后，被胜利冲昏头脑的国民公会颁布了《博爱法令》(*Edict of Fraternity*)，承诺“给一切渴望恢复自由的人以博爱和援助”。虽然联名信在时间上早了几个星期，但局势瞬息万变、令人惶惑不安，在法国共和主义的背景下，英国政府从联名信里读到的不是实施英式改革的企盼，而是弑君与世界范围的革命。像“法国的人民，你们已经赢得了自由，英国人民则正在为迎接自由做准备”这种充满歧义的句子，似乎是在明确地宣示革命的愿望。法国驻伦敦大使馆现在任务艰巨，大使们不得不竭尽全力避免两国关系彻底破裂。他们尝试安抚白厅，表示《博爱法令》并不适用于英国。[15]

在英法两国之间的外交关系日益紧张，英国激进主义者似乎正在促进法国大革命在英伦三岛上的传播之时，里夫斯领导的效忠派社团于1792年11月20日召开了第一次会议，地点在河岸街的王冠与锚酒馆［今天阿伦德尔街(Arundel Street)的街角］。协会事先没有进行公共宣传，也没有分发什么小册子，里夫斯本人

也是首次组织这样的活动。然而这个协会很快便得到了小皮特为首的英国政府的支持。小皮特支持该协会的原因在于，他正确感知到公众当中涌动着反对法国大革命与激进主义的情绪，这些情绪需要合理的途径来疏导。这次会议的场地选得很好，如果激进派能使用酒馆的会议室，那效忠派也同样可以。如里夫斯所说，他的目标是通过联合所有“善良的人们”，对抗英国激进主义者的 309
组织与宣传，“既不是逼停，也不是摧毁，而是维持现状”。里夫斯表示，现在正是千钧一发的时刻，“肆意妄为与煽风点火的行为已经达到了一个高潮，叛国者与暴徒看起来已经占据了上风”。11 月 23 日，也就是首次会议的 3 天之后，里夫斯在报纸上发布了一则公告，这为他的协会赢得了全国各地乡绅、治安法官和教士的支持。在这些人和政府的协助下，以许多有产人士作为支柱，该协会的规模迅速扩大。在伦敦城，市长与伦敦同业公会于 1792 年 12 月 6 日表达了对里夫斯协会的认可——这足以证明法国大革命与激进主义已经把这座曾经反叛的城市推向了政府的怀抱。效忠派遍布全国的关系网被用于进行反激进主义宣传，宣传材料当中包括汉娜·莫尔（Hannah More）的作品。汉娜·莫尔是最为了解劳动阶级的作家之一，她在 1792 年创办了《乡村政治》（*Village Politics*）期刊。莫尔主张唤起民众的宗教感情，并将英国性与现行的政治和社会秩序联系在一起。她的文章语言直白、通俗易懂，她强调英国人所享有的公民自由的益处，并将之与正处在“前所未有的无政府与信仰缺失状态”的法国进行对比。[16]

各地区的效忠派协会均由当地的名人显贵领导，在伦敦，领导则由经常对手下的工人耳提面命的雇主担任。一位墙纸生产商将自己的工人与仆人都组织到了一个效忠派协会的分部之中，并告诫他们要“当一个善良细心的臣民”，以展示他们的忠诚。正如里夫斯所言，他的协会成立的最初目标之一是“鼓励城里的人们在不同地点组织相似的协会”，理想情况是伦敦城、威斯敏斯特
310 与萨瑟克拥有较大规模的协会，并且得到“周围较小协会的支持和配合”。事实上，不久之后伦敦城就宣称它下辖的每个区都有了自己的协会组织。在威斯敏斯特，每个区协会都派遣了一名代表组成中央委员会，而委员会直接听命于里夫斯，他将王冠与锚酒馆作为协会的总部。从肯辛顿（Kensington）、切尔西（Chelsea）到麦尔安德（Mile End），从高门（Highgate）到萨瑟克（其下辖的 5 个区各有 1 个协会，并由萨瑟克的中央委员会负责协调），所有这些团体组成了一位历史学家口中的“高压之环”，将整个伦敦团团围住。换句话说，这是一张伦敦通信会无力抗衡的网络。效忠派协会的规模与热情只维持了一到两年，但这有可能是因为它们的激进派对手已经被成功压制、不能发声，而协会成立的目的自然也就达成了。[17]

这一切也意味着伦敦通信会要在复杂的伦敦各街区扎根困难重重。通信会的分支结构成功地克服了阻隔工匠改革者之间联系的遥远距离，但由于效忠派的兴起，且激进改革者被禁止进入他们会面社交的酒馆，尽管他们在全城相对人数较少且分散的成员之间建立了联系，各个街区激进派还是被逐一战胜。这与巴黎民众运动在空间上的经历截然不同。圣安托万区、中央大市场区和科德利埃区的经验表明，巴黎民众运动首先根植于巴黎各选区，而后在政治领袖和革命组织的领导下汇合成了全市范围的运动。

英国的效忠派成员从基层开始，利用各种手段打压激进主义思想。他们在每条街道上挨家挨户地调查，考察居民的忠诚度和排斥激进主义分子的程度。效忠派雇主威胁手下的工人，如果他 311
们不规矩的话就会立即被解雇。伦敦通信会的一位会员就曾收到雇主的通牒，让他要么马上退会，要么别想保住饭碗。这把他推入了窘迫的境地，因为他实际上是政府打入协会内部的线人。激进派接着又受到了暴力威胁与恐吓，总有教会或国王的人组织破坏活动，以发泄他们怒气。1791 年 7 月，伯明翰的一位改革者兼科学家约瑟夫·普里斯特利（Joseph Priestley）的住宅与实验室被一伙暴徒捣毁。焚烧人偶——潘恩成了最常见的受害者——是成群结队的劳动阶层效忠派成员反激进主义的狂欢节。在佩克姆（Peckham）与坎伯韦尔（Camberwell）——当时还是伦敦城外的两座小村庄——集会人群不仅焚烧了潘恩的人偶，还烧了不计其数的《人的权利》。[18]

激进派输掉这场改革斗争的主要原因在于，他们的人数远远少于效忠派对手，而且后者背后还有政府的资源支持。在争夺集会公共空间——伦敦城大小酒馆——的较量中，激进派很快便全线崩溃。作为国家政府的主计大臣，里夫斯可以动用他的关系网，确保激进派俱乐部不能使用任何酒馆作为开会地点。政府一方不断威胁酒馆老板要吊销他们的营业许可证。哈迪一度只能安慰自己，至少作为顾客，激进主义者的表现要好得多。哈迪本人所在的第二分会被迫离开埃克塞特街的贝尔酒馆，搬到了新康普顿街（New Compton Street）3 号的一处私人住宅。里夫斯的某些行动已经超出了界限，他怂恿一帮抓壮丁的海军部队去绑架伦敦通信会的一位领导人约翰·塞沃尔（John Thelwall），但当地一位好心的治安法官将被强制在皇家海军中服役的塞沃尔救了出来。哈迪与通信会继续与恶劣的现状斗争。被重重包围的各支部依然坚持聚会，但他们不得不从一
312 处不断转移到另一处。当会员们见面时，效忠派分子总会过来搞破坏，哈迪抱怨说，这些人的所作所为充满了恐吓的意味，激进主义者的聚会不得不中断。[19]

当里夫斯从外部对伦敦通信会施加压力时，协会各支部也开始从内部遭到缓慢侵蚀——政府的特工人员已经渗入了协会内部。第一份秘密报告来自一个名叫莱纳姆（Lynam）的间谍，他于 1792 年 10 月底加入了协会的第二支部，也就是哈迪主管的那个支部。在如此紧张的氛围中，通信会各支部都会带着怀疑的目光仔细检查新成员的身份。有一次，他们揭穿了一名政府特工的身份。这个名叫肯尼迪的间谍在 11 月试图参加第八支部在磨坊街（Windmill Street）太阳酒馆举行的会议。按照他以后在报告中所述，他“刚进入会议室就被人怀疑了，之后遭到了粗鲁的对待。主席把我臭骂一顿，还威胁说如果我不离开，就戳破我的真实身份”。肯尼迪离开时“在楼梯上被人暗中狠狠踢了一脚”。这些报告的可信度很低，有些间谍确实是负责搞破坏的，他们故意刺激激进主义者制造酒后冲突，让他们做出一些违背通信会非暴力宗旨的举动。但这些调查材料会递到财政部律师那里，帮助他对付那些激进派领袖。此外，这些间谍能够渗透到伦敦通信会的各个分部里，说明在伦敦这样一个大都市里，通信会无论多努力都不可能弄清楚每个会员的身份背景和他们的忠诚度。这可能是通信会组织遍布整座城市，同时在自身内部和治安法官的巨大压力下

又努力想在这座城市各街区扎根的结果。[20]

英吉利海峡对岸传来的消息对英国激进主义运动也十分不利。路易十六于1793年1月21日被处决，英国人为此哀悼——当消息
传到伦敦时，剧院的观众自发起立，齐声高唱《天佑国王》。在 313
去年秋天的胜利的激励下，士气高昂的法军占领了比利时与莱茵兰地区，直逼荷兰边境，欧洲的局势日益紧张，英法两国之间本来就岌岌可危的关系至此彻底破裂。革命的法国军队逼近北海对英国政府来说是一个极其危险的信号。虽然是法国人首先在2月1日宣战，但事实上那个时候冲突已不可避免。随着英国卷入欧洲大陆的冲突，激进派惊愕地发现，自己最近还在公开赞扬的法国革命者突然成了敌人。

但这并没有令激进派退却，因为他们明白，推动议会改革不是颠覆活动，更不是叛国。在苏格兰，人民之友社先后在爱丁堡组织了两次改革大会，第一次在1792年12月，第二次在1793年4月。此成就令伦敦通信会佩服，他们立即写信要求“更密切的合作”，苏格兰方面热情地答复了通讯社，同时谈到了改革运动中常见的危险和“普遍仁爱法则”。1793年8—9月，苏格兰政府当局发难，审判了两名苏格兰激进派领袖托马斯·缪尔（Thomas Muir）与托马斯·费斯奇·帕尔默（Thomas Fysche Palmer），并判处两人流放澳大利亚。但这个不公正的判决只是让激进主义者变得更加坚强。11月19日，第三次“不列颠大会”在爱丁堡召开，伦敦通信会与宪法知识会均派遣代表参加会议。12月5—6日，苏格兰政府再次发动突袭，逮捕了多名来自苏格兰和英格兰的激进派领导人。1794年1月与3月，苏格兰的威廉·斯柯文（William Skirving）与伦敦通信会

的两名领导人马格罗特、约瑟夫·杰拉尔德（Joseph Gerrald）分别被判刑，他们步缪尔与帕尔默后尘，被流放澳大利亚。[21]

此时伦敦的激进派也开始与政府当局进行类似的对抗，苏格
314 兰的事件无疑让本就混乱的伦敦局势沸腾。1794 年 1 月 20 日，伦敦通信会在舰队街的世界酒馆组织了一场大型代表大会，参与者如此之多，以至于地板都被踩裂了。大会决议宣布，如果政府与议会发出任何加强压迫它自己的人民的信号，那么通信会将立即召集“人民代表大会”。4 月 14 日，通信协会在伦敦城北汉普斯特德路（Hampstead Road）、樱草山脚下的乔克农场（Chalk Farm）的草场组织了第一次公开露天集会，并正式向政府发起挑战。在严厉谴责“英国国内最近急剧加重的专制氛围”之后，会议的论调逐渐向着危险的革命方向靠拢，会议宣称：“任何试图破坏现存的保护英格兰人免遭……暴政迫害的法律的行径……都将被视为彻底撕毁国家与其管理者之间的社会契约的行为，并将迫使人民立即要求不可否认的永恒的正义，即人民的安全至高无上，在必要情况下，这是唯一的法则。”[22]

集会者的一言一行都被报告给了政府。召集人民代表大会的要求——具有强烈的法国大革命的意味——及激进派为对抗国家权威做的一系列准备，让政府当局确认已经到了镇压的时刻。此时的政治气氛也为政府的行动提供了有利时机。英国加入战争后，对激进派来说，要发出支持民主改革的声音，同时不被误以为是所谓叛国的“雅各宾派”——政府就是这样指称他们的——已经变得越来越难。某些激进派宣传人员激烈的修辞没有任何助益。同时，英国改革者与法国革命者之间的关系让不少人产生误解，也让保守派那些

危言耸听的论调大有市场。和巴黎一样，伦敦也变成了一座战争中的城市，舆论的宣传和战争给生活的环境和整个城市带来的影响，315
每天都在提醒民众军事、政治和意识形态斗争的存在。在伦敦，人们还从军事与海事方面感受着战争的影响。

海军抓壮丁的部队在码头周边与伦敦东区的街道上游荡，一路搜寻壮丁。“兵贩子”（crimps）——为军队征兵的代理人——在酒馆里活动，这些地方后来得名“兵贩子屋”。这些人会签下那些想逃避债务人监狱和贫穷的走投无路之人。兵贩子经常使用一些卑劣至极的手段。他们将上岸休息的水手骗到酒馆，利用各种手段让他们欠下一笔债，倒霉的水手最后不得不以应征入伍的奖金来偿还。妓女们也会盯上可能的新兵，把他们拉进酒馆，其实一进去就跟被绑架没什么两样。伦敦的劳动人民对这些兵贩子深恶痛绝，1794 年 8 月，一场针对这些臭名昭著的兵贩子屋的大规模袭击席卷了整个伦敦，政府当局把军队派到街上才勉强平息了这场骚乱。[23]

虽然战争带来了不可避免的恐惧、憎恨、贫困和对抗，但冲突却激发了城市部分地区的经济活力，码头区特别如此。虽然船舶制造业已经从泰晤士河两岸的老海军码头——布莱克沃尔（Blackwall）、德特福德（Deptford）、查塔姆（Chatham）——迁到了普利茅斯（Plymouth）与朴次茅斯（Portsmouth），这些老码头依然人来人往，活力十足。德特福德码头在和平时期有大约 900 名工人，这时已经增加到 1 200 人。他们当中有成年男子，也有稚气未脱的男孩，成年人中有造船工、木匠、船帆制造工、索具装配工、军械制造工、罗盘制造工、铁匠、沥青加热工、敛缝工、车轮制造工，男孩们则在填絮，他们或锯、或煮、或切、或缝、或敲敲打打，

都在想方设法度过战争年代。伦敦的海上贸易被1793年的一场突发
316 危机扰乱，1797—1798年，由于不列颠诸岛受到法军入侵的威胁，海上贸易还将面临更大的危机，但整个战争时期，伦敦的商业贸易一直扩大，因为皇家海军成功封锁了欧洲大陆上的敌人。

站在泰晤士河岸边放眼望去，密密麻麻的一大片全都是桅杆，大约有1 800艘船挤在泰晤士河从伦敦桥到团结洞（Union Hole）之间的“上湖”（Upper Pool）里。这些船自然都是体型较小的近海航行船，但它们都挤在了预计容纳500艘船的空间里，伦敦商业的兴旺由此可见一斑。较大的船只停泊在下游的“中湖”（Middle Pool）和“下湖”（Lower Pools）里（从团结洞到沃平），而500吨级的巨轮则在格林尼治、布莱克沃尔与德特福德下锚，这里的船只更加拥堵，大大小小的驳船正等着接收货物，货物被吊上驳船，然后放入船舱。

泰晤士河上这种拥挤吵闹的生活影响了伦敦城的码头，因为所有在泰晤士河畔卸下来的货物都要到河北岸的海关码头清点，其位置在伦敦桥和伦敦塔之间，之后这些货物就会被搬到码头后街的仓库里。18世纪90年代，船只拥堵现象变得更加严重，议会最终决定采取措施，着手扩建伦敦的码头。西印度码头于1797年第一个动工［该码头位于狗岛（Isle of Dogs），1802年完工］，接着是沃平的伦敦码头、布莱克沃尔的东印度码头与罗瑟希德（Rotherhithe）的萨里码头（Surrey Docks），这些码头在1805—1807年间陆续投入使用。于是在威尔克斯时代激烈捍卫自由的伦敦城为何会成为效忠派反对激进主义和法国大革命的桥头堡就不难理解了——整个伦敦的地盘扩张与商业繁荣现在都与反对革命的

活动紧密相关。[24]

除了经济利益，政府及其效忠派支持者还成功地说服——或者 317
说强迫——劳动人民以参加“志愿者”部队的方式来展现他们的爱国精神和对现行秩序的忠诚。1794 年底，英国境内一共组织了 154 个志愿者队伍。伦敦的第一个志愿者团是“忠诚的伦敦志愿者”（Loyal London Volunteers）。它成立于 1794 年 4 月，就在它眼看要失败时，伦敦城的其他各区，如主教门区和内法灵顿区（Farrington Within），都紧跟而上。志愿者身着华丽的红色制服，他们自身就是一种最有力的宣传工具，以耀眼的姿态展示英国与革命对抗到底的决心——即使不是针对国内的激进革命，也是针对法国式的革命。绝大多数志愿者加入志愿者队伍是受到保卫祖国免遭外国入侵的爱国热情的驱使，而不是要镇压国内的议会改革运动。志愿者游行日是发表爱国演讲的最佳时刻，芬奇利公地（Finchley Common）上正在训练的伦敦城与威斯敏斯特志愿者轻骑兵队给年轻的漫画家乔治·克鲁克香克（George Cruikshank）留下了深刻印象：“我从来没见过这么好的骑兵团，也从来没见过训练得更好的正规军。”志愿者最主要的愿望是保卫英国免受法国侵犯，并不特别反对政治改革，尽管如此，他们一致同意维护现有的宪政与社会秩序。伦敦城的“原计划”是要把这些部队打造成“法律的合格执行者，公民秩序与政府的维护者”，并能“迅速镇压一切反叛与骚乱活动”。1797 年，皇家海军发生兵变，驻扎在诺尔（Nore）的北海舰队（North Sea Fleet）也参与了这场兵变，严重威胁了近在咫尺的伦敦，下议院号召伦敦城各选区招募更多的志愿者来对抗颠覆与破坏行为。颇具讽刺意味的是，志愿者军队的成员构成和组织形式与伦敦通信会没

318 什么两样：来自市区的志愿者大部分是工匠出身，军官由士兵选举。这样一场正式的全民总动员背后使用了各种非官方的手段，包括恐吓、联合抵制、集体排挤改革者，生产、散发政治宣传资料，焚烧偶像，以及支持社团运动。英国人用这些手段支持战争、反对激进主义。通过这些手段，效忠派的反击成功地渗透到了全国上下的每一处社区。㉕

英国政府在号召全国民众参加反法战争的同时，也加快了镇压城市激进派的步伐。1794 年 5 月 12 日早晨 6 点 30 分，一位国王的信使在 4 名骑手的护卫下疾驰过干草市场（Haymarket），然后转弯进入皮卡迪利街。这些人在皮卡迪利街 9 号门前停下，粗暴地捶着前门，鞋匠托马斯·哈迪的住宅和商铺就在这里。门打开之后，他们冲进屋里，以叛国的罪名逮捕了哈迪。据说，拿下这位激进派领导人之后，一行人又闯入卧室，哈迪怀孕的妻子还穿着睡衣，她大声抗议，要求这些人保持体面，至少在自己换衣服的时候出去，但对方拒绝了她的要求。在一名带着手枪的骑手进入卧室之前，哈迪夫人飞快地穿上衣服，追着这些人继续抗议，他们翻箱倒柜甚至搜查起犹有余温、尚未整理的床铺。这座房子的其他房客都被禁止离开房间，哈迪本人则被押往伦敦塔——政治犯的专属监狱。骑手们翻查抽屉、衣橱和壁橱，寻找相关文件。他们收获不小，因为哈迪什么东西也没扔。㉖

319 在这座城市的另一处，宪法知识会的领导人丹尼尔·亚当斯（Daniel Adams）也被从床上叫醒，随后被逮捕，并连同在卧室里发现的两大摞文件一块被带走。第二天，国王的信使们又突袭了约翰·塞沃尔家，塞沃尔被捕是由于他之前发表过言辞激烈的政治演讲，还写了不少要求改革的小册子。信使们在搜查阁楼的书房时，塞沃尔被绑起来塞进了一辆马车，送往枢密院受审。车里还有一大堆没收的文件，在前往白厅的路上，马车颠簸摇摆，车里的文件散落得到处都是。

目标一个接一个地落入国王的信使们手中，一共有 13 人被捕，7 人来自伦敦通信会，6 人来自宪法知识会，被捕的人当中包括约翰·威尔克斯曾经的盟友、塞沃尔的赞助人约翰·霍恩·图克，以及曾在戈登暴乱中目睹新门监狱化为灰烬的剧作家托马斯·霍尔克罗夫特。这些囚犯在伦敦塔里被分开关押，哈迪被关在伦敦塔西门上方的一个狭小的单人牢房里。他们能做的事只剩下在高墙里度日，或者到白厅接受审讯，监狱里配着刺刀的士兵严密地盯着他们。得知自己很快将被带上法庭接受生死攸关的审判时，他们或许感到不安。图克想要把自己的这段牢狱经历和巴士底狱的囚犯们进行比较，于是他把时间花在写监狱日记上。他通过牢房的窗户观察伦敦夏日热浪下的城市生活：泰晤士河上乘船往来的旅客们相互挥手打着招呼；伦敦塔外的深沟边上，一个男人正牵着驴车卖花生。哈迪每周可以和妻子见两次面。全体囚犯还要在这座令人苦闷的牢狱里度过几个月，因为就在哈迪被捕当天，首相小皮特向下议院申请成立了一个“秘密委员会”（Committee of Secrecy），并获得了批准。委员会的任务是调查这些激进分子是否正在密谋建立一个法国式的国民公会，进而颠覆英国的宪政制度，掀起一场血雨腥风的大革命。[27]

在首相小皮特及其秘密委员会中的重要内阁盟友的协助下，加 320

上枢密院提供的审讯证词与证据，委员会编造出了结论——的确存在一起阴谋，密谋者们准备摧毁议会，并用暴力方式抵抗议会的各项措施。哈迪入狱 5 天后，议会暂停《人身保护法》。又过了 2 天，爱丁堡方面提供了关于阴谋的新证据。当局在搜查破产酒商罗伯特·瓦特（Robert Watt）的酒窖时发现了一批长枪的枪头。瓦特供认自己是一个激进组织的成员，该组织计划攻占爱丁堡城堡，劫持苏格兰司法系统的领导人，以逼迫国王解除小皮特的首相职务，并结束对法战争。因犯下叛国罪，瓦特与另外一名同谋者被处决。在调查过程中，当局还发现这些密谋者曾经传阅哈迪关于建立英国国民公会的小册子。英国海军在海军上将理查德·豪的指挥下击败法国后（这场战役被称为“光荣的 6 月 1 日战役”），哈迪在监狱里的日子一天比一天难熬。一群效忠派暴徒在皮卡迪利街上围着哈迪家的房子欢庆胜利。虽然房子的窗户上也装饰了象征爱国的彩灯，它们仍旧被砸得粉碎，暴徒们一边敲打着房门，一边叫嚣要里面住的人付出血的代价。哈迪怀孕的夫人设法逃了出去，但她受了重伤，她最终在 8 月生下一个死婴，本人也在 8 月 27 日不幸去世，留下了一封未完成的给“我亲爱的哈迪”的遗书。[28]

政府就秘密委员会发现的东西进行了一场冗长繁复的讨论，总检察长约翰·斯科特（John Scott）勋爵决定以叛国罪（而非较轻的煽动叛乱罪）起诉这些犯人，这项罪名的刑罚是死刑。10 月 6 日，一个大陪审团决定对 12 名在押囚犯提起诉讼。著名激进派知识分子、玛丽·沃斯通克拉夫特未来的丈夫威廉·葛德文评价道，“这
321 是英国自由的历史上最严重的一次危机”，因为如果仅靠一些毫无说服力的证据就能随便起诉的话，那英国人“完全有理由羡慕土耳

其和伊斯法罕（Ispahan，此处代指波斯）温和的暴政”。10月24日，有9名犯人被押往新门监狱——这座在戈登暴乱中被毁坏的监狱已得到修复。而后他们将被传唤到旁边老贝利街的治安法庭——伦敦和米德尔塞克斯郡的中央法庭——接受庭审。法庭上，一方是代表王室进行指控的约翰·斯科特勋爵，另一方是苏格兰辩护律师托马斯·厄斯金（Thomas Erskine），在首席法官詹姆斯·艾尔（James Eyre）勋爵的注视下，双方隔着一张光亮的红木大桌子展开了激烈交锋。陪审团后方和上方的旁听席上挤满了赶来听审的公众，其中包括许多记者，他们按照惯例掏了入场费以获得观看这场世纪审判的特权。法庭聆听了哈迪与其他犯人的无罪抗辩。[29]

第一个受审的是托马斯·哈迪。10月27日星期一，约翰·斯科特勋爵宣读了起诉方的陈词，其篇幅长达10万字，共耗费了9个小时（斯科特陈词的原稿十分厚重，它们现在存放在伦敦邱园的国家档案馆，用针线装订在一起）。斯科特首先对叛国罪的指控做了详细的解释，之后又呈递了所有他们搜集到的证据。斯科特讲话时，法庭的工作人员用细长的蜡烛点亮了天花板四角悬吊的黄铜烛台上的蜡烛。庭审继续进行，与开场一样折磨人。斯科特的发言直到午夜才结束，法庭随后宣布休庭。陪审团全体成员躺在老贝利街的床垫上度过了不舒服的一夜，准备第二天早上8点讯问起诉方的证人。

第二天，精疲力竭的陪审员们听取了法庭上的交互讯问，这场
讯问同样持续到深夜，致使一名陪审员恳求首席法官：“我们已经
40个小时没有脱下这身袍子了，我们需要休息，即便是为了能继续 322
审判，我们也需要保重身体。”法庭同意安排陪审员们到科文特花园

去洗土耳其浴，这是个恰当的选择，因为这些人无疑急需深度清洁。从那天起，每天都有 3 辆马车载着陪审员穿过喧闹的城市在法庭和浴池间往返，一路上还有法庭工作人员与警卫随行保护。每天晚上，哈迪都会被带离法庭，走过一小段路后回到新门监狱，每次经过激进派狱友的牢房时他都会以平静的语调高呼：“再见，公民们。不自由，毋宁死！”与此同时，厄斯金律师每天破晓时都会仔细检查王室方面提供的证据。这样的情形一直持续到下一周，每天厄斯金都只能睡上几个小时，白天，他在法庭上严厉地讯问斯科特的证人，同时坚持不懈地削减他们的可信度。疲劳与紧张使法庭上的火药味一天比一天浓：开始时双方都彬彬有礼，但随着法庭上的交锋，斯科特与厄斯金变得越来越刻薄。11 月 1 日星期六下午，总检察长斯科特完成了王室一方的指控。[30]

法庭全体人员休息了一个小时之后开始听取厄斯金的辩护词。厄斯金的发言时间长达 6 个小时，而且十分精彩。厄斯金在发言开头真挚地赞赏约翰 · 斯科特勋爵对英国宪政体制优越性的褒扬，也同意勋爵对法国恐怖统治的批判，因为这种统治与法治完全相悖。接着厄斯金开始分析检方的问题：首先王室没有任何证据可以证明哈迪的行为属于叛国，因为没有任何迹象表明他要弑君和颠覆现政府，他们分发武器也可能是为了保护自己免遭支持“教会与国王”的效忠派暴民伤害。厄斯金坚持认为，哈迪本人并非一个狂热的共和主义者。自始至终，他只是主张改革下议院，并没有冒犯贵族与
323 王室。他的目标在本质上和方法上与激进派于 1780 年首次提出的改革方案没什么不同。[31]

辩护结束时，厄斯金也精疲力竭。“先生们，”他喘着粗气说，

“我已竭尽所能向你们论证。”法庭内的旁听者对他致以雷鸣般的掌声，掌声从法庭传到了庭院里，传到了街上，传到了等待了解庭审进程的群众那里。午夜时分，法庭宣布休庭，围观的群众冲着退庭的法官与检方人员发出一片嘘声，多亏疲惫不堪的厄斯金的介入才挽救了场面。厄斯金获得了相反的待遇，他被满怀敬意的民众抬上马车，然后回到他下榻的士官旅馆。[32]

庭审又进行了两天半，法庭所在的老贝利街上挤满了围观群众，伦敦的市长大人不得不加派巡警以保持道路通畅。11 月 4 日，他命令荣誉炮兵连在法院周围设置警戒线。11 月 5 日，在法庭审理中一直保持着异常公正的首席法官做了不偏不倚的总结。经过 3 个小时的讨论后，全体陪审员于下午 3 点半回到法庭。陪审团团长起身宣读裁决结果：无罪（根据某些报道，他宣布完之后就昏倒了）。哈迪精疲力竭但如释重负，他转向陪审团简短地表示：“同胞们，感谢你们为我做的一切。”[33]

在这个 11 月的蒙眬夜晚，街灯与马车灯照亮了四周的黑暗，哈迪离开老贝利街，在沿途群众的欢呼声中，他的马车驶过舰队街，穿过坦普尔栅门，经过河岸街，越过圣詹姆斯宫，来到皮卡迪利街 9 号，昔日温暖的家现在一片黑暗沉寂，成了他伤心断肠的地方。在周围群众的沉默和尊敬的目光中，哈迪在这里默哀了几分钟，之后上车前往兰开斯特庭院（Lancaster Court）他妻子的兄弟的住所，
他准备在那里休养。厄斯金是最后一个离开老贝利街的，他在回家 324
的路上被群众如同胜利的骑士一般对待。[34]

随着哈迪被无罪释放，政府企图通过司法审判来镇压激进主义运动的策略濒临破产。对霍恩·图克的审判于 11 月 17—22 日进行，

无畏的厄斯金继续担任辩护律师，他甚至要求首相小皮特出庭作证，把皮特逼得焦头烂额。政府当局为这次审判特意挑选了一批陪审团成员，以确保图克被宣判有罪。据说，在陪审团宣誓时，厄斯金转向他的委托人倒吸一口气说："老天，他们想害死你。"但霍恩·图克的证词清晰，陪审团仅商议了 8 分钟就宣告他无罪。12 月 1 日—5 日轮到塞沃尔受审，他似乎缺少一些荣誉感，但厄斯金不允许他这样。塞沃尔潦草地写了一张便条乞求厄斯金："如果我不认罪的话会被吊死的。"厄斯金的回复很直白："你认罪了才会被吊死。"这场审判当然也是以宣告无罪结束。10 天之后，政府决定不再提起其他诉讼。剩下的囚犯都获得了自由。[35]

1794 年的叛国罪审判是一场法庭闹剧。英国政府想利用叛国罪的诉讼恐吓激进派一般成员，让他们全部闭嘴。城市群众运动的老手约翰·卡特赖特少校对自己的妻子说，如果审判向其他的方向发展，"一套罗伯斯庇尔式的剥夺人权的恐怖统治体制……或许就在无辜者的血泊中建立起来了"。不过在整个 18 世纪 90 年代，整个英国境内叛国罪与煽动罪的指控不到 200 起，许多诉讼发生在地方法庭，被告人多由于随意辱骂现行制度而被指控，而这种辱骂无非就是一群喝多了酒的人在大发牢骚而已。[36]

325 但从各方面来看，英国政府已经赢得了反民主运动的胜利。政府还推广了更广泛的遏制激进运动的措施，托马斯·哈迪案只是其中之一，其他措施还包括让效忠派分子控制英国激进主义者会面的场所。这一措施的顺利推进得益于全英国的许多老百姓，不管是在城镇还是在乡村，他们都被号召加入里夫斯协会。在伦敦，他们占据了所有为伦敦通信会提供集会场所的酒馆和小旅馆。这一行动还得到了法律，或者说那些治安法官的支持，他们威胁酒馆老板，如果给激进派提供会场就吊销他们的营业许可证。这也许就是伦敦通信会召集大型露天集会的原因之一，而集会成功吸引了大批群众。1795 年 6 月底在圣乔治草地及 10 月 26 日在哥本哈根大厦举行的集会都吸引了多达 10 万名群众，他们凝神聆听发言人要求改革及反对战争的演说。3 天之后，在威斯敏斯特，在因经济萧条而挨饿的人的带领下，愤怒的群众向王宫庭院里国王的马车投掷石块。政府借着这次暴力事件推动议会通过了《双法案》(*Two Acts*)，法案扩大了叛国罪的定义范围，并规定超过 50 人参加的公开集会可以根据治安法官的判断予以禁止，另外在举行此类集会前，必须提前在报纸上发布公告。但这些措施并不能阻止伦敦通信会，它的结构决定了每个支部的人数都不超过 50 人。11 月 12 日，通信会甚至在哥本哈根大厦召开了自成立以来规模最大的政治集会。[37]

但空地上的大规模公众集会，与酒馆楼上房间里仅允许会员参
加的小型会议完全不同，它仿佛一头难以驾驭的野兽。许多前来参
加通信会集会的人并不是赞同他们的改革主张，只是为了发泄对政 326
府高压政策的愤怒、对经济萧条和战争局势的不满。在这几个月里，
英国与其他欧洲国家一样陷入了食品短缺与物价飞涨的困境。1795
年，伦敦通信会利用成千上万伦敦劳动者对社会的不满情绪，成功
地将他们吸引到圣乔治草场和哥本哈根大厦的集会上，但这类集会
没有为政治讨论留下空间，不能锻炼工匠的思维、让他们参与各种
民主形式的政治活动，也不能让他们与志同道合的人在每周集会的
基础上建立密切的政治联系和友谊。从酒馆聚会到大型公共集会的

扩张策略无法为改革事业培养长期的中坚力量。没过多久，伦敦通信会的会员人数就开始减少，通信会在政府的宣传、打击和战时爱国主义思潮的影响下逐步瓦解。重重困难赶走了热情不高的人，吓倒了温和主义者，同时也耗尽了坚定不移的成员的精力。1799 年，当政府正式宣布取缔通信会时，这个目标已经很容易实现，因为它的成员只剩下 200 人。

如前文所述，英国古老的秩序依旧岿然不动的部分原因在于，英国民众的激进主义运动总体上限制在合法的范围内。这意味着，在伦敦这样的城市，它的组织与活动都依托于工匠的日常社交场所。这些场所，如酒馆，都由治安法官（通过许可证相关法律）管理，因此很容易被政府当局与他们的效忠派支持者夺取。这是伦敦的经历与巴黎最大的区别之一。在巴黎，无套裤汉在其顶峰时期曾控制了巴黎 3/4 的选区及其各街区的权力机构，在用于政治动员的场所
327 中巩固了对各选区民众激进运动的领导权。而在英国情况恰好相反，效忠派利用民众中自发掀起的保守主义浪潮，以及随之而来的政治社团、志愿者、暴力（或暴力威胁）、恐吓、联合抵制和数量上的绝对优势，让伦敦的改革运动演变为一场波及全城街道、酒馆、咖啡馆和印刷店的战斗。伦敦通信会最伟大的成就之一就是创造了一种扩展到整个城市的组织形式，通过支部结构克服了城市空间过于广阔的问题；然而通信协会难以在市内分散的街区当中落地生根，也难以从它渴求的广泛的社会各阶层当中招募新成员。

综上所述，尽管叛国案的审判充满戏剧化色彩，但被捕的激进主义者的无罪释放并不能抑制伦敦民众中汹涌的保守主义浪潮。更重要的是，虽然无罪释放证实了激进主义者的清白，但实际上在法

庭外却是起诉方获得了胜利。政府指控激进主义者是颠覆分子的案件本身虽然经不起法庭的推敲，但广大民众却接受了这个满怀恶意的说法。这么一来，民众对宣称为他们而战的人充满了敌意，激进派赖以生存的公共空间也不再欢迎他们。在法国大革命与战争的双重冲击下，约翰·威尔克斯于18世纪60年代掀起的激进主义浪潮至此归于沉寂：激进的伦敦变成了忠诚的伦敦。

第十二章

纽约与法国大革命的碰撞

（1789—1795年）

329 伦敦与巴黎18世纪90年代的民主斗争结果截然不同，而纽约
与它们又不一样。法国大革命造成的意识形态与政治困境，以及随
之而来的战争引发了一场关乎年轻共和国命运的政治较量。这些较
量常在美国革命早期斗争发生之地展开，颇有重燃革命热情的意味。
虽然政治争论往往充满混乱与一边倒的偏袒，但它们主要是通过仪
式的方式而非真正的暴力展开。宣传家在昔日的革命圣地组织动员，
希望通过与美国革命中纽约的历史斗争地点相联系，将自己的政治
理想合法化。与此同时，由于美国的共和政治鼓励公共辩论与公民
330 组织的发展，而且纽约正逐渐成为合众国最大的商业与金融中心之
一，城市当中冒出来的新地点开始成为新的政治竞技场。

这些发展背后的一个事实是，从1790年起纽约不再作为美国的首都。这个决定的做出得益于1790年6月20日托马斯·杰斐逊家的一次晚宴，他当时住在少女巷57号，担任着国务卿的职务。年轻的共和国中两个党派——联邦党与民主共和党（Democratic-Republicans）的成员都聚集在那天的晚宴上。双方在后革命时代的政治秩序问题上发生了激烈冲突。联邦党人认为，一个强有力的中央政府是必不可少的，它可以作为美国发展的动力之源，利用自己的权力驱动商业、制造业和金融业的发展。政府的权力必须掌握在

精英阶级手中，以保证政治稳定与社会安宁。托马斯·杰斐逊领导的民主共和党非常反感这些观点，杰斐逊认为，一个集政治权力和经济财富于一身的中央政府将对公民自由构成直接威胁。工业经济将在这个国家的城市里创造一个由无根的工人组成的阶级，他们将在城市生活中堕入罪恶与愚蠢，这群缺乏公民美德的人不能作为民主共和国的基石。杰斐逊坚持认为，美国的财富应当来源于农产品出口，美国的繁荣应当建立在以独立农民为主的乡村民主上，配之以小规模加工制造业，而这些行业将根据自由贸易发展的情况展开——当然自由贸易需要保证美国处于顺差的地位。出于对一个专横霸道的中央政府的恐惧，与联邦党人相比，民主共和党人更加信任普通民众，并强调以地方政府与州政府的权力抗衡中央政府。[1]

这些分歧日益严重，发展下去很可能将刚刚立国的美利坚扯得
四分五裂。1790 年的美国面临着许多问题。一方面，一个技术性 331
但生死攸关的问题是，各州在独立战争期间欠下的尚未还清的债务是否要由联邦政府承担。另一个问题是美国的永久性首都到底定在哪里。6 月 20 日，杰斐逊举行了一场晚宴，希望将两党的人聚集在一起：联邦党人的代表是纽约人亚历山大·汉密尔顿，一位衣冠楚楚的律师兼经济专家；民主共和党的代表是杰斐逊本人和他的亲密伙伴、来自弗吉尼亚的詹姆斯·麦迪逊（James Madison）。对于汉密尔顿而言，由强势联邦政府承担各州的债务能把各州按照他的设想纳入全国性的银行与财政系统之中。与此同时，杰斐逊希望把新首都设在自己家乡所在的弗吉尼亚州或其附近，总之要远离北方的城市和经济利益中心。少女巷的晚宴让双方都得偿所愿。汉密尔顿在离开之前得到了杰斐逊的承诺，后者将支持由联邦政府偿还各

州债务的要求；而杰斐逊得到保证，汉密尔顿将团结他在国会的支持者，确保新首都——“联邦之城”——的位置将选在波托马克河（Potomac River）沿岸的某处。这就是未来哥伦比亚特区（District of Columbia）的华盛顿。在接下来的10年里，费城将成为美国的临时首都，直到那座新城市在泥泞的河岸上拔地而起。

历史学家们认为，那场晚宴上的妥协可能是杰斐逊编造出来的一个故事，因为不管是汉密尔顿还是麦迪逊，都没有留下相关的谈话记录。不过妥协确实达成了，而且议案在国会辩论后得到了通过。1790年8月12日，国会迁出了纽约城，华尔街上美轮美奂的联邦大楼顿时变得空空如也。8月底，乔治·华盛顿总统乘着哈德孙河上的一艘驳船离开纽约，从此再也没有回到这座城市。许多政治家及其家人在和纽约说再见时都颇为感伤。阿比盖尔·亚当斯夫人和丈夫约翰·亚当斯（时任美国副总统）眺望着自己在费城的居所，她叹着气
332 说：“我说，等所有事情都办完了，我们也不在百老汇了。”②

纽约不再是美国的首都，但法国大革命给它带来的冲击并未因此减少，这场大洋彼岸的革命使美国本来就已经剑拔弩张的政治论战更加白热化。1789年革命刚开始的时候，大多数美国人非常期待从法国传来的消息。当时在纽约，参议员威廉·麦克莱在国会里记录了自己在9月18日这天的感想：“从今天和昨天的报纸来看，法兰西正在迎接自由的新生。她的新生将要忍受剧烈的阵痛。愿上帝保佑她顺利降世！王权、贵族，以及可恶的华丽仪式，一部分人利用这些东西骑在自己同胞的头上作威作福，现在那座巴士底狱据说已化为灰烬，这些旧制度也将随之倾覆。”③

麦克莱是来自宾夕法尼亚州的民主共和党成员，他自然认为这场大革命值得庆祝。而联邦党人对大革命的欢迎则谨慎得多。10月6日，汉密尔顿在纽约给拉法耶特写信表示："贵国最近发生的一系列大事让我兴奋，但同时也感到不安。作为人类和自由的忠实朋友，我对你们为获得自由而做出的种种努力深感喜悦，但我为革命的最终结果、为那些被卷入其中又令我十分尊敬的人的命运担忧，革新成功所带来的危险可能远远超出您的国家所能获得的福祉。"④

大革命爆发的1789年正是美国宪政刚刚起步的关键时刻，法国大革命对美国人自己选择的体制与道路是一种肯定、激励，也是 333
警示。法国大革命的烈火似乎由美国革命引燃。在1791年英军撤退纪念日的庆典上，纽约的坦慕尼协会（Tammany Society）——我们之后还会多次听到这个名字——举杯致敬"法国的英雄，他们爱国的美德让他们用美国的革命之火烧断了法国专制的枷锁"。拉法耶特将巴士底狱的钥匙赠给华盛顿时，他"作为一位自由的传教士向他的主教"致敬。这些联系往往通过象征性的途径建立起来，正如我们将看到的，这些象征性的活动常常在纽约自己的革命历史圣地上展开。⑤

与当时的英国一样，美国人对大革命也充满热情，在大革命向着更激进的方向发展后，他们的热情更是高涨，美国政界本就白热化的党派之争由此完全公开化。早在1789年9月麦克莱就在他的一篇日记里疾呼："上帝啊，当我发现我们当中有些人妄图复辟那些丑陋的旧制度（法国人正在摧毁它）时，我胸中的怒火简直无法抑制。"这段话反映的是，民主共和党人怀疑联邦党人依然对君主制和贵族制念念不忘。在大革命中的法国从君主立宪制向共和制转变，处决了国王路易十六，并与美国的老对手英国开战后，美国政界的矛盾愈加尖锐。联邦党人多是亲英派，不少人在公开场合毫不掩饰对英国宪政制衡方式的崇拜（麦克莱等民主共和党人于是开始怀疑），政治斗争因此变得更加粗暴。联邦党人习惯以商业思维思考问题，他们清楚美国十分依赖与英国的贸易。而民主共和党人在意识形态立场上更贴近法国共和派，他们推崇政治上的平等主义，反对君主专制，蔑视特权和等级制。在美国的各个城市里，工匠与技工们关注着万里之外巴黎的群众运动，并从无套裤汉身上学吸取经验。[⑥]

334 由于其复杂的政治地理，纽约变成了一个很特别的政治战场。这是一座商业城市，活跃的国际贸易关系着城里的商业精英、匠人、技工和海员的经济利益，此外美国的商船队因国家在战时的中立立场获得了巨大的好处，所以它可能偏向联邦主义、中立政策，甚至与英国维持亲密的关系。然而，在这座城市里，同一批人，特别是工匠、水手与码头工人，早已做好了与精英阶层对抗的准备。18 世纪 90 年代，商人开始插手控制他们所贩卖的商品的生产，纽约的工匠则为了保证自己经济上的独立地位而斗争。经济上的压力、反英革命的记忆及对特权、等级制潜在的敌意，让纽约的许多匠人和劳工乐于接受民主共和党的政治主张。这种趋势在大量欧洲移民涌入纽约这个海滨枢纽中心之后大大加强了。这些移民都是为了逃离旧大陆保守的等级制度来到纽约的，而民主共和党人怀疑联邦党人想把这样的旧制度重新加于新大陆。危急关头，两大阵营都在动员自己的支持者，并说服——甚至恐吓——他们的政敌。对法国大革命的巨大争议让两派都坚定了自己的政治立场，以争取焦躁不安的民众。⑦

同一时期，纽约还有一个人数不多，但十分重要的团体，那就是非裔美国人。他们在一群自由的男女中间过着奴隶的生活。与那些欧洲血统的公民一样，非裔美国人也在充分利用新兴的共和政治文化，在城市的公共空间里寻找自己的位置，表达获得解放与平 335
等公民权的愿望。此外，法国大革命的冲击或许让纽约人按照党派路线分成了两边，但最终这似乎促成了民主共和党与联邦党一致同意废除奴隶制。一些强有力的联邦党人，如约翰·杰伊和亚历山大·汉密尔顿，领导着奴隶解放会，如果非裔美国人被解放，他们极有可能在选举中给联邦党人提供一大批选票。民主共和党人则回避他们有许多南方蓄奴同僚的尴尬，在出版物中大肆攻击奴隶制度本身。在这个问题上，他们明显受到了法国大革命激进平等主义话语的影响。美国民众为法兰西的新时代欢欣鼓舞，在这种热情驱使下，纽约人要求解放所有美国人。1789 年，在约翰街剧院（John Street Theatre），一出话剧以号召让“非洲沙漠之子”获得自由结尾，全场观众都欢呼表示赞同。⑧

然而，纽约的非裔美国人在解放他们自己的运动中起了中心作用。自由非裔美国人的人数虽少，但却一直在增加，18 世纪 90 年代，与纽约的人口增长同步，自由非裔美国人的人数也从 1 100 增加到 3 500，这或许是纽约废奴运动中最重要的因素。随着自由人数量的增加，非裔美国人中的奴隶的比例从 60% 下降到 40%。自由非裔美国人的存在本身向白人证明，一个人的种族出生与他能对城市生活和国家做的贡献并没有直接关系。此外，自由的非裔美国人发展了他们自己的组织，在城市的建筑之间找到了自己的位置，并参与到了共和政治文化鼓励的社会生活之中。[9]

事实上，从经济与社会史的角度来看，自由非裔美国人的历史
336 是一段在贫困中挣扎的历史。在摆脱了奴隶的身份之后，他们得在劳动力市场当中竞争。许多人只能干一些薪水很低的活，这些工作通常都是白人不想干的，比如采牡蛎和扫烟囱。纽约市的贫困人口当中有相当一部分都是非裔美国人，他们别无选择，只能住在租金最便宜的地方，如漏风的阁楼、外屋和潮湿的地下室，与以前当奴隶时住的地方简直没什么区别。但也有一部分非裔美国人依靠自己的劳动发家，他们成为商店老板、烟草商、屠夫、理发师、面包师、木匠、箍桶匠、家具工、家具商、制革匠和补鞋匠。许多人被白人雇佣，也有一些人做起了自己的生意，有时还与其他自由非裔美国人合伙经营。他们掌握的技术之多让人震惊，这些技术基本上都是他们当奴隶时被迫学到的。更多非裔男性为了摆脱贫困的处境和偏见的束缚当了海员，出海谋生。非裔女性的选择余地更小，但她们可以去做女裁缝、面包师、洗衣妇和家庭女佣。讽刺的是，她们在继续从事从前当奴隶的时候被迫承担的琐碎工作。像采牡蛎和扫烟囱的男人一样，非裔女性也是纽约街头常见的风景，不过现在她们在街上叫卖水果与蔬菜。[10]

自由非裔美国人深入参与了革命后纽约的经济与社会生活，他们还找到了一些方法，以要求更多地享受身为共和国公民的权利。他们抓住城市生活提供的机会，创造属于非裔美国人自己的共同体核心。为了实现这个目标，他们充分利用城市的布局和社交性，建立了教育与宗教的组织机构。自由非裔美国人学校最早由奴隶解放

会投资兴建，它在 18 世纪 90 年代发展兴盛，之后在约翰·提斯曼（John Teasman）强有力的领导下又获得了长足的发展。提斯曼曾是 337
新泽西州的一名奴隶，在 1799 年成为学校的校长。

纽约的自由非裔美国人非常重视精神上的独立性。1794 年，一群非裔圣公会信徒在百老汇大街的三一教堂做礼拜（不过他们与白人相隔离，坐在指定的“黑人长椅”上），他们听说淡水池附近的非裔公墓将被改建，便向市议会请愿，要求建造一片新的墓地。纽约市政府在克里斯蒂街划出了 4 块土地用以修建墓地，墓地的建设资金一部分来自城市资金，另一部分由三一教堂募捐而来。1796 年，纽约的非裔卫理公会派信徒（Methodists）在教堂司事彼得·威廉姆斯（Peter Williams）的带领下计划建立自己的教会。威廉姆斯以前也是一名奴隶，他出生在比克曼街（Beekman Street）的一座牛棚里。这个非裔美以美锡安会（African Methodist Episcopal Zion Church）暂时租借了一位家具工人在十字街*作坊的几间屋子用来进行宗教活动，直到 5 年后一座崭新的名为“锡安母亲”（Mother Zion）的建筑在伦纳德街（Leonard Street）和教堂街的交叉处拔地而起。非裔美国人把他们的精神表达在这砖瓦之中，他们的行动也赢得了纽约奴隶解放会上层的赞扬。[11]

非裔美国人组织机构的建立也促进了另一件事情的发展——非裔美国人街区的逐步形成。这一进程主要受经济因素的推动：随着城市的快速扩张与制造业的高速发展，越来越多的工人（包括白人与黑人）都开始在自己租来的房子里生活，远离工作地点。由于工

* （Cross Street）在橙街（Orange Street）——现在的巴克斯特街（Baxter Street）——与桑树街（Mulberry Street）之间。

作地和居住地隔得比较远，不同的街区开始被特定的社会阶层与种
族团体主导。非裔美国人居住在租金非常便宜的地方，特别是淡水
338 池周围那些泥泞的地区，这里被附近的制革厂搞得臭气熏天。但同
时这里距十字街的锡安教堂非常近，从淡水池出发往东南走一小段
路就能到教堂。这里建立了一处规模不大的非裔美国人社区，名叫
五点区（Five Points，到19世纪30年代这里就成了臭名昭著的外
来移民聚集的贫民窟）。老非裔公墓也在淡水池附近，离锡安教堂
和五点区都不远。[12]

一座规模庞大、善于表达自己要求且积极参与社会生活的非裔自由人社区的存在，对纽约的奴隶制造成了巨大的冲击。纽约的城市环境和非裔美国人生活的版图，意味着非裔自由人与奴隶之间每天都会不可避免地碰面，不过这种日常会面到底在多大程度上鼓励了奴隶的反抗就很难说了。许多非裔自由人的确都在帮助逃亡的奴隶。非裔自由人不论是否利用了这些机会，在城市边缘地带开创了新的生活方式，他们的服务与生产活动已经让他们成为这座复杂的城市中不可或缺的一部分。如果白人能意识到这一点，那么那些早就鄙夷奴隶制的人必然也意识到了。[13]

在埋葬奴隶制的过程中，非裔自由人起到了关键作用，当然同时起作用的还有其他因素。首先是经济上的变化，这种变化如同一阵阵落石，而非一场雪崩。蓄奴的工匠发现，雇一位自由劳动者来干活更划算。雇主至少不用为工人提供食宿、置办衣物，而且他们干活是为了报酬，劳动效率性明显更高。到了1799年，家里还养着奴隶的工匠已经大为减少，17个人当中只有1个仍在蓄奴，这意味着纽约市非裔奴隶的比例已不足城市总人口的5%。许多人曾经担

心，这么一大批被解放的劳动力会拉低白人工匠的工资，但后来这种担忧逐渐消失了。

其次，法国大革命冲击了全世界，动摇了蓄奴的美洲世界里的 339
种族等级制，法属圣多明各殖民地，即海地，爆发了革命。1791 年 8 月的海地革命是世界现代史上唯一一次成功的奴隶起义，它迫使法国国民公会于 1794 年 2 月 4 日宣布废除奴隶制。许多白人和有色人（指混血自由人）逃离了燃烧着革命烈焰的种植园，前往美国。到 1793 年，外逃者多达 1 万人。这些人当中包括大批黑奴，他们被主人拽着漂洋过海，其中一部分在纽约登陆。海地的革命经历带着强烈的西印度群岛非裔文化色彩（包括宗教、语言和意识形态上的），不出所料地为纽约的奴隶注入了新的兴奋剂。如 1792 年，有一个祖籍几内亚的非裔奴隶扎莫尔（Zamor）被他的法国种植园主从太子港（Port-au-Prince）带到纽约。扎莫尔这时第一次找到了逃跑的机会，他悄无声息地消失在街道的人群中，他的主人抱怨，这家伙“肯定和其他法国黑鬼（海地来的移民）一起隐藏在这座城市里”。海地人的好斗性也转向了当地的奴隶主。1796 年 12 月 9 日，一场大火吞没了华尔街尽头处的默里码头，火焰沿着滨海街（Front Street）一直烧到溪谷市场。当时曾有海地人纵火的惊人报告，这群西印度人用油纸裹着燃烧的煤块投进纽约居民住宅的地下室。一些奴隶主开始思考，冒着引发暴力抗抗的危险维护奴隶制到底值不值当，并计算追捕逃奴所付出的代价或蓄奴的日常成本。1799 年，纽约州投票决定逐步解放奴隶。[14]

法国大革命带来的压力有助于纽约人形成对奴隶制的一致看 340

法。然而在其他问题上，纽约人被残忍地割裂成不同的阵营，特别是关于美国应在欧洲战争中持何种立场这个问题。中立问题令美国政界吵闹不休。从原则上说，民主共和党与联邦党都同意中立，但每个人都知道，严格中立意味着美国必须不偏不倚地对待任何一方，这实际上是不可能的。关键问题就是美国在贸易与外交当中是否应当偏袒英国或法国。杰斐逊主张“公平中立”，这实际上意味着尊重美法两国于 1778 年建立的同盟，而联邦党人担心那些亲法的民主共和党人意图把美国拖入一场毁灭性的对英战争。1792 年 8 月，法国推翻了王室的统治，事态的发展令美国联邦党人十分惊恐。汉密尔顿在写给他的好友拉法耶特的信中说，1792 年 9 月针对囚犯的大屠杀“让我对法国大革命的善意丧失殆尽”。联邦党人开始将民主共和党人与雅各宾派并论，民主共和党在波士顿、费城和纽约的工匠支持者被描绘为无套裤汉。[15]

就在这剑拔弩张的时刻，1793 年 4 月，一艘法国战舰“潜伏号”（Embuscade）来到南卡罗来纳州的查尔斯敦，船上是一位年轻的法国外交大使埃德蒙·热内（Edmond Genet），他是法兰西共和国官方派驻美国的第一位大使。1793 年 1 月，他被任命为法国驻美国大使［法兰西共和国称之为“外交使节”（minister）］时，才刚刚 30 岁。法国此时已向英国宣战，当时的吉伦特派政府明白这场冲突很快将发展为世界性战争，法兰西需要盟友的支持，以面对宿敌
341 那强大的海上力量。给热内的外交指令由吉伦特派记者兼国民公会代表雅克－皮埃尔·布里索执笔，他充分运用了他在 1788 年前往新大陆旅行时所积累的一些关于美国和美国人的知识。热内的任务并非一般的外交任务，他需要掀起美国的公共舆论，促成“一份能将

两个民族的商业与政治利益相结合的国家条约”，并“拓展自由帝国的疆域”。热内还要提醒美国人，这样一份条约“仅仅是法国帮助美国赢得独立的代价”。他还有一个秘密任务，就是在美国的港口武装私掠船队，并让他们将劫掠到的战利品运入美国——根据原先的1778年法美盟约，这种行为是被允许的，但这无疑将对英美贸易造成沉重打击，而英美贸易在联邦党人的考量中占据着重要地位。热内一到达美国便满怀热情地执行起他的任务，当法国私掠船队从查尔斯敦港扬帆出航时，华盛顿总统十分惊恐，他于1793年4月正式发表公告，宣布中立。[16]

事实证明，热内的到来在纽约掀起了轩然大波。热内乘坐着战舰“潜伏号”沿东海岸而行，于6月10日驶入纽约湾，停靠在佩克码头。这是一幅盛大的场面，船上装饰着红、白、蓝3种不同的颜色的花团。战舰的艏饰像上戴着一顶自由小红帽，船尾瞭望台上装饰着戴着弗里吉亚红帽的金锚。船的前桅上飘扬着一面旗帜，它警告“平等的敌人，改革或者颤抖”；主桅杆上的三角信号旗上写着“你们好，自由的人们，我们是你们的朋友和兄弟”；后桅的旗帜宣称“我们为保卫人类的权利而战”。“潜伏号”的船尾处，一面巨大的三色旗迎风飘扬，它展现着令人敬畏的军事力量及斗志昂扬的共和主义。[17]

在那些几乎无法控制自己热情的纽约人当中，有一部分是 342
刚成立的政治文化团体坦慕尼协会的成员，他们组织了欢迎“潜伏号”及船上全体人员的仪式。纽约坦慕尼协会又名哥伦比亚团（Columbian Order），成立于1787年，协会的第一次会议在布罗德大街的证券交易所召开。交易所的环境不但让人回想起纽约的商业实力，而且还承载着美国革命的记忆——1775 年纽约代表大会就是在交易所召开的。也许协会成员商讨政治事务时也偶尔想起革命的经历。此外，坦慕尼协会本身是一个从新美利坚共和国的公民社会中成长起来的组织。它的名字本身反映出协会志在确立真正的“国家性”身份。“圣坦慕尼”（Saint Tammany）是一个特殊的美国形象，这个词源自坦玛门（Tamamend）——一个拥有超能力的印第安人酋长，据说他创造了尼亚加拉大瀑布。协会采用了这个美洲本土居民的名字，在纽约交易所召开了第一次会议，这次会议被称为“大棚屋会议”。[18]

坦慕尼协会的组织与规定也反映了协会的某些观念，这些观念后来被称为“本土主义”。协会的章程于 1789 年 8 月 10 日发布，作者是约翰·潘塔尔（John Pintard），一位第四代胡格诺教徒和慈善家。协会中的职位只能由在美国本土出生的人担任。这些职位包括 12 位“酋长”（sachem）和 1 位“大酋长”，职位名称带着强烈的美洲本土色彩。“酋长”们领导着 13 个“部落”，它们各自对应着美国的 13 个州。每个部落还有一个荣誉的职位，称为“勇士”和“猎人”，这是“外来美国人”——或者说移民——唯一能企及的高级职位。坦慕尼协会章程毫不掩饰地宣称“只有出生在这个国家的人才有资格担任‘酋长’之职”。此外，成为会员必须经过全
343 体成员的投票表决，每 16 个人当中有 2 张反对票便可否决掉一位候选人。坦慕尼协会希望用这个方法限制移民的影响力。[19]

这种“国家式”文化反映了坦慕尼协会成员关心的问题。大部分会员都是工匠与劳工，他们十分担心移民——特别是爱尔兰移民——带来的经济竞争压力。而且这些新来的人都信奉天主教，老

辉格党成员害怕罗马天主教卷土重来，美国在法律上是一个世俗的共和国，纽约允许公开信仰天主教，这一事实更加剧了他们的不安。纽约的第一座天主教礼拜堂——原是巴克利街（Barclay）和教堂街之间的一间木匠工场——于 1785 年夏开放。前来参加礼拜的会众当中有著名的法国作家埃克特尔·圣约翰·德·克雷夫科尔（Hector St. John de Crèvecoeur），著有《一个美国农民的信》（*Letters of an American Farmer*），他当时是法国总领事。于是，坦慕尼协会决定竭尽全力捍卫他们所谓的年轻共和国的美利坚特色，反对任何他们宣称的与美利坚相异的价值观，包括“贵族”与“罗马天主教”。多年以后，一位坦慕尼协会的奠基人在回顾往事时表示，当时自己协会的目标是抵制那些持有“如同宗教裁判所一般黑暗残酷的思想”的人，这种表达暴露了协会的反天主教焦虑。协会的批评者很快便指出，坦慕尼协会这种原本土主义（proto-nativism）的思想完全背离了美国人的原则。波兰旅行者尤利安·聂姆策维奇（Julian Niemcewicz）曾观看了一场坦慕尼协会的国庆日游行活动，他写道，协会完全由“真正纯粹的美国人组成。希望它的规则与思想不会得到整个美国的认同”。[20]

坦慕尼协会有两个目标，它们都根植于这个新国家的共和文化之中。第一个目标，也是起初最重要的目标，就是对人民进行公民教育。第二个目标是抗衡城市精英阶级的力量。在实现教育目标方面，协会计划打造市民共和主义的美国身份认同，这一计划特别针 344
对城市里的匠人和工人，并且与协会照顾其成员利益的互助特点相结合，非常务实。按照潘塔尔的设想，坦慕尼协会的教育使命将通过建立一座“美国博物馆”来完成，博物馆将“收集所有与美国自然、政治历史相关的东西”。这座博物馆并未成功完成使命，但协会修建的一座4.3米高的方尖碑却起到了更好的效果，它浑身被上了色，看起来仿佛一块巨型的黑色大理石。方尖碑底部的灯笼描绘了克里斯托弗·哥伦布的生平故事。这座纪念碑在纽约第一个哥伦布日前夕首次向公众展示。哥伦布日定于1792年10月12日，纪念日活动由坦慕尼协会组织。事实上，纪念碑此前就已激起了公众强烈的好奇心，于是在哥伦布日前两天，建造者就允许公众入内参观。之后，这座纪念碑被放在“美国博物馆”进行永久展示。事实上，哥伦布日游行是坦慕尼协会日程安排中的一项重要内容：数百名男子身穿鹿皮外套，头上插着羽毛，脸上涂上颜料在城市里游行。当然，这些人在美国国庆日、英军撤退纪念日、华盛顿诞辰和坦慕尼协会自己的成立纪念日（5月12日），都会穿上他们的“美国本土”服饰游行。[21]

虽然协会声称重视教育、慈善和非政治，但它的第二个目标却是“成为一个建立在坚实的共和主义基础上的政治组织，其民主原则将通过某种方式纠正我们城市当中的贵族化倾向”。这种对“贵族”——前托利党人和联邦党人——的深刻敌意，意味着协会将自然而然地导向民主共和党，这一偏向转而使协会在18世纪90年代后期在事实上偏离了原本土主义思想，并在纽约市的移民——民主共和党的主要支持者——中招募新成员。[22]

坦慕尼协会的基础是工匠阶层，且秉持着坚定的共和主义思
345 想，可以预料，在1792年法国君主制被推翻时，500多名协会会员举行庆祝活动，他们举杯“愿法兰西与美利坚的联盟和榜样给全人类带去光明与祝福”，并“向世界公民托马斯·潘恩致意”。几个

月后，协会的成员头戴弗里吉亚小红帽——现在成了雅各宾派的象征——在纽约的街头游行，在一片喧闹声中庆祝1792年秋法国对普奥联军的首次胜利。现在法国战舰“潜伏号”在佩克码头惊艳亮相，坦慕尼协会的会员组织市民前来欢迎法国使团，协会也将迎来它最盛大的庆典。在接下来的日子里，坦慕尼协会和来自社会各阶层的纽约市民利用城市的公共空间，用象征的方式将法美两国的革命联系起来。协会既在现在充满美国共和文化的场所庆祝法国大革命，也在能够回忆起纽约反英斗争历史的地方庆贺，力求凸显两场革命在意识形态上的密切联系。庆典活动开始于“潜伏号”到达纽约的1793年6月10日。坦慕尼协会的会员带领大批纽约市民从交易所出发向海滨前进，他们一路高歌《马赛曲》来到码头，带着三色帽徽欢迎法国使团成员。[23]

4天后，协会做了一件更大胆的事，他们把唐提咖啡馆（Tontine Coffee House）变成了政治冲突的战场。唐提咖啡馆坐落于华尔街和水街的交叉路口，是一座三层小楼，它的名字透露了它建造时的筹资方式。“唐提”（tontine）是一种联合养老计划，参加该计划的每个成员都要拿出一份基金，作为回报他们将享受终身年金。唐提咖啡馆于1793年初开业，它的投资者都是股票经纪人。这些人早年曾在华尔街的一株梧桐树下会晤，制定了一系列行为准则，现在他们希望寻找一处室内场所以方便相互交易。于是，唐提咖啡馆实际上成了 346
纽约最早的股票交易场所。一位退休的英国布商亨利·万齐（Henry Wansey）于1794年游览纽约，这座咖啡馆令他印象深刻：“唐提酒馆，或者咖啡馆，是一座高大漂亮的砖楼；你沿着门廊下的一条楼梯向上走个6—8步，就会来到一间宽敞的公共房间，那里就是纽约股票交易所，大家都在这儿讨价还价。与伦敦的劳埃德交易所一样，这里放着两大本时刻表，上面写着每艘船进港与起锚的时间。这座房子是为招待商人而建的，资金来源于唐提联合基金，每个参与者负担200镑。”[24]因此，这栋建筑表达了人们对金融与商业繁荣的预期，它也自然成为偏向联邦党的纽约市商业精英的据点，就像另一位游客所记述的：“唐提咖啡馆里到处都是保险商、经纪人、商贩、交易员和政客；他们或出售，或购入，或交易，或投保；有些人在朗读，其他人则在饥渴地打听最新的消息。咖啡馆的楼梯与阳台上挤满了人，他们或是忙于投标和竞价，或是聆听拍卖商吹嘘自己的货物，拍卖商有的踩着一大桶白糖，有的踏着一大桶朗姆酒，有的垫着一大包棉花，以让自己站得更高。”[25]

咖啡馆里还有一间宽敞的集会厅，可以用来开会、举办舞会或者进行俱乐部活动，于是这里也成了联邦党人与民主共和党人、亲英派与亲法派进行政治较量的场所。迈出第一步的是坦慕尼协会。1793 年 6 月 14 日，作为欢迎“潜伏号”到访的狂欢庆典的一部分，一个大胆的纽约人爬到唐提咖啡馆的屋顶，在那里挂上了一顶自由小红帽。“那深红的颜色真是漂亮，”一位路过的目击者赞美道，“它装饰着白色的穗子，高高地挂在一根旗杆上”。一队法国水手和支持革命的美国民众满怀革命激情，并肩向鲍林格林前进，他们肩
347 膀上扛着斧头与铁锹。到达目的地之后，一行人将曾经支撑乔治三世国王雕像的底座残余部分连根掘起，以这种方式将法国的共和主义与美国革命历史记忆相连。随后，人群将底座砸得粉碎，重演了1776 年那次象征性的弑君行动，也重温了 5 个月前巴黎在现实中处决国王的行动。[26]

“潜伏号”战舰在纽约的港口停泊了几个星期，到了7月28日，一艘英国护卫舰“波士顿号”在威廉·奥古斯塔斯·考特尼（William Augustus Courtney）船长指挥下在桑迪胡克附近徘徊。考特尼向一艘美国的海关缉私船打了招呼，将一纸便条交给船长，让他帮忙转告“潜伏号”的舰长：“告诉邦帕尔（Bompard）舰长，我从哈利法克斯（Halifax）来，此行的目标就是‘潜伏号’。如果他能把他的军舰从港口里开出来，我本人将感激不尽。”法国舰长的回复是：“邦帕尔公民愉快地接受邀请，明天将恭候考特尼船长；他希望在海岬附近找到考特尼船长。”纽约市民屏息等待这场战争，至少有9艘船只得到默许，载着大批急不可耐的民众前往桑迪胡克观战。第二天清晨5时30分左右，两舰开始交火，战舰与围观的民用船只在海浪中颠簸。法国战舰与英国护卫舰用侧舷炮同时向对方倾泻着弹雨，法军炮手（照他们以往的习惯）向高处发射，以使“波士顿号”陷于瘫痪。法军的一发炮弹成功击中了英国军舰的主桅，桅杆倾倒砸入了大海。考特尼船长和他的11名船员在战斗中阵亡，他们的尸体躺在散落着绳索的甲板上。邦帕尔舰长这边也蒙受了损失，10名法国水兵战死。“波士顿号”无力再战，它顺利地撤出了战场，先撤往切萨皮克（Chesapeake），而后向北返回哈利法克斯。“潜伏号”则乘胜追击，路遇一艘倒霉的葡萄牙商船，便将其虏作战利品，随后胜利返回纽约。[27]

邦帕尔和他的船员受到了英雄般的欢迎。一个正在纽约出差的英国人查尔斯·詹森（Charles Janson）惊骇地目睹了法军的归来： 348
“伤员们被抬上岸，然后送往医院……街上都是同情之声，女士们将内衣撕成布条给伤员们裹伤口……我亲眼见到邦帕尔在战斗胜利后凯旋，那群痴迷的暴民充满敬意地向他欢呼，一帮民主党上层人士也来迎接他。他们为他准备了宴会和娱乐活动，以庆祝他那所谓的胜利。”[28]

在热烈欢迎法国人凯旋的人当中有不少水手和码头工人，法国兄弟的英勇战斗激发了他们心中那粗糙的共和主义精神。他们与法国水手在码头的酒馆里把酒言欢，后者的口袋里有的是叮当作响的赏金。语言的隔阂也不再是障碍，法国水手讲述着反抗暴政的故事，他们曾被旧制度下严苛的海军纪律折磨，现在则要对抗法国的专制敌人。法国人和热烈欢迎法国人的纽约劳动群众都在贸易中断和失业危机的环境中苦苦求生，据说这都是英国封锁海上贸易的结果，而纽约的海员还不得不一直遭受到处抓壮丁的英国皇家海军的威胁。经历了苦战的法国水手为感谢坦慕尼协会的好客与支持，将“潜伏号”上那面巨大的三色旗赠给了协会，作为共和主义者的兄弟之情及彼此之间敬意的见证。[29]

詹森在这一天见证了强烈的反英情绪，他记录道，城里的一名英国军官险些被人堵在唐提咖啡馆里痛揍一顿。他纵身翻过咖啡馆外面的栅栏，而袭击者则被绊住了。与此同时，咖啡馆最大的公共房间则被相互交织的两个共和国的国旗装饰起来。在15艘来自海地的法军主力舰到达之后，法国人的胜利显得更加辉煌，纽约炮台的
349 大炮鸣炮向法军舰队致敬。唐提咖啡馆本是联邦党商业精英的酒吧和交易场所，现在它被民主共和党人占据，这件事有着深刻的象征意义——这是美国激进主义者和法国共和主义者的平等主义原则挑衅式的宣言。如一位游客抱怨的那样，“只要两三个人聚在一起就有可能吵上一架，人群聚拢过来，又引发了新的纷争”。[30]

“潜伏号”与“波士顿号”的较量只是期盼已久（或担忧已久）的埃德蒙·热内到来的前奏曲，他的行动已经惹了一堆麻烦——党派纷争、相互敌视及激烈的论战。8月7日，热内到达纽约的当天，华盛顿政府禁止法国私掠船队驶出美国的港口，并准备照会法国政府将热内召回巴黎。甚至在热内刚刚踏上纽约炮台附近的海岸时，他的联邦党敌人就已经开始行动了，他们编造了一个故事，说热内宣称华盛顿总统是“一个迷失了方向的人，完全被那些与法国为敌的人左右”，他要“放弃华盛顿，而求助于人民——国家真正的主人”。首席大法官约翰·杰伊证实了这份报告。挖苦、刁难，甚至诬陷对手是一回事，但用这种出格的方式批评总统，特别是华盛顿总统却是另一回事。连态度一向温和的美国商会（Chamber of Commerce）也发表了抗议，谴责那些不遵守外交礼仪、海盗一般的外国使节。坦慕尼协会成员、民主共和党人、技师与手艺人总会的代表们为组织欢迎热内的仪式而组成的委员会同样也被叫停。[31]

对这位法国大使而言，之前的接待已经足够荣耀了。接待委
员会乘船出海到新泽西州海岸的保卢斯海岬（Paulus Hook）迎接
他，双方共同前往纽约炮台，炮台火炮齐鸣向他致敬。随后，他
们穿过沿街热情的群众前往唐提咖啡馆。之后是一场欢迎热内的 350
宴会，人们的欢呼声与教堂致意的钟声此起彼伏。晚上，热内又
在前呼后拥之下前往少女巷的寓所。欢迎仪式上的演讲高度赞扬
了法国在争取全人类“自由胜利”的事业上做出的“丰功伟绩”，
但与此同时，讲话也提醒热内，美国总统已经阐明了美国严守中
立的立场，虽然纽约人非常同情法国，但“我们十分尊重这位伟

大领袖的意见”。[32]

不过热内的首要目标是监督停泊在海湾里的法国战舰的整修情况。从纽约炮台上一眼就能看到战舰，它的绳索上飘舞着各国的国旗，但有细心的观察者发现英国国旗被倒挂了。热内在纽约市里游荡，检查所有被损坏船只的修复和补给情况，同时保证全体船员对共和国的忠诚，他冷静沉着地完成了这个任务。10月5日，整修好的舰队扬帆出海，乘着海浪回到法国。这时，热内当外交大使的日子也快结束了。他十分清楚巴黎的雅各宾派政权中有不少针对他的恶语，这不是个好兆头。而在美国，他曾诋毁华盛顿总统和威胁直接动员美国人民的谣言也制造了针对他的舆论浪潮。联邦党人动员全国上下的盟友在公开集会上宣布支持华盛顿总统和中立政策。热内曾在报纸上发表激烈的抗议，但毫无用处，甚至连他最亲密的美国盟友们也开始离弃他。老“辉格三执政”之一的罗伯特·利文斯顿担心，热内那“毫无节制的热情”正在消减这座城市的“共和热情”。[33]

8月12日，华盛顿通知驻巴黎的美国大使古弗尼尔·莫里斯，
351 让他敦促法国政府尽快召回热内，而热内本人直到9月才得知这个晴天霹雳般的消息。所有美国政府官员都明白，如果把吉伦特派任命的热内送回雅各宾派当政的巴黎，和直接把他送上断头台没有什么区别。亚历山大·汉密尔顿的介入才让这位极能煽风点火的法国外交官免遭此厄运。这个纽约人是当时华盛顿政府的财政部部长，他平静地劝告总统，把热内交给雅各宾派，无异于给民主共和党送了一份大礼，他们将有理由谴责政府不择手段地害死政治反对派。于是，1794年初，热内获得了美国的政治庇护。热内最持久的宝物是他与乔治·克林顿州长聪明、喜欢参与政治的女儿科妮莉亚·塔

潘·克林顿（Cornelia Tappan Clinton）的婚姻。他们是在纽约一场热闹的欢迎宴会上认识的。为了向她致以敬意，热内将一艘整修好的法国战舰改名“科妮莉亚号”。如今，他将作为一名美国公民，和年轻的妻子一起在美国生活。[34]

法国大革命迫使美国人思考自己本国革命的起源，而关于 1789 年革命与 1776 年革命之间的关系，他们得出了完全不同的结论。惊恐的联邦党人尽一切努力划清两者的界限。在 1793 年 5 月 2 日写给华盛顿的信中，汉密尔顿认为美国革命与法国大革命大不相同：“为赢得自由而进行的斗争本身是光荣而可敬的。若行事高尚、正义、符合人道，它便值得获得所有人性之友的尊敬。但如果它被罪恶和无节制玷污，就将失去体面。”[35]在汉密尔顿看来，美国革命是一场“自由、遵守规则与考虑周全的”国家行动，它通过写作、请愿与法律的途径实现——这与法国大革命正好相反，毫无原则的过火行为已经“玷污”了它。

与此同时，也有人坚定地表示法国大革命与美国革命之间有
着积极的联系，这些声音来自民主共和党人组成的社团，这些社 352
团如雨后春笋般在全国上下兴起，仅 1793—1794 年就成立了 35 个。纽约市民主协会（Democratic Society of the City of New York）成立于 1794 年 2 月，它的成员都是工匠、手艺人、缺少技术的工人，以及刚来到美国的苏格兰和爱尔兰移民，有些成员来自坦慕尼协会。民主协会要求毫无保留地支持法国及对英战争。协会公开宣扬对法国大革命的崇敬，同时协会也宣称他们继承了美国革命的遗产。协会里的独立战争老兵自豪地向批评他们的联邦党人展示自己身体上光荣的印记。纽约的民主共和党人像他们佛蒙特

州的伙伴一样，对联邦党人怒吼：“你们身上的伤疤在哪儿？”回归民主共和党人眼中的真正的“1776年精神”的愿望，推动他们将法国大革命与早先美国人争取自由的斗争联系起来。[36]

纽约民主协会开始的一系列活动是庆祝1793年法军取得的一场难得的胜利，“表达共和派人士的喜悦之情”。雅各宾派国民公会的军队于12月19日收复土伦（该城于1793年10月“联邦党人叛乱”时落入英军之手）。这个消息在1794年3月9日传到纽约时，民主协会敲响了全城的教堂钟声，炮台的大炮鸣炮以示致敬，法国的三色旗到处飘扬。在唐提咖啡馆里，民主共和党人草拟了一篇给法国国民公会的祝贺信，并唱起了无套裤汉最喜欢的卡马尼奥舞曲。根据一家报纸的报道，第二天800多名纽约人上街游行，他们“手里举着两国的国旗，头上戴着自由帽”，向着纽约城市酒店前行。城市酒店是纽约的第一家酒店，最近才开张，它位于百老汇大街，在泰晤士街与雪松街之间，占据了一整栋楼。与唐提咖啡馆类似，城市酒店既为差旅中的商人和金融家提供了休息之所，现在又
353 临时为亲法人士提供了举办庆典活动的宽敞公共空间。因此，这座位于纽约市中心的酒店成了又一座建立在美国独立土壤之上的新建筑，并且很快成了政治对抗的新战场。就在这个时候，联邦党人震惊地得知，坦慕尼协会在“美国博物馆”里摆上了一座断头台，台上还匍匐着一个被砍掉脑袋的蜡人。或许，坦慕尼协会的教育活动做得太过火了。[37]

1794年5月，美国政府派约翰·杰伊赴伦敦缓和与英国——它曾强迫美国水手在其海军中服役、打压美国海运事业，而且拒绝遵照1783年和平条约从边界堡垒撤退——的紧张关系。杰伊接到命令

后便从纽约动身。纽约市民主协会抓住这个机会公开宣布：“我们很乐意承认我们热爱法兰西；我们尊重他们的事业正如我们自己的事业一样。我们坚信，一个法国大革命的敌人绝不可能是一个坚定的共和党人；或许他在其他方面可以称得上是一个好公民，但决不能让他担任任何政府部门的领导。”[38]

1795 年 5 月，杰伊带着《英美友好、通商、航海条约》(简称《杰伊条约》)回到美国时，遭到了民主共和党人的愤怒声讨。1795 年 7 月 16 日,《杰伊条约》的支持者与反对者都组织了游行，亚历山大·汉密尔顿在混乱的局面中被石块砸中。2 天后，民主协会组织了独立战争老兵的游行，“他们全都是饱尝硝烟的前大陆军战士”，格林利夫的《纽约日报》如是报道。游行群众拿着美国与法国的国旗，“英国的国旗则被倒挂在这两面国旗下”。他们在独立战争的一处纪念地集中，以此方式再一次将法国的斗争与美国革命联系在一起。民主共和党组织的这次游行终点定在“邦克山”，这里 354
是 1776 年查尔斯·李为保卫这座城市所修建的要塞的遗址，游行以焚烧约翰·杰伊的画像结束。老兵利用历史性的地点将法国大革命与自己近 20 年前的斗争相联系。但这些抗议到头来一点作用都没有:《杰伊条约》在参议院以微弱优势得以通过，8 月华盛顿总统签署生效。美国最终正式地远离了法国这个昔日的盟友，与英国建立了更密切的关系。[39]

在面对法国大革命时，纽约的经历与伦敦和巴黎形成了有趣的对比。1789—1794 年间，在新的公民秩序建立及随后为生存而挣扎的过程中，法国伟大首都的建筑环境被接管、改建、转化，甚至破坏。同时，法国大革命也见证了政治参与和政治活动在有形的、空间意义上的扩大。巴黎的经历是一座处于战争与革命状态之中的城市的经历，它的斗争在1793—1794年间变得十分激烈，并且渗透到了这座城市的每一个公共空间、每一幢建筑之中。就像我们之前曾提到过的，这种经历让人想起了1775—1776年的纽约。伦敦的情况则完全不同，既有秩序成功地保住了自己，又挫败了最温和的改革诉求。伦敦的经历说明，这座城市能够维持社会的和政治的稳定，部分原因在于效忠派有能力控制城市的公共空间，即便不是控制整个伦敦。纽约的这段岁月又不一样，政治讨论的焦点是战后秩序未来的发展方向，这个问题对非裔美国人而言比对其他任何人都重要。
355 非裔美国人充分利用了城市景观及共和制社会提供的良机，争取成为自由的公民，并逐渐动摇奴隶制。

与此同时，法国大革命既是一种激励，也是一个警告，它迫使美国人将当前的政治冲突与其革命历史联系在一起。纽约人对法国大革命的回应往往通过游行和庆典表达，这些活动将美国革命的相关历史场所与表现新生共和国的政治文化、新国家巨大的商业经济活力的地点联系起来。这种做法绝非偶然。在这段至关重要的岁月里，巴黎的空间与场所是法国人组织革命活动的地方；在伦敦，它们是英国人团结起来对抗革命的地方；而在纽约，它们是美国人讨论自家革命的起源及革命之后的未来的地方。

结语

变革中的城市与历史的记忆

357 革命可以是各种各样的，它可能是社会的剧变，是政治的全面改革，或是文化的转变，但革命的过程——从旧秩序的崩溃到新秩序的建立——总是要依托于某个位置、某处地理空间、某种环境。下面这些话可能是老生常谈，但革命的重大意义至少表现在三个方面。第一，革命是对旧政权的反抗或者暴力行动，部分目的是要实际地夺取政治权威或政治权力的位置，其途径是极端的、多种多样的，包括阻断和控制通信联络、攻击和驱逐前政府工作人员、夺取武器和巩固防御阵地。第二，有些革命不光要更换当权者，同时要求更深层次的政治与社会变革，它将充分利用现有的公共建筑和公共空间以安置新的公民政权机构。革命者不仅根据现实的目的接管、改造这些场所，而且利用它们发送各种政治信息，例如给建筑物刷上各种口号，涂上特殊的色彩，加上各种象征物，这种做法旨在培
358 养支持这套全新的政治价值观的公民。第三，革命运动不只是在特定的场所动员支持者、接触公民，它超越空间的限制，克服距离带来的困难（在城市则是应对人口密度过大的挑战），通过各种方式让革命深入每个街区、每条街道及每户人家。

美国革命与法国大革命都达到了上述规模。这两场革命造成的冲击几乎波及政治、文化、社会等人类经验的各个领域，从贵族的

宅邸到劳动人群频繁光顾的酒馆都被震动。革命的希望、恐惧、理想与仇恨透过语言、暴力和政治文化得以表达：游行、象征、标语、口号、歌曲、音乐、小册子、画报、出版物、版画、纸牌、服饰、家具，甚至是发型。经历着革命的人们随时感受着情感的剧烈波动：恐惧、希望、兴奋、绝望，他们忍受着饥饿带来的疼痛，耳边是混合着激烈的辩论的倒咖啡或啤酒的声音。这两场革命都在多个场所进行。与所有革命一样，它们在争夺对空间的实际控制权。在纽约，革命者于 1776 年夏打了一场城市保卫战，并驱逐了城里的效忠派分子。在巴黎，各方于 1789 年 7 月打响了争夺城市控制权的战斗，1792 年 8 月 10 日争夺杜伊勒里宫，1793 年 5 月暴力争夺对国民公会场地的控制权。伦敦在这些年当中避免了革命，但它同样被政治辩论与政治冲突动摇——并且伴随着流血事件——其核心问题是“人民”的权利与政治改革。这些辩论与冲突引发的争夺城市空间的战斗不亚于巴黎与纽约，城市里的激进派与效忠派之间争夺酒馆、劳动人口的通信和组织渠道的使用权。

印刻在城市公众场所和建筑物的砖块、灰浆与屋顶上的政治转
变也同样重要。在革命中的纽约与巴黎，动乱即刻表现出来的显著 359
特色是革命者接管、改造旧政权建筑物与空间的方式。纽约华尔街的市政厅变成了宏伟的联邦大厅。巴黎的革命者接管的房产、地产更是丰厚，其中包括古老的王家骑术学校、杜伊勒里宫、罗浮宫，以及许多修道院、教堂和神学院，以适应新的公民秩序。对于革命者而言，仅仅控制这些空间与场所是远远不够的：必须向所有人昭告新秩序的诞生。装饰着美国鹰的纽约联邦大厅不光是要在视觉上传递共和的原则，它通过一砖一瓦流露出对政权永恒的渴望，向所

有人宣告这个新秩序将万古长存。在巴黎，在恐怖统治生死攸关的1793—1794 年，杜伊勒里宫中央入口上方那顶巨型的弗里吉亚红帽子自然是革命的象征，然而它所在的位置——从前王室寝宫的上方——同时也在宣布这座宫殿归共和主义者所有，它坚决而歇斯底里地表达着法兰西共和国依然稳固。两座城市的革命者意志坚定，不走回头路，这一决心也通过破坏地标建筑物得到了表达。纽约人（1776 年）和巴黎人（1792 年）都曾推倒王室的雕像，巴黎那场象征性弑君后 5 个月，路易十六被斩首。两座城市里许多地方的名字也被更改，意在抹去旧时代的痕迹，不过巴黎的进程比纽约更激烈、更彻底。此外，两座城市都经历了战争的冲击，并感受了战争与革命的关联性。1775—1776 年的纽约和后来的巴黎（特别是在 1793—1794 年），军事备战在全城的建筑与空间中进行，同时对人民的政治动员和对持不同政见者的打压渗透到各个街区与街道之中。

不过，这三座城市经历的不同之处也很重要，因为这些差异是三个国家选择不同道路的表征（而非原因）。纽约市外观的变化与其战后重建紧密相关，战后的和平环境让这段经历成了相对美好的回
360 忆。此外，1783 年后政治变革过程中的温和性也表现在战后的建筑环境中。纽约人只是简单地占据并装修了那些已有的、曾为殖民地时代政治生活服务的建筑，这是因为尽管新政权已经民主化并去除了王室权威，但它的机构——州长、市长和市议会等——事实上都继承自旧殖民地的政治体系。事实上，革命后纽约城市景观的最重大变化主要由公民社会而非政府机构促成，例如唐提咖啡馆、坦慕尼协会，或者非裔美国人教堂的修建。这些社团、建筑从文化参与、经济复苏、社交活动和争取进一步解放等方面体现了战后的繁荣。

巴黎城市外观的革命性转变从1789年便已开始，与纽约形成鲜明对比的是，变革的社会背景最初是旧制度遗留下来的贫穷，接着是1792年日益恶化的各种军事、社会与政治危机。不管革命者多么雄心勃勃地计划为新公民秩序建造专属于它的场地，他们从来没能负担起这样的费用。他们转而占领并改造旧时代的建筑，特别是教堂、修道院、贵族宅邸和王室宫殿，而这些建筑当初的修建与革命者的目的毫不相关。随之而来的便是对建筑内部装修 361
的改造、内部空间的重组，并装饰上革命的象征物，对建筑的改造反映了法国大革命的激进主义，他们要在这个基于特权与绝对王权的共同体社会当中建立起一种平等的秩序。满街飘扬着三色旗，昔日修士与修女安静冥思的居所里建起了座席与旁听席，这些转变不但完全改变了曾经熟悉的建筑的外观，而且将革命引人注目的标志展示给了所有公民，他们的城市的外貌正在发生变化。在两座革命的城市里，城市景观被最大限度地利用，以号召和鼓励公众融入新秩序的价值体系当中。如前文所述，为了达到这个目的，革命者既给建筑装饰上了新秩序相关的标志，又举行游行和庆典（联邦大游行、华盛顿总统就职典礼、联邦节、至上崇拜节），在象征及现实意义上使用特殊的场地。同样，无论在纽约还是巴黎，某些有象征意义的地点总是被用来唤起或巩固人民对新秩序的忠诚，这些建筑原先有其实际或战略作用，后来则作为革命圣地具有了历史价值。此类地点包括纽约市的公共广场和巴黎的巴士底狱：公共广场是纽约人树立自由杆之地；巴士底狱则从一个火药库和令人生畏、臭名昭著的堡垒变成了革命的象征，象征着在争取自由的道路上需要冲破的艰难险阻。

伦敦的情况完全不同，与其他两座城市形成了耐人寻味的对比。大英帝国的首都没有经历革命的震撼，因为这个国家及其支持
362 者都积极地保卫现有秩序，特别是在 1793 年与老对手法国开战之后，英国国内更是爱国主义热情高涨。此外，英国改革运动当中的进步思想并不比纽约和巴黎少，但它采取合法的方式，要求温和的改变，这一特点从伦敦激进派利用城市建筑的方式就能看出。英国的激进派从来不会将现政权的建筑据为己有，他们选择在日常活动的地方开展活动，比如咖啡馆与酒馆，伦敦的公民社团也在这些场所运行。这大概也是他们在面对效忠派的压力时如此无力的原因。效忠派之所以取得压倒性胜利，不光是因为政府帮助镇压激进派、效忠派无孔不入的宣传和民众之中强大的保守主义；另一个重要原因是，在政府的支持下，他们可以缓慢但稳步地占领激进派的活动场地——城市文化生活与政治辩论兴盛的咖啡馆和酒馆。

伦敦的城市景观没有经历过激进的改造，但它与其他两座城市一同见证了政治激进主义浪潮对整个城市空间的冲击。举个例子，纽约的美国革命、巴黎的法国大革命和伦敦的城市激进主义运动当中都出现过政治主动权、政治活动和政治动员地点的变动。政治讨论与文化辩论从前只局限在旧制度的议事厅与宫殿中，如伦敦城的市政厅与市长官邸、纽约的市政厅与乔治堡、巴黎的司法宫；现在，它们转移到了公民社团活动与社交的场所，例如纽约的咖啡店、伦敦的书店和巴黎的咖啡馆与沙龙。在革命时代，政治活动扩散到了更远的地方，进入了纽约与伦敦的酒馆。在纽约，酒馆是民众领袖
363 与工匠、海员打成一片的地方，殖民地精英与民众为了反对英王而结合在一起。在伦敦，酒馆是工匠与手艺人在结束了一天的劳作之

后自然的休闲社交场所。在巴黎，政治主动权转移的标志是 1789 年抵抗王权的地点的转移——从司法宫的高等法院转移到了罗亚尔宫的游廊、商店与花园里。

这些场所与地点上的变化，反映了革命与激进政治拥有了更为广泛的社会基础，参与政治行动与辩论的人不再局限于传统上在政治事务中占统治地位的精英阶级。参与政治的普通劳动群众在空间中的表达扩张到了有史以来最远的地方，涉及的范围最广、利用的场所种类最多，社会各界的大批群众能够在一处集会，比如伦敦的圣乔治草场、纽约的公共广场，以及 18 世纪 80 年末巴黎的罗亚尔宫。国家政治的焦点问题——威尔克斯与自由、《印花税法》、反对波旁王朝的“专制”——将整座城市的人吸引到了这类政治动员的地点。此外，民众的动员活动将革命政治与某些共同体或街区劳动群众的特殊关注点和利益相结合，例如纽约的海滨地区、巴黎的圣安托万区与中心的大市场区。如我们之前在巴黎的街区中看到的，它们自身的地理位置与地形状况就能够强化街区居民的团结程度，进而催生出武装力量。它们的力量足以决定革命的方式与方向，就像大市场区的女商贩与妇女政治俱乐部的激进分子之间的冲突那样。至于纽约，女王街富人区与海滨地带并列的地理位置决定了反《印 364
花税法》抗议游行的路线。

到目前为止，这些空间上的扩展都是偶然的，是越来越多的民众社会团体卷入这个时代政治纷争的表现。然而同样令人瞩目的是，革命者与激进主义者想方设法，试图克服城市距离遥远和人口稠密带来的一系列困难，将政治动员渗透到最基层。巴黎与伦敦都通过建立社会关系网的方式达成目的。在巴黎，这些社会关系网络包括大众社团，这些社团有的获得了科德利埃俱乐部的支持，有的干脆就是俱乐部建立的。此外，巴黎的社会关系网络还包括各个选区本身。在伦敦，则有伦敦通信会的支部型结构。美国革命期间的纽约通过市民的积极参与，成功实施了抵制英货和驱逐效忠派分子的连续行动，当时甚至每个家庭购买、消费的物品都受到监视。

在正式的政治组织结构方面，最激烈且引人注目的发展过程来自革命中的巴黎，大众团体与选区正是“底层的”主动性与“上层的”政策碰撞之处。作为新秩序政治结构中的一部分，巴黎的各选区有它们各自的议会、委员会、国民自卫军分队和治安法官，它们合法地占据、改造那些老建筑，特别是遍布整个城市的教堂和修道院，并将政治象征物与政治信息印刻或装饰到上面。这些选区的建立令政治活动在组织结构和现实可见的意义上深入最基层的城市生活中，在城市的每一个社区，选区的建筑都在提
365 醒人们革命正在进行。相反，伦敦通信会第一次尝试组织正式的、跨越整个伦敦的激进派组织，然而它的成就是脆弱的。通信会的各个支部在酒馆集会，但酒馆的营业许可证却掌握在对激进派满怀敌意的治安法官手里，通信会的基地极容易被有政府支持的效忠派夺取。在城市的基层和各个街区，通信会的势力也远不如效忠派，通信会的支部从未成功在各街区扎根，这令他们更容易遭到敌对者的恐吓和政府密探的渗透。

城市的景观是革命与激进主义运动的背景，是它们印刻和传递信息之处，其中建筑和空间都是政治冲突的场所。城市景观的革命性转变让城市本身也成了故事的一部分。本书将城市中的群体——无畏的人们、怒不可遏或充满希望的社区——的故事编织进了这个

关键而动荡时代的城市建筑布局变化史中。笔者希望本书能够证实一位历史学家对巴黎的评价——“城市是其自身历史的参与者”。认识到这一点很重要，因为城市是变动无常的。法国大革命的战争结束之后（部分因为这场战争），伦敦迅速崛起，这座大英帝国首屈一指的大都市烟囱林立，这种景象在第二次世界大战中被纳粹德国的炸弹改变，经过战后重建，古老与现代的景观拼凑出了一幅迷人的画卷。在很大程度上由于美国向西部的扩张和纽约自身商业中心的位置，纽约这座城市疯狂地向北部、向曼哈顿岛外扩张，当年在街道上兵戎相见的革命者与效忠派如果活过来，一定认不出这是纽约。革命后的巴黎也发生了巨大变化。拿破仑·波拿巴以他严谨认真的建设计划开启这一进程，不过把它推向顶点的是奥斯曼男爵。366
他在 19 世纪 50—60 年代担任拿破仑三世的塞纳省省长，负责监督翻修房屋、铺设林荫大道、挖掘下水道、修建市场、建设公园，这些工程奠定了现代巴黎的基础。城市一直在适应时代的需求，随着时间的流逝，它们被破坏、被重建。[1]

大约 100 年前，城市景观的改变、现代城市的崛起和旧城市的消亡，让当时的人们开始重视、保存，或者至少是记录历史遗迹。不少人出于个人目的开始研究遗迹，并撰写了相关作品，他们的行动催生了新的历史学分支“古物学”（antiquarianism），但它很长一段时间里并不受重视。古物学似乎堆砌了大量有趣的细节，它对研究更深层次的历史问题没有什么帮助，这类问题包括什么塑造了阶级、社会、国家、文化，大规模革命、改革的驱动因素是什么，以及其他仍然困扰历史学家和决策者的重大历史问题。古物学开创者当中有一位法国作家兼历史学家路易-莱昂·泰奥多尔·戈瑟兰（Louis-Léon Théodore Gosselin），他经常以乔治·勒诺特（George Lenotre）之名发表作品，尤其痴迷于寻访与法国大革命相关的历史遗迹，如政治俱乐部活动地点、革命领袖的故居、恐怖时代的监狱等。他考察那些旧建筑，仔细查阅各种文件，而后生动、详尽地描绘出巴黎一个世纪以前可能的样子。对那些已经不存在的地方，他会根据当年的图纸、档案记录和回忆录在纸上重构其轮廓。勒诺特锲而不舍的动力完全来自纯粹的好奇心。1894 年他写道：“我多少次……尝试在脑海里重构……国民公会的会议室、监狱、各个委员会……我一直在想它以前到底是什么样子。”不过他不懈的研究与创作背后也有一个比
367 较实际的动力——“巴黎过去的东西现在已经所剩无几了”。在勒诺特的时代，老巴黎的许多东西已经消失，许多公民担心这座城市古老的遗产终将消逝，他们希望这些东西能保存下来，或者至少被记录下来，勒诺特便是这些人之一。然而勒诺特对法国大革命详尽生动的重现与现代的历史研究倒是相容的。②

勒诺特的目的是记录那些曾经存在或即将消逝的东西。在实践中，他的研究表明，现实中的地点——对他来说是巴黎——能够按照层次逐步揭示它们的历史。当人们既研究城市地面上的建筑，又发掘它地下的考古堆积层时，“层次”就是它字面上的意思。从喻义上来说，“层次”指的是与城市各地点相关的历史记忆是有分层的，它们或者被改写、被抹除、被遗忘，或者相反，被积极地纪念、铭记，或者在被遗忘多年之后突然又被唤醒，就如同城市里的建筑一样，被拆毁、被新的建筑覆盖、被重建。即便是看起来已经有数

百年历史的私人建筑几乎没有任何改变——实际上所有建筑物都有它们自己的“不为人知的历史”。因此这些“层次”既是物理层面的，又是文化层面的，前者是指建筑物遗址的堆积层，后者是与特定场所和空间相关的历史记忆的层次。这些遗址塑造、激发了人们的想象。伟大的英国历史学家乔治·麦考利·特里维廉（George Macaulay Trevelyan）在 1913 年曾写道，一处历史遗迹“并非只是石头和灰泥……它是一位恰当、哀伤的见证者，站在现在注视它的人与过去赋予它意义的人之间。对于历史的读者来说，辽阔而神秘的欧洲大陆上每一座坍塌的城堡、每一处古代的教堂都是这样的见证者”。历史的场所帮助我们建构过去的故事。[③]

但随之而来的问题便是哪些场所被赞颂、标记或关注，以及某处历史遗迹最容易和哪些重大事件、哪个历史“层次”联系起来。城市中的各处场所——建筑、公共空间、地理特征——迅速变成了“回忆的国度”，即刻下了历史记忆的地方。然而在城市环境下，任 368
何与特殊事件相关的记忆都特别容易被抹去，就像蜡版上的字一样。每处遗址都与某个事件或某个群体建立起了紧密的联系，这种联系往往会淡化它与其他事物的关系。通常，这种“忘却”是选择的结果，或是政治的抉择。我们标记、纪念什么，甚至将什么视为历史遗迹都是共同体、社会和政府选择的结果。因此，如果由政府决定什么地方应当，什么地方不能标记和纪念时，社会历史的叙述也会根据主观的目的改变。正是出于以上原因，不管是过去还是现在，历史遗迹都是经常爆发激烈的政治冲突和思想冲突的场所。[④]

以下引用的例子与本书主旨十分契合。1889 年，巴黎市开始建造乔治－雅克·丹东的巨大雕像，雕像标记着当年丹东住所的位置

（今天圣日耳曼大道奥代翁地铁站旁），它是法国大革命100周年庆典的一部分。选择这个人物反映出当时法兰西第三共和国的想法。丹东代表了爱国的共和主义和无畏的反抗精神，当时的法国需要它们，以鼓励国家从1870—1871年普法战争的耻辱性失败中振作起来。但在1891年7月举行雕像的揭幕仪式时，法国参议院中出现了抗议。这场辩论反映了人们对大革命意义的认识有深刻分歧，他们的结论转而又反映了各自的政治倾向。一位名叫亨利·瓦隆（Henry Wallon）的参议员认为这尊雕像是“侮辱和诽谤……歌颂令法国大革命蒙羞的险恶行为”，这指的是丹东在创建革命法庭时所起的作
369 用，或者据说他在9月的屠杀中扮演的角色。另一位参议员起身辩护，正好相反，“丹东唤醒了法国，让这个国家有了击败欧洲君主联盟的可能”。他的发言赢得了左派议员的掌声。我们庆祝什么，铭记什么，在哪里举行这些活动，都反映了我们个人的政治与文化观念。[5]

从这个角度来说，这本书的立场远远称不上中立。书中关注的对象是三座西方城市历史的一个特定层次，即18世纪晚期争取民主的斗争。做出这个选择之后，本书研究的对象是那些与政治对抗和有争议的或暴力的政策相关的场所。当代许多研究者认为，这段时间是大西洋世界，乃至整个世界的关键历史时期。在这个时代，成千上万的人首次掌握了主动权，并尝试建构他们理想的政治制度。这场斗争将自己的印记刻入了巴黎、伦敦和纽约的城市景观之中——即使只是暂时的。在变动不安的城市中，本书描述的许多场所与空间都已被毁灭、遗忘，或者被其他建筑覆盖。它们与18世纪晚期政治冲突的各种历史相联系，有时会随着城市的变化而被改

写或遗忘，这个过程有时是刻意而为，有时是因为对下一代来说其他的记忆更重要，有时只是被时间掩埋。不过本书描述的许多场所，其整体或部分依然清晰可辨，或者它们至少在建筑史上留下了足迹，而我们只需要知道在哪里可以看到它们。

注释

375 前言

1. N. Karamzin, *Letters of a Russian Traveller*, trans. A. Kahn (SVEC，2003:04) (Oxford：Voltaire Foundation, 2003), 256.
2. 引 自 H. C. Rice, *Thomas Jefferson's Paris* (Princeton, NJ: Princeton University Press, 1976), 25–26。
3. P. Jones, *The Great Nation: France from Louis XV to Napoleon* (London: Penguin, 2003), 247; D. Garrioch, *The Making of Revolutionary Paris* (Berkeley: University of California Press, 2002), 163–164，171–172.
4. 洛吉耶的相关论述引自 Garrioch, *Making of Revolutionary Paris*, 200–211。
5. L. Auslander,'Regeneration Through the Everyday? Clothing, Architecture and Furniture in Revolutionary Paris', *Art History* 28 (2005): 227–247. 在 17 世纪的英国及 18 世纪的美国与法国，社会发生剧变，出现了"文化的革命"，对这些问题深入的比较研究，参见 L. Auslander, *Cultural Recolutions: Everyday Life and Politics in Britain, North America and France* (Berkeley: University of California Press, 2009)。现代学者提供了"符号学"的研究方法，以便解释"事物""记号"及象征物的意义，研究它们如何被接受，其中也包括城市本身。现在我准备在另外一本书里使用这种方法，而本书并不适用。参见 M. Gottdiener and A. P. Lagopoulos, eds., *The City and the Sign: An Introduction to Urban Semiotics* (New York: Columbia University Press, 1986)。关于空间与场所的政治内涵，以及相关理论与历史的讨论，参见 Katrina Navickas, *Protest and the Politics of Space and Place, 1789–1848* (Manchester:
376 Manchester University Press, 2016), 特别是 1–20 页，关于今天的内容见 23–50 页。

这本书非常不错，可惜出版时间晚了点儿，致使本书没能充分吸收其中的精华。

6. 关于大西洋问题的内容请参见 A. Jourdan, *La révolution, une exception française?* (Paris: Flammarion, 2004) 及 W. Klooster, *Revolutions in the Atlantic World: A Comparative History* (New York: New York University Press, 2009)。大西洋两岸人群与思想交流研究范例有 M. Jasanoff, *Liberty's Exiles: The Loss of America and the Remarking of British Empire* (London: Harper Press, 2011)；M. Durey, *Transatlantic Radicals and the Early American Republic* (Lawrence: University Press of Kansas, 1997)；F. Furstenburg，*When the United States Spoke French: Five Refugees Who Shaped a Nation* (New York: Penguin, 2014)；D. P. Harsanyi，*Lessons from America: Liberal French Nobles in Exile, 1793–1798* (University Park: Pennyslvania State University Press, 2010)；J. Polasky, *Revolution without Borders: The Call to Liberty in the Atlantic World* (New Haven CT: Yale University Press, 2015)。
7. 正如 David Armitage 所言，大西洋“提供了一条线索，但本身并非分析研究的对象”。Armitage, “Three Concepts of Atlantic History”, in *The British Atlantic World, 1500–1800*, edited by D. Armitage and M. J. Braddick (Basingstoke: Palgrave, 2009), 24.
8. 换句话说，该书就如其作者所言，致力于探究“城市是如何作为自身历史的参与者的”。Garrioch, *Making of Revolutionary Paris*, 7.
9. 关于普通民众如何经历革命洗礼问题的新研究方法，参见 D. Andress, “Revolutionary Historiography, Adrift or at Large? The Paradigmatic Quest Versus the Exploration of Experience”, 文章来自 *Experiencing the French Revolution*, edited by D. Andres (Oxford: Voltaire Foundation), 1。
10. 关于梅西耶的引文来自 L. -S. Mercier, *Parallèle de Paris et de Londres*, edited by C. Bruneteau and B. Cottret (Paris, Didier-Érudition, 1982), 53。
11. L. Picard, *Dr. Johnson's London: Everyday Life in London, 1740–1770* (London: Phoenix, 2001)；关于笛福的引文来 G. Rudé, *Hanoverian London, 1714–1808* (Stound: Sutton, 2003), 2；关于 1787 年的那位观察家，引自 P. Ackroyd, *London: The Biography* (London: Vintage, 2011), 517。
12. 关于卡拉姆津的引文来自 N. M. Karamzin, *Voyage en France, 1789–1790* (Paris: Hachette, 1885), 75。
13. 关于亚当斯的引文来自阿比盖尔·亚当斯 1784 年 7 月 6 日给玛丽·史密斯·克
兰奇（Mary Smith Cranch）的信，引自 A. S. Adams, *Letters of Mrs. Adams: The* 377
Wife of John Adams, 2 vols. (Boston: Little, Brown, 1841), 2: 25。
14. T. Flaming, *Duel: Alexander Hamilton, Aaron Burr and the Future of America* (New

York: Basic Books, 1999), 31–32.

15. 引自 E. G. Burrows and M. Wallace, *Gotham: A History of New York City to 1898* (New York: Oxford University Press, 1999), 338。

16. 有关利物浦的比较来自 T. Cooper, *Some Information Respecting America*，引文摘录自 B. Still, *Mirror for Gotham: New York as Seen by Contemporaries from Dutch Days to the Present* (New York: New York University Press, 1956), 64。

17. Ackroyd, *London: The Biography*, 43, 72.

18. 关于梅西耶的引文来自 L. -S. Mercier, *Le tableau de Paris*, edited by J. Kaplow (Paris: Découverte, 1989), 38–39；关于利希滕贝格的引文来自 R. Porter, *London: A Social History* (London: Penguin, 2000), 221–222；有关纽约市民抱怨的引文来自"Petition of occupants of houses on Vesey Street between Greenwich and Church Streets, to the Mayor, Aldermen and Common Council, c. 1803"，来自纽约公共图书馆珍藏本与手稿部，纽约市综合收藏，Coll.2156, Box 11, Folio 14.

19. 关于亚当斯的内容来自阿比盖尔·亚当斯 1784 年 9 月 5 日给露西·克兰奇·格林利夫（Lucy Cranch Greenleaf），Adams, *Letters of Mrs. Adams: The Wife of John Adams*, 2: 54–55；关于格罗勒的内容来自 Porter, *London: A Social History*, 120；关于布里索的内容来自 J. -P. Brissot de Warville, *Mémories*, *1754–1793*，edited by C. Perroud, 2vols. (Paris, 1912), 1: 302, 331。

20. D. Roche, *The People of Paris: An Essay in Popular Culture in the 18th Century* (Leamington Spa, Hamburg, and New York: Berg, 1987), 107.

21. J. Godechot, *Taking of the Bastille: July 14th, 1789* (New York: Scribner's, 1970), 55；C. Abbott, "The Neighbourhoods of New York, 1760–1775", *New York History* 55 (1974): 46；W. C. Abbott, *New York in the Amerian Revolution* (New York: Scribner's, 1929), 10–11；Garrioch, *Making of Revolutionary Paris*, 60–61.

22. 菲尔丁与冯·阿兴霍尔茨引自 Rudé, *Hanoverian London, 1714–1808*, 9, 10。

23. 关于该"准则"，参见 *London Magazine* 49 (May 1780): 197。

24. 参考 T. C. W. Blanning, *The Culture of Power and the Power of Culture: Old Regime Europe, 1660–1789* (Oxford: Oxford University Press, 2002)。

25. 关于雷纳尔的内容引自 K. M. Baker, "Public Opinion as Political Invention", in *Inventing the French Revolution: Essays on French Political Culture in the Eighteeth Century* (Cambridge: Cambridge University Press, 1990), 187。

378 26. H. M. Scott, "The Seven Years' War and Europe's Ancien Régime", *War in History* 18 (2011): 425, 429, 432–433.

27. J. Kaplow, *The Names of Kings: The Partisan Laboring Poor in the Eighteenth Century* (New York: Basic Books, 1972), 128–129, 131；Garrioch, *Making of Revolutionary Paris*, 62.

28. 关于桑比的版画，参见 J. Bonehill, "'The Center of Pleasure and Magnificence'：Paul and Thomas Sandby's London", *Huntington Liberary Quarterly* 75 (2012): 378–379；有关当年弓街侦探的事，参见 J. M. Beattie, *The First English Detectives: The Bow Street Runners and the Policing of London, 1750–1840* (Oxford: Oxford University Press, 2012), 46–48。

29. 引自 Rudé, *Hanoverian London, 1714–1808*, 191。

30. 同上，191–201。

31. 有关满怀感激的商人引自 Burrows and Wallace, *Gotham*, 191；有关满心绝望的商人引自 G. Nash, *The Urban Crucible: Social Change, Political Consciousness and the Origins of American Revolution* (Cambridge, MA: Havard University Press, 1979), 250。

32. 引自 Burrows and Wallace, *Gotham*, 192。

33. D. A. Bell, *The Cult of the Nation in France: Inventing Nationalism*, 1680–1800 (Cambridge, MA: Havard University Press, 2001), 63–68；Jones, *Great Nation*, 260–261, 272.

第一章

1. "The Colden Letter Books, 1765–1775" (Collections of the New-York Historical Society for the Year 1877), 47.

2. 关于"双重革命"的看法，参见 Nash, *Urban Crucible*, 292（前言注释 31）。

3. S. Conway, "Britain and the Revolutionary Crisis, 1763–1791", in *The Oxford History of the British Empire*, edited by P. J. Marshall, vol. 2, *The Eighteenth Century* (Oxford: Oxford University Press, 1998), 327–328；E. Countryman, *The American Revolution* (Harmondsworth: Penguin, 1985), 47–48.

4. Conway, "Britain and the Revolutionary Crisis", 327；Countryman, *The American Revolution*, 11；J. Shy, "The American Colonies in War and Revolution, 1748–1783", in *Oxford History of the British Empire,* edited by P. J. Marshall, 2: 306.

5. R. Chopra, *Unnatural Rebellion: Loyalists in New York City During the Revolution* (Charlottesville: University of Virginia Press, 2011), 11.

379 6. P. U. Bonomi, *A Factious People: Politics and Society in Colonial New York* (New York: Columbia University Press, 1971), 63–64, 71–72.

7. I. N. Phelps Stokes, *The Iconography of Manhattan Island, 1498–1909, Compiled from Original Sources*, 6 Vols. (New York: Robert H. Dodd, 1915–1928), 1:187；B. Schecter, *The Battle for New York: The City at the Heart of American Revolution* (New York: Walker, 2002), 18–19；Chopra, *Unnatural Rebellion*, 8–11；Burrows and Wallace, *Gotham*, 109（参见前言注释 15）; Abbott, *New York*, 13（参见前言注释 21）。

8. E. S. Morgan and H. M. Morgan, *The Stamp Act Crisis: Prologue to Revolution* (London: Collier Macmillan, 1963), 56, 58；B. Knollenberg, *Origin of the American Revolution, 1759–1766* (New York, Free Press, 1965), 190–191；H. T. Dickinson, "Britain's Imperial Sovereignty: The Ideological Case Against the American Colonists", in *Britain and the American Revolution* (London: Longman, 1998), 74, 76, 77；关于史密斯的内容引自 L. F. S. Upton, *The Loyal Whig: William Smith of New York and Quebec* (Toronto: University of Toronto Press, 1969), 53；Morgan and Morgan, *Stamp Act Crisis*, 121。

9. "Resolutions of the Stamp Act Congress", reprinted in S. E. Morison, *Sources and Documents Illustrating the American Revolution and the Formation of the Federal Constitution, 1764–1788* (Oxford: Oxford University Press, 1965), 32–34；相同的内容也见于 Morgan and Morgan, *Stamp Act Crisis*, 142–144。

10. J. Montresor, *The Montresor Journals*, edited by G. D. Scull (New York: New York Historical Society, 1882), 336.

11. 同上，336 页；Phelps Stokes, *Iconography*, 4: 752；M. Kammen, *Colonial New York: A History* (New York and Oxford: Oxford University Press, 1975), 349。

12. P. A. Gilje, *The Road to Mobocracy: Popular Disorder in New York City, 1763–1834* (Chapel Hill: Institute of Early American Culture/ University of North Carolina Press, 1987), 40；R. J. Champagne, *Alexander McDougall and the American Revolution in New York* (Schenectady, NY: Union College Press, 1975), 11；B. Carp, *Rebels Rising: Cities and the American Revolution* (New York: Oxford University Press, 2007), 62–63；《人民的呼声》参见 J. R. Broadhead, B. Fernow and E. B. O' Callaghan, eds., *Documents Relative to the Colonial History of the State of New-York*, 15 vols. (1853–1856), 7: 770（后文简称 *New York Col. Docs*）。

13. 这个喝多了马德拉酒的游行者的全部证词请参考 W. C. Abbott, *New York*, 54–57。

380 14. 此处细节及引文来自 Abbott, "Neighborhoods of New York", 50–51（参见前言注释 21）。

15. Nash, *Urban Crucible*, 250–251.

16. P. A. Gilje, *Liberty on the Waterfront: American Maritime Culture in the Age of Revolution* (Philadelphia: University of Pennsylvania Press, 2004), 12–13, 100–101；Gilje, *Road to Mobocracy*, 12；R. M. Ketchum, *Divided Loyalties: How the American Revolution Came to New York* (New York: Owl Books, 2002), 151–152；Champagne, *Alexander McDougall*, 5–10；Bonomi, *A Factious People*, 267–268；Burrows and Wallace, *Gotham*, 200–201；G. B. Nash, *The Unknown American Revolution: The Unruly Birth of Democracy and Stuggle to Create America* (New York: Penguin, 2005), 223–232.

17. Abbott, *New York*, 9；Nash, *Urban Crucible*, 300.

18. 麦克弗斯的信件引自 *New York Col. Docs*, 7: 761。

19. Abbott, "Neighbourhoods of New York", 43；Ketchum, *Divided Loyalties*, 139.

20. Montresor, *The Montresor Journals*, 336–337；詹姆斯引言来自 Burrows and Wallace, *Gotham*, 192。

21. 科尔登的证词来自 *New York Col. Docs*, 7: 771。抗议者引言来自 Abbott, *New York*, 56。抗议活动的传统参见 S. P. Newman, *Parades and the Politics of the Street: Festive Culture in the Early American Republic* (Philadelphia: University of Pennsylvania Press, 1997), 21；Gilje, *Road to Mobocracy*, 39–40；Gilje, *Liberty on the Waterfront*, 102。

22. 抗议者引言来自 Abbott, *New York*, 56；科尔登的描述引自 *New York Col. Docs,* 7: 771。焚烧科尔登马车的行为背后既有政治原因，也有社会原因。马车是最招摇地展示财富的方式之一。在 1775 年，马车依旧是有钱人昂贵的玩具，全纽约只有 69 家人有马车（Burrows and Wallace, *Gotham*, 172–174）。

23. 抗议者引言来自 Abbott, *New York*, 56；更多细节参见 Montresor, *The Montresor Journals*, 337；Abbott, *New York*, 56–57；Schecter, *Battle for New York*, 15。

24. Montresor, *The Montresor Journals*, 337–338；利文斯顿引言来自 Bonomi, *A Factious People*, 234。

25. Nash, *Urban Crucible*, 303；利文斯顿引言来自 Champagne, *Alexander McDougall*, 14。

26. *New York Col. Docs*, 7: 792；Burrows and Wallace, *Gotham*, 200.

27. *New York Col. Docs*, 7: 790；Burrows and Wallace, *Gotham*, 202；Kammen, *Colonial New York*, 345.

28. 议会相关内容引自 R. Middlekauf, *The Glorious Cause: The American Revolution,* 381

1763–1789 (New York: Oxford University Press, 1982), 117；《纽约邮差》内容引自 Phelps Stokes, *Iconography*, 4: 765；Montresor, *The Montresor Journals*, 368。

29. Schecter, *Battle for New York*, 35； 殖民地议会相关内容引自 Phelps Stokes, *Iconography*, 4: 766。
30. Newman, *Parades and Politics of the Street*, 25；Schecter, *Battle for New York*, 25；Phelps Stokes, *Iconography*, 4: 765.
31. Montresor, *The Montresor Journals*, 385；Phelps Stokes, *Iconography*, 4: 802.
32. Phelps Stokes, *Iconography*, 4: 800.
33. Champagne, *Alexander McDougall*, 22–23； 麦克杜格尔的发言引自 "To the Betrayed Inhabitants of the City and Colony of New York" 原文（New York, 1769）。
34. Champagne, *Alexander McDougall*, 24.
35. Phelps Stokes, *Iconography*, 4: 803–804；Ketchum, *Divided Loyalties*, 226–228（那位焦虑的纽约人引言来自 228 页）。
36. Phelps Stokes, *Iconography*, 4: 805.
37. Champagne, *Alexander McDougall,* 27–28, 31–34.
38. 同上，40–42。
39. Phelps Stokes, *Iconography*, 4: 812.
40. 同上，813。
41. B. L. Carp, *Defiance of the Patriots: The Boston Tea Party and Making of America* (New Haven, CT：Yale University Press, 2010), 11–20, 130, 139；Burrows and Wallace, *Gotham*, 213–214.
42. Middlekauf, *Glorious Cause*, 230–231；Countryman, *The American Revolution*, 50；Champagne, *Alexander McDougall*, 53； 英王乔治三世的引言来自 Burrows and Wallace, *Gotham*, 215。
43. Nash, *Unknown American Revolution*, 141–144（纽约人引言来自 143 页）。
44. M. B. Norton, *Liberty's Daughters: The Revolutionary Experience of American Women, 1750–1800* (Boston: Little, Brown, 1980), 242–250·；Burrows and Wallace, *Gotham*, 216.
45. S. White, *Somewhat More Independent: The End of Slavery in New York City, 1770–1810* (Athens: University of Georgia Press, 1991), 9–10, 90（麦克罗伯特引言来自第 3 页）; J. L. Van Buskirk, *Generous Enemies: Patriots and Loyalists in Revolutionary New York* (Philadelphia: University of Pennsylvania Press, 2002), 133；S. Shama, *Rough Crossings: Britain, the Slaves and the American Revolution* (London:

BBC Books, 2005), 113。

46. Ketchum, *Divided Loyalties*, 276；莫里斯引言来自 S. Lynd, “The Mechanics in New York Politics, 1774–1788”, *Labor History* 5 (1964): 226。 382

47. Middlekauf, *Glorious Cause,* 247–248；见证代表们离开的内容引自 Schecter, *Battle for New York*, 41。

48. Ketchum, *Divided Loyalties*, 308.

49. Abbott, *New York*, 136.

50. 见证者、史密斯与威利特引言来自 Schecter, *Battle for New York*, 51。

51. Abbott, *New York*, 135–136. 史密斯引言来自 Ketchum, *Divided Loyalties*, 322。

第二章

1. 威尔克斯引言来自 J. White, *London in the Eighteenth Century: A Great and Monstrous Thing* (London: Bodley Head, 2012), 512。

2. P. -J. Grosley, *Londres*, 3 vols. (Lausanne, 1770), 2: 9–10.

3. 坦普尔栅门在 1878 年被维多利亚时代的英国人拆除，以缓解这条通往帝国首都中心地带的主干道的交通堵塞状况，尽管敏锐地意识到了栅门本身的历史地位，他们还是将它的石头一块块拆掉。此后，一个地主买下了坦普尔栅门，并在其庄园上重建了栅门。2004 年，这座历史建筑最终回归伦敦，伦敦人重建了这座熟悉的建筑，现在这道宏伟的栅门立在圣保罗大教堂的西北处供人们观赏。有关坦普尔栅门及其重建，请参见 www. thetemplebar. info/。

4. 至今尚存的公会大厅包括黑衣修士巷的药剂师公会大厅、上泰晤士街的葡萄酒商公会大厅、陶门山街上的皮革商公会大厅。它们的历史全都可以追溯到 1666 年伦敦大火后城市重建的时代。

5. G. Rudé, *Wilkes and Liberty: A Social Study of 1763 to 1774* (Oxford: Oxford University Press, 1962), 5–6；Porter, *London: A Social History*, 121, 188–190（参见前言注释 18）。

6. L. Sutherland, “The City of London and the Opposition to Government, 1768–74”, in *London in the Age of Reform*, edited by J. Stevenson (Oxford: Blackwell, 1977), 33.

7. Grosley, *Londres*, 2:10.

8. A. H. Cash, *John Wilkes: The Scandalous Father of Civil Liberty* (New Haven, CT: Yale University Press, 2006), 7, 276.

9. J. Summerson, *Georgian London* (Harmondsworth: Penguin, 1962), 63, 266；Porter, *London: A Social History*, 120；S. Inwood, *Historic London: An Explorer's Companion*
383 (London: Macmillan, 2008), 51–52（有关咖啡馆的内容），237–238（有关皇家交易所的内容）；R. J. Mitchell and M. D. R. Leys, *A History of London Life* (Harmondsworth: Penguin, 1963), 110。
10. L. Colley, *Britons: Forging the Nation 1707–1837* (New Haven, CT: Yale University Press, 1992), 61–71；J. Flavell, *When London Was Capital of America* (New Haven, CT: Yale University Press, 2010), 121–123.
11. 威尔克斯引言来自 Rudé, *Wilkes and Liberty*, 27。
12. www.history of parliament online.org/volume1754-1790/constituencies/middlesex#constituency-background-info；J. White, *London in the Eighteenth Century,* 523–524；Rudé, *Wilkes and Liberty*, 79–80.
13. 18 世纪 60 年代，王座法庭监狱位于一条新修的路上，也就是今天的伯勒街（Borough Road），当年这条路从威斯敏斯特桥一直延伸到萨瑟克区。现在监狱已被拆除，它的位置大概在今天纽因顿路（Newington Causeway）与伯勒街的交汇处的北边，现在这里建立了一大片现代建筑。
14. 圣乔治草地的位置在今天伦敦中心的繁华地带，这片地区包括滑铁卢站，其北边是联合街，西边是肯宁顿路，南边是肯宁顿巷，东边是伯勒大道。Inwood, *Historic London*, 308.
15. Rudé, *Wilkes and Liberty*, 49–51, 56.
16. Cash, *John Wilkes*, 226；Sutherland, "City of London", 30；Rudé, *Wilkes and Liberty*,108（"权利法案支持者协会"相关内容引自 61–62 页）；J. White, *London in the Eighteenth Century,* 527（贝克福德引言来自 529 页）。
17. Rudé, *Wilkes and Liberty*, 62–65.
18. 这位女士的话引自同上作品，156 页。
19. 同上，158–159 页；Cash, *John Wilkes*, 280–282（威尔克斯引言来自 281 页）。
20. Rudé, *Wilkes and Liberty*, 159；乔治三世引言来自 Cash, *John Wilkes*, 282。
21. 引自 Rudé, *Wilkes and Liberty*, 163。
22. Cash, *John Wilkes*, 284–285.
23. 同上，287 页。
24. J. White, *London in the Eighteenth Century,* 511；A. Goodwin, *The Friends of Liberty: The English Democratic Movement in the Age of French Revolution* (London: Hutchinson, 1979),43–44；关于绞刑的官方资料来自 J. Marriott，*Beyond the*

Tower: A History of East London (New Haven, CT: Yale University Press, 2011), 82, 85。

25. 威尔克斯引言来自 J. Cannon, *Parliamentary Reform, 1640–1832* (Cambridge: Cambridge University Press, 1973), 67；Sutherland, "The City of London", 47。 384

第三章

1. P. McPhee, *Robespierre: A Revolutionary Life* (New Haven, CT: Yale University Press, 2012), 23.
2. 关于高等法院，重点参见 W. Doyle, *Origins of the French Revolution*, 2nd ed. (Oxford: Oxford University Press, 1988), 69–72。
3. P. R. Campbell, "The Paris Parlement in the 1780s' ", in *The Origins of French Revolution* (Basingstoke: Palgrave, 2006), 97；McPhee, *Robespierre: A Revolutionary Life*, 25.
4. Doyle, *Origins of the French Revolution*, 71；Campbell, "The Paris Parlement", 88–89；J. Swann, "The State and Political Culture", in *Old Regime France*, edited by W. Doyle (Oxford: Oxford University Press, 2001), 156–157.
5. L. -V. Thiéry, *Guide des amateurs et des étrangers voyageurs à Paris; ou, Description raisonnée de cette ville*, 3 vols. (Paris, 1787), 2:14.
6. Jones, *Great Nation*, 260–261, 272（参见前言注释 3）。
7. 关于圣礼拜堂，参考 C. Jones, *Paris: The Biography of a City* (London: Penguin, 2004), 42。
8. 有关霍勒斯·沃波尔的内容出自 1766 年 3 月 10 日给沃波尔的信，引自 *Horace Walpole's Letters*, edited by W. S. Lewis et al., 48 vols. (New Haven CT: Yale University Press, 2015), 39: 55。
9. Thiéry, *Guide des amateurs et des étrangers*, 2: 32；沃波尔相关内容来自给沃波尔的信，引自 *Horace Walpole's Letters*, 39: 55。
10. 引自 K .M. Baker, ed., *The Old Regime and the French Revolution* (Chicago: University of Chicago Press, 1987), 49. 本书作者对译文做了一些风格上的小小修改。
11. W. Doyle, "The Parlements of France and the Breakdown of the Old Regime, 1771–88", in *Officers, Nobles and Revolutionaries: Essays on Eighteenth-Century France* (London: Hambledon Press, 1995), 6. 这篇文章首发于 *French Historical Studies* 6 (1970): 415–458。

12. Jones, *Great Nation*, 278–279；Doyle, “Parlements”, 8–9, 13–17.

13. Doyle, “Parlements”, 19.

14. 引自 J. Lough, *France on the Eve of Revolution: British Travellers' Observations, 1763–1788* (London and Sydney: Croom Helm, 1987), 255。

15. 引自 A. Farge, *Subversive Words: Public Opinion in Eighteenth-Century France* (Oxford: Polity Press, 1994), 188。

385 16. 有关阿迪的内容引自同上，188–189 页；有关沃波尔的内容引自 Lough, *France on the Eve*, 255。

17. Mercier, *Tableau de Paris*, 349（参见前言注释 18）。

18. 引自 Lough, *France on the Eve*, 259。

19. Doyle, “Parlements”, 23–30；路易十六引言来自 Jones, *Great Nation*, 295。

20. Doyle, “Parlements”, 31；Campbell, “Paris Parlement”, 102.

21. Thiéry, *Guide des amateurs et des étrangers*, 2: 29.

22. Blanning, *Culture of Power*, 379（参见前言注释 24）; Farge, *Subversive Words*,187；Jones, *Great Nation*, 269（马勒舍布），271（丹麦大使）。

23. 梅西耶引言来自 Mercier, *Tableau de Paris*, 341, 346；杰斐逊相关内容出自 1788 年 7 月 24 日给约翰·布朗·卡廷（John Brown Cutting）的信，引自 *The Papers of Thomas Jefferson*, edited by J. P. Boyd, 41 vols. (to date)(Princeton, NJ: Princeton University Press, 1950–2014), 13: 405。

第四章

1. 关于效忠派的两难处境可参见以下作品，C. F. Minty, “Mobilization and Voluntarism: The Political Origins of Loyalism in New York, c. 1768–1778”（博士学位论文，斯特灵大学，2015）; Chopra, *Unnatural Rebellion*（参见第一章注释 5）; R. Chopra, *Choosing Sides: Loyalists in Revolutionary America* (Lanham, MD: Rowman and Littlefield, 2013)；L. S. Launitz-Schürer Jr., *Loyal Whigs and Revolutionaries: The Making of the Revolution in New York, 1765–1776* (New York: New York University Press, 1980)；M. Kammen, “The American Revolution as a *Crise de Conscience*: The Case of New York”, in *Society, Freedom, and Conscience: The American Revolution in Virginia, Massachusetts, and New York*, edited by R. M. Jellison (New York: W. W. Norton, 1976), 125–189。

2. Buskirk, *Generous Enemies*, 11（参见第一章注释 45）。

3. Phelps Stokes, *Iconography*, 4: 887（参见第一章注释 7）; Ketchum, *Divided Loyalties*, 342（参见第一章注释 16）; Schecter, *Battle for New York*, 53（参见第一章注释 7）。

4. Phelps Stokes, *Iconography*, 4: 906 ; J. Keane, *Tom Paine: A Political Life* (London: Bloomsbury, 1995), 128（包括英格利斯的引用部分）。

5. Abbott, *New York*, 142（参见前言注释 21）; 大陆会议相关内容引自 Schecter, *Battle for New York*, 65 ; 省议会及纽约州代表大会相关内容引自 Kammen, "American Revolution", 140, 144 ; 史密斯的两难处境参考 Upton, *Loyal Whig*, 106–107（参见第一章注释 8）。

6. Buskirk, *Generous Enemies*, 20. 386

7. Schecter, *Battle for New York*, 41, 67, 69–71, 95–96 ; Champagne, *Alexander McDougall*, 98（"犹豫不决"）, 102（参见第一章注释 12）; 查尔斯・李对潘恩的评价引自李 1776 年 2 月 25 日给本杰明・拉什（Benjamin Rush）的信，引自 *The Lee Papers* (Collections of the New-York Historical Society for the Year 1871)(New York, 1872), 1: 325 ; 潘恩引自 Keane, *Tom Paine*, 128。

8. 华盛顿的命令参见 Phelps Stokes, *Iconography*, 4: 940。

9. I. Bangs, *Journal of Lieutenant Isaac Bangs,* edited by E. Bangs (Cambridge: John Wilson and Son, 1890), 57.

10. Montresor, *The Montresor Journals*, 123–124（参见第一章注释 10）。1776 年 9 月蒙特雷索派了一名士兵"穿过叛乱者的营地"，给国王大桥处一位效忠派酒馆老板带了一个口信。他的酒馆离莫尔酒馆不远，中尉要他设法把雕像的头部偷出来掩埋掉。当英军将美军赶出曼哈顿岛之后，蒙特雷索把雕像头部挖了出来送到伦敦的唐森德勋爵那里，以"向本土的人们证明那片穷乡僻壤的忘恩负义的暴民的可耻行径"（124 页）。关于那些铅所起的作用，参见 Phelps Stokes, *Iconography*, 4: 992。几年之后，雕像的残余部分，包括国王坐骑的尾巴，被重新发现并被掩埋，这可能是康涅狄格州的效忠派所为。这些东西后来交给了纽约历史学会。雕像的残片在历史学会的博物馆藏品网站上可以查到。参见 www.nyhistory.org/exhibit/fragment-equestrian-statue-king-george-iii-tail。

11. Champagne, *Alexander McDougall*, 91 ; Abbott, *New York*, 142–143 ; Schecter, *Battle for New York*, 54–55, 63（亚当斯有关内容引自 59–60 页）。

12. 肖柯克有关部分引自 E. G. Schaukirk, "Occupation of New York City by the British", *Pennsylvania Magazine of History and Biography* 10 (1877): 420 ; 纽约人与随军牧师相关部分引自 Buskirk, *Generous Enemies*, 14, 20。

13. *The Lee Papers*, 1: 337–338, 354–356；Schecter, *Battle for New York*, 77–80；Burrows and Wallace, *Gotham*, 228–229（参见第一章注释 15）。李将军的书信展示了关于保卫纽约城的不同意见。详情参见 *The Lee Papers*, 1: 286–292, 321, 328–330［最后一部分是霍拉肖·盖茨（Horatio Gates）的观点］。

14. 克雷斯韦尔引言来自 N. Cresswell, *The Journal of Nicolas Cresswell, 1774–1777* (London: Jonathan Cape, 1925), 244；长岛上的防卫细节参见 Schecter, *Battle for New York*, 117–119。

15. Bangs, *Journal*, 31（令人疲惫的任务），65（恼人的痢疾）；纽约的女士与大陆军士兵引言来自 Buskirk, *Generous Enemies*, 14–15, 18；Burrows and Wallace, *Gotham*, 229。

387 16. Keane, *Tom Paine*, 138；步兵引自 Burrows and Wallace, *Gotham*, 231；英军沿哈德孙河而上发动袭击的细节参见 Burrows and Wallace, *Gotham*, 234。

17. Schecter, *Battle for New York*, 113–114；H. Bicheno, *Rebels and Redcoats: The American Revolutionary War* (London: HarperCollins, 2003), 45；Schama, *Rough Crossings*, 87（参见第一章注释 45）。

18. Champagne, *Alexander McDougall,* 112–113；Schecter, *Battle for New York*, 156–165.

19. 肖柯克引言来自 E. G. Schaukirk, "Occupation of New York City by the British: Extracts from the Diary of the Moravian Congretation", edited by A. A. Reinke, *Pennsylvania Magazine of History and Biography* 1 (1877): 251–252；塞勒引言来自 Burrows and Wallace, *Gotham*, 241。

20. 首先参见 Sung Bok Kim, "The Limits of Politicization in the American Revolution: The Experience of Westchester County, New York", *Journal of American History* 80 (1993): 868–889。更多细节（关于革命进程及纽约州的战争）可参见 J. R. Tiedemann and E. R. Fingerhut, eds., *The Other New York: The American Revolution Beyond New York City, 1763–1787* (Albany: State University of New York Press, 2005)。

21. Burrows and Wallace, *Gotham*, 285；Shama, *Rough Crossings*, 112–113；Buskirk, *Generous Enemies*, 136.

22. E. Homberger, *The Historical Atlas of New York City: A Visual Celebration of 400 Years of New York City's History*（New York: Owl Books / Henry Holt, 2005）, 50；Burrows and Wallace, *Gotham*, 241–242（肖柯克引言来自 241 页）。

23. 引自 Schecter, *Battle for New York*, 214。

24. Abbott, *New York*, 208, 213–214；特赖恩引言来自 Phelps Stokes, *Iconography*, 5: 1032。

25. 关于斯塔腾岛上的考古研究，参见“Relics of the Revolution: Historical Society Unearths Rich Store at Fort Hill Site on Staten Island”, *New York Times*, 2 November 1919。
26. S. J. Jaffe, *New York at War: Four Centuries of Combat, Fear, and Intrigue in Gotham* (New York: Bsic Books, 2012), 101；Buskirk, *Generous Enemies*, 26, 30（圣公会牧师引言来自 23 页）；Abbott, *New York*, 207–208, 215–216, 248；肖柯克引言来自 Schaukirk, “Occupation of New York”, 255。
27. Schaukirk, “Occupation of New York”, 255, 258, 422, 436；Abbott, *New York*, 208；Buskirk, *Generous Enemies*, 34.
28. 克雷斯韦尔引言来自 Cresswell, *Journal*, 220；Schaukirk, “Occupation of New York”, 424, 426, 435, 439–440；Abbott, *New York*, 250–254。
29. E. Burrows, *Forgotten Patriots: The Untold Story of American Prisoners During the* 388
Revolutionary War (New York: Basic Books, 2008), 22，索伯恩引言来自 24 页。
30. 同上，19 页，盖奇引言来自 37 页，老兵引言来自 92 页，记录数字引自 200–201 页；吓坏了的证人引言来自 Jaffe, *New York at War*, 103；监狱看守引言来自 Abbott, *New York*, 245。
31. Abbott, *New York*, 267–268；Upton, *Loyal Whig*, 143–144；C. S. Crary, “The Tory and the Spy: The Double Life of James Rivington”, *William and Mary Quarterly* 16 (1959): 61–72.
32. Buskirk, *Generous Enemies*, 172, 175.
33. 本段及下一段参考下列作品：R. Ernst, “A Tory-Eye View of the Evacuation of New York”, *New York History* 64, no. 4 (1983): 391–392；Burrows and Wallace, *Gotham*, 259–261。
34. 关于效忠派的逃亡参见 Jasanoff, *Liberty's Exiles*，效忠者的数目引自 357 页（参见前言注释 6）。

第五章

1. 潘恩引言来自 Paine, *Common Sense*, 63–64。
2. 图克与博伊尔斯顿引言来自 J. Sainsbury, *Disaffected Patriots: London Supporters of Revolutionary America, 1769–1782* (Kingston and Montreal: McGill-Queen's University Press; Gloucester: Alan Sutton, 1987）, 32, 33。

3. Flavell, *When London Was Capital of America*, 146–147（参见第二章注释 10）; Cash, *John Wilkes*, 321–324.（参见第二章注释 8）。

4. Sainsbury, *Disaffected Patriots*, 9–10.

5. 威斯敏斯特联合会下属委员会相关内容引自 www.historyofparliamentonine.org/volume/1754-1790/constituencies/westminster。

6. J. Field, *The Story of Parliament in the Palace of Westminster* (London: James &James, 2002), 5–7, 32–35 ; C. Jones, *The Great Palace: The Story of Parliament* (London: BBC, 1983), 10, 30 ; *The House of Parliament: A Guide to the Palace of Westminster* (London HMSO, 1998), 3–4 ; J. White, *London in the Eighteenth Century*, 545（参见第二章注释 1）; J. Stevenson, *Popular Disturbances in England, 1700–1832* (Harlow: Longman, 1992), 206。

7. E. C. Black, *The Association: British Extraparliamentary Political Organization, 1769–1793* (Cambridge, MA: Havard University Press, 1963), 58–80, 178–179 ; H. T. Dickinson, *Liberty and Property: Political Ideology in Eighteenth-Century Britain*
389 (London: Methuen, 1979), 219 ; Goodwin, *Friends of Liberty*, 63（参见第二章注释 24）; 部分引文来自 *An Address to the Public from the Society for Constitutional Information* (London, 1780), 1, 2。

8. 引自 Dickinson, *Liberty and Property*, 219。

9. G. Haydon, *Anti-Catholicism in Eighteenth-Century England, c. 1714–80: A Political and Social Study* (Manchester: Manchester University Press, 1993), 204 ; I. Haywood and J. Seed, *The Gorden Riots: Politics, Culture and Insurrection in Late Eighteenth-Century Britain* (Cambridge: Cambridge University Press, 2012), 引言部分第 1–2 页。

10. 新教联合会相关内容引自 Haywood and Seed, *Gorden Riots*, 引言部分第 2 页。

11. Stevenson, *Popular Disturbances*, 96.

12. Haywood and Seed, *Gorden Riots*, 引言部分第 3 页; Stevenson, *Popular Disturbances*, 96–97。

13. Haywood and Seed, *Gorden Riots*, 引言部分第 4 页; Stevenson, *Popular Disturbances*, 97–98（霍尔罗伊德引言来自 97 页）。

14. J. P. de Castro, *The Gorden Riots* (London: Oxford University Press, 1926), 47.

15. 同上，64–65，131–132 ; Stevenson, *Popular Disturbances*, 98–99。

16. De Castro, *The Gorden Riots*, 74–75.

17. 同上，89–90。

18. T. Hitchcock and R. Shoemaker, *Tales from the Hanging Court* (London: Hodder

Arnold, 2006), xiii ; P. Linebaugh, *The London Hanged: Crime and Civil Society in the Eighteenth Century* (London: Allen Lane, 1991), 91–98 ; V. A. C. *Catrell, The Hanging Tree: Execution and the English People, 1770–1868* (Oxford: Oxford University Press, 1994), 8.

19. E. P. Thompson, "The Crime of Anonymity" , in *Albion's Fatal Tree: Crime and Society in Eighteenth-Century England*, edited by D. Hay (London: Allen Lane, 1975), 267 ; Linebaugh, *London Hanged*, 105.
20. De Castro, *The Gorden Riots*, 98–99.
21. Stevenson, *Popular Disturbances*, 100.
22. 桑乔引言来自 I. Sancho, *Letters of the Late Ignatius Sancho, an African*, 2 vols. (London, 1782), 2: 180。
23. 引自 Castro, *The Gorden Riots*, 144。
24. 同上，146 页。
25. 威尔克斯引言来自同上，142 页；约翰逊引言来自 Cash, *John Wilkes*, 362。
26. 关于这场骚乱是不是一次社会抗议的争论，参见 G. Rudé, *Paris and London in the Eighteenth Century: Studies in Popular Protest* (London: Collins, 1970), 285–287。
27. 关于行刑地点的分布，参见下面这篇耐人寻味，或者说冷酷的分析，M. White, 390
"Public Executions and the Gorden Riot" , in *Gorden Riots*, edited by Haywood and Seed, 204–225。
28. Sancho, *Letters of Ignatius Sancho*, 172, 187.
29. N. Rogers, "The Gorden Riots and the Politics of War" , in *Gorden Riots*, edited by Haywood and Seed, 33 ; Sainsbury, *Disaffected Patriots*, 157–158.
30. 引自 Black, *Association*, 67。
31. Sainsbury, *Disaffected Patriots*, 159 ； 柏克引言来自 I. Gilmour, *Riot, Risings and Revolution: Governance and Violence in Eighteenth-Century England* (London: Pimlico, 1993), 375。

第六章

1. M. Linton, "The Intellectual Origins of the French Revolution" in *Origins of the French Revolution*, edited by Campbell, 151–152（参见第三章注释 3）; Baker, *Inventing the French Revolution*, 173–175, 迪布瓦・德・洛奈引言来自 180 页（参见前言注释

25）；梅西耶引言来自 Mercier, *Tableau de Paris*, 318–321（参见前言注释 18）；关于巴黎革命者对英国的态度，参见 N. Hampson, *The Perfidy of Albion: French Perceptions of England During the French Revolution* (Basingstoke: Macmillan, 1998)。

2. 关于美国革命对法国影响的著作浩如烟海，较好的入门著作是新古典主义作品 D. Echeverria, *Mirage in the West: A History of the French Image of American Society to 1815* (Princeton, NJ: Princeton University Press, 1956)。
3. 关于富兰克林在法国的使命，参见 S. Schiff, *A Great Improvisation: Franklin, France, and the Birth of America* (New York: Owl Books, 2005)。关于富兰克林在法国的形象，参见 J. A. Leith, "Le culte de Franklin avant et pendant la Révolution française", *Annales Historiques de la Révolution Française* (1976), 543–572。法尔斯 - 富思兰德里子爵夫人引言来自 S. Schama, *Citizens: A Chronicle of the French Revolution* (New York: Alfred A. Knopf, 1989), 49。
4. J. Félix, "The Financial Origins of the French Revolution", in *Origins of the French Revolution*, edited by Campbell, 50–51, 58–59；Doyle, *Origins of the French Revolution*, 43–45, 48–49（参见第三章注释 2）；布里索引言来自 J. Egret, *The French Pre-Revolution, 1787–1788* (Chicago: University of Chicago Press, 1977), 86。
5. Rice, *Thomas Jefferson's Paris*, 13（参见前言注释 2）；F. -A. Fauveau de Frénilly, *Souvenirs du baron de Frénilly, pair de France (1768–1828)* (Paris, 1908), 24。

391 6. Jones, *Paris*, 222–223（参见第三章注释 7）；Godechot, *Taking of the Bastille*, 56–58（参见前言注释 21）。

7. 对奥尔良公爵最新也是最令人信服的研究，包括对他的政治生涯、名望、形象及其与英国之间的关系的探索，参见 Richard Clark, "Between Politics and Conspiracy: The Public Image and the Private Politics of the Duc d'Orléans"（PhD diss., Kingston University, 2014）。同样可以参见 G. A. Kelly, "The Machine of the Duc d'Orléans and the New Politics", *Journal of Modern History* 51（1979）: 667–684。杰斐逊引言来自 Rice, *Thomas Jefferson's Paris*, 15。
8. Karamzin, *Voyage en France*, 79–80（参见前言注释 12）。
9. 1787 年 8 月 14 日，托马斯·杰斐逊给戴维·汉弗莱斯（David Humphreys）的信，引自 *Papers of Thomas Jefferson* 12: 32（参见第三章注释 23）。
10. Frénilly, *Souvenirs du baron de Frénilly*, 24, 25；Karamzin, *Voyage en France*, 80.
11. Egret, *Pre-Revolution*, 90–91；杰斐逊的分析参见他于 1788 年 5 月 23 日给约翰·杰伊的信，来自 *Papers of Thomas Jefferson*, 13: 188–189。
12. W. Doyle, *Oxford History of French Revolution* (Oxford: Oxford University Press,

1989), 85.

13. G. Rudé, *The Crowd in the Franch Revolution* (New York: Oxford University Press, 1959), 29–30.

14. Egret, *Pre-Revolution*, 87–88；政府法令引自 190 页，高等法院相关内容引自 197 页。

15. 1788 年 12 月 23 日杰斐逊给托马斯・潘恩的信，参见 *Papers of Thomas Jefferson*, 14: 375.

16. Jones, *Great Nation*, 396（参见前言注释 3）; Campbell,*Origins of the French Revolution*，导言第 31 页; Egret, *Pre-Revolution*, 190, 西哀士引言来自 192 页。

17. J. -D. Bredin, preface to *Qu'est-ce que le tiers état?*, by E. Sieyès (Paris: Flammarion, 1988), 10–13.

18. Sieyès *, Qu'est-ce que le tiers état?*, 41, 127.

19. 1789 年 3 月 18 日杰斐逊给戴维・汉弗莱斯的信，参见 *Papers of Thomas Jefferson*, 14: 676.。

20. 关于网球场宣誓参见 Doyle, *Oxford History*, 105。

21. A. Young, *Travels in France During the Years 1787, 1788 & 1789* (Cambridge: Cambridge University Press, 1929), 134–135.

22. Louis-Philippe, *Memoirs, 1773–1793*，translated by J. Hardman (New York and London:
Harcourt Brace Jovanovich, 1977), 33；色吕蒂引言来自 D. M. McMahon, "The
Birthplace of the Revolution: Public Space and Political Community in the Palais-Royal of 392
Louis-Philippe -Joseph d'Orléans, 1781–1789"，*French History* 10 (1996): 2。

23. 本段及下一段建立在下文无与伦比的分析上：David Garrioch, *Neighbourhood and Community in Paris, 1740–1790* (Cambridge: Cambridge University Press, 1986), 240–253。

24. R. Monnier, *Le Faubourg Saint-Antoine(1789–1815)* (Paris: Société des Études Robespierristes, 1981), 18, 113.

25. Rudé, *Crowd in the Franch Revolution*, 33, 251.

26. 1789 年 3 月 14 日杰斐逊给布雷昂（Bréhan）夫人的信，*Papers of Thomas Jefferson*, 14: 656。

27. Godechot, *Taking of the Bastille*, 138–151，布商引言来自 134 页; Rudé, *The Crowd in the Franch Revolution*, 35–38；Monnier, *Faubourg Saint-Antoine*。

28. *Papers of Thomas Jefferson*, 15: 267；C. Desmoulins, *Correspondance inédite de Camille Desmoulins* (Paris, 1836), 21–22.

29. Godechot, *Taking of the Bastille,* 87–90；A. -S. Lambert, *La Bastille; ou, "L'enfer des vivants"?* (Paris: Bibliothèque Nationale de France, n. d.), 3.

30. 参考 H. -J. Lüsebrink and R. Reichardt, *The Bastille: A History of a Symbol of Despotism and Freedom*, translated by N. Schürer (Durham, NC: Duke University Press, 1997)。

31. Rudé, *Crowd in the Franch Revolution*, 56–59；D. Godineau, *The Women of Paris and their French Revolution*, translated by K. Streip (Berkeley: University of California Press,1998), 97.

32. 对巴士底狱陷落细节的描述主要参考以下文献：J. -S. Bailly and Honoré Duveyrier, *Procès-verbal des séances et délibérations de l'Assemblée générale des électeurs de Paris, réunis à l'Hôtel-de-Ville le 14 juillet 1789*, 3 vols. (Paris, 1790), 1: 266ff；J. Flammermont, *La journée du 14 juillet 1789: Fragments des mémoires inédits de L. – G. Pitra, électeur de Paris en 1789* (Paris, 1892), ; L. Deflue, "Relation de la prise de la Bastille, 14 juillet 1789, par un de ses défenseurs", *Revue Rétrospective* 4 (1834): 284–298；J. -B. Humbert, *Journée de Jean-Baptiste Humbert, horloger,qui, le premier, a monté sur les tours de la Bastille* (Paris, 1789)；D. Andress, 1789: The Threshold of the Modern Age (London: Little, Brown, 2008), 289–293；Godechot, *Taking of the Bastille,* 220–258；Godineau, *Women of Paris*, 97。

33. 1789 年 7 月 17 日杰斐逊给潘恩的信，参见 *Papers of Thomas Jefferson* 15: 279。

34. 1789 年 7 月 19 日杰斐逊给杰伊的信，同上，289–290。

393

第七章

1. 杜安引言来自 Burrows and Wallace, *Gotham*, 265（参见前言注释 15）；Phelps Stokes, *Iconography*, 5: 1175（参见第一章注释 7）。
2. Phelps Stokes, *Iconography*, 4: 1197.
3. 《独立公报》相关内容引自 Burrows and Wallace, *Gotham*, 275；杰伊引言来自 Phelps Stokes, *Iconography*, 5: 1201。
4. E. Countryman, *A People in Revolution: The American Revolution and Political Society in New York, 1760–1790* (Baltimore: Johns Hopkins University Press, 1981), 230–231（利文斯顿引言来自 230 页）；克林顿引言来自 Abbott, *New York*, 231（参见前言注释 21）。
5. Phelps Stokes, *Iconography*, 5: 1191,《宾州消息》相关内容引自 1182 页。

6. Burrows and Wallace, *Gotham*, 267；Buskirk, *Generous Enemies*, 188（参见第一章注释 45）; Countryman, *People in Revolution*, 243。

7. A. C. Flick, *Loyalism in New York During the American Revolution* (New York, 1901), 153–154（关于托利党人财产的范围见 153 页）。弗利克提供了一份有趣的附录，列出了纽约州所有被没收的地产的拍卖清单。Phelps Stokes, *Iconography*, 5: 1193；Homberger, *Historical Atlas*, 61（参见第四章注释 22）; Burrows and Wallace, *Gotham*, 267–268。

8. Phelps Stokes, *Iconography*, 5: 1193.

9. Countryman, *People in Revolution*, 241–242；Burrows and Wallace, *Gotham*, 268.

10. Countryman, *People in Revolution*, 241.

11. Buskirk, *Generous Enemies*, 188, 192；Burrows and Wallace, *Gotham*, 278；R. Chernow, *Alexander Hamilton* (New York: Penguin, 2004, 197–199，汉密尔顿引言来自 184 页。

12. A. Hamilton, "A Letter from Phocion to the Considerate Citizens of New-York on the Politics of the Day", in *Writings*, by A. Hamilton, edited J. B. Freeman (New York: Library of America, 2001), 129, 139.

13. Countryman, *People in Revolution*, 244；"New York City", *Thomas Jefferson Encyclopedia* 可在托马斯·杰斐逊的家乡蒙蒂塞洛的官方网站上查找：www.monticello.org/site/research-and-collections /new-york-city。

14. 奴隶解放会相关内容引自 R. J. Swan, "John Teasman: African-American Educator and the Emergence of Community in Early Black New York City, 1787–1815", *Journal of the Early Republic* 12 (1992): 334。有关奴隶解放会的细节参见 Burrows and Wallace, *Gotham*, 285–286；S. White, *Somewhat More Independent*, 81–86（奴隶主相关内容引自 147 页）（参见第一章注释 45）。

15. J. L. Rury, "Philanthropy, Self Help, and Social Control: The New York Manumission 394
Society and Free Blacks, 1785–1810", *Phylon* 46 (1985): 235–237；学校规程引自 Swan, "John Teasman", 339–340。

16. Lynd, "Mechanics in New York", 237–238（参见第一章注释 46）; Burrows and Wallace, *Gotham*, 279–280。

17. Chernow, *Alexander Hamilton*, 221；Burrows and Wallace, *Gotham*, 280.

18. Nash, *Unknown American Revolution*, 448（参见第一章注释 16）；杰斐逊引言来自 M. D. Peterson, *Thomas Jefferson and the New Nation: A Biography* (New York: Oxford University Press, 1970), 359。

19. 华盛顿引言来自 Chernow, *Alexander Hamilton*, 241；格林利夫引言来自 Burrows and Wallace, *Gotham*, 289。
20. Chernow, *Alexander Hamilton*, 247–248.
21. Phelps Stokes, *Iconography*, 5: 1229.
22. 引自 Gilje, “The Common People and Constitution: Popular Culture in the New York City in the Late Eighteenth Century”, in *New York in the Age of the Constitution, 1775–1800*, edited by P. A. Gilje and W. Pencak (London and Toronto: Associated University Press, 1992), 61。
23. Homberger, *Historical Atlas*, 57–58；克林顿引言来自 E. W. Spaulding, *New York in the Critical Period, 1783–1789* (New York: Columbia University Press, 1932), 27；纽约立法机构相关内容引自 Phelps Stokes, *Iconography*, 5: 1215。
24. R. G. Kennedy, *Orders from France: The Americans and French in a Revolutionary World, 1780–1820* (New York: Alfred A. Knopf, 1989), 96；Burrows and Wallace, *Gotham*, 294–295.
25. Homberger, *Historical Atlas*, 59.
26. 朗方引言来自 R. G. Kennedy, *Orders from France*, 96。
27. Phelps Stokes, *Iconography*, 5: 1236–1237（及 1249 页）；对当时的人的不同描述的有用比较，参见 L.Torres, “Federal Hall Revisited”, *Journal of the Society of Architectural Historians* 29 (1970): 327–338。
28. Torres, “Federal Hall Revisited”, 328；Homberger, *Historical Atlas*, 58–59.
29. Phelps Stokes, *Iconography*, 5: 1239（《每日广告》），1240（布迪诺特）。
30. 同上，1240 页。
31. 后来以 1870 年修建布鲁克林大桥开启的城市建设拆毁了游行队伍曾走过的道路，参见 T. E. V. Smith, *The City of New York in the Year of Washington's Inauguration* (1889) (Riverside, CT: Chatham Press, 1973), 225；Homberger, *Historical Atlas*, 59。
32. 伊莉莎·昆西引言来自 Smith, *City of New York*, 232；麦克莱引言来自 W. Maclay,
395 *Journal of William Maclay*, edited by E. S. Maclay (New York, 1890), 9。
33. Smith, *City of New York*, 232–233；Phelps Stokes, *Iconography*, 5: 1243.
34. Maclay, Journal of Maclay, 9.
35. 华盛顿“犯人”的比喻引自 J. R. Sharp, *American Politics in the Early Republic: The New Nation in Crisis* (New Haven, CT: Yale University Press, 1993), 17；“Washington's Inaugural Address of 1789” www.archives.gov/exhibits/american_originals/inaugtxt.html。
36. Newman, *Parades and the Politics of the Street*, 39（参见第一章注释 21）。

第八章

1. Lüsebrink and Reichardt, *Bastille*, 74（参见第六章注释 30）; Godechot, *Taking of the Bastille*, 256（参见前言注释 21）; Jones, *Paris*, 256（参见第三章注释 7）; R. Clay, *Iconoclasm in Revolutionary Paris: The Transformation of Signs* (Oxford: Voltaire Foundation, 2012), 166–167。
2. 革命早期的改革措施，参见 Doyle, *Oxford History*, 123–129（参见第六章注释 12） 及 D. Andress, *French Society in Revolution, 1789–99* (Manchester: Manchester University Press, 1999), 61–63, 69–74。作为整体，这场革命是如何从政治和社会上改变法国的，简要概述参见 M. Rapport, "Revolution" , in *The Oxford Handbook of the Ancien Régime*, edited by W. Doyle (Oxford: Oxford University Press, 2012), 467–486。《人权与公民权宣言》的相关内容，参见 Doyle, *Oxford History*, 118–119。
3. Doyle, *Oxford History*, 125.
4. Andress, *1789*, 337.（参见第六章注释 32）。
5. Garrioch, *Neighbourhood and Community,* 215（参见第六章注释 23）；扬引言来自 Young, *Travels in French*, 81–82（参见第六章注释 21）; Jones, *Paris*, 49（中央大市场的起源）。
6. Kaplow, *Names of Kings*, 21, 45（参见前言注释 27）; Garrioch, *Neighbourhood and Community*, 116–117。
7. O. Hufton, *Women and the Limits of Citizenship in the French Revolution* (Toronto: University of Toronto Press, 1992), 15; Garrioch, *Neighbourhood and Community,* 216, 253.
8. Kaplow, *Names of Kings*, 72–73.
9. 关于这些要点，参见 Hufton, "Women in Revolution,1789–1796" , in *French Society and the Revolution*, edited by D. Johnson (Cambridge: Cambridge University Press, 1976), 148–166。该文也见于 *Past and Present*, no. 53（November 1971）。
10. Andress, *1789*, 337.
11. 10 月 5—6 日大进军的几段内容参见：Hufton, *Women and the Limits of Citizenship*, 396
7–12；Rudé, *Crowd in the French Revolution*, 73–77（参见第六章注释 13）; Andress, *1789*, 337–341。在短暂的君主立宪时代，王室一家在杜伊勒里宫的情况参考 Ambrogio Caiani, *Louis XVI and the French Revolution, 1789–1792* (Cambridge:

Cambridge University Press, 2012）。

12. G. Lenotre, *Paris révolutionnaire* (Paris, 1912), 62–65；J. Tulard, *Nouvelle histoire de Paris: La Révolution, 1789–1799* (Paris: Hachette, 1971), 70.
13. Clay, *Iconoclasm in Revolutionary Paris*, 43.
14. Doyle, *Oxford History*, 139–142.
15. E. G. Bouwers, *Public Patheons in Revolutionary Europe: Comparing Cultures of Remembrance, c. 1790–1840* (Basingstoke: Macmillan, 2012), 91.
16. Jones, *Paris*, 233, 249；修道院长引言来自 Tulard, *Nouvelle historie de Paris*, 191。
17. 这些段落里所描写的街道大部分保存到了现在，不过 1876 年兴建了如今的圣日耳曼大道，这条笔直的大道插入了当初法国大革命的核心地带之一，自此这个街区被彻底改造。J. -J. Lévêque and V. R. Belot, *Guide de la Révolution française*, 2nd ed, (Paris: Horay, 1989), 103, 108, 112；Jones, *Paris*, 189.
18. R. B. Rose, *The Making of the Sans-Culottes: Democratic Ideas and Institutions in Paris, 1789–92* (Manchester: Manchester University Press, 1983), 19；E. Hazan, *The Invention of Paris: A History in Footsteps* (London: Verso, 2011), 92；J. -P. Bertaud, *La vie quotidienne en France au temps de la Révolution* (1789–1795)(Paris: Hachette, 1983),131.
19. Rose, *Making of the Sans-Culottes*, 60, 69, 72, 78.
20. 同上，60, 67–70。
21. 同上，80。
22. 德穆兰引言来自 Doyle, *Oxford History*, 124（“积极公民”）及 Rose, *Making of the Sans-Culottes*, 80（“哦，我亲爱的老科德利埃”）。
23. Rose, *Making of the Sans-Culottes*, 89.
24. Lenotre, *Paris révolutionnaire*, 312–313, 318–320. 19 世纪时为了修建新的医学院，整座老修道院都被拆掉了。修道院的餐厅保留了下来，现在已经成了一处展览的地点，就在医学院路下面。

397 25. A. Mathiez, *Le Club des Cordeliers pendant la crise de Varennes et le Massacre du Champ de Mars* (Paris: Champion, 1910), 6.

26. 同上，9–10 页。
27. 关于旧制度下的巴黎政府，参见 Garrioch, *Making of Revolutionary Paris*, 68–69, 95, 128–132（参见前言注释 3）；Mercier, *Tableau de Paris*, 337（参见前言注释 18）。
28. Doyle, *Oxford History*, 129
29. J. Robiquet, *Daily Life in the French Revolution*, translated by J. Kirkup (London:

Weidenfeld and Nicolson, 1964), 47–49.

30. Tulard, *Nouvelle histoire de Paris*, 197.
31. I. Bourdin, *Les sociétés populaires à Paris pendant la Révolution* (Paris: Recueil Sirey, 1937), 418–420（路易丝·凯拉利奥－罗贝尔引言来自 58 页）。
32. D. Andress, *Massacre at the Champ de Mars: Popular Dissent and Political Culture in the French Revolution* (Woodbridge: Royal Historical Society / Boydell, 2000), 148–153；潘恩与拉法耶特引言来自 Keane, *Tom Paine*, 313（拉法耶特）, 319（潘恩）。
33. Andress, *Massacre at the Champ de Mars*, 174–180；T. Tackett, *When the King Took Flight* (Cambridge, MA: Harvard University Press, 2003), 145–146.
34. 马尔斯校场大屠杀的权威性研究参见 Andress, *Massacre at the Champ de Mars*。参见 Mathiez, *Club des Cordeliers,* 146–149；Tackett, *When the King*, 150。
35. Mathiez, *Club des Cordeliers*, 150；逃亡代表的引言来自 Tackett, *When the King*, 204。
36. Rose, *Making of the Sans-Culottes*, 154.
37. 国民自卫军引言来自“Lettre d’un garde national”, 11 August 1792, reprinted in M. Reinard, *La chute de la royauté: 10 août 1792* (Paris: Gallimard, 1969), 583–585（引文部分来自 585 页）。
38. McPhee, *Robespierre: A Revolutionary Life*, 125–126（参见第三章注释 1）。

第九章

1. J. Derry, *Charles James Fox* (New York: St. Martin’s Press, 1972), 293–296（引文部分来自 293 页）;《泰晤士报》引言来自 N. Schürer, “The Storming of Bastille in English Newspapers”, *Eighteenth-Century Life* 29 (2005): 76。
2. G. Claeys, *The French Revolution Debate in Britain: The Origins of Modern Politics* (Basingstoke: Palgrave, 2007), 9；Goodwin, *Friends of Liberty,* 76–78（参见第二章注释 24）。
3. 关于老犹太街参见 W. Thornbury, *Old and New London*, 6 vols. (London: 1878), 1: 425–435。
4. 亚当斯引言来自阿比盖尔·亚当斯 1786 年 5 月 21 日给玛丽·史密斯·克兰奇 398
Letters of Mrs. Adams, by Adams, 2: 139–140（参见前言注释 13）；布里索引言来自 Brissot de Warville, *Mémories, 1754–1793*, 1: 373.（参见前言注释 19）。
5. *An Abstract of the History and Proceedings of the London Revolution Society* (London,

1789), 7, 42–44；Goodwin, *Friends of Liberty,* 85–86；Black, *Association*, 215.（参见第五章注释 7）。

6. 普莱斯引言来自 R. Price, *A Discourse of the Love of Our Country* (London: 1789), 28–30, 33, 41–42。
7. *Abstract of the History and Proceedings*, 50–51. 这篇演说在 11 月 25 日的巴黎受到了热烈欢迎，参见 *Archives Parlementaries*, 10: 257。
8. C. B. Cone, *Burke and the Nature of Politics: The Age of the French Revoution* (Louisville: University Press of Kentucky, 1964), 301, 313,；德蓬引言来自德蓬 1789 年 12 月 29 日给柏克的信，参见 *The Correspondence of Edmund Burke*, edited by T. W. Copeland, A Cobban and R.A. Smith (Cambridge: Cambridge University Press; Chiago: University of Chicago Press, 1967), 6: 59, 81（柏克的回复）; E. Burke, *Reflections on the Revolution in France* (Harmondsworth: Penguin, 1968), 181（“6 只蚱蜢”）。
9. 柏克引言来自 Claeys, *French Revolution Debate*, 15（“一个民族”）。
10. Burke, *Reflections on the Revolution*, 103–104.
11. Cone, *Burke and the Nature of Politics*, 285–286；Burke, *Reflections on the Revolution*, 106, 117.
12. Burke, *Reflections on the Revolution*, 169–170, 174–175, 299.
13. Cone, *Burke and the Nature of Politics*, 341；Claeys, *French Revolution Debate*, 24；Derry, *Charles James Fox*, 203；乔治三世引言来自 Keane, *Tom Paine*, 290。
14. 这些统计数字来自 J. Pendred, *The London and Country Printers, Booksellers and Stationers Vade Mecum* (London, 1785).
15. J. Brewer, *The Pleasures of the Imagination: English Culture in the Eighteenth Century* (London: HarperCollins, 1997): 130；J. W. von Archenholz, *A Picture of England*, 2 vols. (London；1789), 1: 60；J. White, *London in the Eighteenth Century,* 253–254, 256（参见第二章注释 1）。
16. Archenholz, *A Picture of England*, 2: 107–108.
17. Blanning, *Culture of Power*, 156–157（参见前言注释 24）; Brewer, *Pleasures of the Imagination*, 187.

399 18. 引自 Brewer, *Pleasures of the Imagination*, 183–184。

19. J. White, *London in the Eighteenth Century,* 264–265；Brewer, *Pleasures of the Imagination*, 35–36.
20. J. Todd, *Mary Wollstonecraft: A Revolutionary Life* (London: Phoenix Press, 2001), 152；布莱克引言来自 J. Todd, *The Collected Letters of Mary Wollstonecraft* (London:

Allen Lane, 2003), 106n。

21. Todd, *Mary Wollstonecraft*, 4, 59–61, 138；沃斯通克拉夫特引言来自 Todd, *Letters of Mary Wollstonecraf*, 139.
22. Todd, *Mary Wollstonecraft*, 162, 164.
23. Claeys, *French Revolution Debate*, 57–58；M. Wollstonecraft, *A Vindication of the Rights of Men in a Letter to the Right Honourable Edmund Burke* (London, 1790), 3, 9, 21, 26, 64, 94.
24. C. Nelson, *Thomas Paine, His Life, His Time and the Birth of Modern Nations* (London: Profile Books, 2007), 176, 179（引文来自 190 页，191 页）。
25. Thomas Paine, *Rights of Man* (1791–1792)(Harmondsworth: Penguin, 1984), 41–42, 47, 83.
26. 同上，70, 72, 87, 143。
27. Keane, *Tom Paine*, 304–305, 308–309.
28. H. T. Dickinson, *British Radicalism and the French Revolution* (Oxford: Blackwell, 1985), 20; Keane, *Tom Paine*, 306–307, 310, 319.
29. Goodwin, *Friends of Liberty*, 175–177；沃波尔、《绅士杂志》与《分析评论》引言皆来自 Todd, *Mary Wollstonecraft*, 168；威维尔引言来自 Keane, *Tom Paine*, 329。

第十章

1. Rudé, *Crowd in the Franch Revolution*, 114（参见第六章注释 13）。
2. M. Sonenscher, "The Sans-Culottes of the Year II: Rethinking the Language of Labour in Revolutionary France", *Social History* 9 (1984):301–328, esp.316–326；R. B. Rose, *The Enragés: Socialists of the French Revolution?* (Melbourne: University of Melbourne Press, 1965), 18. 关于无套裤汉在 18 世纪更广泛的财产、商业、主权、自由等各思潮中的地位，参见 M. Sonenscher, *Sans-Culottes: An Eighteenth-Century Emblem in the French Revolution* (Princeton, NJ: Princeton university Press, 2008)。
3. D. Andress, *The Terror: Civil War in the French Revolution* (London: Little, Brown, 2005), 163. 关于各选区的活动场所，参见国家档案馆，巴黎 F/13/1280（卷宗 2）。
4. Rose, *Enragés*, 19.
5. L. Whaley, *Radicals: Politics and Republicanism in the French Revolution* (Stroud: Sutton, 2000), 125；佩蒂翁引言来自 McPhee, *Robespierre: A Revolutionary Life*, 149（参见 100

第三章注释 1）。

6. 请愿书相关内容参见 M. Cerati, *Le club des citoyennes républicaines révolutionnaires* (Paris: Éditions Sociales, 1966), 23。
7. 罗伯斯庇尔对国民公会会址的想法参见 McPhee, *Robespierre: A Revolutionary Life*, 149。
8. 戈尔萨斯引言来自 Godineau, *Women of Paris*, 129（参见第六章注释 31）。
9. 昂里奥引言来自 Andress, *Terror*, 176。
10. Doyle, *Oxford History*, 251（参见第六章注释 12）。
11. 关于圣厄斯塔什教堂，参见 Jones, *Paris,* 106（参见第三章注释 7）。
12. L. -M. Prudhomme, *Révolutions de Paris, dédiées à la nation* 17, no. 215 (13–20 November 1793): 207–210.
13. Doyle, *Oxford History*, 264–265；《嫌疑犯法令》引自 J. M. Thompson ed., *French Revolution Documents, 1789–94* (Oxford: Blackwell, 1933), 258–260。
14. A. Soboul, *Les sans-culottes parisiens en l'an II: Movement populaire et gouvernement révolutionnaire (1793–1794)* (Paris: Seuil, 1968), 180–183.
15. 该法令来自 Thompson, *French Revolution Documents*, 255–258。
16. 国家档案馆，巴黎 F/13/309-312a［档案名：Usines flottantes installées sur des bateaux placs sous le ponts（桥下驳船上的浮动工场）］是关于水上工场的内容；F/13/967 是主教宫的内容；F/13/890［档案名：Ateliers d'armes（军火工场）］是关于卢森堡工场的内容；F/13/502 是关于驯马场的内容。J. -F. Belhoste and D. Woronoff, "Ateliers et manufatures: Une réévaluation nécessaire", in *À Paris sous la Révolution: Nouvelles approaches de la ville*, edited by R. Monnier (Paris: Sorbonne, 2008), 87–88.
17. R. Bijaoui, *Prisonniers et prisons de la Terreur* (Paris: Imago, 1996), 181–184；国家档案馆，巴黎 F/16/581（共和三年葡月 19 日报告）；关于监狱生活条件的内容参考 F/16/585（共和 7 年果月 22 日的抱怨）。
18. Clay, *Iconoclasm in Revolutionary Paris*, 217（参见第八章注释 1）。
19. Jones, *Paris*, 233；E. Kennedy, *A Cultural History of the French Revolution* (New Haven, CT: Yale University Press, 1989), 304, 347–350；Andress, *Terror*, 306–307.
20. Andress, *Terror*, 240；Doyle, *Oxford History*, 260.
21. 国家档案馆，巴黎 F/13/967，关于清空巴黎圣母院的内容；Clay, *Iconoclasm in Revolutionary Paris*, 219；E. Hollis, *The Secret Lives of Buildings: From the Parthenon to the Vegas Strip in Thirteen Stories* (London: Portobello Books, 2009), 234–237；"迷信"的内容引自 Doyle, *Oxford History of French Revolution*, 261。

401 22. A. McClellan, *Inventing the Louvre: Art, Politics, and the Origin of the Modern Museun*

in *Eighteeth-Century Paris* (Berkeley: University of California Press, 1994), 155–197.

23. Andress, *Terror*, 241–242；巴黎市府代表的引言来自 Jones, *Paris*, 231.

24. Doyle, *Oxford History*, 263.

25. 罗伯斯庇尔引言来自 R. T. Bienvenu, ed., *The Ninth of Thermidor: The Fall of Robespierre* (New York: Oxford University Press, 1968), 38,39。

26. Doyle, *Oxford History*, 277.

27. M. Ozouf, *Festivals and the French Revolution*, translated by A. Sheridan (Cambridge, MA: Havard University Press,1988), 150–152（罗伯斯庇尔引言来自 150 页）。

28. H. M. Williams, *Memoirs of the Reign of Robespierre* (London: John Hamilton, n. d.), 95（衣着打扮）; Keane, *Tom Paine*, 408（房客住宿规定）。

29. 从人性的层面（包括人们对危机的情感反应）研究与讨论的出色作品，参见 M. Linton, *Choosing Terror: Virtue, Friendship, and Authenticity in the french Revolution* (Oxford: Oxford Unversity Press, 2013)；Andress, "Revolutionary Historiography", 1–15（参见前言注释 9）。

30. P. Barras, *Mémories de Barras*, edited by J. –P. Thomas (Paris: Mercure de France, 2005), 122–123；McPhee, *Robespierre: A Revolutionary Life*, 93；Lenotre, *Paris révolutionnaire*, 15–16（参见第八章注释 12）。之前不久，游客还能直接走进这座庭院，院子的尽头有一家餐馆（名字自然是"罗伯斯庇尔"）。现在，整座建筑都属于私人所有，一道上锁的门将整个院子封了起来。原来的那条宽大的马车通道已经被缩窄成了一条走廊，不过院子后方的一些公寓，包括罗伯斯庇尔的房间都保留了下来。

31. 革命者对"诚实坦率"与个人安全的理解，参见 M. Linton, "The Stuff of Nightmares: Plots, Assassinations and Duplicity in the Mental World of the Jacobin Leaders, 1793–1794", in *Experiencing the French Revolution*, edited by D. Andres, 207, 214（参见前言注释 9）。

32. Lenotre, *Paris révolutionnaire*, 115.

33. 雷诺引言来自 Andress, *Terror*, 321；罗伯斯庇尔引言来自 McPhee, *Robespierre: A Revolutionary Life*, 201。也可参见 Linton, "Plots, Assassinations and Duplicity", 209。

34. D. Arasse, La guillotine et l'imaginaire de la Terreur (Paris: Flammarion, 1987),96；桑松引言来自 H. Sanson, ed., *Executioners All: Memoirs of the Sanson Family from Private Notes and Documents, 1688–1847* (London: Neville Spearman, 1958), 173；丹 402
东引言来自 G. Walter, ed., *Actes du tribunal révolutionnaire* (Paris: Mercure de France, 1986), 583。

35. 现在的马德莱娜墓地已经变成了奥斯曼大道上的赎罪礼拜堂，这是 19 世纪时为被处决的路易十六国王夫妇建立的教堂，它的花园也是瑞士卫队士兵们的安息之地，他们在 1792 年 8 月 10 日为保护王室而牺牲。比克布斯公墓至今尚存，位于今天的巴黎第 12 区。
36. McPhee, *Robespierre: A Revolutionary Life*, 206–207.

第十一章

1. 哈迪引言来自 M. Thale, ed., *Selections from the Papers of the London Corresponding Society, 1792—1799* (Cambridge: Cambridge University Press, 1983), 5–6；老贝尔酒馆的细节参见 F. H. W. Sheppard, *Survey of London,* vol. 36, *The Parish of St. Paul Covent Garden* (London: Athlone Press, University of London, 1970), 225–226, 228。
2. Thale, *Papers of the London Cprrespondiong Society*, 6.
3. Goodwin, *Friends of Liberty* 189（参见第二章注释 24）; Thale, *Papers of the London Corresponding Society*, 6–7。
4. Thale, *Papers of the London Corresponding Society*, xxv, 10.
5. Dickinson, *British Radicalism*, 9–10（参见第九章注释 28）；关于伦敦通信会的"基层"网络，参见 D. Featherstone, "Contested Relationalities of Political Activism: The Democratic Spatial Practices of the London Corresponding Society", *Cultural Dynamics* 22 (2010): 87–104。
6. "我们成为'人'的时候"，引自 G. A. Williams, *Artisans and Sans-Culottes: Popular Movements in France and Britain During the French Revolution* (London: Arnold, 1968), 8。
7. Thale, *Papers of the London Corresponding Society*, 8, 28–29；普莱斯相关内容引自 F. Place, *The Autobiography of Francis Place (1771–1854)*, edited by M. Thale (Cambridge: Cambridge University Press, 1972), 200；G. A. Williams, *Artisans and Sans-Culottes*, 71。
8. Dickinson, *British Radicalism*, 10；E. P. Thompson, *The Making of English Working Class* (Harmondsworth: Penguin, 1963), 167（通信协会领袖引言来自 168 页）。
9. Thale, *Papers of the London Corresponding Society*, 7–8.
10. Black, *Association*, 218–221（参见第五章注释 7）; Goodwin, *Friends of Liberty*, 215。
11. Thale, *Papers of the London Corresponding Society*, 14.

12. 同上，14–15 页；Keane, *Tom Paine*, 338。关于该时期英格兰北部争夺酒馆空间的类似斗争，参见 Katrina Navickas, *Protest and the Politics of Space and Place, 1789–1848* (Manchester: Manchester university Press, 2016), esp. 38–45。 403
13. 引自 Black, *Association*, 233。
14. Thale, *Papers of the London Corresponding Society*, 21；Goodwin, *Friends of Liberty*, 244–262（联名信内容引自 501–503 页）。
15. 法国外交使团在伦敦与英国政府的会面记录在字里行间透露出了这种倾向，参见外交部档案，巴黎，政务信函（英国），584，19–22 页。
16. M. Duffy, "William Pitt and the Origin of the Loyalist Association Movement of 1792", *Historical Journal* 39 (1996): 943–962；Dickinson, *British Radicalism*, 30, 33；里夫斯引言来自 Black, *Association*, 234–235；更多内容引自 A. Cobban, *The Debate on the French Revolution, 1789–1800* (London: Black, 1950), 423；C. Parolin, *Radical Spaces* (Canberra: ANUP, 2010), 108–122。
17. 里夫斯引言来自 Duffy, "Pitt and the Association Movement", 957；历史学家引言来自 Black, *Association*, 251（墙纸生产商引言来自 250 页）。
18. Black, *Association*, 257.
19. 同上，266 页；Thale, *Papers of the London Corresponding Society*, 30–31。
20. Thale, *Papers of the London Corresponding Society*, 24（莱纳姆），29（肯尼迪）。
21. 伦敦通信会相关内容 Goodwin, *Friends of Liberty*, 285.
22. Thale, *Papers of the London Corresponding Society*, 106, 107, 133；Goodwin, *Friends of Liberty*, 309n, 328.
23. N. A. M. Rodger, *The Command of the Ocean: A Naval History of Britain, 1649 –1815* (London: Penguin, 2004), 442–443；Stevenson, *Popular Disturbances*, 209–212（参见第五章注释 6）。
24. Porter, *London: A Social History*, 167（参见前言注释 18）；Rudé, *Hanoverian London*, 230–231（参见前言注释 11）。
25. A. Gee, *The British Volunteer Movement, 1794–1814* (Oxford: Oxford University Press, 2003), 11, 19, 95, 99；J. R. Western, "The Volunteer Movement as an Anti-revolutionary Force, 1793–1801", *English Historical Review* 71 (1956): 603–614；克鲁克香克引言来自 R. Knight, *Britain Against Napoleon: The Organization of Victory, 1793–1815* (London: Allen Lane, 2013), 270；伦敦城的计划引自 G. Rudé, *Hanoverian London*, 244。
26. *An Account of the Seizure of Citizen Thomas Hardy, Secretary to the London* 404

Corresponding Society (London, 1794), 2；P. A. Brown, *The French Revolution in English History* (London, Allen and Unwin, 1918), 118.

27. T. Hardy, "Memoir of Thomas Hardy", in *Testaments of Radicalism: Memoirs of Working Class Politicans, 1790–1885*, edited by D. Vincent (London: Europa, 1977), 64；Goodwin, *Friends of Liberty*, 342；Brown, *French Revolution in English History*, 122–123.

28. Goodwin, *Friends of Liberty*, 334–336, 342；Brown, *French Revolution in English History*, 118, 123.

29. "History of the Old Bailey Courthouse", *Proceedings of the Old Bailey*, www.oldbailyonline.org；Hitchcock and Shoemaker, *Tales from the Hanging Court,* xvi–xxvii（参见第五章注释 18）；戈德温引言来自 Goodwin, *Friends of Liberty*, 341；*The Proceedings in Cases of High Treason, Under a Special Commission of Oyer and Terminer ... Taken in Short Hand by Willam Ramsey* (London, 1794), 30。

30. Goodwin, *Friends of Liberty*, 343–347；陪审员的抱怨引自 *Proceedings in Cases of High Treason*, 164–165。Parolin, *Radical Spaces*, 20–31.

31. *Proceedings in Cases of High Treason*, 329–330；Goodwin, *Friends of Liberty*, 347–352.

32. 厄斯金引言来自 *Proceedings in Cases of High Treason*, 582。

33. Goodwin, *Friends of Liberty*, 352–353（市长大人的预防措施）；判决与哈迪相关内容引自 *Proceedings in Cases of High Treason*, 646。

34. Goodwin, *Friends of Liberty*, 353.

35. 厄斯金引言（"他们想害死你"）来自 C. Emsley, "An Aspect of Pitt's 'Terror': Prosecutions for Sedition During the 1790s", *Social History* 6 (1981): 170；Goodwin, *Friends of Liberty*, 353–357。

36. 卡特赖特引言来自 C. Emsley, "Repression, 'Terror' and the Rule of Law in England During the Decade of the French Revolution", *English Historical Review* 100 (1985): 810。Emsley, "Aspect of Pitt's 'Terror'", 174.

37. Dickinson, *British Radicalism*, 24；Goodwin, *Friends of Liberty*, 372, 385.

第十二章

1. F. D. Cogliano, *Revolutionary America, 1763–1815: A Political History* (London:

Routledge, 2000), 137–144.

2. J. E. Cooke, "The Compromise of 1790", *William and Mary Quarterly* 27 (1970): 523–545. 亚当斯引言来自 1790 年 11 月 21 日阿比盖尔・亚当斯给阿比盖尔・亚当斯・史密斯的信，*Letters of Mrs. Adams*, by Adams, 2: 209（参见前言注释 13）。
3. Maclay, *Journal of Maclay*, 155（参见第七章注释 32）。 405
4. Hamilton, *Writings*,521（参见第七章注释 12）。
5. "Society of Tammany or Columbian Order: Committee of Amusement Minutes, October 24, 1791 to February 23, 1795"，纽约公共图书馆珍藏本与手稿部 , 305-C-3；拉法耶特引言来自 S. Elkins and E. McKitrick, *The Age of Federalism: the Early American Republic, 1788–1800* (New York: Oxford University Press, 1993), 309。
6. 麦克莱引言来自 Maclay, *Journal of Maclay*, 155。
7. A. Gronowicz, "Political 'Radicalism' in New York City's Revolutionary and Constitutional Eras", in *New York in the Age of the Constitution*, edited by Gilje and Pencak, 105–107（参见第七章注释 22）。
8. Burrows and Wallace, *Gotham*, 348（参见前言注释 15）
9. S. White, *Somewhat More Independent*, 26–27（参见第一章注释 45）。
10. S. White, "'We Dwell in Safety and Pursue Our Honest Callings': Free Blacks in New York City, 1783–1810", *Journal of American History* 75 (1988): 456, 458；P. A. Gilje and H. B. Rock, "'Sweep O! Sweep O!': African-American Chimney Sweeps and Citizenship in the New Nation", *William and Mary Quarterly* 51 (1994): 507–538；Burrows and Wallace, *Gotham*, 350；Gilje, *Liberty on the Waterfront*, 25–26, 57（参见第一章注释 16）。
11. Burrows and Wallace, *Gotham*, 398–400；Rury, "Philanthropy, Self Help, and Social Control", 237（参见第七章注释 15）; Swan, "John Teasman", 335（参见第七章注释 14）; Phelps Stokes, *Iconography*, 5: 1326（参见第一章注释 7）。1809 年，纽约市非裔美国人圣公会信徒创办了他们自己的教会，并命名为圣菲利普会，一开始是每个礼拜日在威廉街一间租来的房子里集会，之后便搬到了克利夫街一家木匠铺的楼上，这里离非裔自由民学校不远，附近就是佩克码头。最终，到 1818 年，一座精致的木质教堂在科莱克特街（现中心街）拔地而起，位于安东尼街与伦纳德街之间。参见 anglicanhistory.org/usa/misc/decosta_philip1889.html。
12. S. White, *Somewhat More Independent*, 173–175.
13. 同上，144 页。

14. 同上，145 页，155 页；扎莫尔引言来自 S. White, “We Dwell in Safety”, 450。

15. Peterson, *Thomas Jefferson and the New Nation*, 494（参见第七章注释 18）; H. Ammon, *The Genet Mission* (New York: W. W. Norton,1973), 38；汉密尔顿引言来自 Chernow, *Alexander Hamilton*, 434。

406 16. Ammon, *The Genet Mission*, 2–9, 22, 25–29, 31（热内的任务引自 26 页）。

17. C. D. Hazen, *Contemporary American Opinion of The French Revolution* (Baltimore: John Hopkins University Press, 1897): 176；Phelps Stokes, *Iconography*, 5: 1296.

18. Phelps Stokes, *Iconography*, 5: 1217.

19. E. P. Kilroe, *Saint Tammany and the Origin of the Society of Tammany; or, The Columbian Order in the City of New York* (New York, 1913), 144；Phelps Stokes, *Iconography*, 5: 1253.

20. Phelps Stokes, *Iconography*, 5: 1201；聂姆策维奇引言来自 J. U. Niemcewicz, *Under Their Vine and Fig Tree: Travels through America in 1797–1799, 1805, with Some Further Account of Life in New Jersey*, edited and translated by M. J. E. Budka (Elizabeth, NJ: Grassmann, 1965), 127。

21. “Society of Tammany or Columbian Order: Committee of Amusement Minutes”; Kilroe, *Saint Tammany*, 141, 185–186；Phelps Stokes, *Iconography*, 5: 1291；“美国博物馆”的目的参见 Burrows and Wallace, *Gotham*, 316。

22. 坦慕尼协会的政治目标引自 Kilroe, *Saint Tammany*, 135–136。

23. “Society of Tammany or Columbian Order: Committee of Amusement Minutes”; Burrows and Wallace, *Gotham*, 318.

24. H. Wansey, *An Excursion to the United States of north America in the Summer of 1794*, 摘录自 B. Still, *Mirror for Gotham: New York as Seen by Contemporaries from Dutch Days to the Present* (New York: New York University Press, 1956), 65。

25. J. Lambert, *Travels Through Canada, and the United States of North America, in the Years of 1806, 1807 & 1808*，摘录自 B. Still, *Mirror for Gotham*, 74。

26. 目击证人引言来自 Phelps Stokes, *Iconography*, 5: 1297；Burrows and Wallace, *Gotham*, 318（对雕像底座的破坏）。

27. Jaffe, New York at War, 111–112（考特尼与邦帕尔引言来自 111 页）（参见第四章注释 26）; Phelps Stokes, *Iconography*, 5: 1299.

28. Phelps Stokes, *Iconography*, 5: 1299.

29. Newman, *Parades and Politics of the Street*, 141（参见第一章注释 21）; Gilje, *Liberty on the Waterfront*, 134；Phelps Stokes, *Iconography*, 5: 1299。

30. 引自 Gilje, *Road to Mobocracy*, 102（参见第一章注释 12）。

31. Ammon, *The Genet Mission*, 118；Phelps Stokes, *Iconography*, 5: 1299, 1300.

32. Ammon, *The Genet Mission*, 116–117；Phelps Stokes, *Iconography*, 5: 1299；Burrows and Wallace, *Gotham*, 318.

33. Phelps Stokes, *Iconography*, 5: 1300；Ammon, *The Genet Mission*, 123–124, 143.

34. 关于汉密尔顿所扮演的角色，参见 Chernow, *Alexander Hamilton*, 447。

35. 引自同上，434 页。

36. E. P. Link, *Democratic-Republican Societies, 1790–1800* (New York: Columbia University Press, 1942), 18（引 文 来 自 99 页）; Burrows and Wallace, *Gotham*, 319–320。

37. Phelps Stokes, *Iconography*, 5: 1300；Burrows and Wallace, *Gotham*, 320.

38. 引自 Hazen, *Contemporary American Opinion*, 200。

39. Phelps Stokes, *Iconography*, 5: 1323.

结语

1. Garrioch, *Making of Revolutionary Pari*, 7（“自身历史的参与者”）（参见前言注释 3）。
2. Lenotre, *Paris révolutionnaire*, viii（参见第八章注释 12）。
3. Hollis, *Secret Lives of Buildings*（参见第十章注释 21）; G .M. Trevelyan, *Clio, a Muse, and Other Essays Literary and Pedestrian* (London: Longmans, 1913), 27。
4. P. Nora, ed., *Les lieux de mémoire*, 3 vols. (Paris: Gallimard, 1984–1993). 该书被节选翻译为 *Rethinking France: Les lieux de mémoire*, 4 vols.（Chicago: University of Chicago Press, 1999–2010）.
5. 关于丹东雕像争论的报道见 1891 年 7 月 26 日的《纽约时报》。亨利・瓦隆是一位研究法国大革命的历史学家，他在编辑有关革命法庭的多卷本著作时，对丹东产生了敌意，因为革命法庭是丹东在国民公会中提议建立。关于纽约近期对丹东的争论，参见 C. J. La Roche and M. L. Blakey, “Seizing Intellectual Power: The Dialogue at the New York African Burial Ground”, *Historical Archaeology* 31 (1997): 84–106。

图书在版编目（CIP）数据

1789：三城记 /（美）迈克·拉波特(Mike Rapport) 著；夏天译．— 上海：上海社会科学院出版社，2020

书名原文：Rebel Cities：Paris，London and New York in the Age of Revolution

ISBN 978-7-5520-3146-1

Ⅰ．①1… Ⅱ．①迈… ②夏… Ⅲ．①城市建筑—建筑史—世界—近代 Ⅳ．①TU-098.11

中国版本图书馆CIP数据核字(2020)第057337号

上海市版权局著作权合同登记号：09-2020-265

1789：三城记

Rebel Cities: Paris, London and New York in the Age of Revolution

---

著　　者：［美］迈克·拉波特（Mike Rapport）
译　　者：夏　天
总 策 划：纸间悦动　刘　科
策 划 人：唐云松　　熊文霞
责任编辑：董汉玲
特约编辑：朱莹琳
封面设计：左左工作室
出版发行：上海社会科学院出版社
上海顺昌路622号　　邮编200025
电话总机021-63315947　销售热线021-53063735
http://www.sassp.cn　　E-mail: sassp@sassp.cn
印　　刷：上海盛通时代印刷有限公司
开　　本：890毫米 × 1240毫米　1/32
印　　张：13.625
字　　数：332千字
插　　页：8
版　　次：2020年6月第1版　2020年6月第1次印刷

ISBN 978-7-5520-3146-1/TU·014　　定价：68.00元